建筑电气设计方法与实践 II

孙成群　编著

中国建筑工业出版社

图书在版编目（CIP）数据

建筑电气设计方法与实践Ⅱ / 孙成群编著．—北京：中国建筑工业出版社，2018.7
ISBN 978-7-112-22264-3

Ⅰ．①建… Ⅱ．①孙… Ⅲ．①房屋建筑设备 – 电气设备 – 建筑设计 Ⅳ．① TU85

中国版本图书馆 CIP 数据核字 (2018) 第 107678 号

本书分为 6 章，包括复杂电气工程设计实践；建筑电气设计思想表达策略；建筑电气文件质量问题解析；电气设计与其他相关专业协作；建筑电气防火关键技术研究；建筑电气设计 300 问 。本书具有取材广泛、数据准确、注重实用等特点，内容均采用 PPT 形式表述，简明扼要，通俗易懂。

本书适合于电气设计人员学习使用，可以作为建筑电气工程师再教育培训教材，并可供相关专业大中专院校师生学习参考。

责任编辑：张 磊 刘 江
责任校对：李美娜

建筑电气设计方法与实践Ⅱ
孙成群 编著
*
中国建筑工业出版社出版、发行（北京海淀三里河路 9 号）
各地新华书店、建筑书店经销
北京佳捷真科技发展有限公司制版
河北鹏润印刷有限公司印刷
*
开本：787 × 1092 毫米 1/16 印张：20 字数：480 千字
2018 年 9 月第一版 2018 年 9 月第一次印刷
定价：**59.00** 元（赠课件）
ISBN 978-7-112-22264-3
（32146）

作者简介

孙成群 1963 年出生，1984 年毕业于哈尔滨建筑工程学院建筑工业电气自动化专业，2000 年取得教授级高级工程师任职资格，现任北京市建筑设计研究院有限公司总工程师，住房和城乡建设部建筑电气标准化技术委员会副主任委员，中国建筑学会电气分会副理事长，全国建筑标准设计委员会电气委员会副主任委员，中国工程建设标准化协会雷电防护委员会常务理事。

在从事民用建筑中的电气设计工作中，曾参加并完成多项工程项目，在这些工程中，既有高层和超过 500m 高层建筑的单体公共建筑，也有数十万平方米的生活小区。这些项目主要包括：中国尊大厦；全国人大机关办公楼；全国人大常委会会议厅改扩建工程；珠海歌剧院；凤凰国际传媒中心；张家口奥体中心；深圳中州大厦；中国天辰科技园天辰大厦；呼和浩特大唐国际喜来登大酒店；朝阳门 SOHO 项目Ⅲ期；深圳联合广场；富凯大厦；百朗园；首都博物馆新馆；金融街 B7 大厦；富华金宝中心；泰利花园；福建省公安科学技术中心；九方城市广场；天津泰达皇冠假日酒店；国家速滑馆；北京上地北区九号地块 -IT 标准厂房；北京科技财富中心；新疆克拉玛依综合游泳馆；北京丽都国际学校；山东济南市舜玉花园 Y9 号综合楼；中国人民解放军总医院门诊楼；山东东营宾馆；李大钊纪念馆；北京葡萄苑小区；宁波天一家园；望都家园；西安紫薇山庄；山东辽河小区等。

主持编写《建筑电气设计方法与实践》；《简明建筑电气工程师数据手册》；《建筑工程设计文件编制实例范本—建筑电气》；《建筑电气设备施工安装技术问答》；《建筑工程机电设备招投标文件编写范本》；《建筑电气设计实例图册④》等书籍。参加编写《全国民用建筑工程设计技术措施·电气》、《智能建筑设计标准》GB 50314、《火灾自动报警系统设计规范》GB 50116、《住宅建筑规范》GB 50368、《建筑物电子信息系统防雷设计规范》GB 50343、《智能建筑工程质量验收规范》GB 50339、《智能建筑工程质量验收规范》GB 50339、《建筑机电工程抗震设计规范》GB 50981、《会展建筑电气设计规范》JGJ 333、《消防安全疏散标志设置标准》DB11/1024 等标准。

The Author was born in 1963. After Graduated from the major of Industrial and Electrical Automation of Architecture of Harbin Institute of Architecture and Engineering (Now merged into Harbin Institute of Technology) in 1984, then the author has been working in China Architecture Design & Research Group (originally Architecture Design and Research Group of Ministry of Construction P.R.C). He has acquired the qualification of professor Senior Engineer in 2000. He is chief engineer of Beijing Institute of Architectural Design, vice chairman of Housing and Urban and Rural Construction, Building Electrical Standardization Technical Committee, Executive director of the Lightning Protection Committee of the China Engineering Construction Standardization Association, vice chairman of National Building Standard Design Commission Electrical Commission now.

Engaging in architectural design for civil buildings in these years, he have fulfilled many projects situated at many provinces in China,which include high buildings and monomer public architectures which is more than 500m high, and also hundreds of thousands square meters living zone . They are ZhongGuoZun high-rise Building, the NPC organs office building, Phoenix International Media Center, The expansion project of the Great Hall of the People, Hohhot Datang International Sheraton Hotel,Chaoyangmen SOHO project III, the Unite Plaza of ShenZhen; FuKai Mansion; BaiLang Garden; the New Museum of the Capital Museum; the B7 Building of Finance Street in Beijing ; the FuHuaJinBao Center; the TAILI Garden; Fujian Provincial Public Security Science and Technology Center; Zhuhai Opera House; Nine side of City Square; Shenzhen Zhongzhou Building; Tianchen Building; Crowne Plaza Hotel in Tianjin TEDA; IT Standard Factory of Beijing ShangDi North Area No.9 lot; The Wealth Center of science & technology in Beijing ;Integrated Swimming Gymnasium of XinJiang KeLaMaYi; Beijing LiDu International School; Y9 Integrated Building of ShunYu Garden in ShanDong JiNan; the Clinic Building of the People's Liberation Army General Hospital; ShanDong DongYing Hotel; The memorial of LiDaZhao; Beijing Vineyard Living Zone; NingBo TianYi Homestead; WangDu Garden; XiAn ZiWei Mountain Villa; ShanDong LiaoHe Living Zone, and so on.

He has charged many books such as "The Data Handbook for Architectural Electric Engineer", "The Model for Architectural Engineering Designing File Example-Architectural Electric", "Answers and Questions for Construction Technology in Electrical Installation Building", "Model Documents of Tendering for Mechanical and Electrical Equipments in Civil Building"and Exemplified diagrams of Architecture Electrical Design". And he take part in the compilation of "The National Architectural Engineering Design Technology Measures • Electric", "Standard for design of intelligent building GB50314", "Code for design of automatic fire alarm system GB50116", "Residential building code GB50368", "Technical code for protection against lightning of building electronic information system GB50343" and "Code for acceptance of quality of intelligent building systems GB50339", Code for seismic design of mechanical and electrical equipment GB50981, Code for electrical design of conference & exhibition buildings JGJ 333, Standard for Fire Safety Evacuation Signs Installation DB11/1024.

前言

建筑电气作为现代建筑的重要标志，它以电能、电气设备、计算机技术和通信技术为手段来创造、维持和改善建筑物空间的声、光、电、热以及通信和管理环境，使其充分发挥建筑物的特点，实现其功能。本书遵循国家有关方针、政策，突出电气系统设计的可靠性、安全性和灵活性，秉承“建筑社会责任”的核心理念，对普遍面临要求高、任务重、周期紧和市场竞争的压力条件下，如何给社会提供出高品质的产品，体现电气工程师应负的社会责任，通过作者30多年的设计经验和工程实践中涉及的问题，阐述电气设计方法和相关理论，它不仅可以是建筑电气工程设计、施工人员实用参考书，也可作为建筑电气工程师再教育培训教材，供大专院校有关师生教学参考使用。

本书是继《建筑电气设计方法与实践》丰富6章内容，包括复杂电气工程设计实践、建筑电气设计思想表达策略、建筑电气文件质量问题解析、电气设计与其他相关专业协作、建筑电气防火关键技术研究和建筑电气设计300问。本书强调建筑设计服务于社会理念，如何面临要求高、任务重、周期紧和市场竞争的压力条件下，给社会提供出高品质的设计产品，负起设计师应的社会责任，把控工程质量和高完成度等方面进行了探索，目的就是将设计文件更加具有法制化、工程化、标准化和国际化。

本书具有取材广泛、数据准确、注重实用等特点，内容仍然采用PPT形式表述，简明扼要，通俗易懂，希望读者通过阅读本书，开阔思路，提高设计技能，增强解决实际工程问题的能力。

这里深怀感恩之心来品味自己的成长历程，发现人生的真正收获。感恩父母的言传身教，是他们把我带到了这个世界上，给了我无私的爱和关怀。感恩老师的谆谆教诲，是他们给了我知识和看世界的眼睛。感恩同事的热心帮助，是他们给了我平淡中蕴含着亲切，微笑中透着温馨。感恩朋友的鼓励支持，是他们给了我走向成功的睿智。

限于编者水平，对书中谬误之处，真诚地希望广大读者批评指正。

北京市建筑设计研究院有限公司设计总监、总工程师　孙成群

目录

第一章

复杂电气工程设计实践

【摘要】复杂工程系统具有非线性、强关联系统、平均场理论、主动性系统和受历史影响等特征，需要整体论和还原论相结合的方法去分析。不是参与复杂工程的工作就是进行了复杂工程设计，这需要在从事工作前做好充分准备，确定相应的策略，才能够有效完成设计工作。

目录 CONTENTS

1.1 复杂工程特征

1.1 复杂工程特征

复杂电气系统的特点

- 用量大，存在多种业态管理模式。
- 存在公共电气系统将建筑群体的电气系统建立联系。
- 电气系统之间存在相互依存、相互助益的能动关系。
- 高科技、高智能的集合。
- 电气系统是一个复合的系统，而不是纷繁的系统。
- 电气系统内部有很多子系统和很多层次。
- 电气系统不是简单系统，也不是随机系统。
- 电气系统是一个非线性系统。

1.1 复杂工程特征

从事复杂电气工程的设计人员的充分必要条件

- 应具备从事复杂工程设计的职业素养。
- 充分明了复杂电气工程的设计的需求。
- 应具有对复杂电气工程的设计的方法。
- 对复杂电气工程实施有效的设计管理。

1.1 复杂工程特征

从事复杂工程设计师的职业素养

- 具有必备觉悟
- 贯彻政策标准
- 具有良好心态
- 把握关注环节
- 发挥团队精神

1.1 复杂工程特征

复杂工程对设计者来说更体现的是责任

- 责任胜于能力，责任承载能力。
- 没有做不好的工作，只有不负责任的人。
- 只有充满责任感的人，才能充分展现自己的能力。

1.1 复杂工程特征

时 正常使用 应急使用

人 建筑使用者 建筑管理者

物 建筑部品 建筑设施

1.1 复杂工程特征

复杂建筑电气设计分析原则

- 最小单元
- 整体与还原
- 化繁为简

1.1 复杂工程特征

复杂建筑电气设计分析思路

- 建筑体系
- 系统配置
- 标准规定

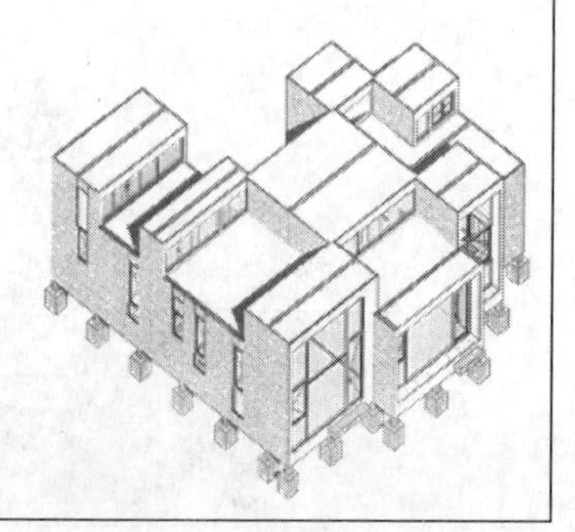

1.1 复杂工程特征

电气系统的特点

- 根据不同业态管理模式配置电气系统；
- 分清公共电气系统和用户电气系统；
- 电气系统之间存在相互依存、相互助益的能动关系；
- 电气系统是一个复合的系统，而不是离散的系统；
- 电气系统内部有很多子系统和很多层次；
- 电气系统不是简单系统，也不是随机系统；
- 电气系统有时是一个非线性系统。

1.2 工程设计策略

1.2 工程设计策略

构建电气工程系统模型

现实性

- 指包含内在根据的、合乎必然性的存在，是客观事物和现象种种联系的综合。

简明性

- 力求做到目标对路，结构简明，方法灵活，效果到位，要体现针对性、迁移性、多变性、思维性和层次性。

标准性

- 在一定的范围内获得最佳秩序，对实际的或潜在的问题制定共同的和重复使用的规则的活动。

1.2 工程设计策略

构建合理电气工程系统模型要求

- 切合实际
- 结构清晰
- 精度适当
- 尽量使用标准模型

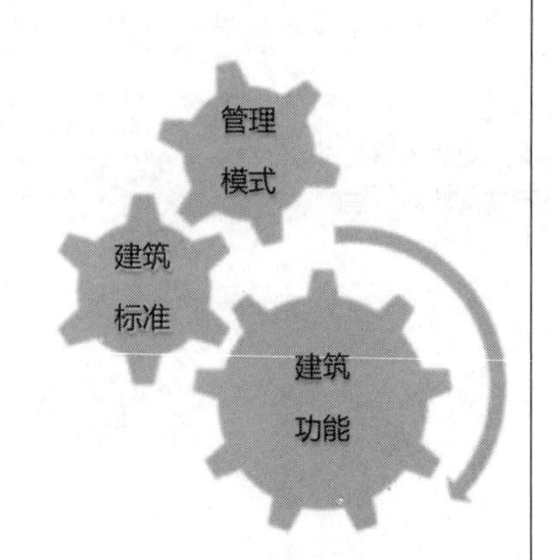

1.2 工程设计策略

1.2 工程设计策略

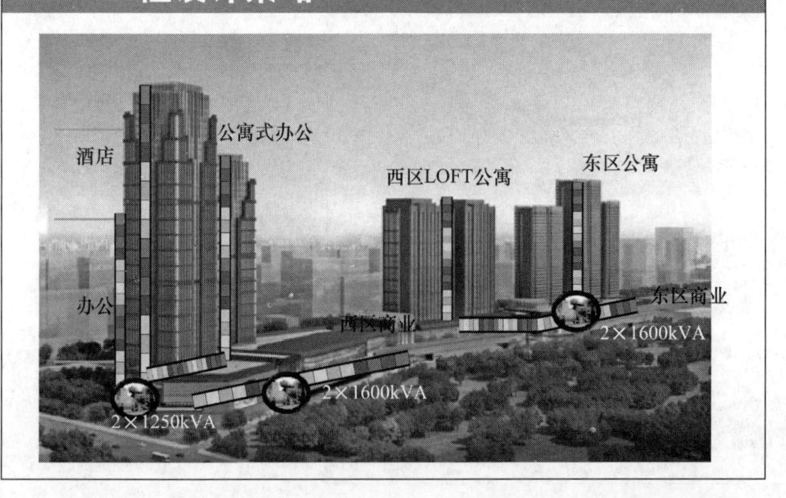

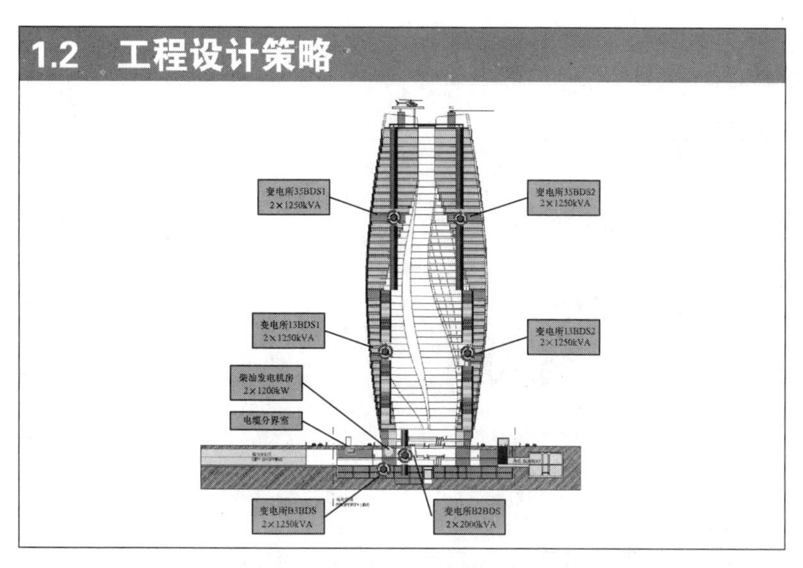
1.2 工程设计策略
变电所35BDS1
2×1250kVA
变电所35BDS2
2×1250kVA
变电所13BDS1
2×1250kVA
变电所13BDS2
2×1250kVA
柴油发电机房
2×1200kW
电缆分界室
变电所B3BDS
2×1250kVA
变电所B2BDS
2×2000kVA

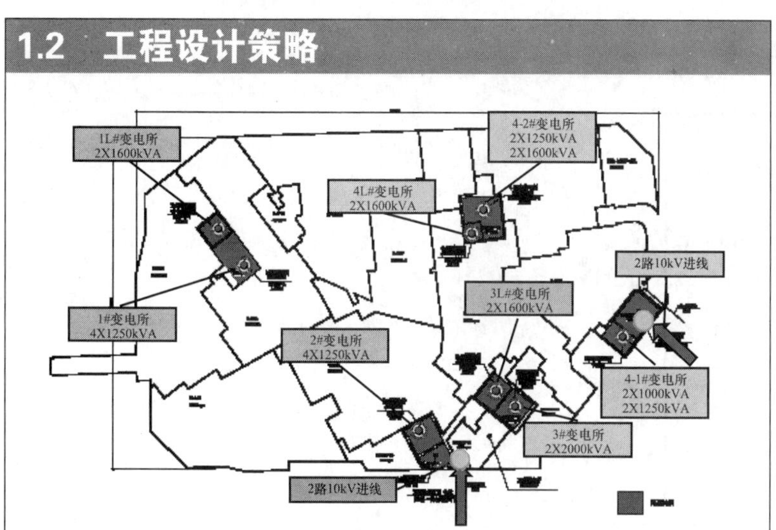
1.2 工程设计策略
1L#变电所
2X1600kVA
4-2#变电所
2X1250kVA
2X1600kVA
4L#变电所
2X1600kVA
2路10kV进线
3L#变电所
2X1600kVA
1#变电所
4X1250kVA
2#变电所
4X1250kVA
4-1#变电所
2X1000kVA
2X1250kVA
3#变电所
2X2000kVA
2路10kV进线

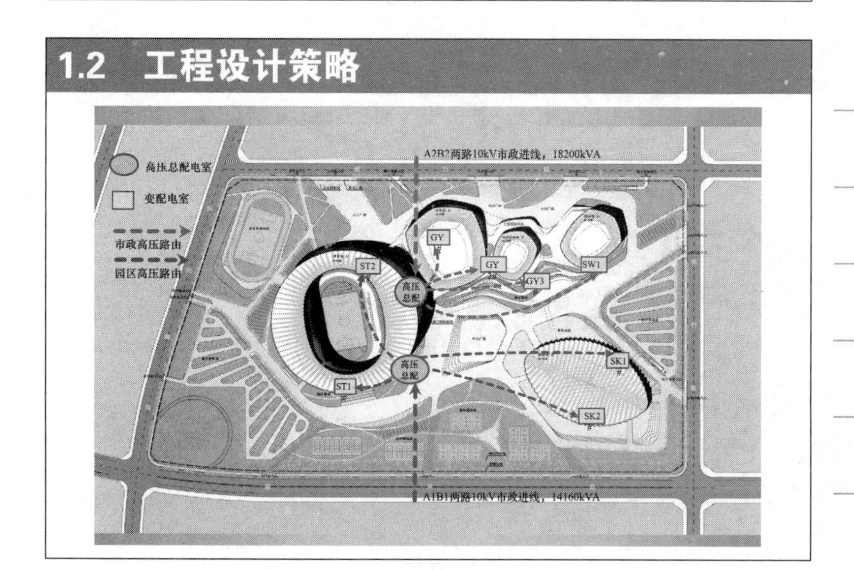
1.2 工程设计策略
A2B2两路10kV市政进线，18200kVA
高压总配电室
变配电室
市政高压路由
园区高压路由
GY
GY
GY3
SW1
ST2
高压总配
高压总配
ST1
SK1
SK2
A1B1两路10kV市政进线，14160kVA

1.2 工程设计策略

序号	变电室编号	容量（kVA）	合计（kVA）	开闭站编号
1	T1A	3200	20300	KB1
2	T1B	2500		
3	T1C	3200		
4	T1D	5000		
5	T1E	6400		
6	T2A	3200	20300	KB2
7	T2B	2500		
8	T2C	3200		
9	T2D	5000		
10	T2E	6400		
11	T3A	3200	19200	KB3
12	T3B	3200		
13	T3C	3200		
14	T3D	3200		
15	T3E	3200		
16	T3F	3200		
17	T4A	3200	21600	KB4
18	T4B	3200		
19	T4C	4000		
20	T4D	3200		
21	T4E	4000		
22	T4F	4000		
合计			81400	

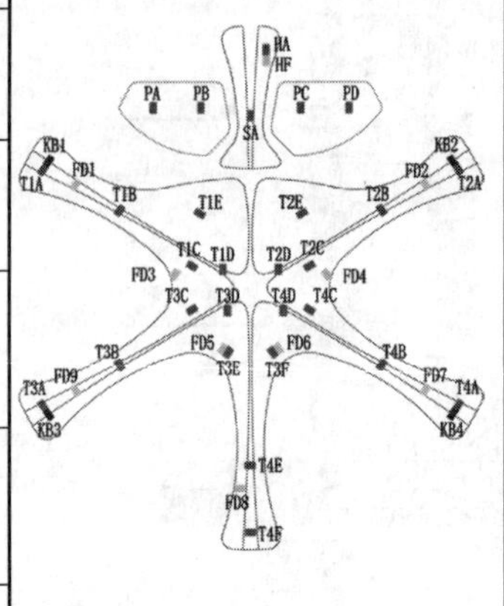

1.2 工程设计策略

序号	发电机房编号	所供变电室编号	发电机容量（kW）	备注
1	FD1	T1A	900	单机
		T1B		
2	FD2	T2A	900	单机
		T2B		
3	FD3	T1C	2600	两台柴油机并机
		T1D		
		T4C		
		T1E		
4	FD4	T2C	2600	两台柴油机并机
		T2D		
		T3C		
		T2E		
5	FD5	T3F	1000	单机
		T4D		
6	FD6	T3D	1000	单机
		T3E		
7	FD7	T3A	1000	单机
		T3B		
8	FD8	T4E	1200	单机
		T4F		
9	FD9	T4A	1000	单机
		T4B		
合计			12200	

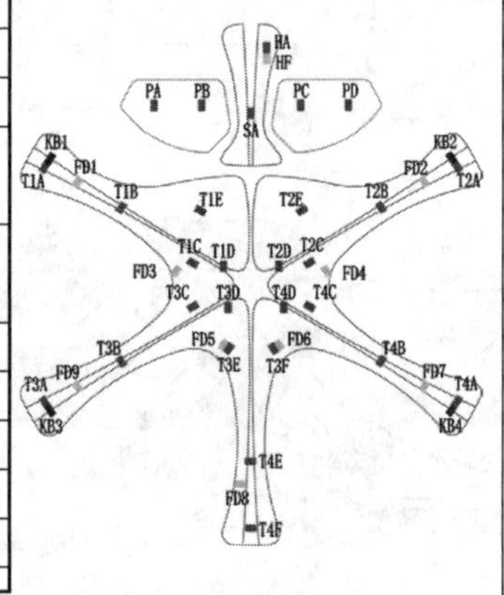

1.2 工程设计策略

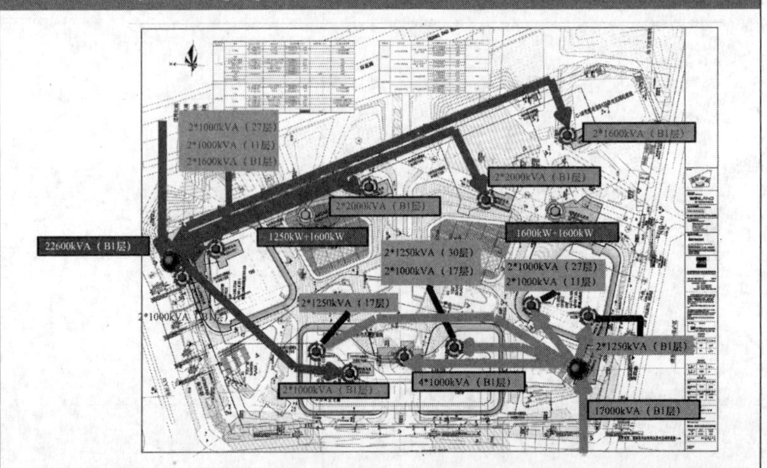

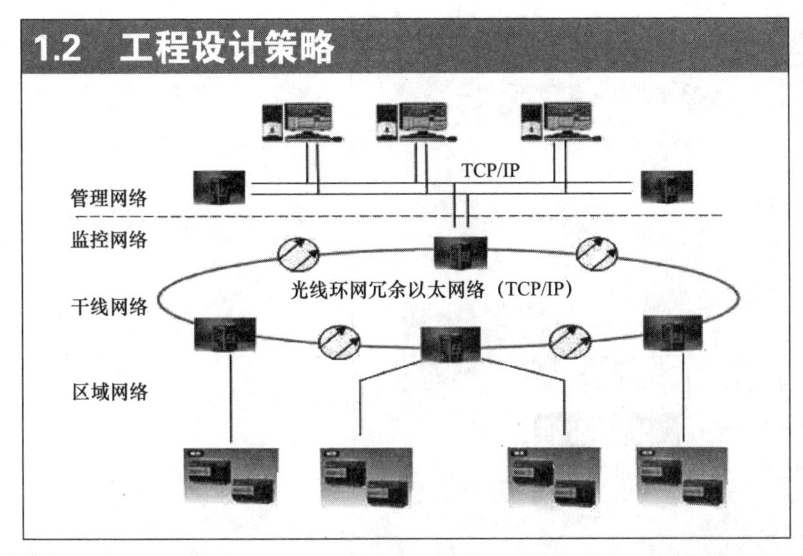
1.2 工程设计策略
TCP/IP
管理网络
监控网络
光线环网冗余以太网络（TCP/IP）
干线网络
区域网络

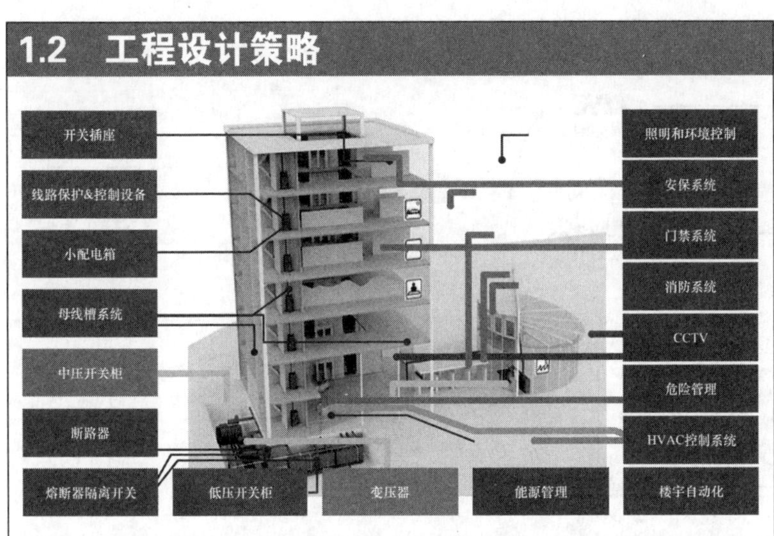
1.2 工程设计策略
开关插座
线路保护&控制设备
小配电箱
母线槽系统
中压开关柜
断路器
熔断器隔离开关
低压开关柜
变压器
能源管理
照明和环境控制
安保系统
门禁系统
消防系统
CCTV
危险管理
HVAC控制系统
楼宇自动化

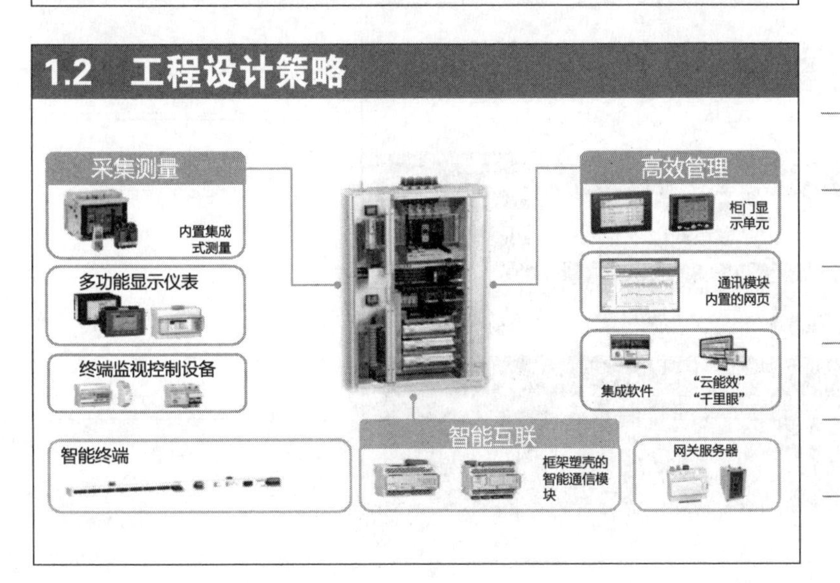
1.2 工程设计策略
采集测量
内置集成式测量
多功能显示仪表
终端监视控制设备
智能终端
高效管理
柜门显示单元
通讯模块内置的网页
集成软件
“云能效”
“千里眼”
智能互联
框架塑壳的智能通信模块
网关服务器

1.2 工程设计策略

灯光窗帘控制

恒照度控制

照度、风速、温度控制

KNX气象站

时间与时间控制

人体感应控制

0%

20%

50%

500lx

日光

灯光

SIMATIC S7

DESIGO

OPC

BACnet

KNXnet/IP

KNX

可视化集中控制

可实现节省电气能

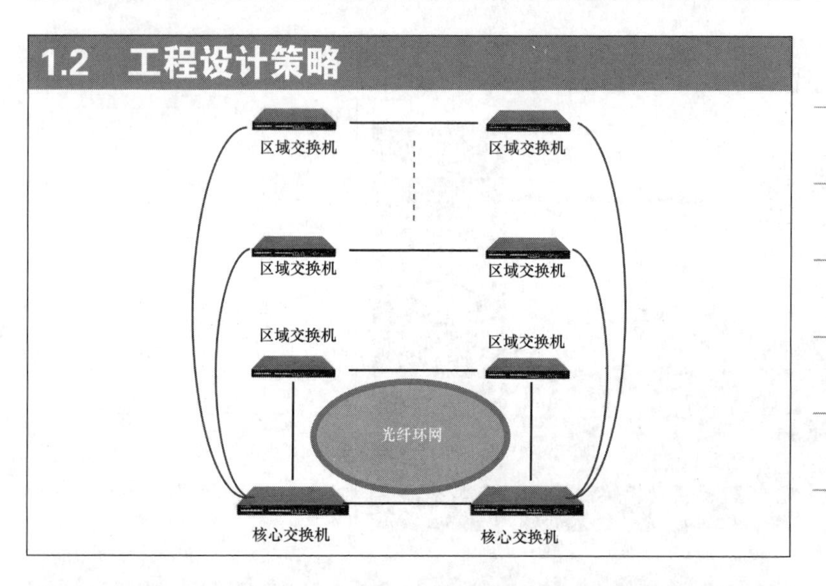

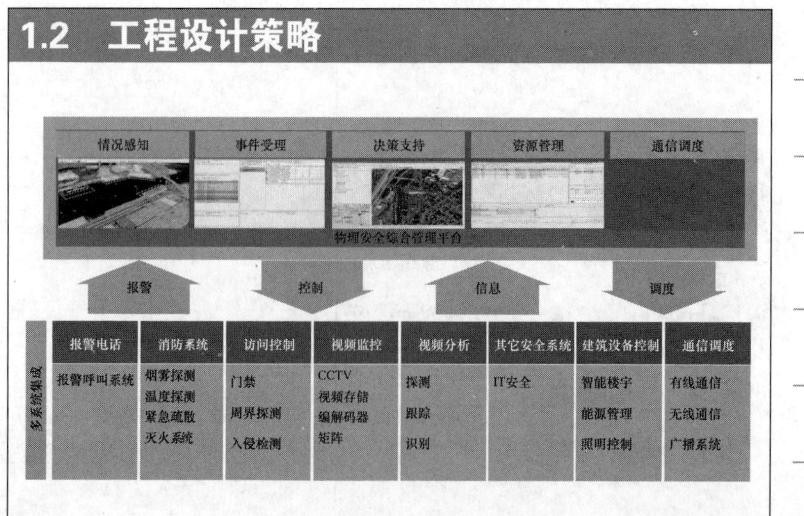

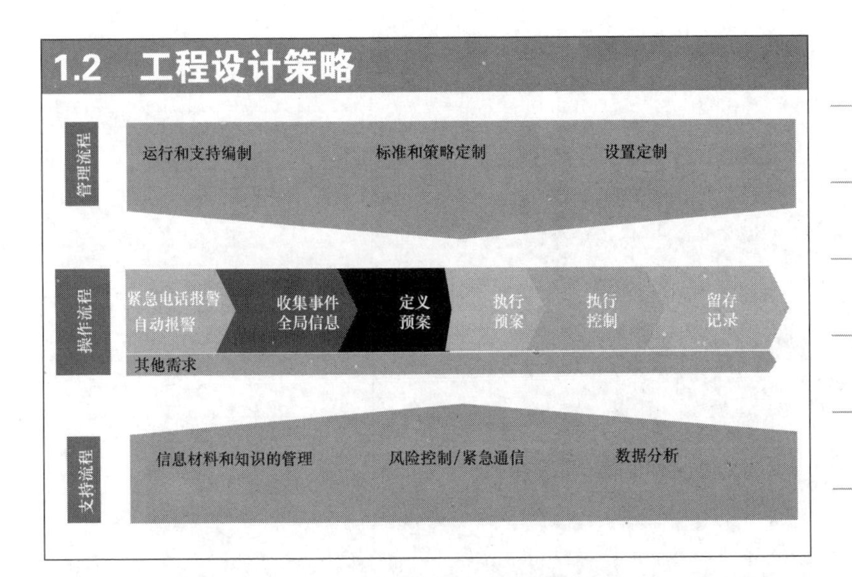
1.2 工程设计策略
管理流程
运行和支持编制
标准和策略定制
设置定制
操作流程
紧急电话报警
自动报警
收集事件
全局信息
定义
预案
执行
预案
执行
控制
留存
记录
其他需求
支持流程
信息材料和知识的管理
风险控制/紧急通信
数据分析

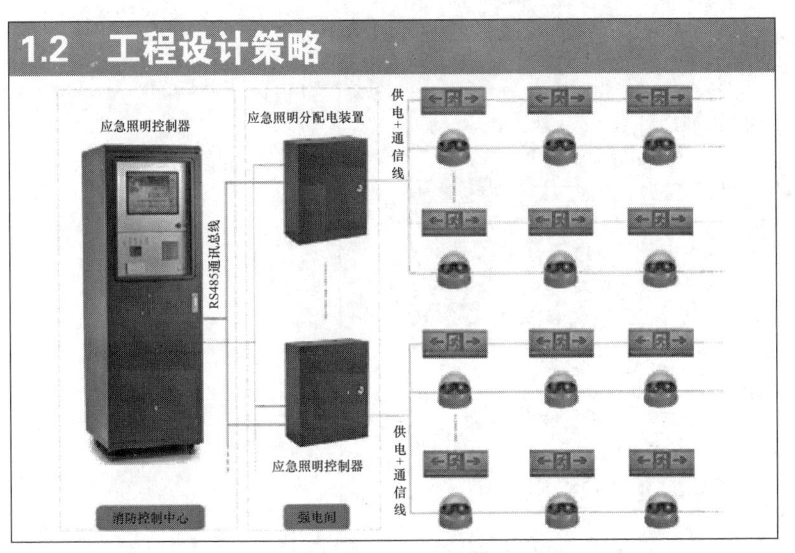
1.2 工程设计策略
应急照明控制器
应急照明分配电装置
供电+通信线
RS485通讯总线
应急照明控制器
消防控制中心
强电间
供电+通信线

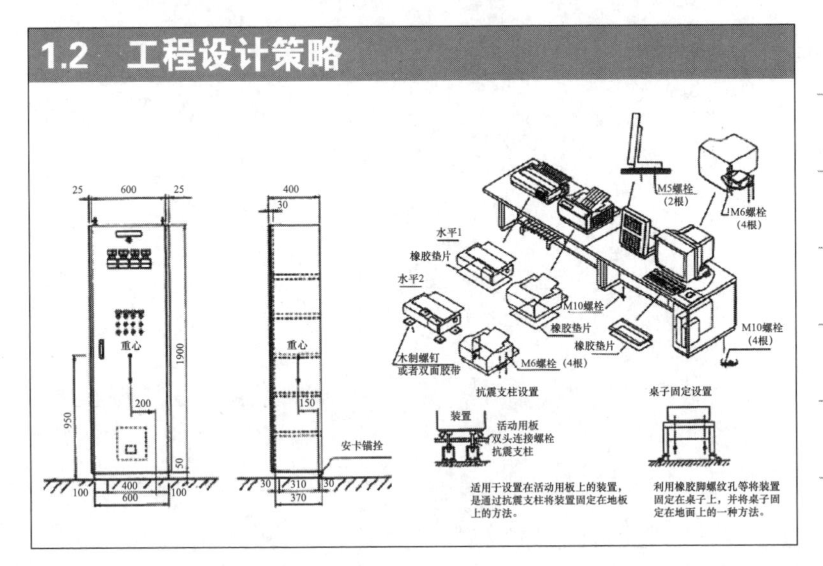
1.2 工程设计策略
重心
安卡锚拴
水平1
橡胶垫片
水平2
木制螺钉
或者双面胶带
M5螺栓
(2根)
M6螺栓
(4根)
M10螺栓
橡胶垫片
橡胶垫片
M6螺栓 (4根)
M10螺栓
(4根)
抗震支柱设置
桌子固定设置
装置
活动用板
双头连接螺栓
抗震支柱
适用于设置在活动用板上的装置，是通过抗震支柱将装置固定在地板上的方法。
利用橡胶脚螺纹孔等将装置固定在桌子上，并将桌子固定在地面上的一种方法。

1.2 工程设计策略

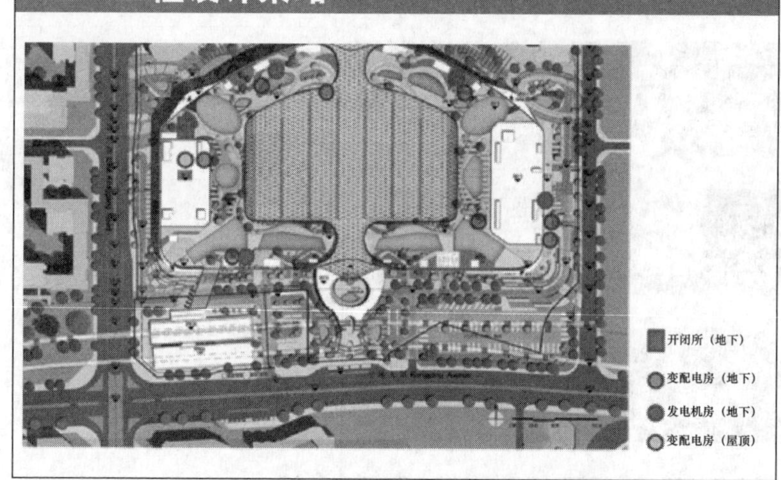

1.2 工程设计策略

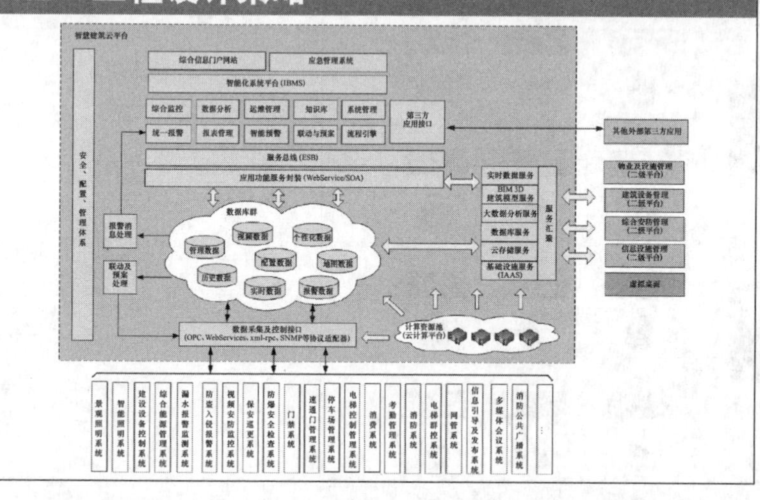

1.2 工程设计策略

确定适宜设计参数

- 尽量使用成熟参数
- 输入参数可靠度高
- 推广使用标准化

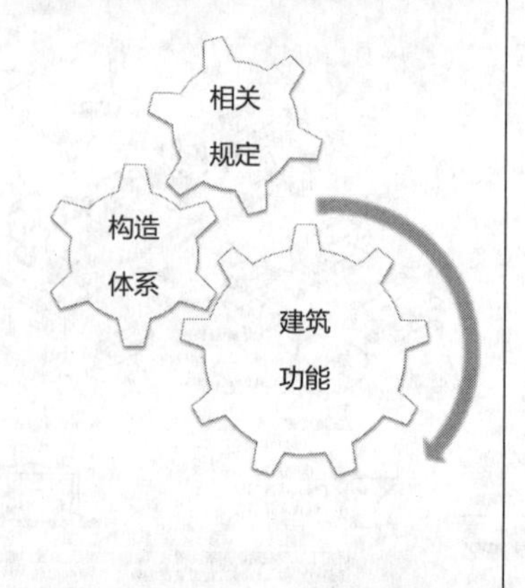

1.2　工程设计策略

保利国际广场·北京

建筑面积：17 万 m^2
建筑高度：153m
地上层数：31 层
使用功能：办公、商业
电源：10kV，2 路
总容量：16800kVA
变电所：1 个主站，2 个分站
单位容量：100VA/m^2
自备电源：1 台 1600kVA（LV）

1.2　工程设计策略

天辰大厦·天津

建筑面积：12 万 m^2
建筑高度：168m
地上层数：41 层
使用功能：办公、商业
电源：35kV，2 路
总容量：12000kVA
变电所：1 个主站，6 个分站
单位容量：100VA/m^2
自备电源：1 台 1250kVA（LV）

1.2　工程设计策略

丽泽SOHO·北京

建筑面积：17 万 m^2
建筑高度：199m
地上层数：45 层
使用功能：办公、商业
电源：10kV，2 路
总容量：15500kVA
变电所：1 个主站，6 个分站
单位容量：91VA/m^2
自备电源：2 台 1200kVA（LV）

1.2 工程设计策略

九方城市广场 · 天津

建筑面积：19 万 m^2
建筑高度：202m
地上层数：48 层
使用功能：办公、商业、公寓
电源：10kV，4 路
总容量：20800kVA
变电所：1 个主站，3 个分站
单位容量：113.6VA/m^2
自备电源：2 台 1600kVA（LV）

1.2 工程设计策略

北京电视中心

建筑面积：19 万 m^2
建筑高度：202m
地上层数：41 层
使用功能：办公、演播、酒店、商业
电源：10kV，4 路
总容量：36960kVA
变电所：2 个主站，5 个分站
单位容量：194VA/m^2
自备电源：4 台 1600kVA（LV）

1.2 工程设计策略

青岛万邦中心

建筑面积：21 万 m^2
建筑高度：232.5m
地上层数：51 层
使用功能：办公、公寓、商业
电源: 35kV(31500KVA 变压器两台);
10kV，4 路
总容量：24460kVA
变电所：1 个主站，5 个分站
单位容量：113.6VA/m^2
自备电源：2 台 1600kVA（LV）

1.2 工程设计策略

青岛国际贸易中心

建筑面积：33 万 m^2
建筑高度：237m
地上层数：45 层
使用功能：酒店、办公、商业、公寓
电源：35kV，2 路
总容量：34000kVA
变电所：2 个主站，7 个分站
单位容量：105VA/m^2
自备电源：3 台 1600kVA（LV）

1.2 工程设计策略

中州大厦 · 深圳

建筑面积：23 万 m^2
建筑高度：274m
地上层数：61 层
使用功能：酒店、办公、商业
公寓电源：10kV，3 路
总容量：20900kVA
变电所：1 个主站，4 个分站
单位容量：90VA/m^2
自备电源：2 台 1600kVA（LV）

1.2 工程设计策略

CBD Z6 · 北京

建筑面积：24 万 m^2
建筑高度：405m
地上层数：68 层
使用功能：酒店、银行、商业、办公
电源：10kV，4 路
总容量：26000kVA
变电所：2 个主站，6 个分站
单位容量：108VA/m^2
自备电源：办公商业 2 台 2000kVA；酒店 1 台 1500kVA+1 台 1250kVA（HV）；租户 1 台 1500kVA+1 台 1250kVA+1 台 500kVA+1 台 300kVA

1.2　工程设计策略

中国尊大厦，北京

建筑面积：43 万 m^2
建筑高度：528m
地上层数：108 层
使用功能：银行、商业、办公
电源：10kV，6 路
总容量：56500kVA
变电所：3 个主站，19 个分站
单位容量：130VA/m^2
自备电源：3 台 1600kVA（LV）；
　　　　　2 台 2500kVA（HV）

1.2　工程设计策略

基础理论响应度
文件编制深度
专业配合程度
自我验证
验证
国家、行业规定和业主响应度

1.2　工程设计策略

验证国家、行业规定和业主响应度

- 关注工程建设强制性标准
- 关注相关专业国家、行业规定
- 关注业主对各专业的要求

1.2 工程设计策略

验证基础理论响应度

- 关注电气系统安全性、可靠性、灵活性
- 关注电气系统配置和标准
- 关注实现工程对电气系统的最优

1.2 工程设计策略

验证文件编制深度

- 住房和城乡建设部《建筑工程设计文件编制深度规定》
- 关注业主的要求

1.2 工程设计策略

验证专业配合程度

- 关注建筑功能整体性
- 关注与各相关专业协同

1.2 工程设计策略

方案设计是设计基础、系统应根据工程需要配置、主要机房和管路路由应考虑。

初步设计是方案设计延伸和完善、系统配置应细致化、主要设备选型应确定。

施工图设计是设计思想的工程化的表现、系统配置及物理实现应明确、设备选型、安装、调试、维护应确定。

1.2 工程设计策略

总结经验

基本情况　成绩和做法　经验和教训　今后打算

1.2 工程设计策略

充分利用时间要素

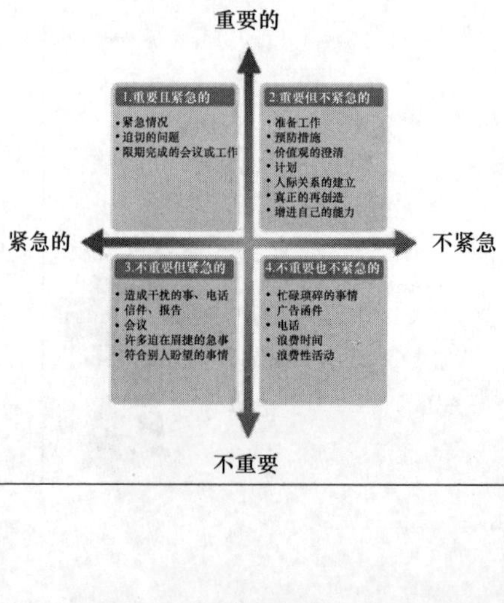

重要的

紧急的　不紧急

不重要

1.重要且紧急的
- 紧急情况
- 迫切的问题
- 限期完成的会议或工作

2.重要但不紧急的
- 准备工作
- 预防措施
- 价值观的澄清
- 计划
- 人际关系的建立
- 真正的再创造
- 增进自己的能力

3.不重要但紧急的
- 造成干扰的事、电话
- 信件、报告
- 会议
- 许多迫在眉捷的急事
- 符合别人盼望的事情

4.不重要也不紧急的
- 忙碌琐碎的事情
- 广告函件
- 电话
- 浪费时间
- 浪费性活动

1.2　工程设计策略

工程设计管理

- 做好设计准备工作
- 编制设计统一规定
- 制定切实可行计划
- 形成有效表示方法
- 建立标准化的模板

1.2　工程设计策略

编写电气工程设计统一规定

- 设计文件编制原则
- 工程质量与进度要求
- 设计分工
- 设计内容
- 设计文件编制深度要求及注意事项
- 设计计算书要求

1.3　典型工程案例

1.3 典型工程案例

1.3 典型工程案例

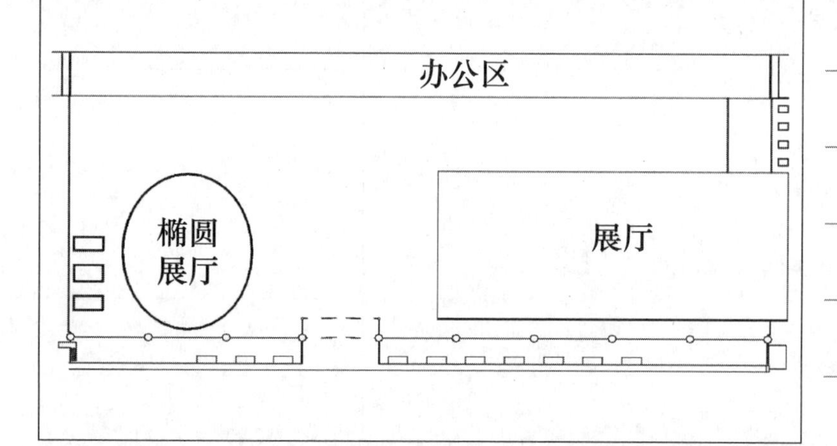

1.3 典型工程案例

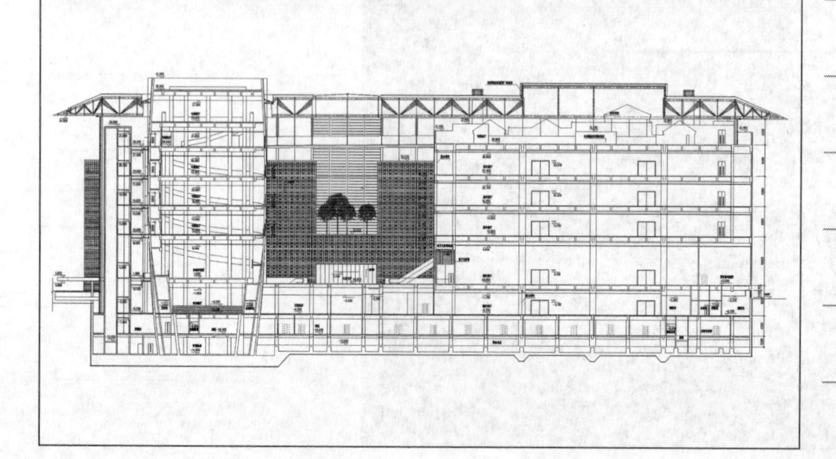

1.3 典型工程案例

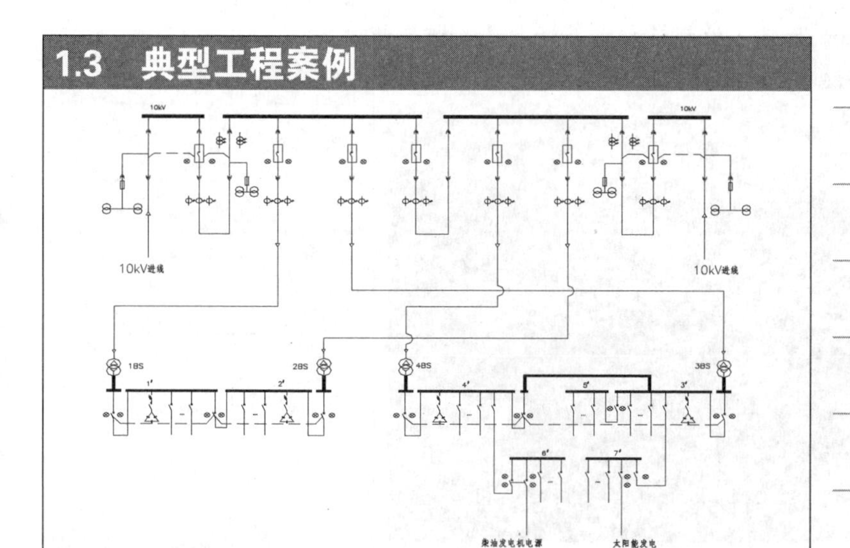

1.3 典型工程案例

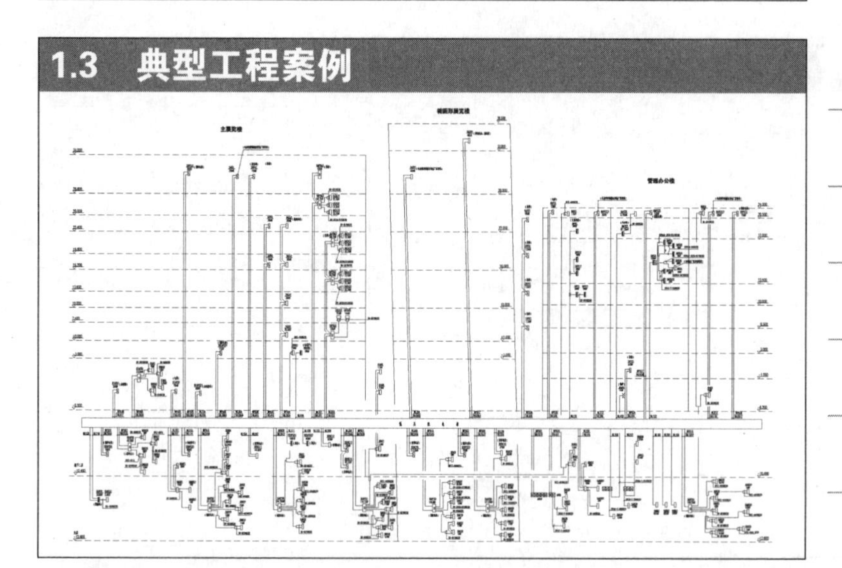

1.3 典型工程案例

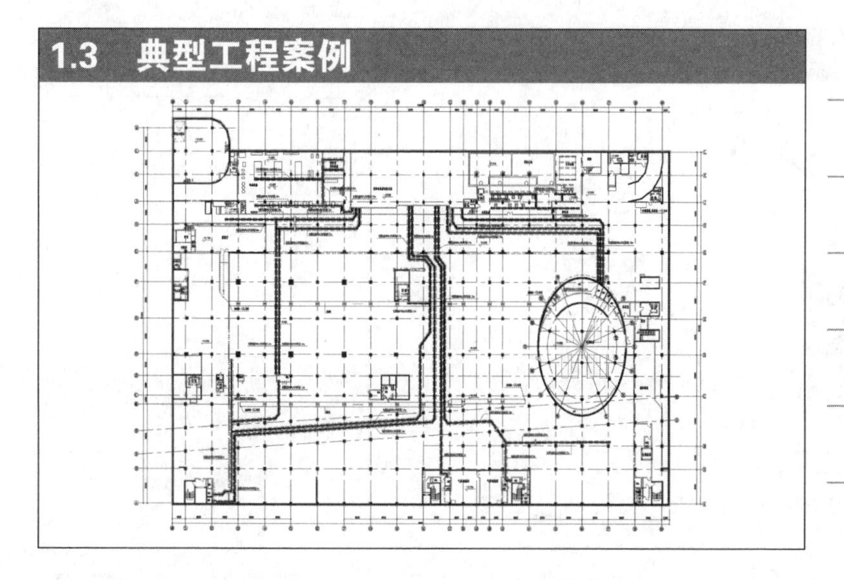

1.3 典型工程案例

1.3 典型工程案例

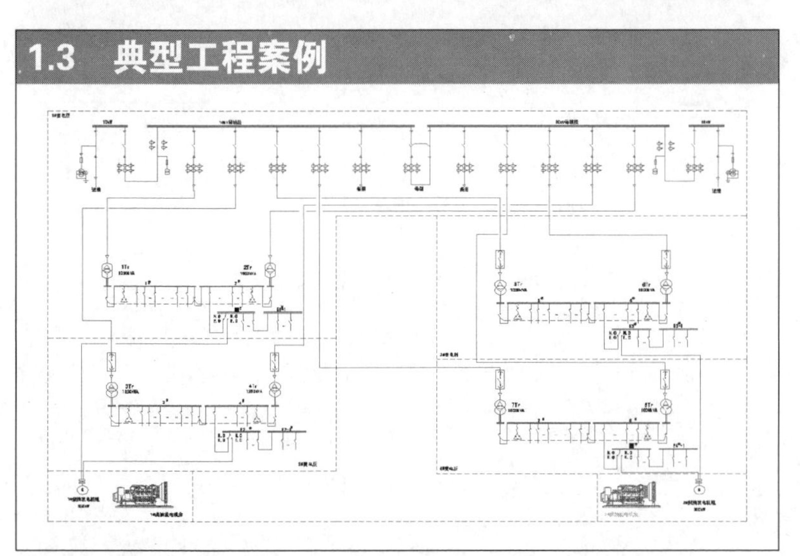

1.3 典型工程案例

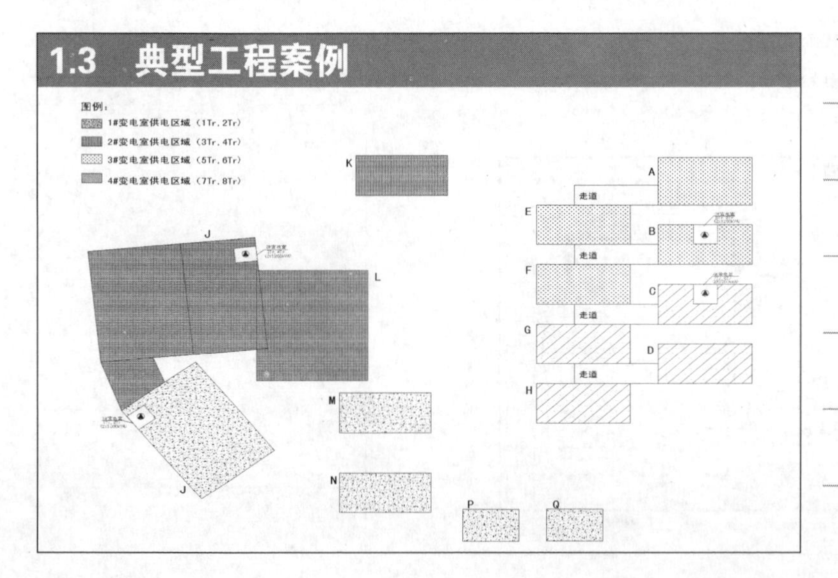

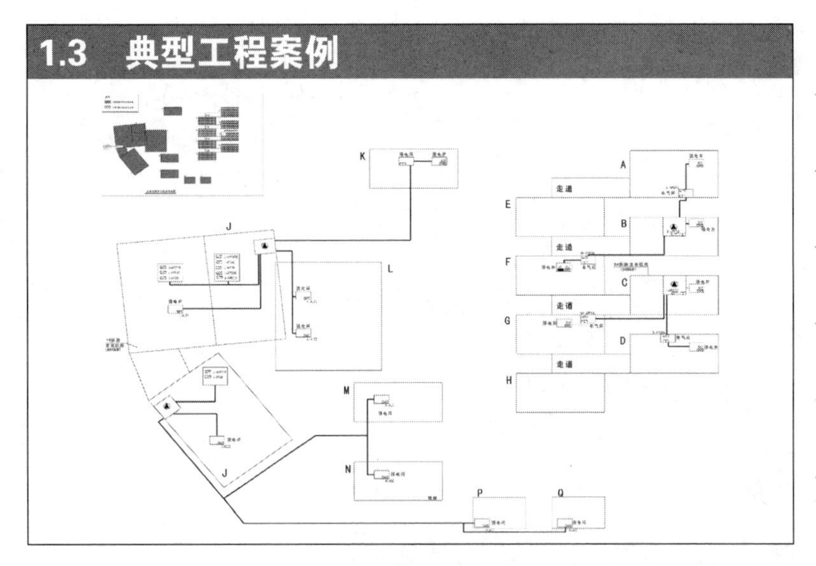
1.3　典型工程案例
K
A
E
走道
B
走道
F
C
走道
G
D
走道
H
J
L
M
N
J
P
Q

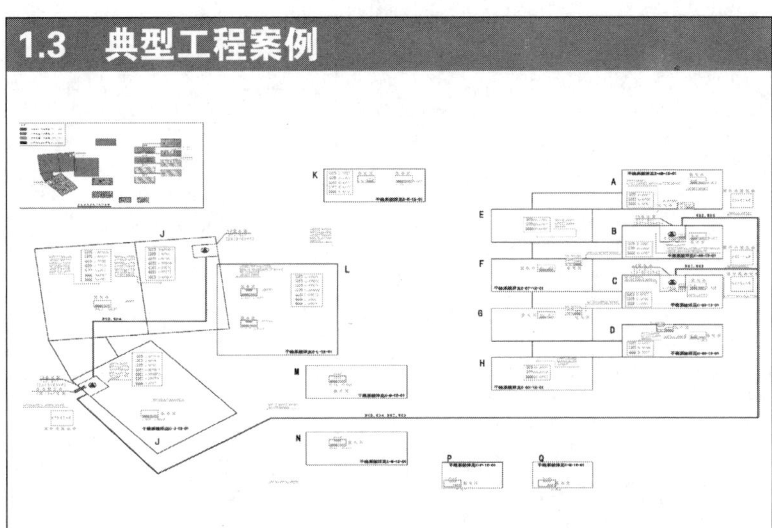
1.3　典型工程案例
K
A
E
B
F
C
G
D
H
J
L
M
N
J
P
Q

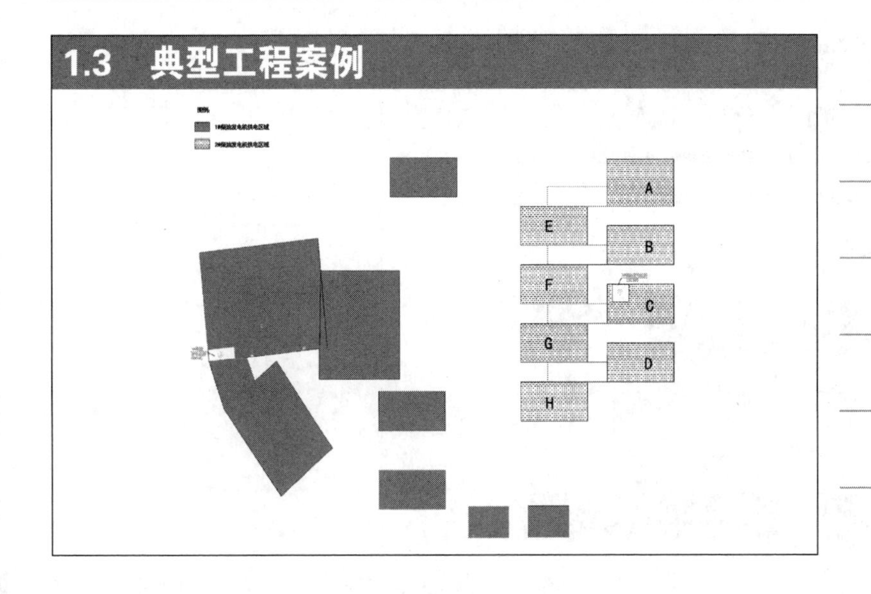
1.3　典型工程案例
A
E
B
F
C
G
D
H

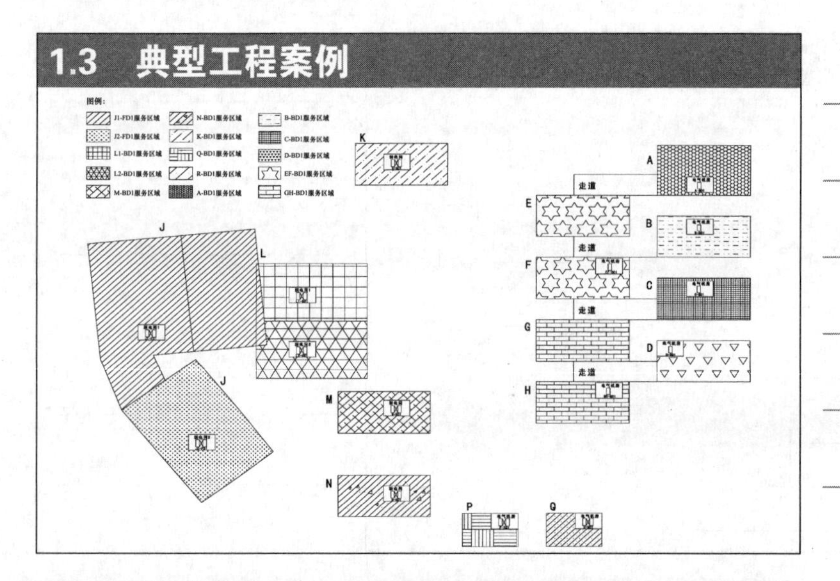
1.3 典型工程案例
图例:
J1-FD1服务区域
J2-FD1服务区域
L1-BD1服务区域
L2-BD1服务区域
M-BD1服务区域
N-BD1服务区域
K-BD1服务区域
Q-BD1服务区域
R-BD1服务区域
A-BD1服务区域
B-BD1服务区域
C-BD1服务区域
D-BD1服务区域
EF-BD1服务区域
GH-BD1服务区域
K
A
B
C
D
E
F
G
H
J
L
M
N
P
Q
走道

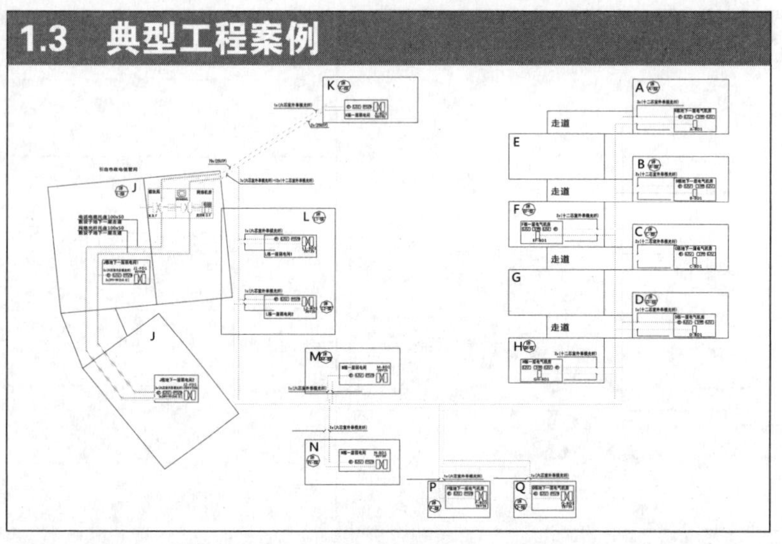
1.3 典型工程案例
K
A
E
B
F
C
G
D
H
J
L
M
N
P
Q
走道

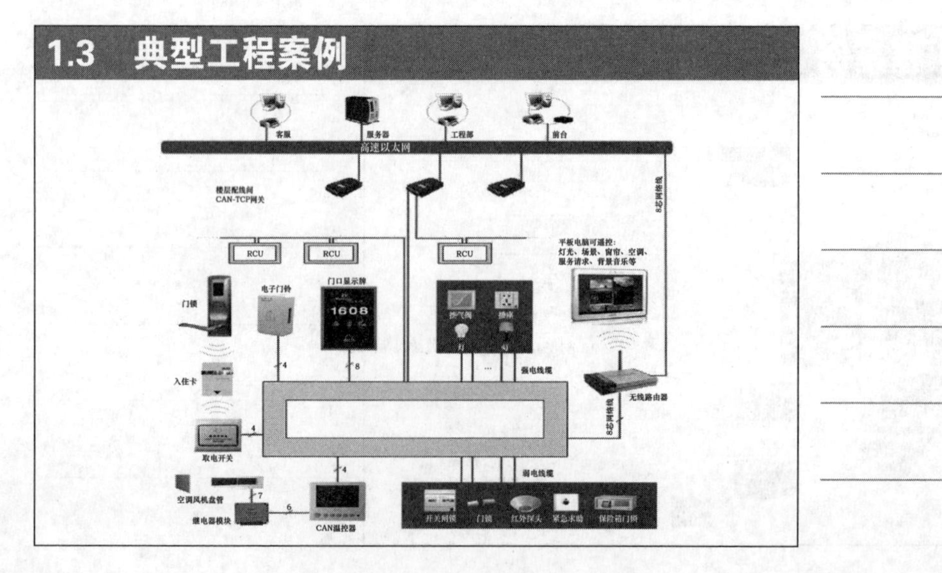
1.3 典型工程案例
客服
服务器
工程部
前台
高速以太网
楼层配线间
CAN-TCP网关
8芯网络线
RCU
RCU
RCU
平板电脑可遥控:
灯光、场景、窗帘、空调、
服务请求、背景音乐等
门锁
电子门铃
门口显示牌
1608
排气扇
灯
强电线缆
无线路由器
入住卡
取电开关
8芯网络线
弱电线缆
空调风机盘管
继电器模块
CAN温控器
门磁
红外探头
紧急求助
保险箱门磁

1.3　典型工程案例

1.3　典型工程案例

剧场组成

观众厅部分

售票　存衣　小卖　厕所　展览　管理

休息厅

前厅　观众厅

技术用房

放映　电视转播　面光耳光　声控　灯控　传译

舞台部分

舞台监督　舞台照明　效果　候场　道具　抢装　布景贮存

乐队休息　乐池

侧台　主台　后舞台　侧台

设备用房

变配电　空调　采暖　消防控制

舞台机械

台上机械：吊杆　活动台口　幕布　渡桥

台下机械：升降乐池　升降台　车台　转台

演出准备部分

贵宾休息　医务　浴厕　服装　化妆　办公　门厅　排练　声乐练习　器乐练习　餐厅

油漆　木工　金工　服装制作　假发　鞋靴　道具制作

绘景间　加工厂

1.3　典型工程案例

WLM1　WLM2

主接线 U=380/220V

舞台调光柜　舞台直通柜

有源滤波保护器　TMY-80x8

配电柜编号	AA-3-WG1		AA-3-WG2	AA-3-WG3	AA-3-WG4	AA-3-WG5	AA-3-WG6	AA-3-WG7	AA-3-WG8	AA-3-WG9	
用　途	1#电源进线	谐波保护器(150A)	1#舞台调光柜	2#舞台调光柜	1#舞台直放柜	联络柜	2#舞台直放柜	3#舞台调光柜	4#舞台调光柜	谐波保护器(150A)	2#电源进线
设备容量 kW	1300		待定	待定	待定		待定	待定	待定		1300
需用系数 Kx	0.4										0.4
计算容量 kW	520										520
功率因数 COSφ	0.9										0.9
计算电流 A	878										878
线缆规格	封闭母线4x1600A+1x800A	4x[TMY-100x10]								4x[TMY-100x10]	封闭母线4x1600A+1x800A
断 路 器	ACB 1600/1600A-4P	MCCB 160/160A-3P				ACB 1250/1000A-4P				MCCB 160/160A-3P	ACB 1600/1600A-4P
电流互感器	2000/5	自带高精度互感器				1000/5				自带高精度互感器	2000/5
多功能电力仪表	1组					1组					1组
柜体尺寸 WxHxD	1000x2200x1000		800x2200x1000	800x2200x1000	800x2200x1000	800x2200x1000	800x2200x1000	800x2200x1000	800x2200x1000	1000x2200x1000	
备　注			舞台工艺设计	舞台工艺设计	舞台工艺设计		舞台工艺设计	舞台工艺设计	舞台工艺设计		

注：两路电源同时运行互为备用，电源进线断路器与母联断路器设有电气联锁。

1.3 典型工程案例

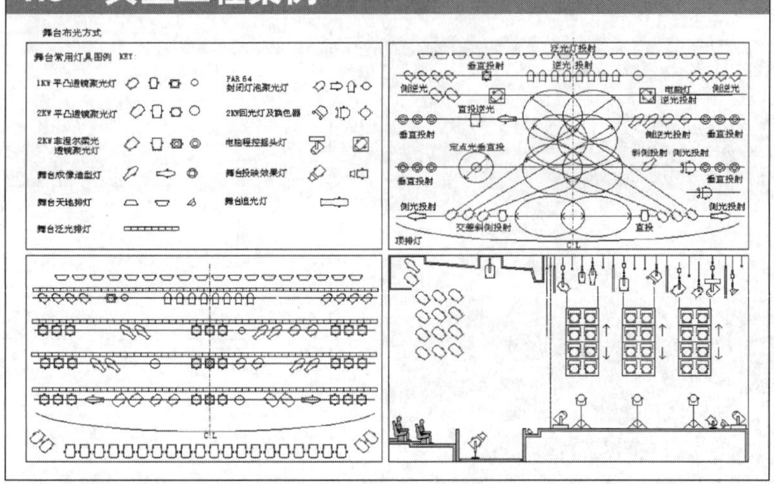

1.3 典型工程案例

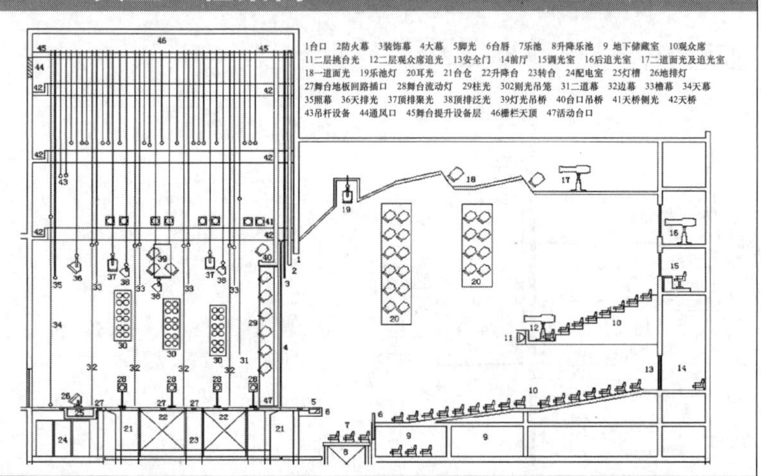

1.3 典型工程案例

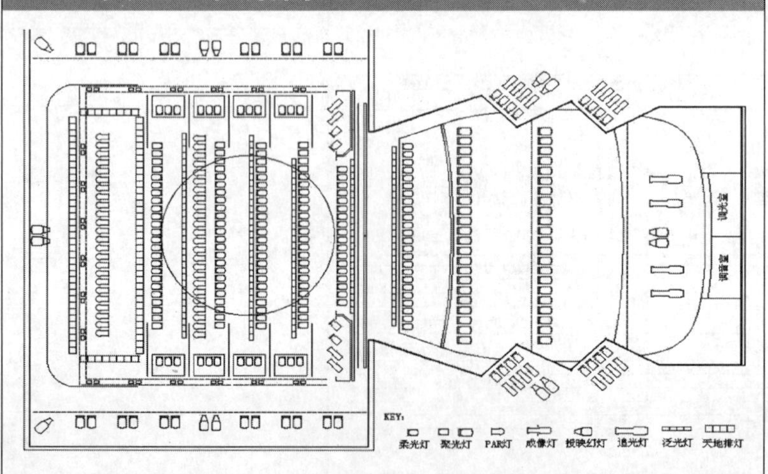

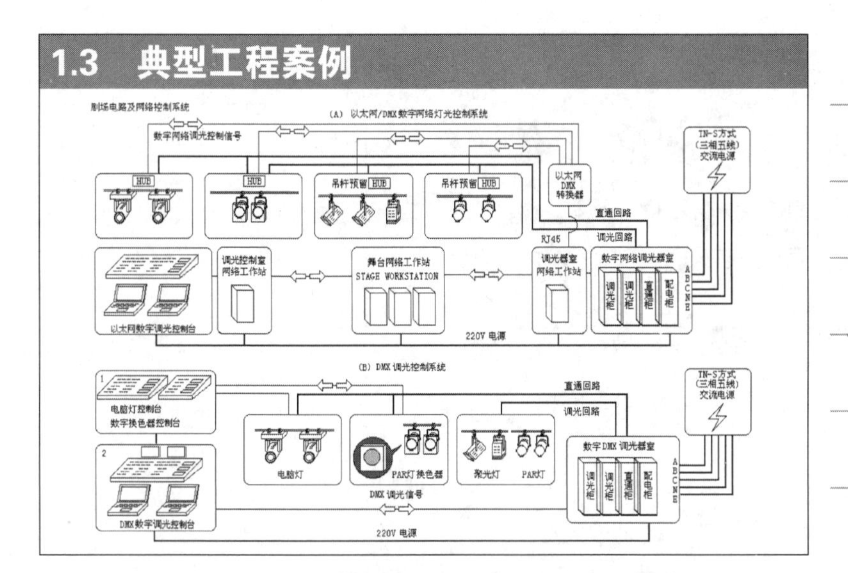
1.3　典型工程案例
剧场电路及网络控制系统
(A) 以太网/DMX数字网络灯光控制系统
数字网络调光控制信号
TN-S方式
(三相五线)
交流电源
HUB
吊杆预留
以太网
DMX
转换器
直通回路
调光回路
RJ45
调光控制室
网络工作站
舞台网络工作站
STAGE WORKSTATION
调光器室
网络工作站
数字网络调光器室
调光柜
直通柜
配电柜
以太网数字调光控制台
220V 电源
(B) DMX 调光控制系统
电脑灯控制台
数字换色器控制台
电脑灯
PAR灯 换色器
聚光灯
PAR灯
数字DMX 调光器室
DMX 调光信号
DMX数字调光控制台
220V 电源

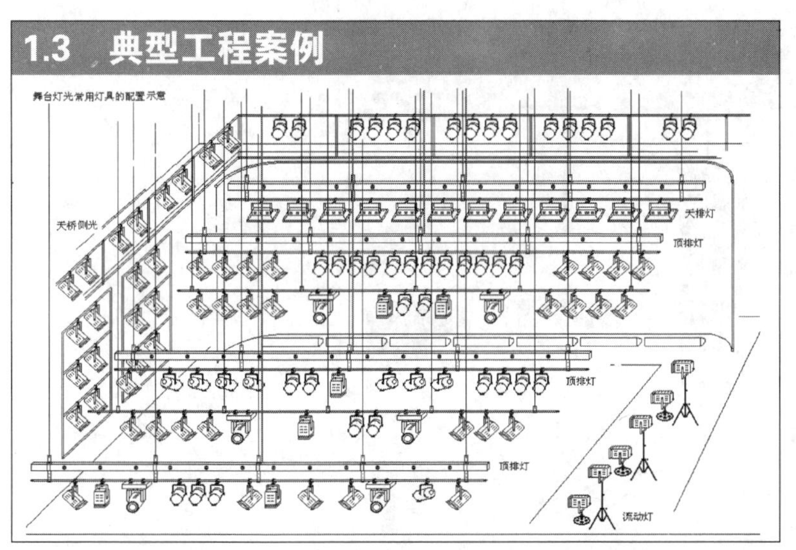
1.3　典型工程案例
舞台灯光常用灯具的配置示意
天桥侧光
天排灯
顶排灯
顶排灯
顶排灯
流动灯

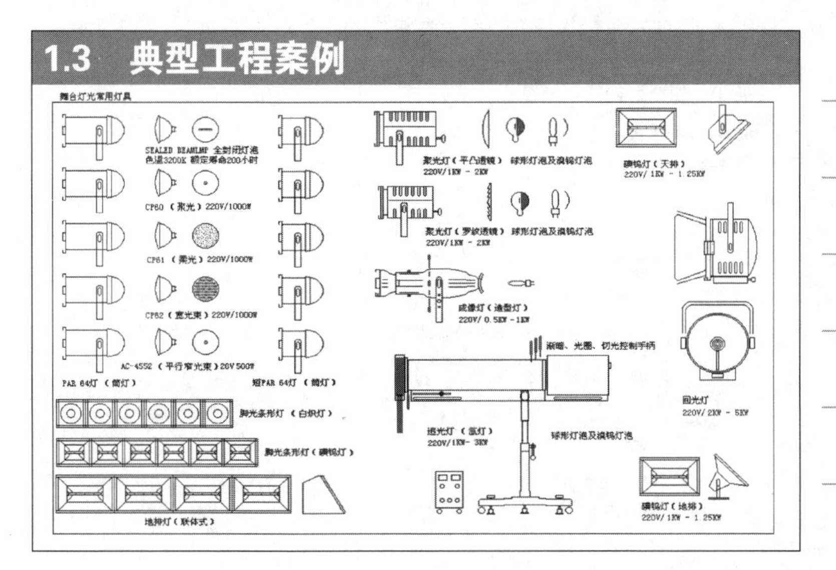
1.3　典型工程案例
舞台灯光常用灯具
SEALED BEAMLMP 全封闭灯泡
色温3200K 额定寿命200小时
CP60 (聚光) 220V/1000W
CP61 (柔光) 220V/1000W
CP62 (宽光束) 220V/1000W
AC-4552 (平行窄光束) 28V 500W
PAR 64灯 (筒灯)
短PAR 64灯 (筒灯)
聚光灯 (平凸透镜) 球形灯泡及溴钨灯泡
220V/1KW - 2KW
聚光灯 (罗纹透镜) 球形灯泡及溴钨灯泡
220V/1KW - 2KW
成像灯 (造型灯)
220V/ 0.5KW - 1KW
碘钨灯 (天排)
220V/ 1KW - 1.25KW
渐暗、光圈、切光控制手柄
追光灯 (弧灯)
220V/1KW- 3KW
球形灯泡及溴钨灯泡
回光灯
220V/ 2KW - 5KW
脚光条形灯 (白炽灯)
脚光条形灯 (碘钨灯)
地排灯 (联体式)
碘钨灯 (地排)
220V/ 1KW - 1.25KW

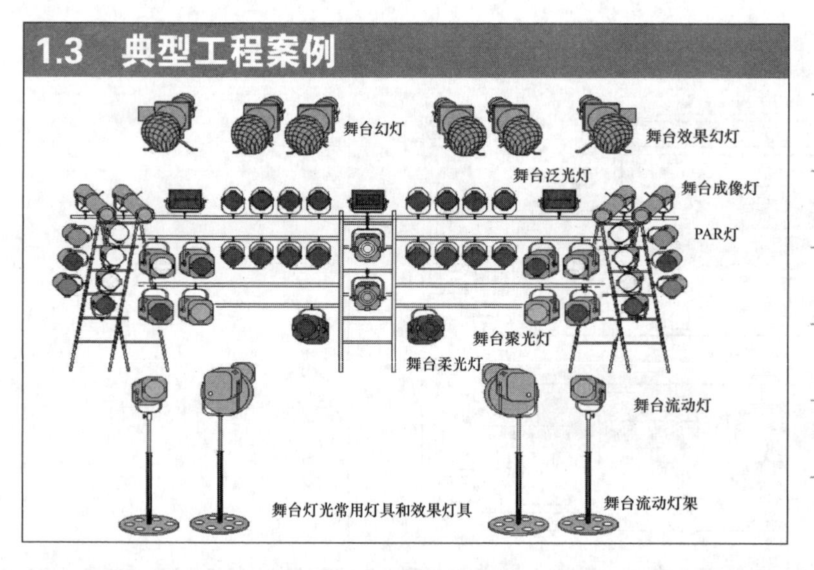
1.3 典型工程案例
舞台幻灯
舞台效果幻灯
舞台泛光灯
舞台成像灯
PAR灯
舞台聚光灯
舞台柔光灯
舞台流动灯
舞台灯光常用灯具和效果灯具
舞台流动灯架

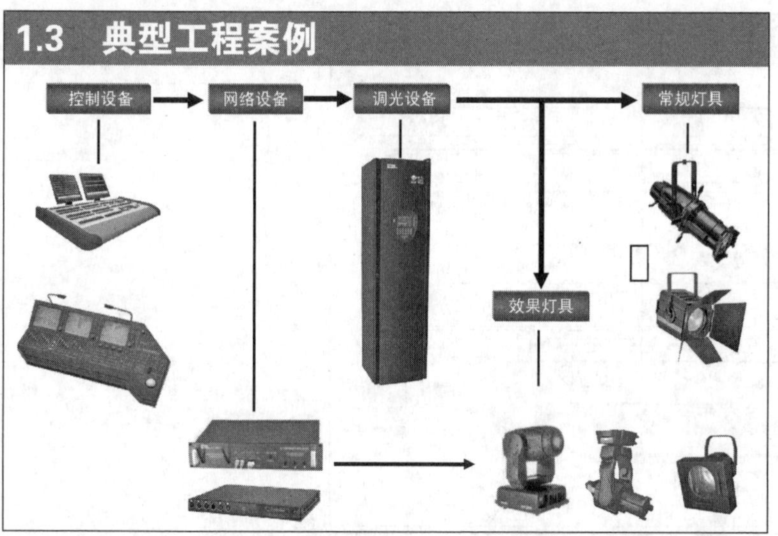
1.3 典型工程案例
控制设备
网络设备
调光设备
常规灯具
效果灯具

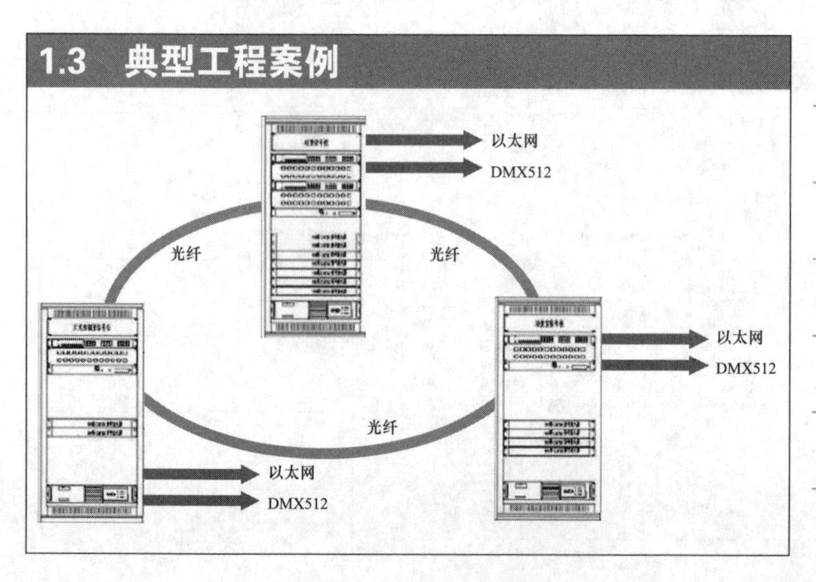
1.3 典型工程案例
以太网
DMX512
光纤
光纤
以太网
DMX512
光纤
以太网
DMX512

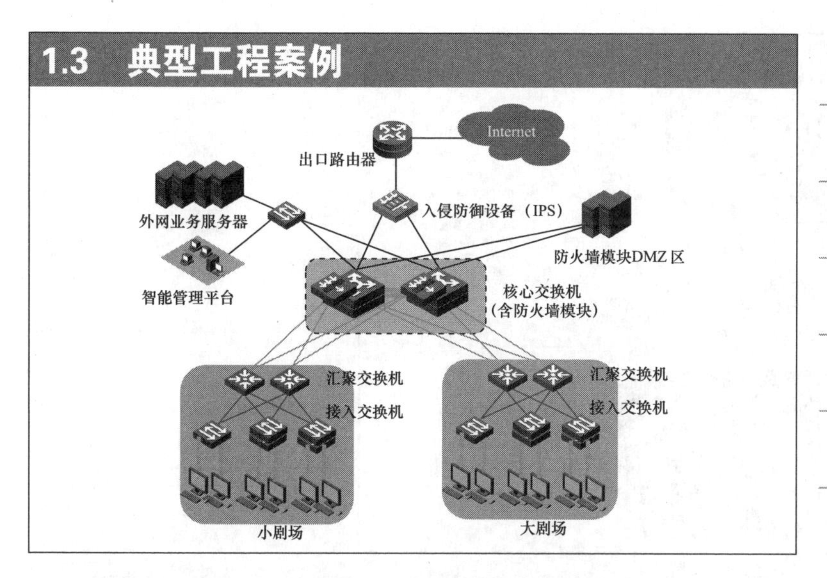
1.3　典型工程案例
Internet
出口路由器
入侵防御设备（IPS）
外网业务服务器
防火墙模块DMZ区
智能管理平台
核心交换机
（含防火墙模块）
汇聚交换机
接入交换机
小剧场
大剧场

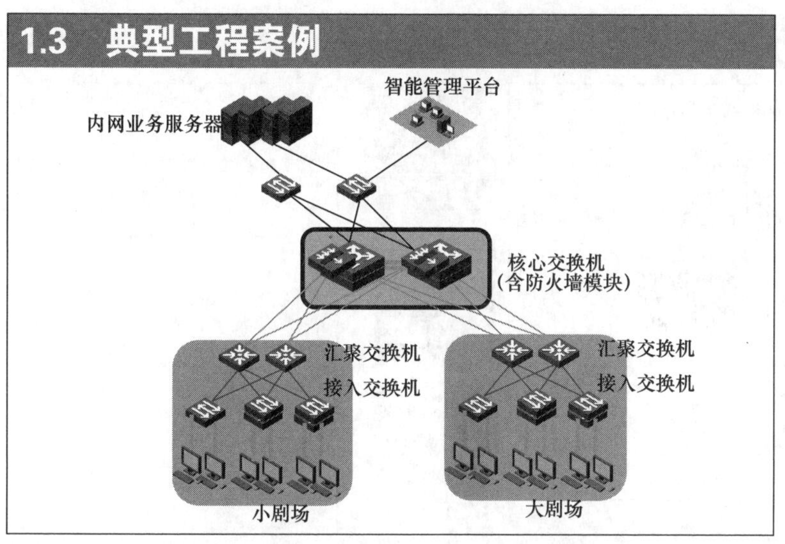
1.3　典型工程案例
智能管理平台
内网业务服务器
核心交换机
（含防火墙模块）
汇聚交换机
接入交换机
小剧场
大剧场

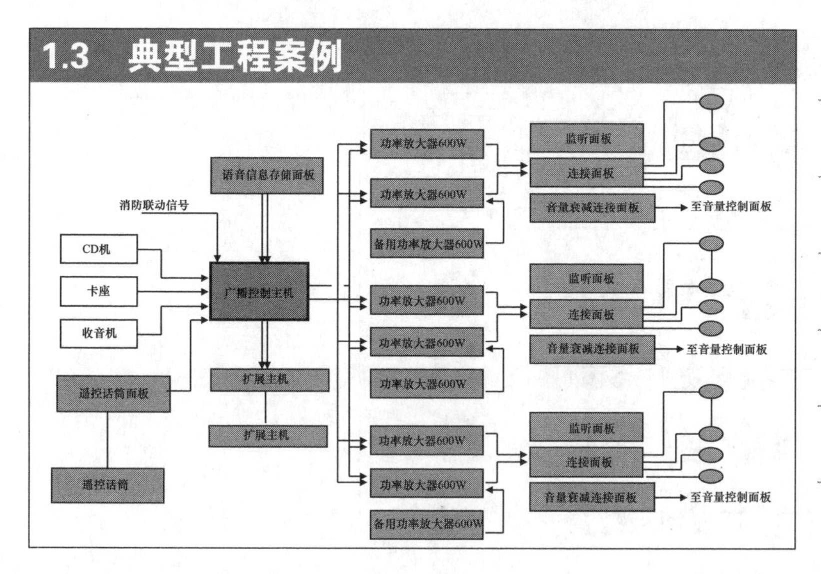
1.3　典型工程案例
语音信息存储面板
消防联动信号
CD机
卡座
收音机
广播控制主机
遥控话筒面板
遥控话筒
扩展主机
功率放大器600W
备用功率放大器600W
监听面板
连接面板
音量衰减连接面板
至音量控制面板

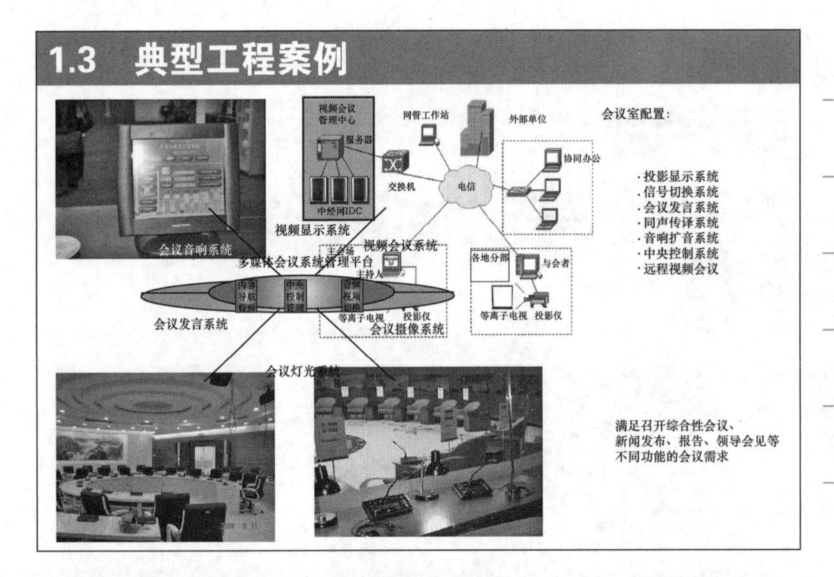
1.3 典型工程案例
视频会议管理中心
服务器
中经网IDC
网管工作站
外部单位
交换机
电信
协同办公
会议室配置:
·投影显示系统
·信号切换系统
·会议发言系统
·同声传译系统
·音响扩音系统
·中央控制系统
·远程视频会议
视频显示系统
会议音响系统
视频会议系统
多媒体会议系统管理平台
主会场
主持人
各地分部
与会者
中央控制
会议发言系统
等离子电视
投影仪
会议摄像系统
会议灯光系统
满足召开综合性会议、
新闻发布、报告、领导会见等
不同功能的会议需求

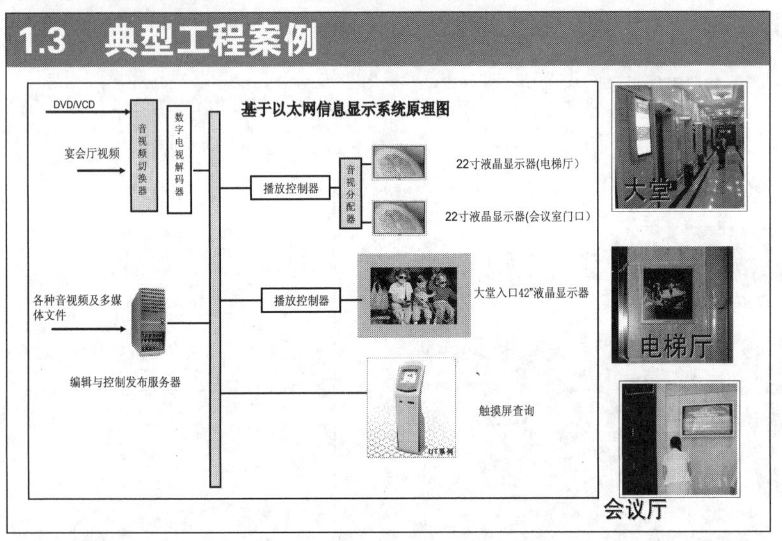
1.3 典型工程案例
DVD/VCD
宴会厅视频
音视频切换器
数字电视解码器
基于以太网信息显示系统原理图
播放控制器
音视分配器
22寸液晶显示器(电梯厅)
22寸液晶显示器(会议室门口)
各种音视频及多媒体文件
播放控制器
大堂入口42"液晶显示器
编辑与控制发布服务器
触摸屏查询
大堂
电梯厅
会议厅

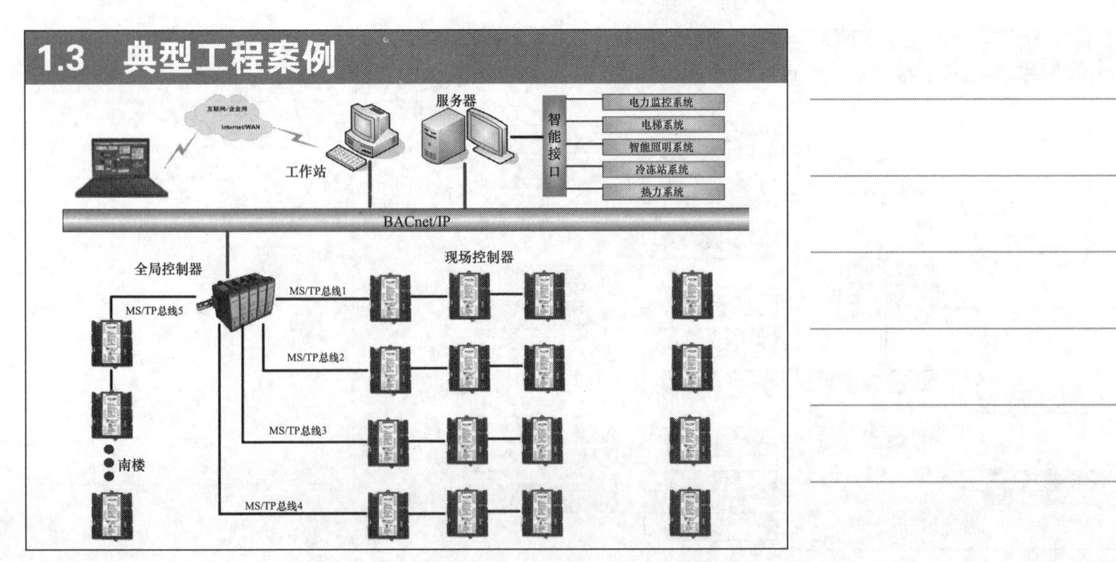
1.3 典型工程案例
Internet/WAN
服务器
工作站
智能接口
电力监控系统
电梯系统
智能照明系统
冷冻站系统
热力系统
BACnet/IP
全局控制器
现场控制器
MS/TP总线1
MS/TP总线2
MS/TP总线3
MS/TP总线4
MS/TP总线5
南楼

1.3 典型工程案例

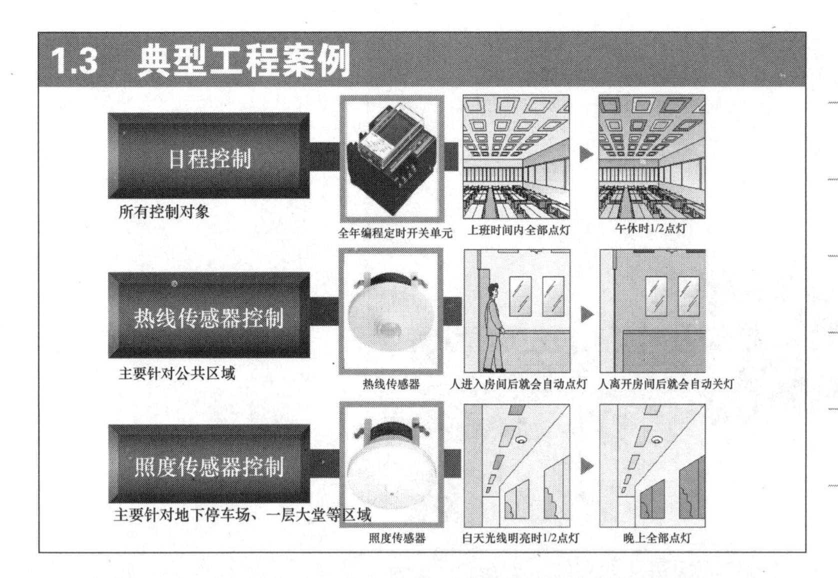

1.3 典型工程案例

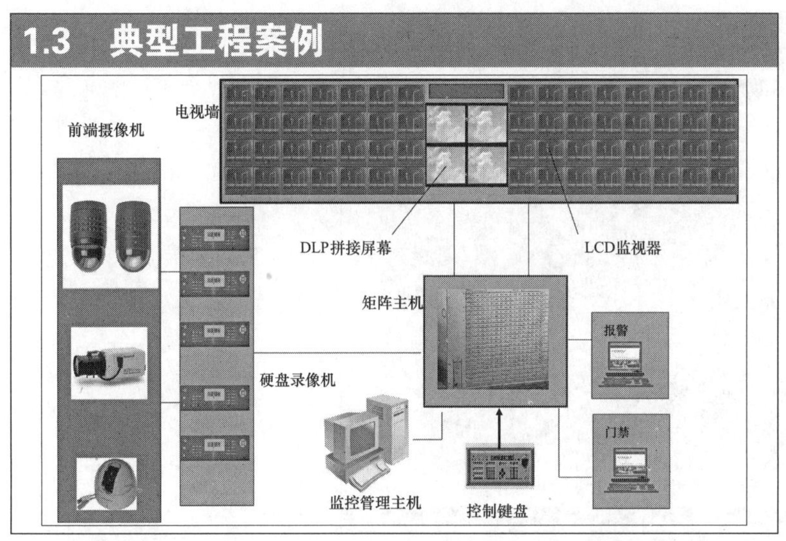

1.3 典型工程案例

多种收费方式；
区域车位引导；
入口实时监控；
停车场划线；
预留一卡通管理扇区
固定用户采用不停车远距离读卡进入（约3m）
临时用户采用近距离临时卡

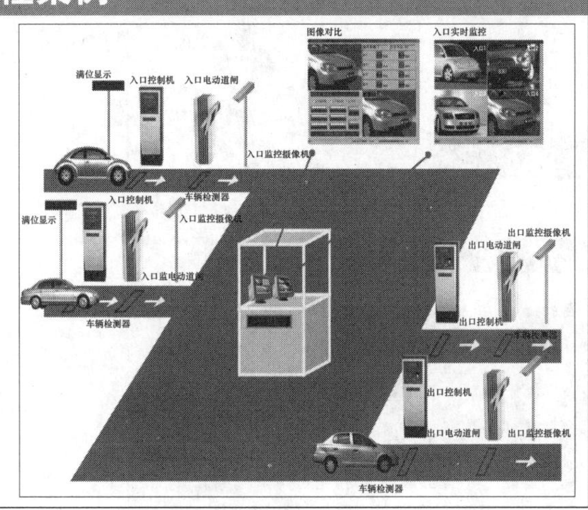

1.3 典型工程案例
停车场车位引导系统

1.3 典型工程案例
珠海歌剧院智能化集成管理平台
系统目录
请按键选择
建筑设备管理系统
视频安防监控系统
电子巡查系统
出入口控制系统
停车场管理系统
信息发布系统
火灾自动报警系统
节能监控管理系统
广播系统
时钟系统
下一页
返回主页

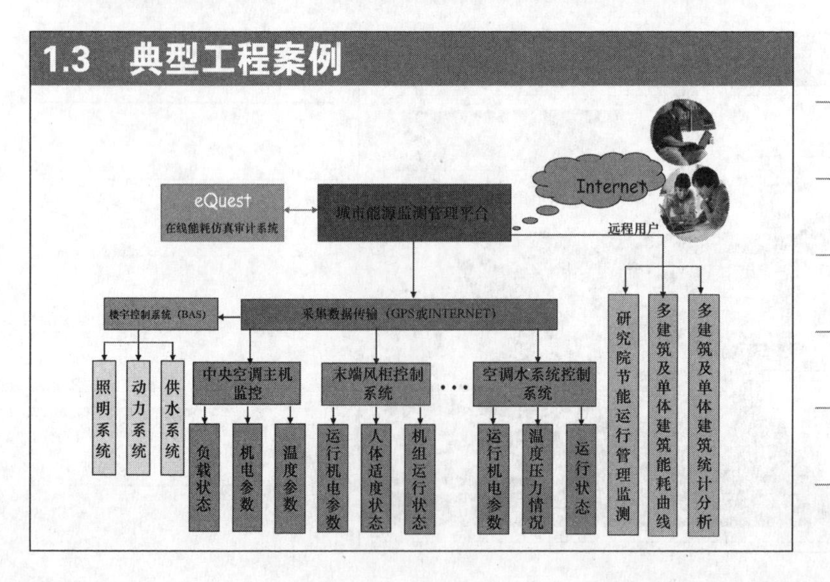
1.3 典型工程案例
eQuest
在线能耗仿真审计系统
城市能源监测管理平台
Internet
远程用户
楼宇控制系统（BAS）
采集数据传输（GPS或INTERNET）
照明系统
动力系统
供水系统
中央空调主机监控
末端风柜控制系统
空调水系统控制系统
负载状态
机电参数
温度参数
运行机电参数
人体适度状态
机组运行状态
运行机电参数
温度压力情况
运行状态
研究院节能运行管理监测
多建筑及单体建筑能耗曲线
多建筑及单体建筑统计分析

1.3　典型工程案例

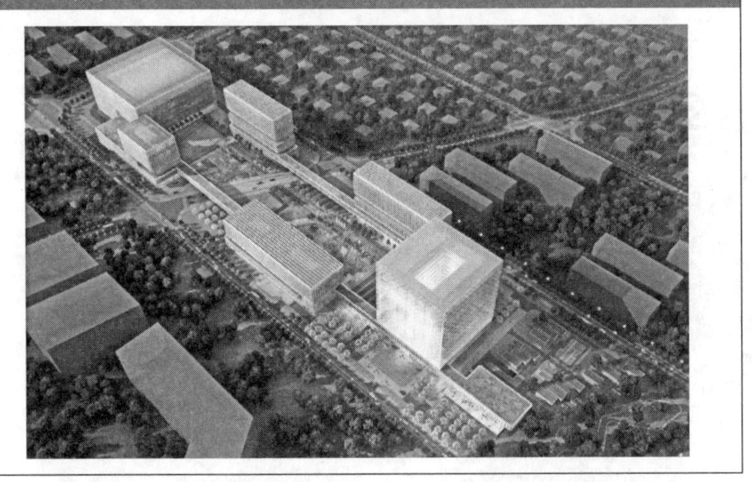

1.3　典型工程案例

市政进线

2-2#分变电室（A6）
2X1000kVA

1-2#分变电室
（A4）
2X1600kVA

员工倒班宿舍

培训大厦

专家楼

数据中心部分：
106000kVA
柴油机62400kW

数据中心

动力中心
2-1#分变
电室（C）
2X1600k
VA

1-1#分变
电室（A5）
2X1600k
VA

主楼

研究院

科技大厦

培训大厦配楼

1#主变电室
（A3）
4X1600kVA
（主楼 研究院）
柴油机1000kW
(预留）

2#主变电室（A2）
2X2000kVA（IT）
2X1250kVA(科技
大厦)柴油机

1.3　典型工程案例

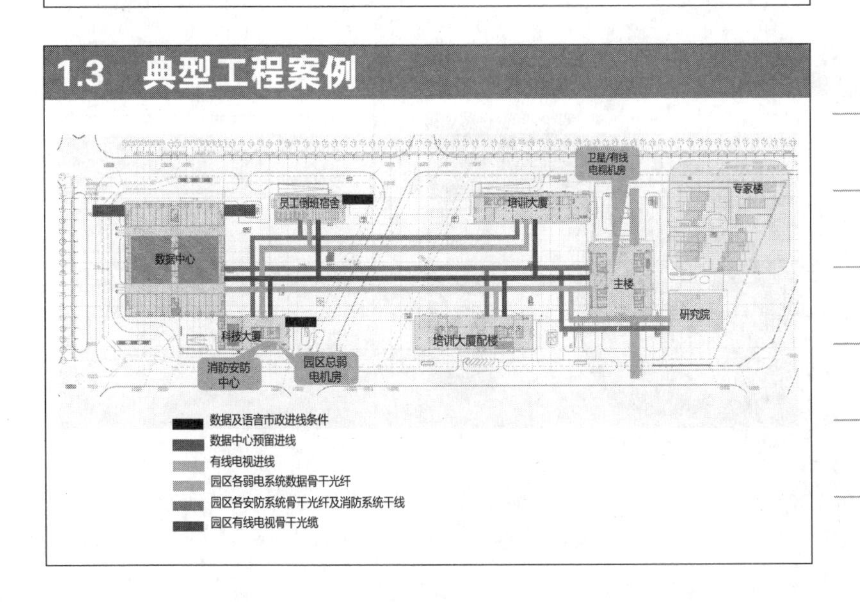

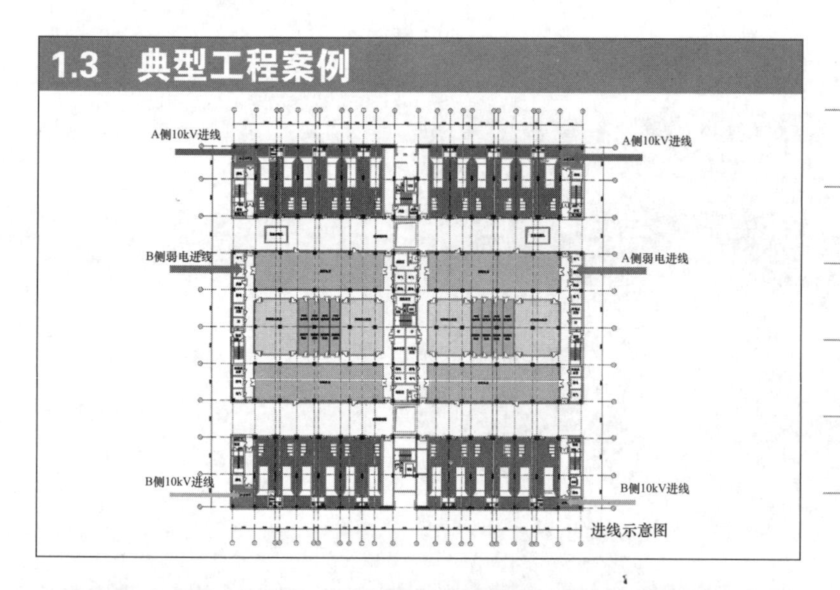
1.3 典型工程案例
A侧10kV进线
A侧10kV进线
B侧弱电进线
A侧弱电进线
B侧10kV进线
B侧10kV进线
进线示意图

1.3 典型工程案例

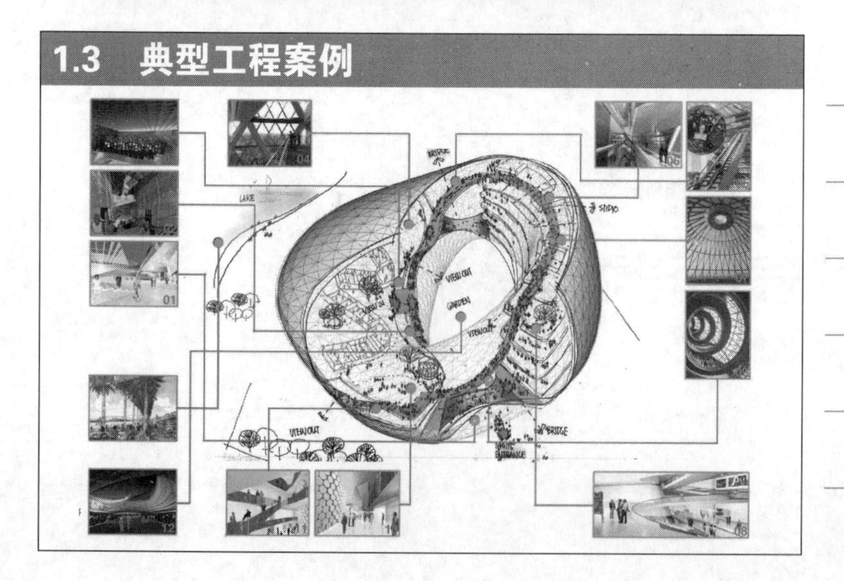
1.3 典型工程案例
LAKE
STUDIO
GARDEN

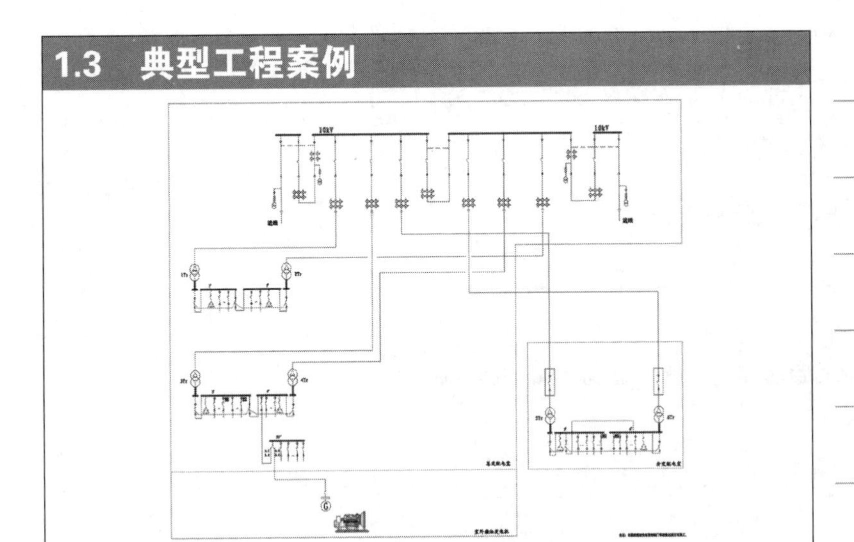

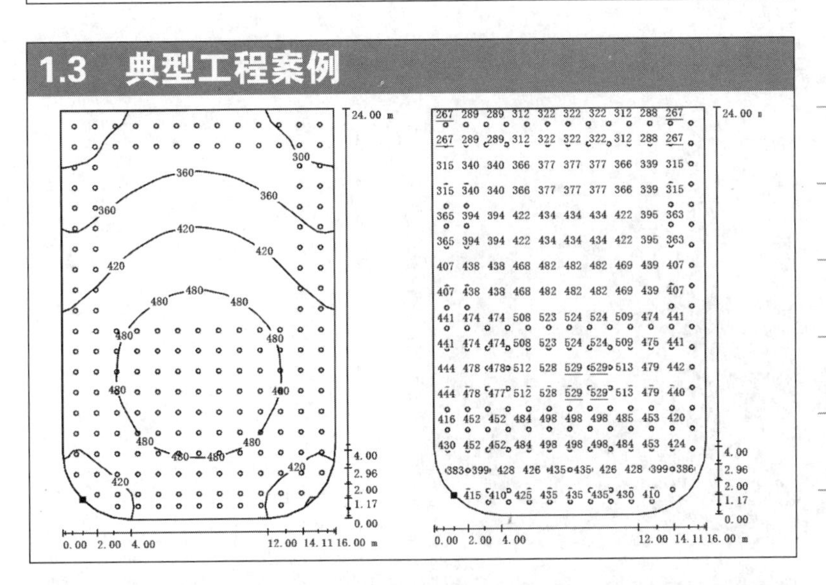

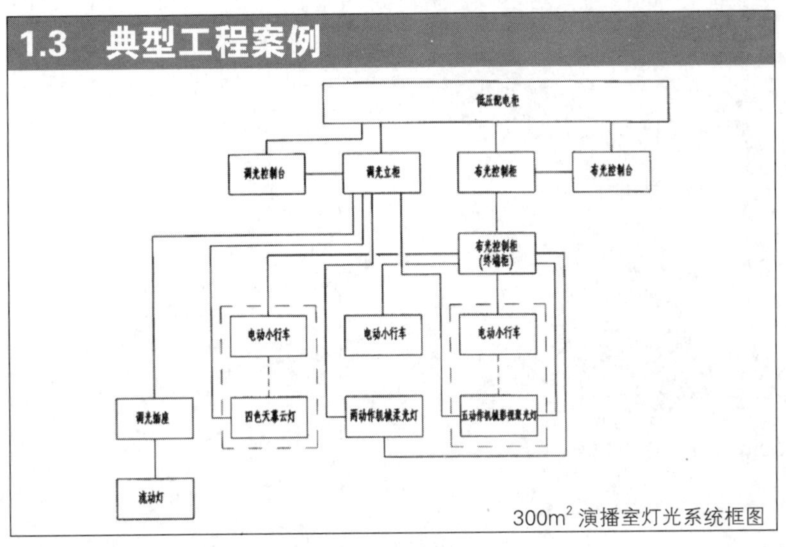

300m² 演播室灯光系统框图

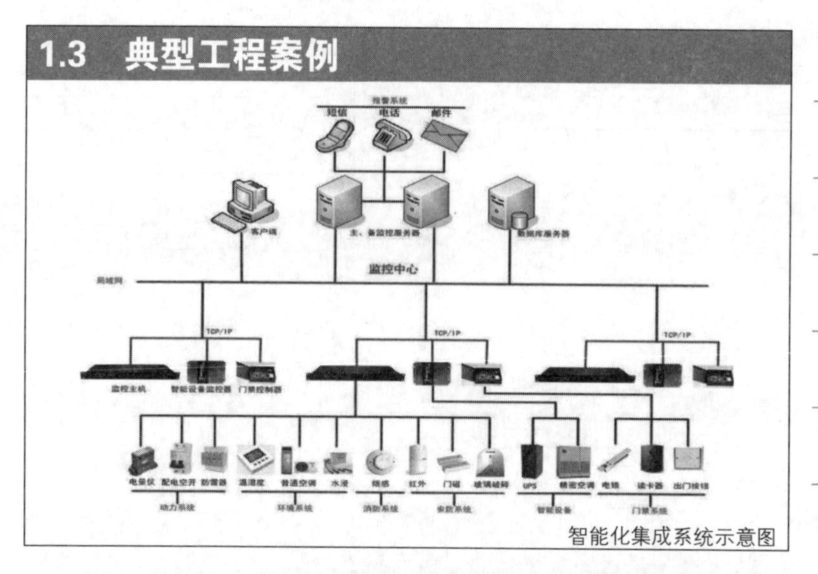
1.3 典型工程案例
报警系统
短信
电话
邮件
客户端
主、备监控服务器
数据库服务器
监控中心
局域网
TCP/IP
TCP/IP
TCP/IP
监控主机
智能设备监控器
门禁控制器
电量仪
配电空开
防雷器
温湿度
普通空调
水浸
烟感
红外
门磁
玻璃破碎
UPS
精密空调
电锁
读卡器
出门按钮
动力系统
环境系统
消防系统
安防系统
智能设备
门禁系统
智能化集成系统示意图

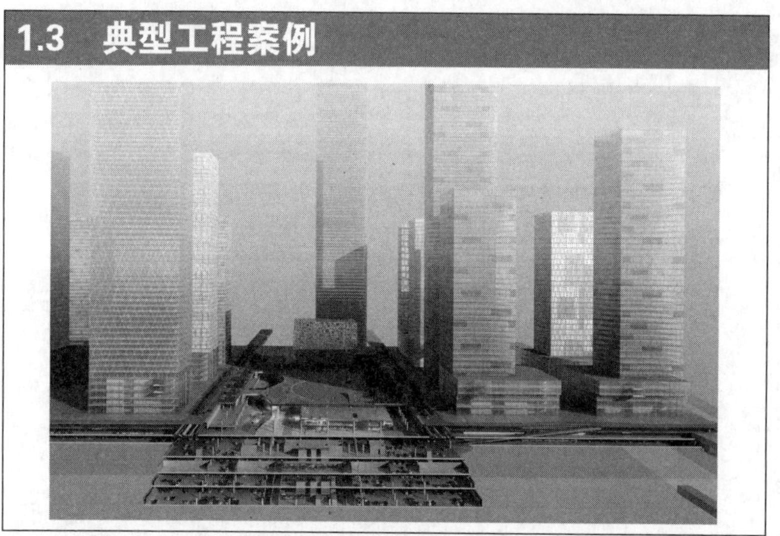
1.3 典型工程案例

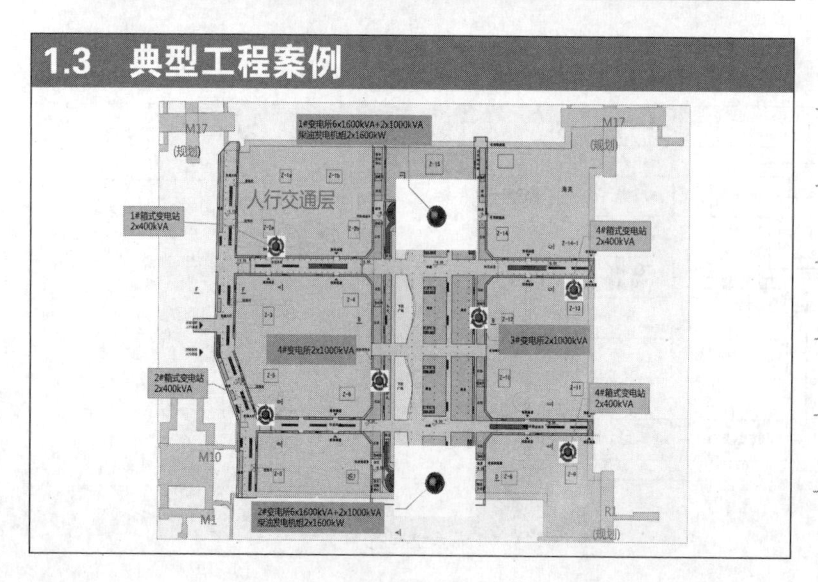
1.3 典型工程案例
M17
(规划)
1#变电所6x1600kVA+2x1000kVA
柴油发电机组2x1600kW
M17
(规划)
人行交通层
1#箱式变电站
2x400kVA
4#箱式变电站
2x400kVA
4#变电所2x1000kVA
3#变电所2x1000kVA
2#箱式变电站
2x400kVA
4#箱式变电站
2x400kVA
M10
M1
2#变电所6x1600kVA+2x1000kVA
柴油发电机组2x1600kW
R1
(规划)

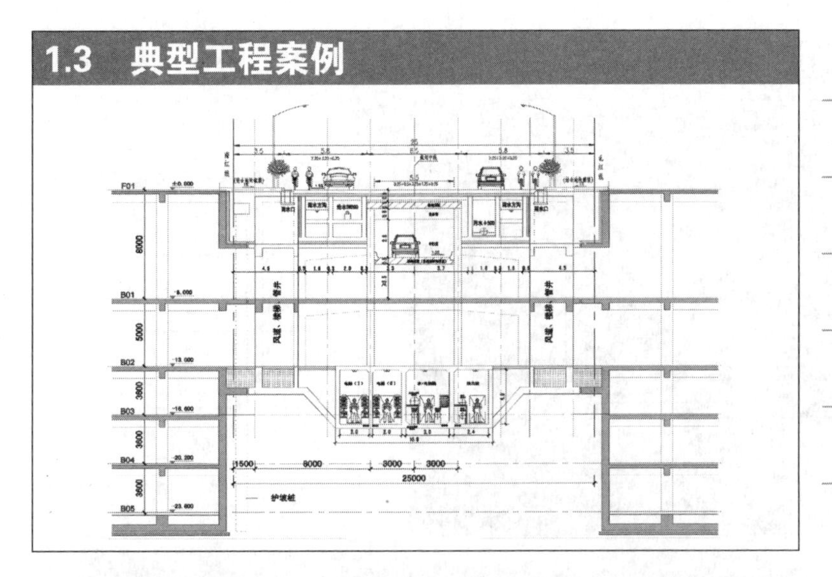
1.3 典型工程案例
F01
B01
B02
B03
B04
B05
8000
5000
3600
1500
3000
25000
护坡桩

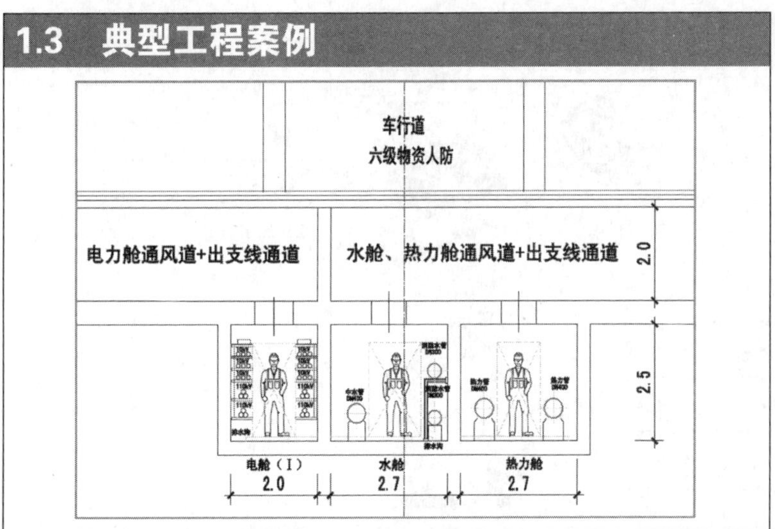
1.3 典型工程案例
车行道
六级物资人防
电力舱通风道+出支线通道
水舱、热力舱通风道+出支线通道
2.0
2.5
电舱（I）
水舱
热力舱
2.0
2.7
2.7

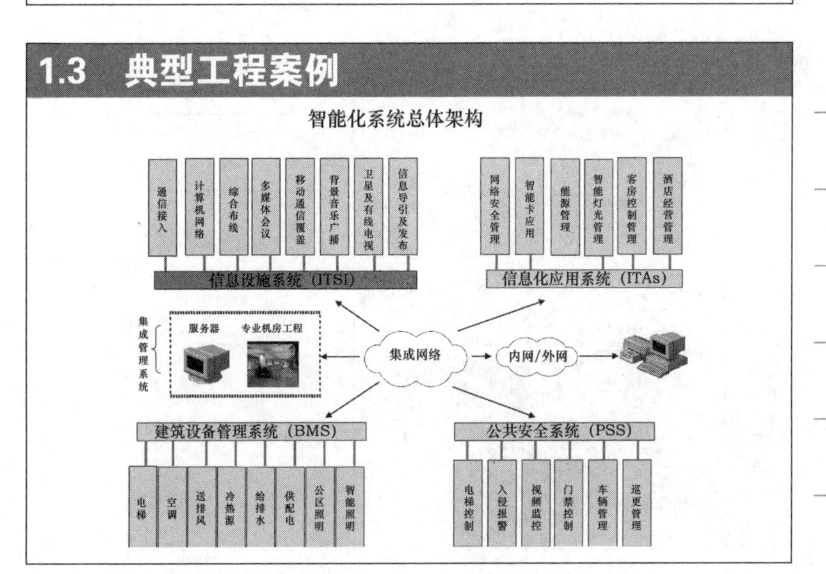
1.3 典型工程案例
智能化系统总体架构
通信接入
计算机网络
综合布线
多媒体会议
移动通信覆盖
背景音乐广播
卫星及有线电视
信息导引及发布
信息设施系统（ITSI）
网络安全管理
智能卡应用
能源管理
智能灯光管理
客房控制管理
酒店经营管理
信息化应用系统（ITAs）
集成管理系统
服务器
专业机房工程
集成网络
内网/外网
建筑设备管理系统（BMS）
电梯
空调
送排风
冷热源
给排水
供配电
公区照明
智能照明
公共安全系统（PSS）
电梯控制
入侵报警
视频监控
门禁控制
车辆管理
巡更管理

1.3 典型工程案例

1.3 典型工程案例

- 展位箱

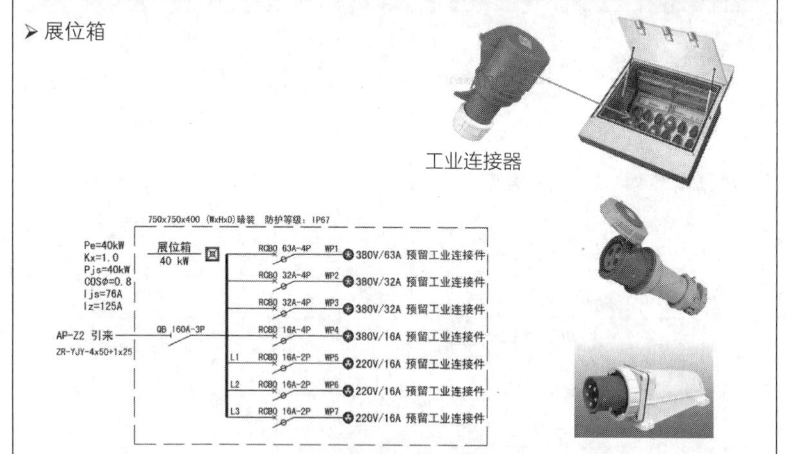

1.3 典型工程案例

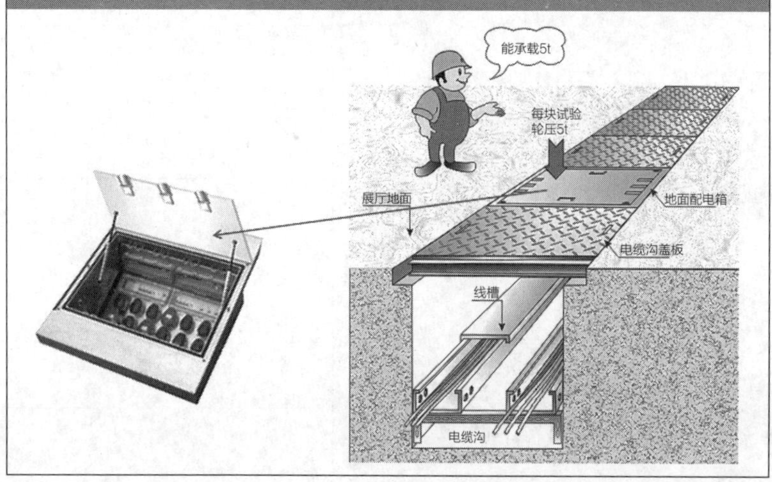

1.3　典型工程案例

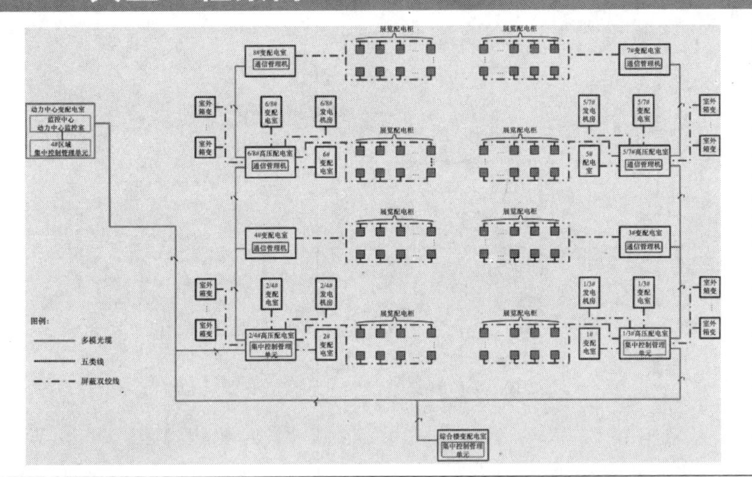

1.3　典型工程案例

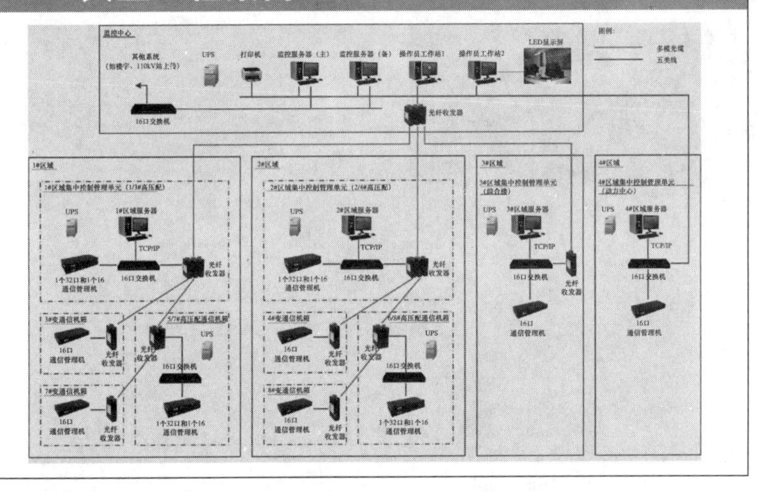

1.3　典型工程案例

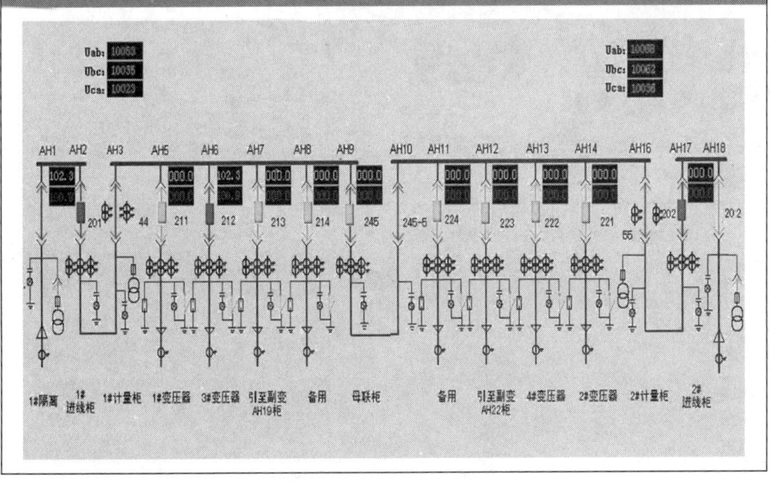

1.3 典型工程案例

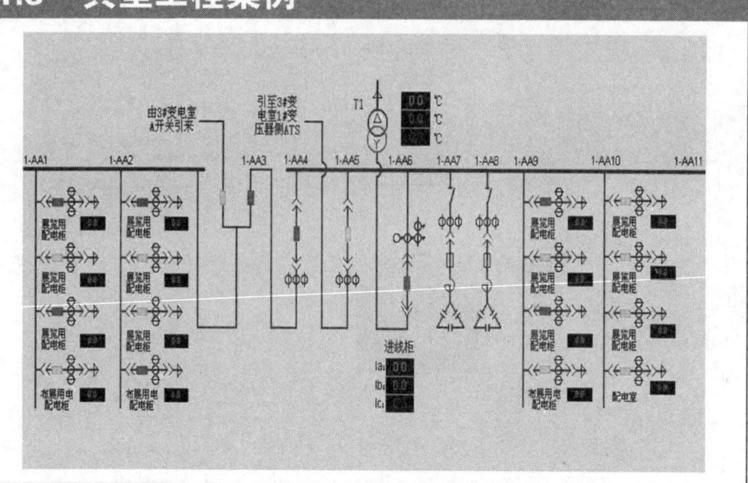

1.3 典型工程案例

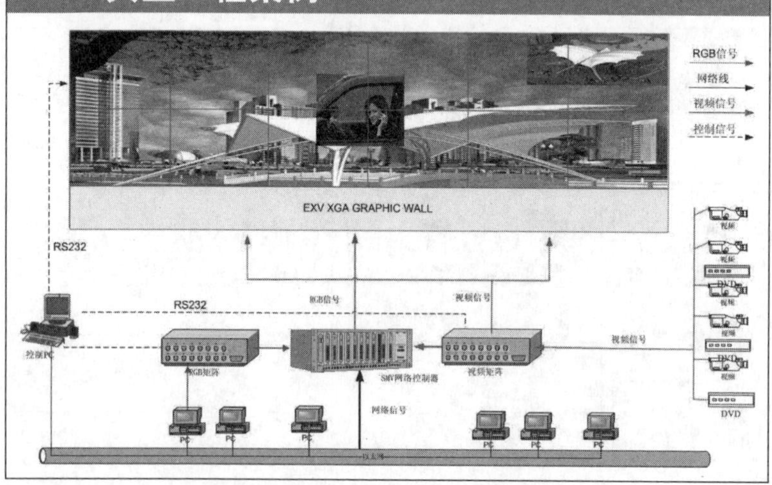

1.3 典型工程案例

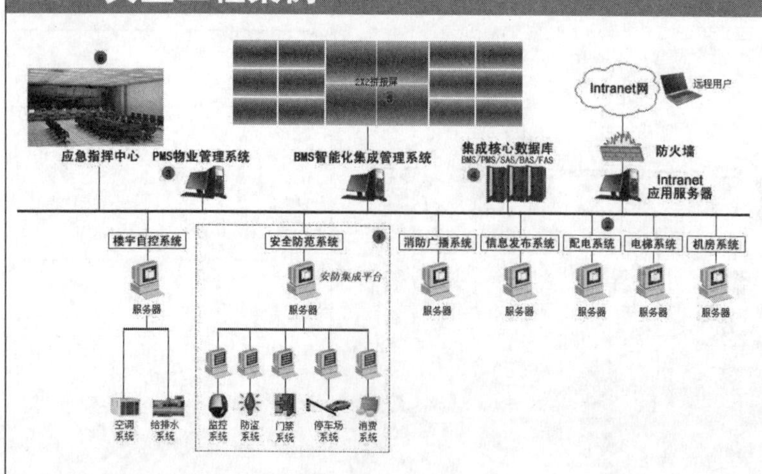

1.3　典型工程案例

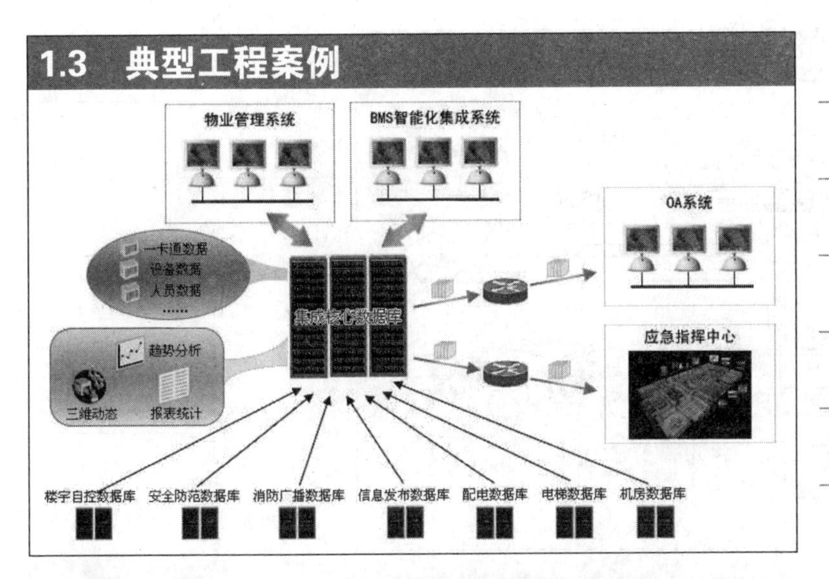

1.3　典型工程案例

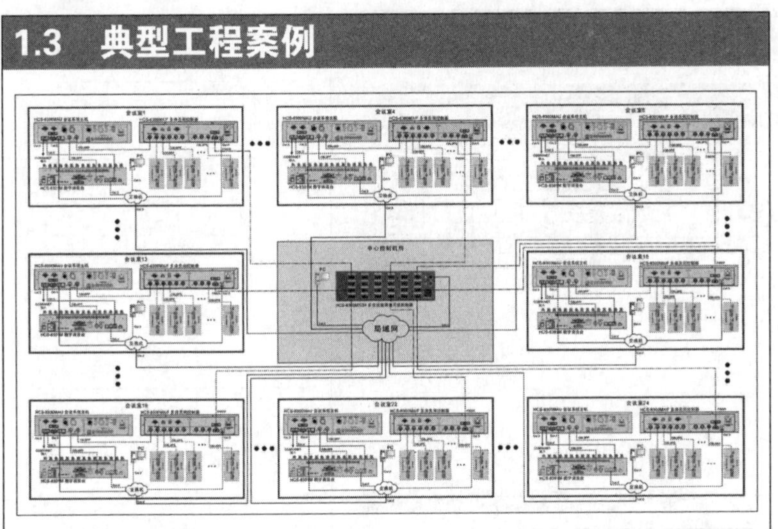

1.3　典型工程案例

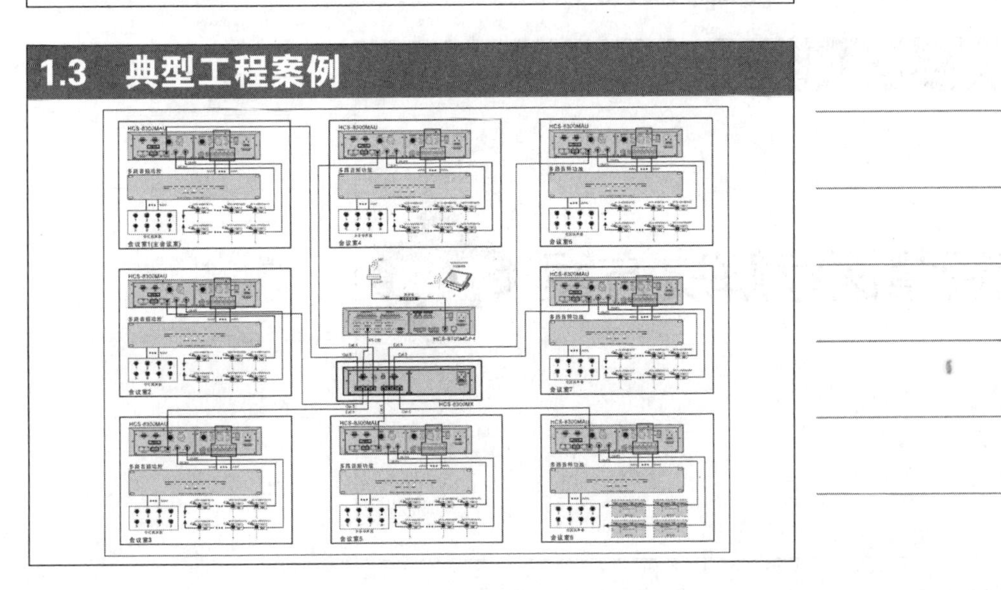

1.3 典型工程案例

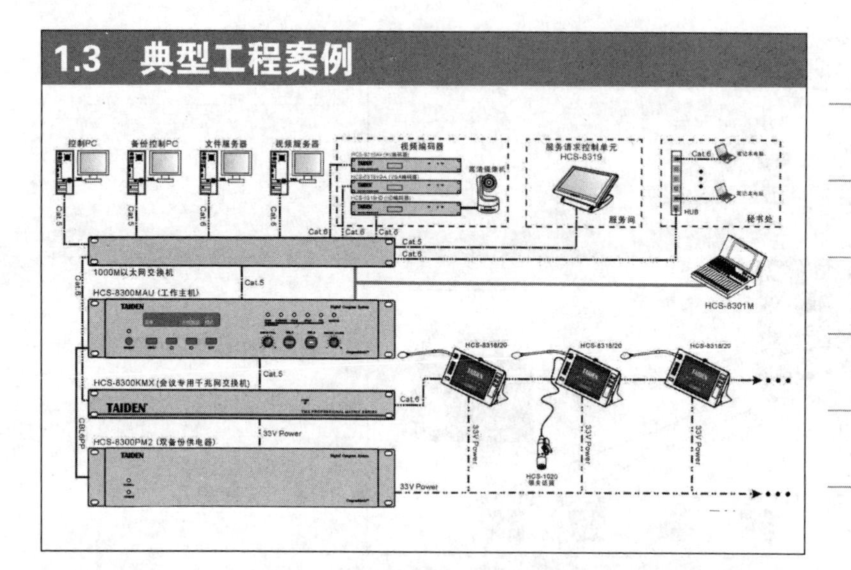

1.3 典型工程案例

Name	Location	Online	Log	System P...	System U...	Schedule	Display P...	Help	Device U...	Display U...	Light1
大会议室1	201	✓	0	●	△	✓	●	0	0	0	▭
会议室2	204	✓	0	●	△	✓	●	0	0	0	▭
会议室3	206	✗	✗	✗	✗	✗	✗	✗	✗	✗	✗
大会议室5	401	✗	✗	✗	✗	✗	✗	✗	✗	✗	✗
会议室4	208	✗	✗	✗	✗	✗	✗	✗	✗	✗	✗
会议室6	404	✓	0	●	△	✓	●	0	0	0	▭
会议室7	406	✓	0	●	△	✓	●	0	0	0	▭
会议室8	408	✗	✗	✗	✗	✗	✗	✗	✗	✗	✗
报告厅	101	✓	0	●	△	✓	●	0	0	0	▭

1.3 典型工程案例

医院智慧医疗解决方案

1.3　典型工程案例

智慧医疗 – 核心技术

智能识别　信息融合　移动计算　云计算

物联网：

通过射频识别、传感器、红外感应、全球定位、激光条码扫描、图像识别等信息感知设备和网络，按约定的通信协议，把任何物品与互联网相连接，进行信息交换和通信，以实现智能化识别、感知、定位、跟踪、监控和管理的一种网络。

云计算：

IT基础设施的交付和使用模式，指通过网络以按需、易扩展的方式获得所需的资源（硬件、平台、软件），提供资源的网络被称为“云”，“云”中的资源在使用者看来是可以无限扩展的，并且可以随时获取，按需使用，随时扩展，按使用付费。

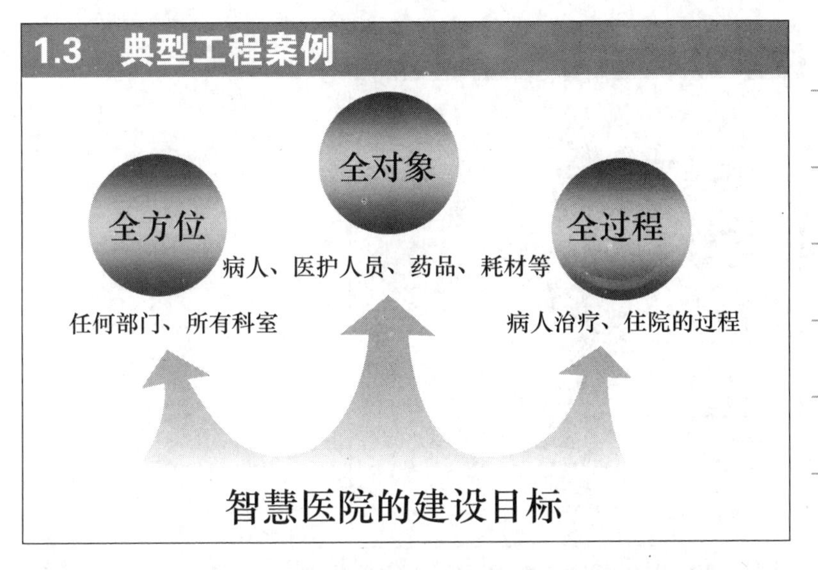

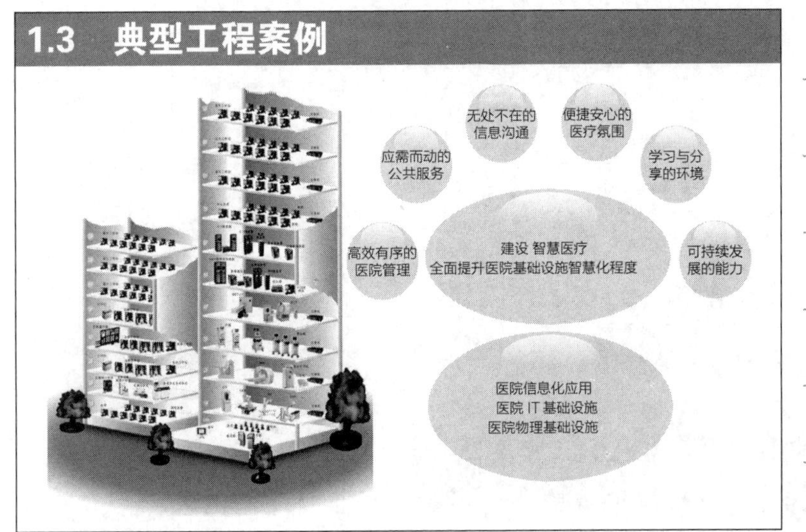

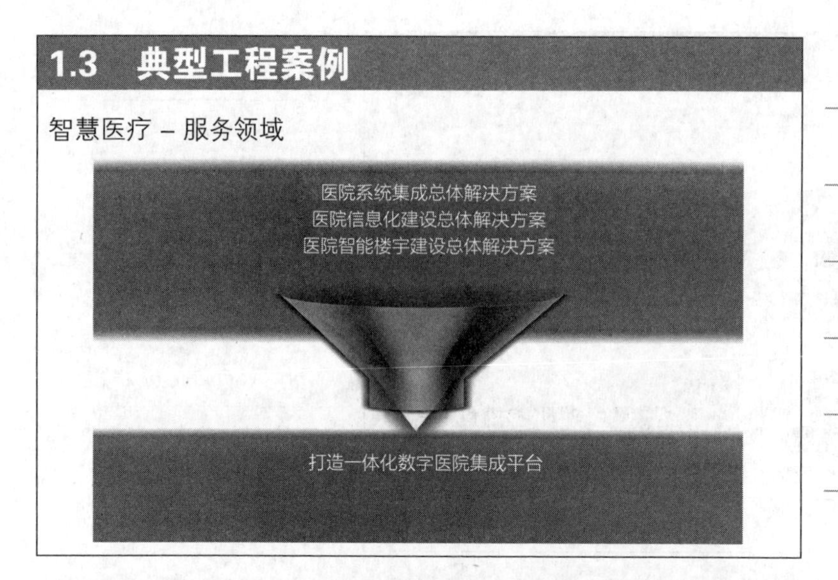
1.3 典型工程案例
智慧医疗－服务领域
医院系统集成总体解决方案
医院信息化建设总体解决方案
医院智能楼宇建设总体解决方案
打造一体化数字医院集成平台

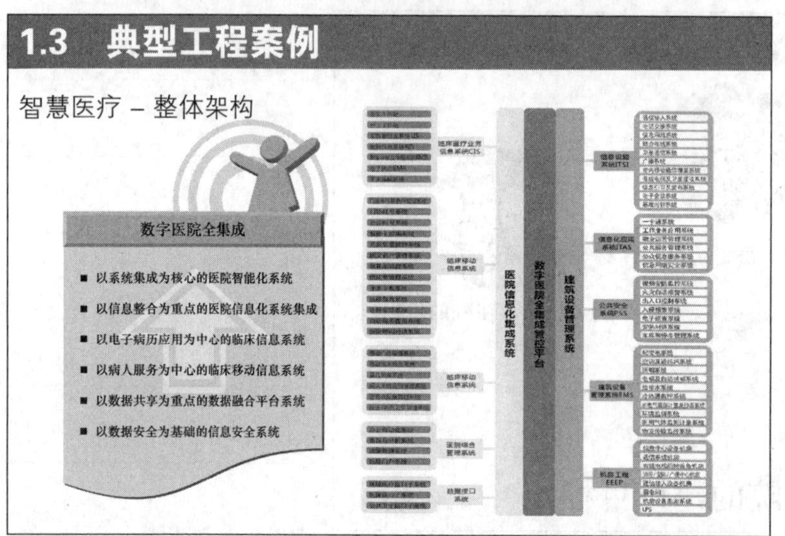
1.3 典型工程案例
智慧医疗－整体架构
数字医院全集成
以系统集成为核心的医院智能化系统
以信息整合为重点的医院信息化系统集成
以电子病历应用为中心的临床信息系统
以病人服务为中心的临床移动信息系统
以数据共享为重点的数据融合平台系统
以数据安全为基础的信息安全系统
医院信息化集成系统
数字医院全集成管控平台
建筑设备管理系统

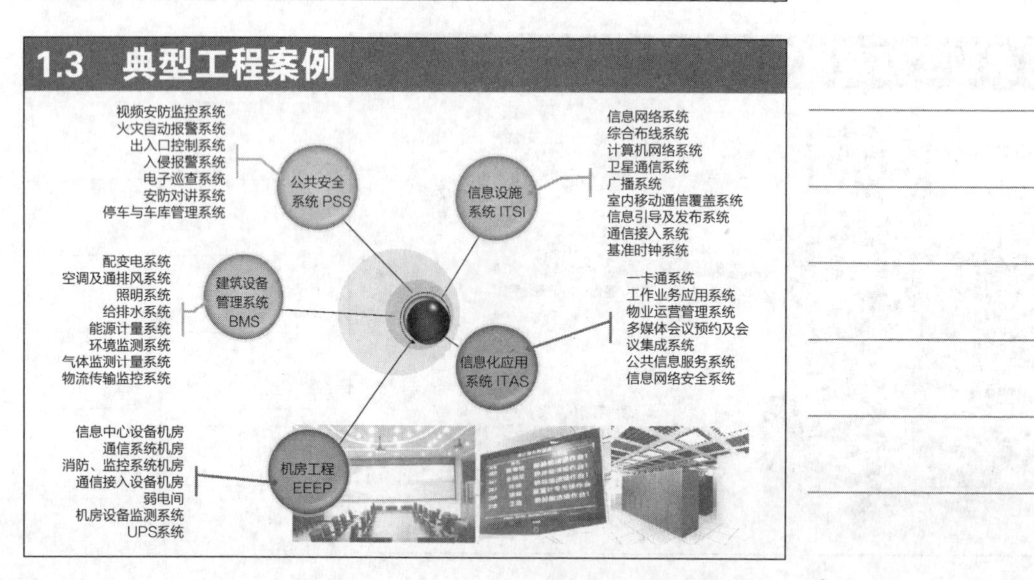
1.3 典型工程案例
视频安防监控系统
火灾自动报警系统
出入口控制系统
入侵报警系统
电子巡查系统
安防对讲系统
停车与车库管理系统
公共安全系统 PSS
信息设施系统 ITSI
信息网络系统
综合布线系统
计算机网络系统
卫星通信系统
广播系统
室内移动通信覆盖系统
信息引导及发布系统
通信接入系统
基准时钟系统
配变电系统
空调及通排风系统
照明系统
给排水系统
能源计量系统
环境监测系统
气体监测计量系统
物流传输监控系统
建筑设备管理系统 BMS
一卡通系统
工作业务应用系统
物业运营管理系统
多媒体会议预约及会议集成系统
公共信息服务系统
信息网络安全系统
信息化应用系统 ITAS
信息中心设备机房
通信系统机房
消防、监控系统机房
通信接入设备机房
弱电间
机房设备监测系统
UPS系统
机房工程 EEEP

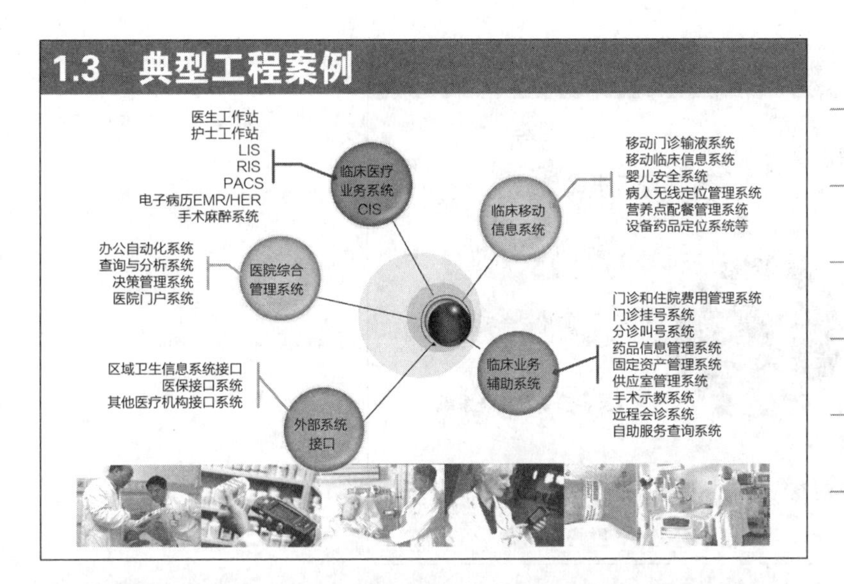
1.3 典型工程案例
医生工作站
护士工作站
LIS
RIS
PACS
电子病历EMR/HER
手术麻醉系统
临床医疗业务系统CIS
移动门诊输液系统
移动临床信息系统
婴儿安全系统
病人无线定位管理系统
营养点配餐管理系统
设备药品定位系统等
临床移动信息系统
办公自动化系统
查询与分析系统
决策管理系统
医院门户系统
医院综合管理系统
门诊和住院费用管理系统
门诊挂号系统
分诊叫号系统
药品信息管理系统
固定资产管理系统
供应室管理系统
手术示教系统
远程会诊系统
自助服务查询系统
临床业务辅助系统
区域卫生信息系统接口
医保接口系统
其他医疗机构接口系统
外部系统接口

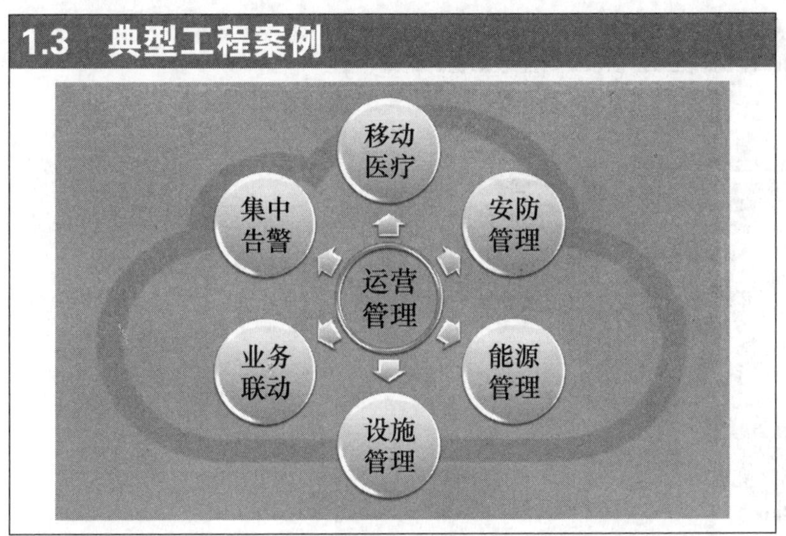
1.3 典型工程案例
移动医疗
安防管理
能源管理
设施管理
业务联动
集中告警
运营管理

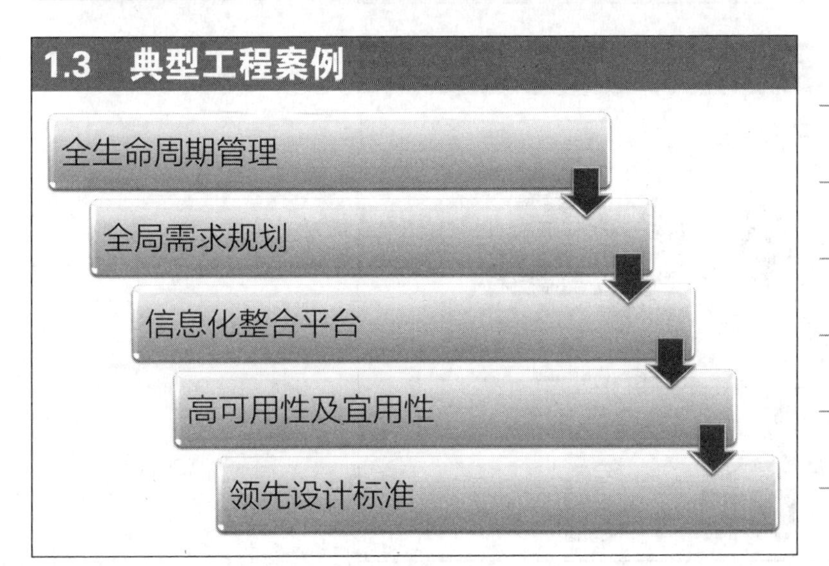
1.3 典型工程案例
全生命周期管理
全局需求规划
信息化整合平台
高可用性及宜用性
领先设计标准

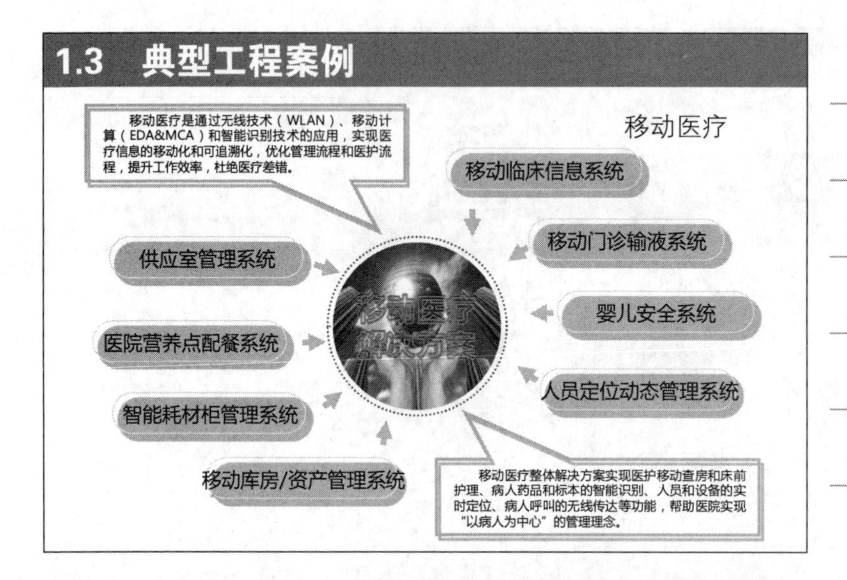
1.3 典型工程案例
移动医疗是通过无线技术（WLAN）、移动计算（EDA&MCA）和智能识别技术的应用，实现医疗信息的移动化和可追溯化，优化管理流程和医护流程，提升工作效率，杜绝医疗差错。
移动医疗
移动临床信息系统
移动门诊输液系统
婴儿安全系统
人员定位动态管理系统
供应室管理系统
医院营养点配餐系统
智能耗材柜管理系统
移动库房/资产管理系统
移动医疗解决方案
移动医疗整体解决方案实现医护移动查房和床前护理、病人药品和标本的智能识别、人员和设备的实时定位、病人呼叫的无线传达等功能，帮助医院实现“以病人为中心”的管理理念。

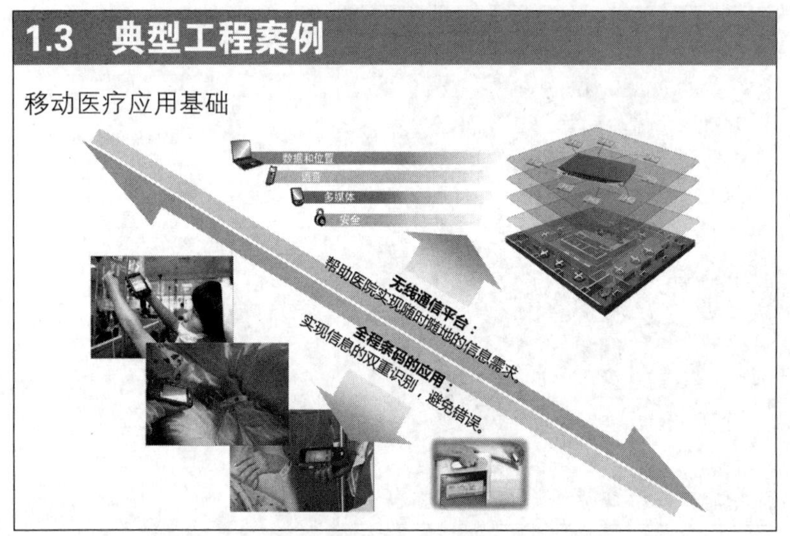
1.3 典型工程案例
移动医疗应用基础
数据和位置
语音
多媒体
安全
无线通信平台：
帮助医院实现随时随地的信息需求。
全程条码的应用：
实现信息的双重识别，避免错误。

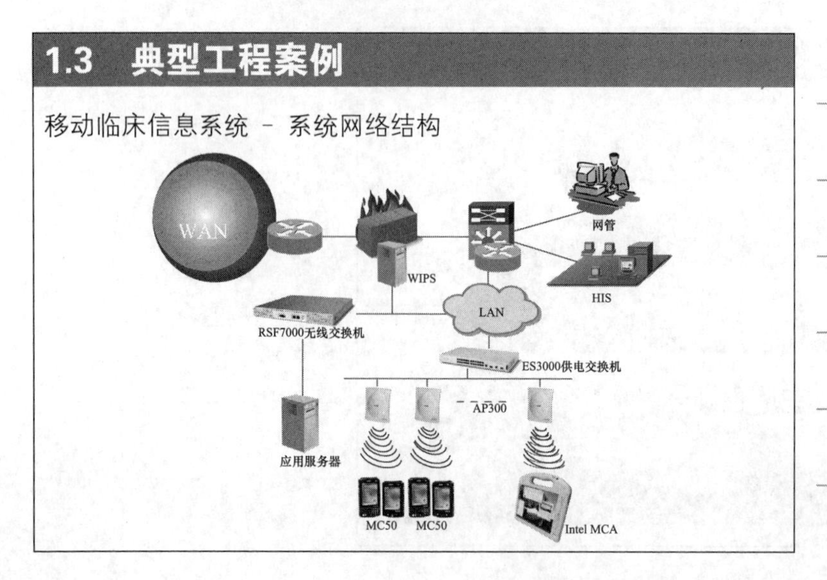
1.3 典型工程案例
移动临床信息系统 - 系统网络结构
WAN
WIPS
网管
HIS
LAN
RSF7000无线交换机
ES3000供电交换机
AP300
应用服务器
MC50
MC50
Intel MCA

1.3 典型工程案例

移动临床信息系统 – 护士工作站（EDA）

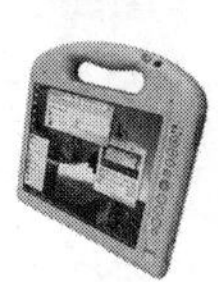

1.3 典型工程案例

移动临床信息系统 – 护士工作站（PC）

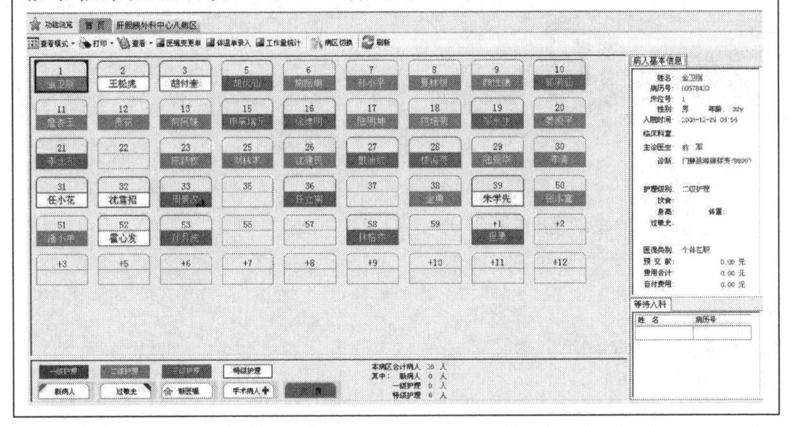

1.3 典型工程案例

移动临床信息系统 – 护理电子病历（体温单）

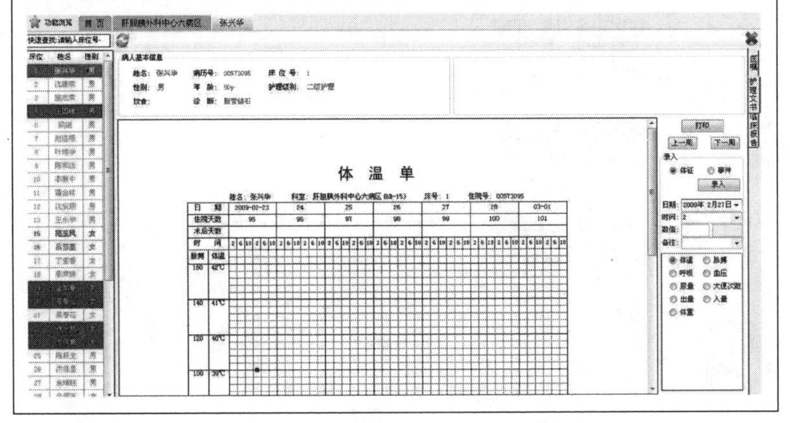

1.3 典型工程案例

移动临床信息系统 – 护理管理（工作量统计）

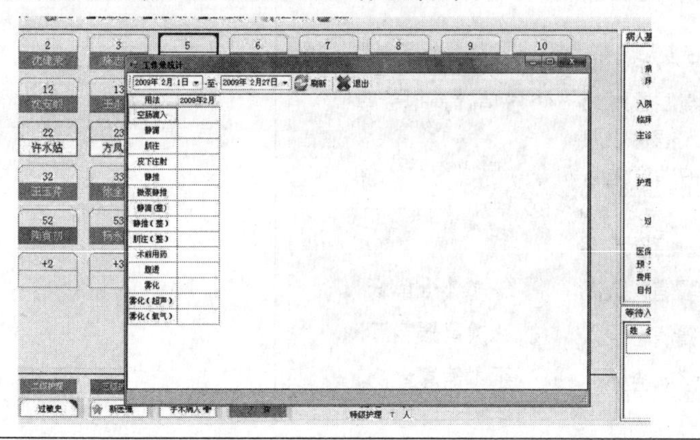

1.3 典型工程案例

移动临床信息系统 – 终端产品

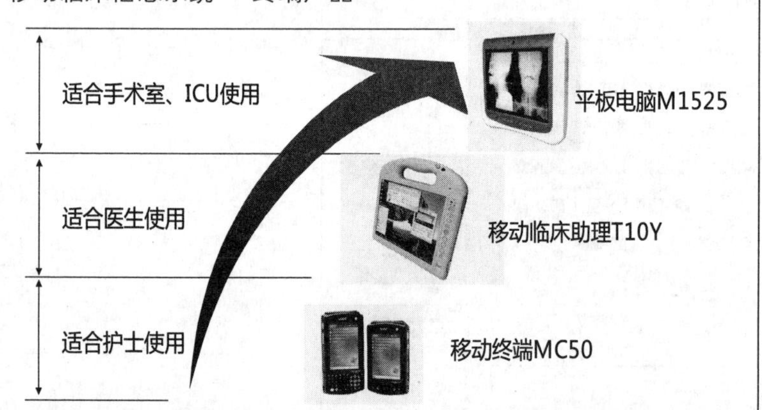

1.3 典型工程案例

移动门诊输液系统 – 应用流程

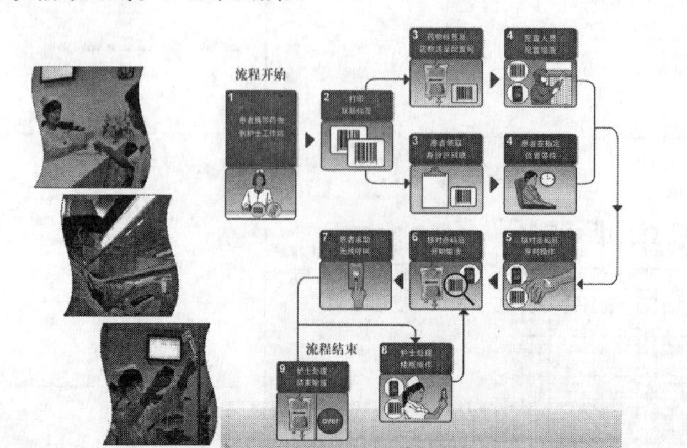

1.3 典型工程案例

移动门诊输液系统 – 流程再造和优化

用药安全保障

·使用系统前，完全依赖人工核对病人身份，存在人为差错隐患。

·使用系统后，病人和输液通过双联条码自动匹配，消除人为差错隐患。

提高护士工作效率

·使用系统前，护士人工核对病人身份，手工记录操作过程费时费力，且往往字迹潦草，不易辨识。

·使用系统后，只需PDA轻轻一扫，一切信息尽在掌握，节约护士1/3以上的三查七对和记录时间。

完善内部管理

·使用系统前，手工统计护士工作量，费时费力，且数据难以做到清晰准确。

·使用系统后，系统自动统计每位护士的具体工作量，绩效考核更有依据。

提升医院整体形象

·使用系统前，输液室环境嘈杂，难以做到以病人为中心。

·使用系统后，排队叫号和病人无线呼叫改善输液室嘈杂环境，输液的信息化管理，提升医院品牌形象。

传统输液流程　　新的输液流程

人工核对变成条码核对

人工呼叫变成自动呼叫

人工核对变成条码核对

人工呼叫变成无线呼叫

人工核对变成条码核对

1.3 典型工程案例

婴儿安全系统 – 系统组成

接收器LAR
接收婴儿防盗
标签发出的信号

管理服务器
连接楼层管理器以及整个
婴儿防盗系统网络工作情况
实时显示报警信息

婴儿防盗标签
主动发出的信号
只有剪断报警功能

母亲标签
实现与婴儿防盗
系统标签配对使用

楼层管理器

门禁系统
自动锁门

1.3 典型工程案例

集中管理

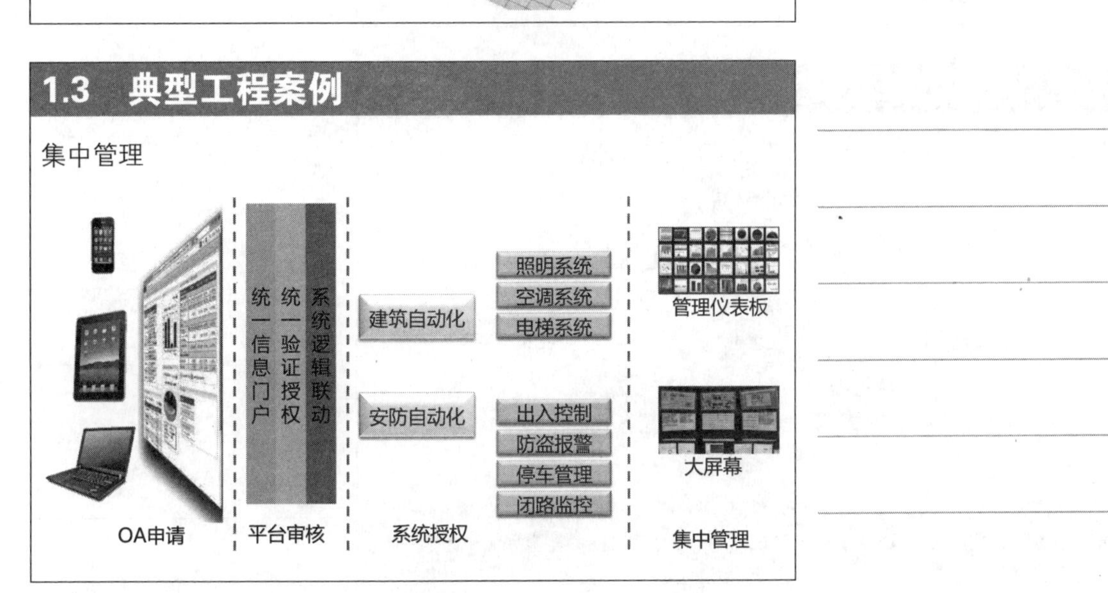

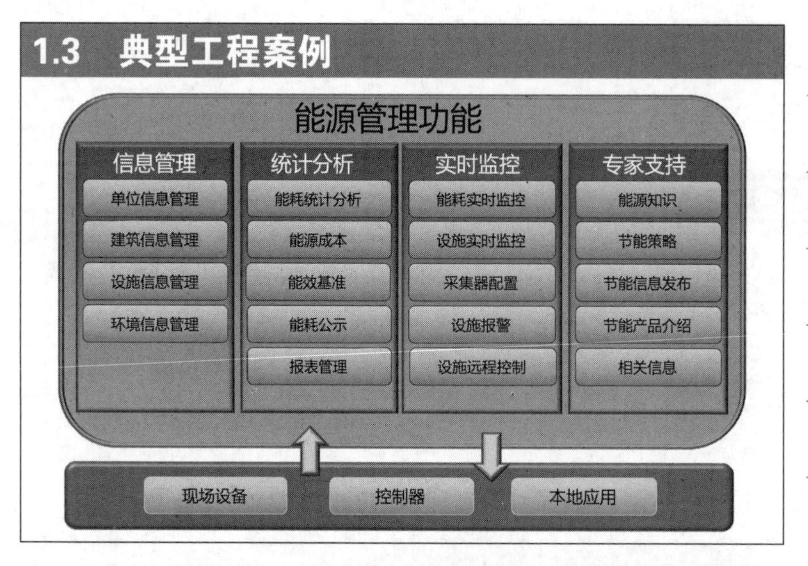
1.3 典型工程案例
能源管理功能
信息管理
单位信息管理
建筑信息管理
设施信息管理
环境信息管理
统计分析
能耗统计分析
能源成本
能效基准
能耗公示
报表管理
实时监控
能耗实时监控
设施实时监控
采集器配置
设施报警
设施远程控制
专家支持
能源知识
节能策略
节能信息发布
节能产品介绍
相关信息
现场设备
控制器
本地应用

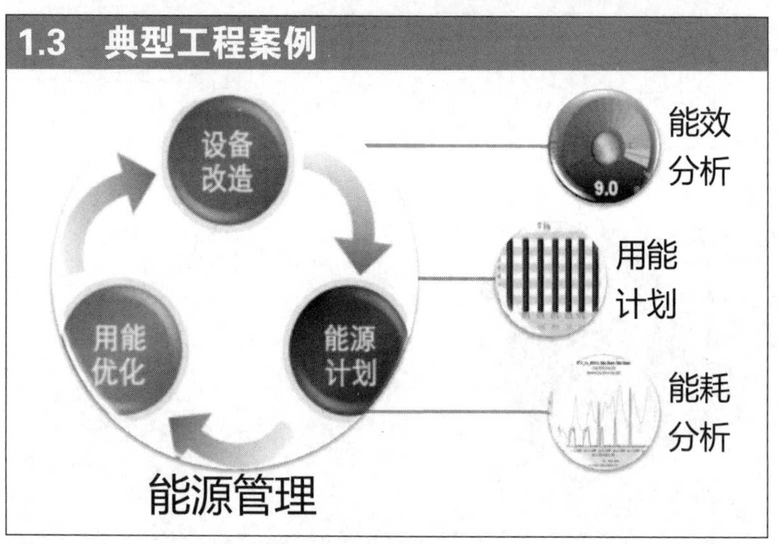
1.3 典型工程案例
设备改造
能源计划
用能优化
能效分析
用能计划
能耗分析
能源管理

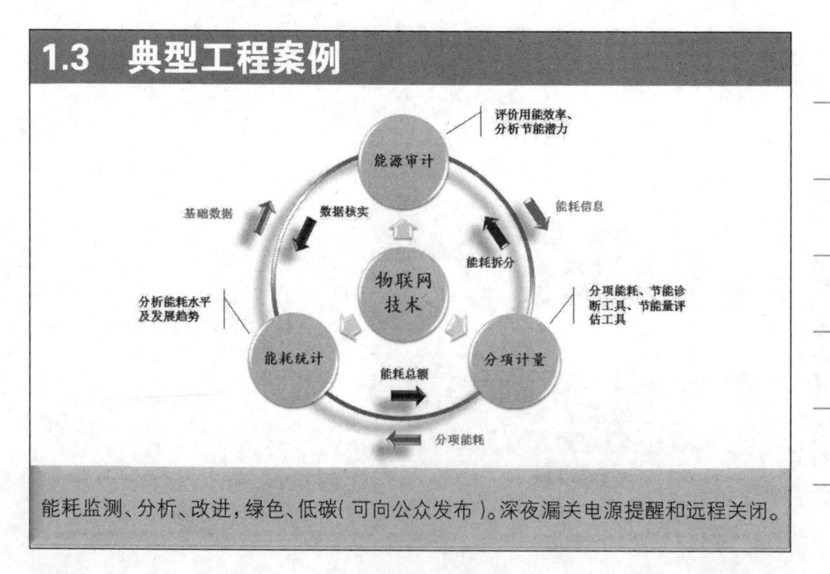
1.3 典型工程案例
评价用能效率、分析节能潜力
能源审计
基础数据
数据核实
能耗信息
能耗拆分
物联网技术
分析能耗水平及发展趋势
分项能耗、节能诊断工具、节能量评估工具
能耗统计
能耗总额
分项计量
分项能耗
能耗监测、分析、改进，绿色、低碳(可向公众发布)。深夜漏关电源提醒和远程关闭。

1.3　典型工程案例

决策展示	统计分析	需求预测	运营策略	图形展示
管理应用	采购计划管理 系统查询管理	基础台账管理 运营项目管理	效能监控管理 培训及专家管理	
指标体系	能力指标	效益指标	管理指标	创新指标
数据存储	设施采购合同 备品备件库存	设施维护记录 设施运营记录	设施使用手册	
数据传输	互联网	视频流	电信网络	传感器网络
数据采集	运行状态	报警状态	环境状态	其他
基础数据	设备种类	设备属性	设备位置	其他

1.4　电气施工实例

1.4　电气施工实例

预埋管线

1.4 电气施工实例

1.4 电气施工实例

1.4 电气施工实例

1.4 电气施工实例

1.4 电气施工实例

1.4 电气施工实例

1.4 电气施工实例

1.4 电气施工实例

1.4 电气施工实例

1.4　电气施工实例

1.4　电气施工实例

1.4　电气施工实例

空调机房配管

1.4 电气施工实例

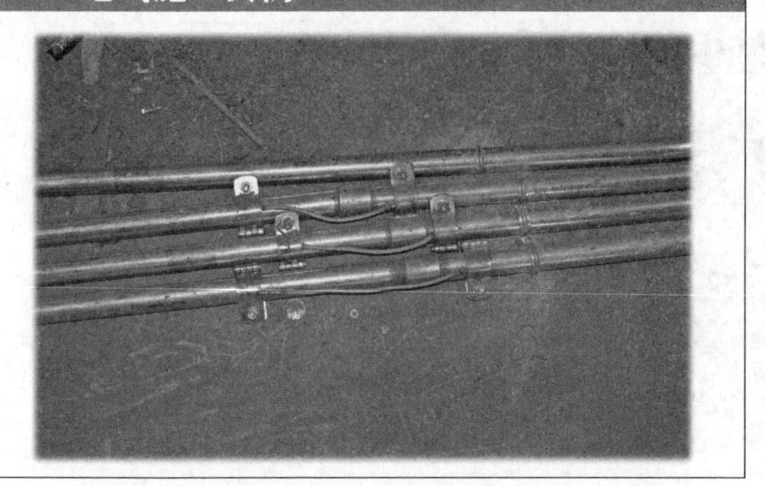

1.4 电气施工实例

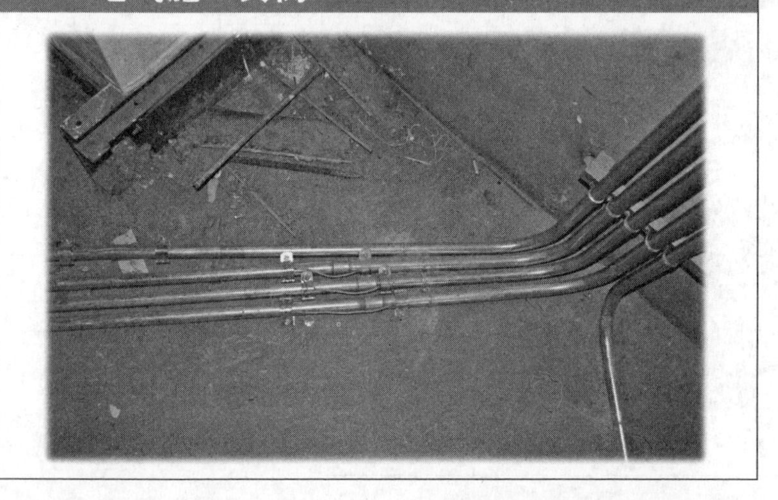

1.4 电气施工实例

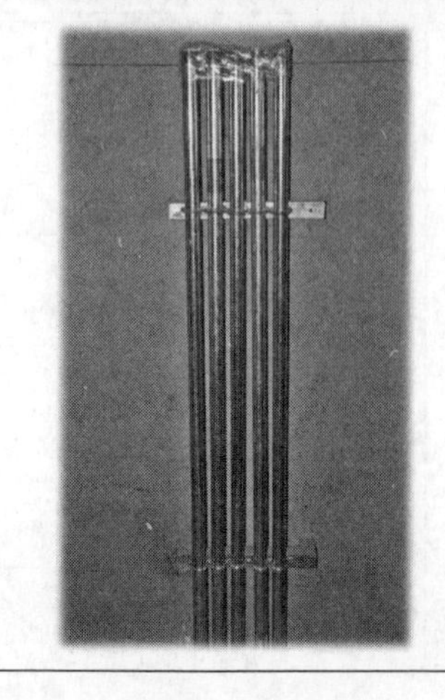

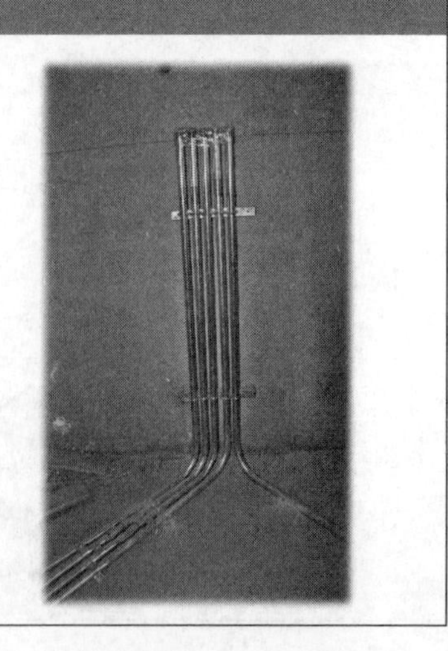

1.4　电气施工实例

1.4　电气施工实例

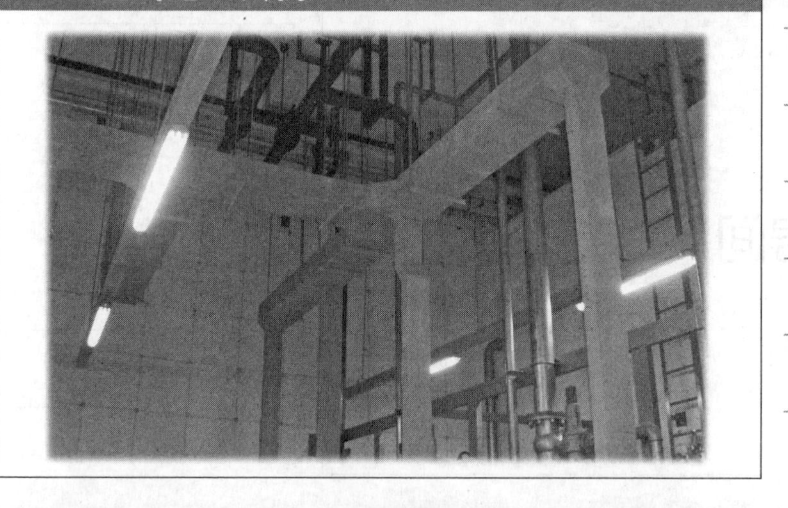

1.4　电气施工实例

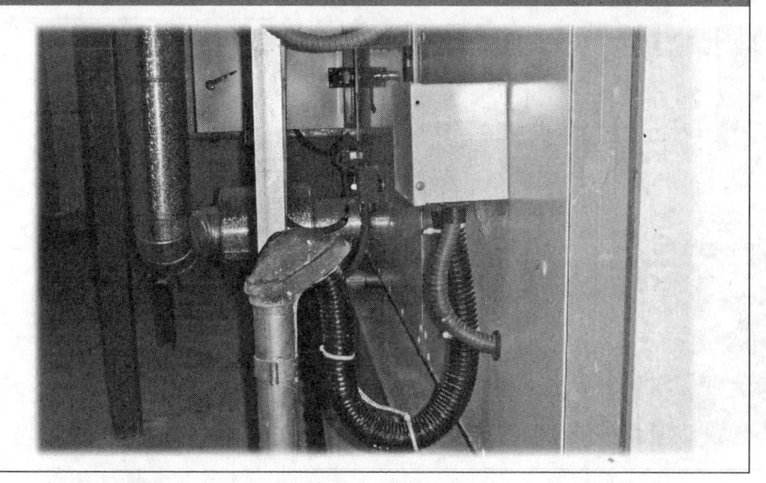

1.4 电气施工实例

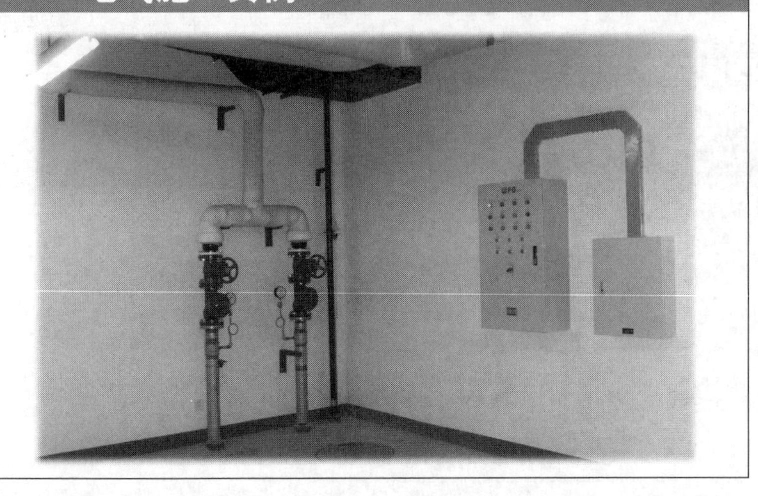

1.4 电气施工实例

轻钢龙骨墙房间

1.4 电气施工实例

1.4　电气施工实例

1.4　电气施工实例

1.4　电气施工实例

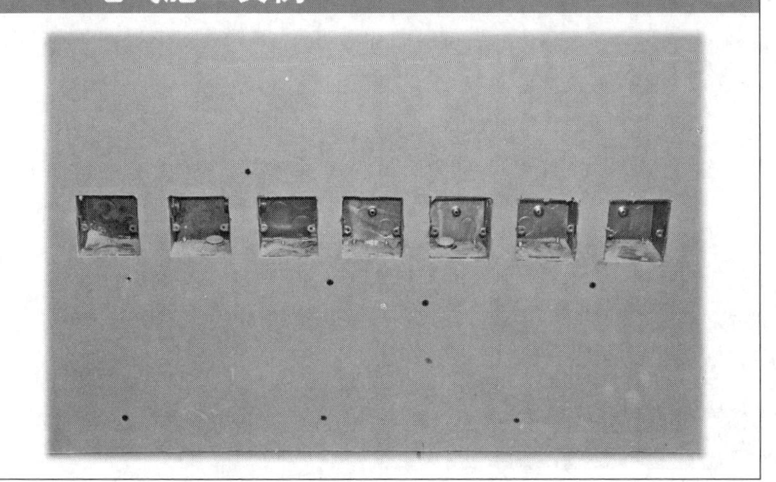

1.4 电气施工实例

1.4 电气施工实例

1.4 电气施工实例

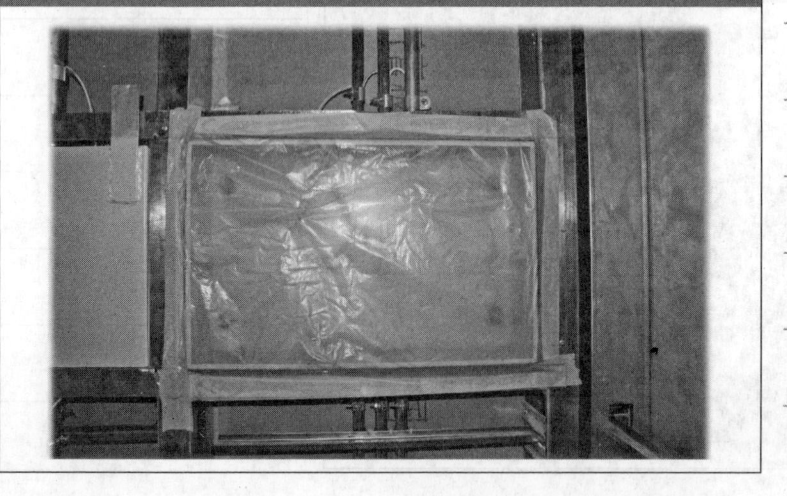

1.4　电气施工实例

1.4　电气施工实例

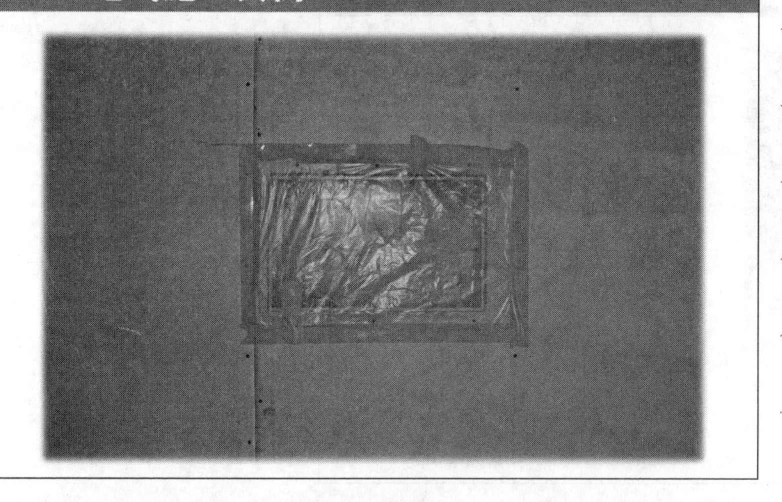

1.4　电气施工实例

槽盒安装

1.4 电气施工实例

1.4 电气施工实例

1.4 电气施工实例

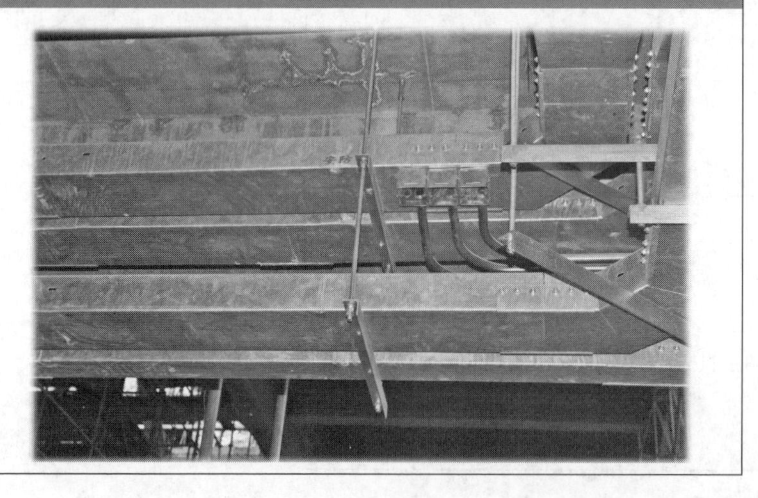

1.4　电气施工实例

1.4　电气施工实例

1.4　电气施工实例

1.4 电气施工实例

1.4 电气施工实例

1.4 电气施工实例

1.4 电气施工实例

1.4 电气施工实例

1.4 电气施工实例

母线安装

1.4 电气施工实例

1.4 电气施工实例

1.4 电气施工实例

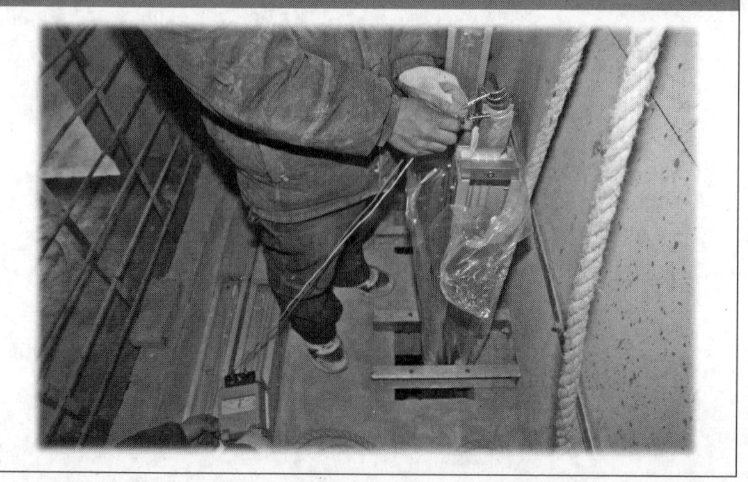

1.4 电气施工实例

1.4 电气施工实例

1.4 电气施工实例

1.4 电气施工实例

1.4 电气施工实例

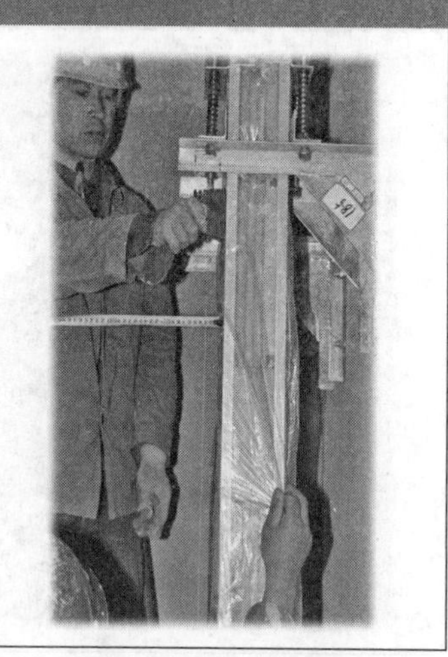

1.4 电气施工实例

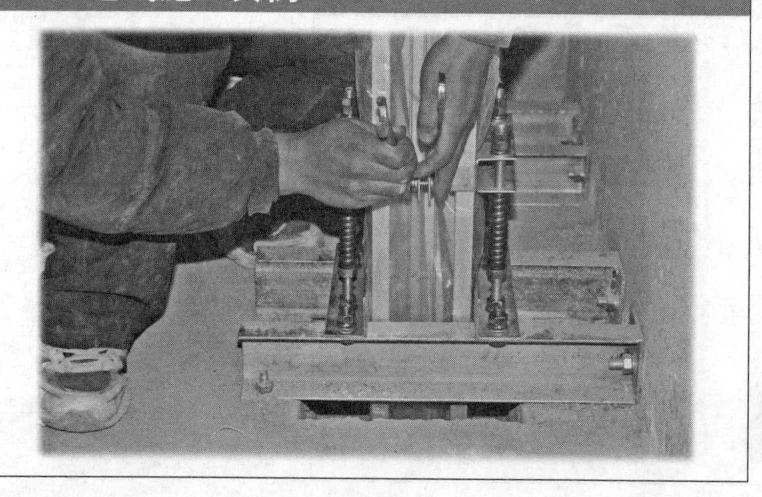

1.4　电气施工实例

1.4　电气施工实例

1.4　电气施工实例

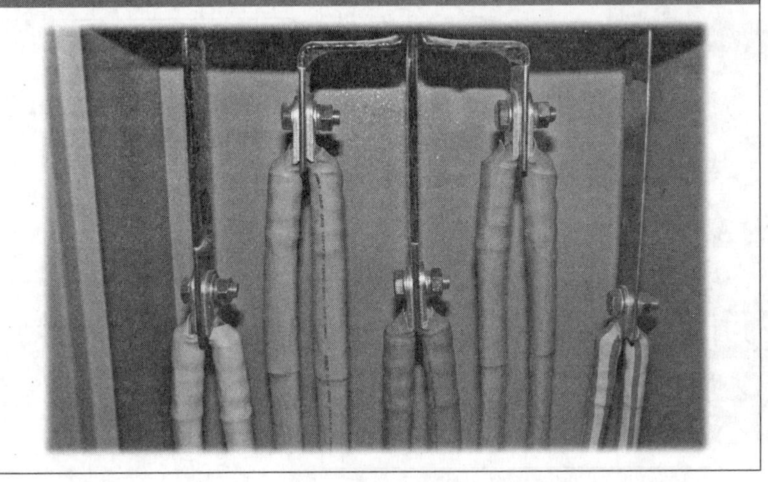

1.4 电气施工实例

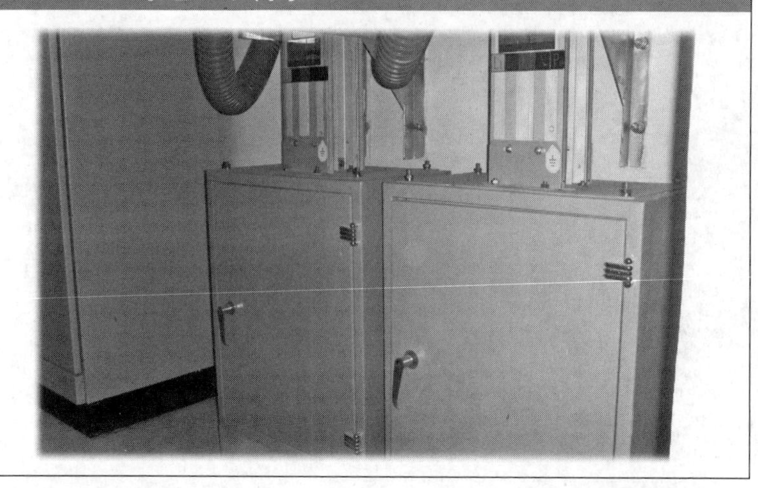

1.4 电气施工实例

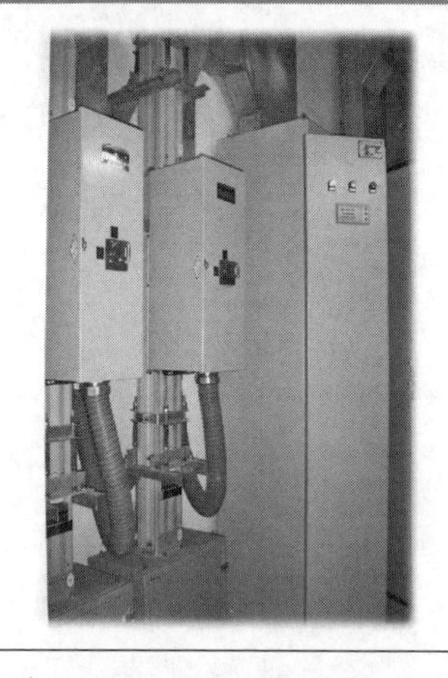

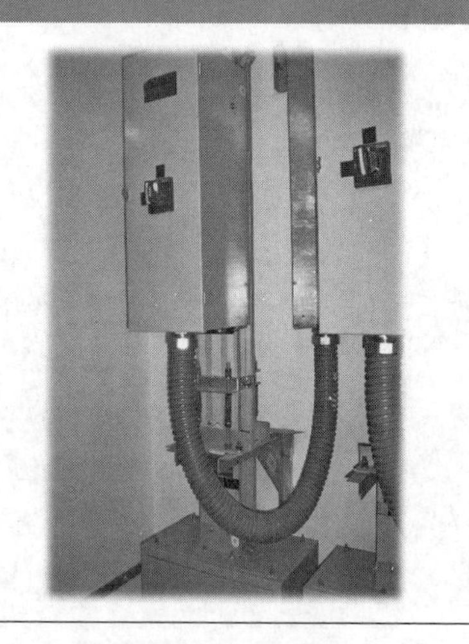

1.4 电气施工实例

1.4　电气施工实例

1.4　电气施工实例

1.4　电气施工实例

变电室安装

1.4 电气施工实例

1.4 电气施工实例

1.4 电气施工实例

1.4　电气施工实例

1.4　电气施工实例

1.4　电气施工实例

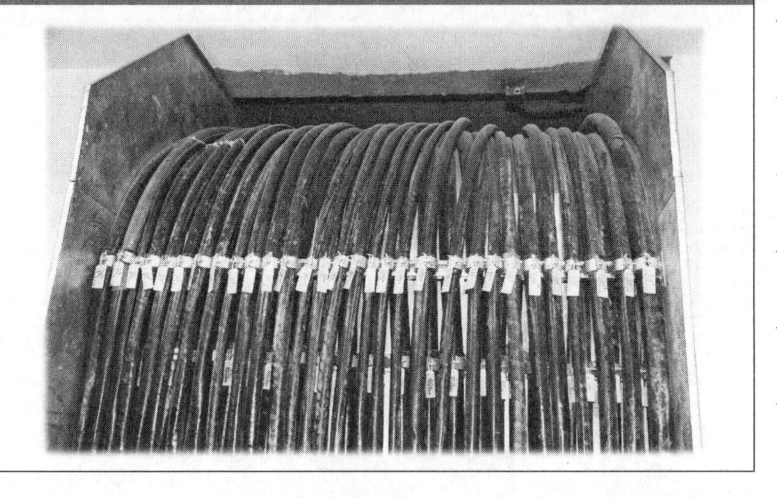

1.4 电气施工实例

1.4 电气施工实例

1.4 电气施工实例

配电箱、盘安装

1.4　电气施工实例

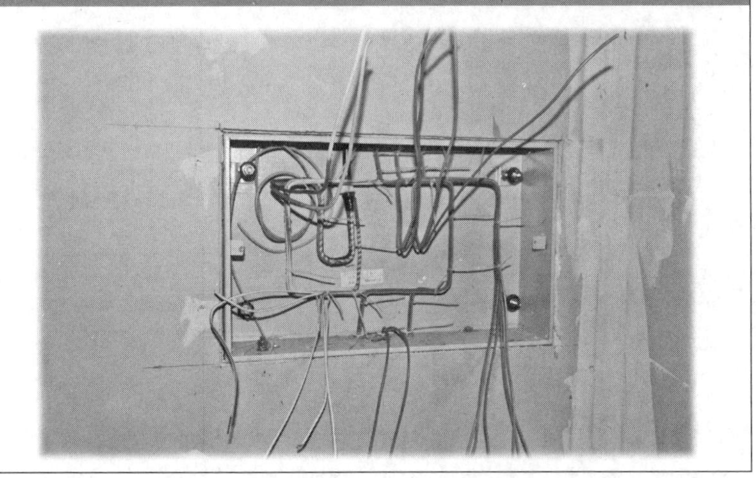

1.4　电气施工实例

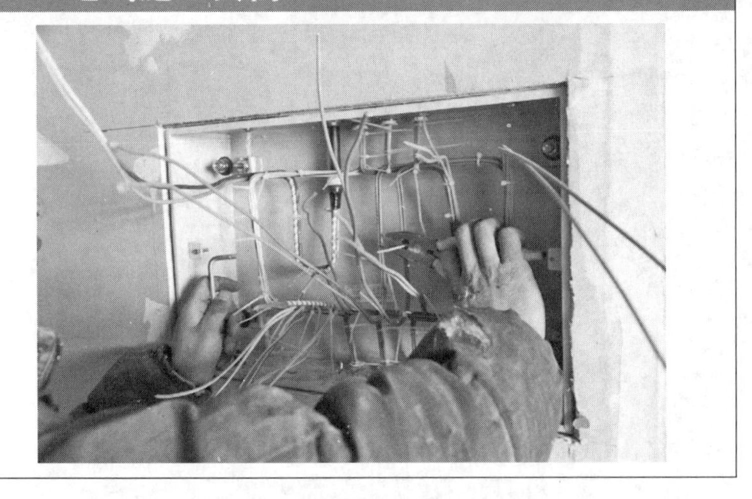

1.4　电气施工实例

1.4 电气施工实例

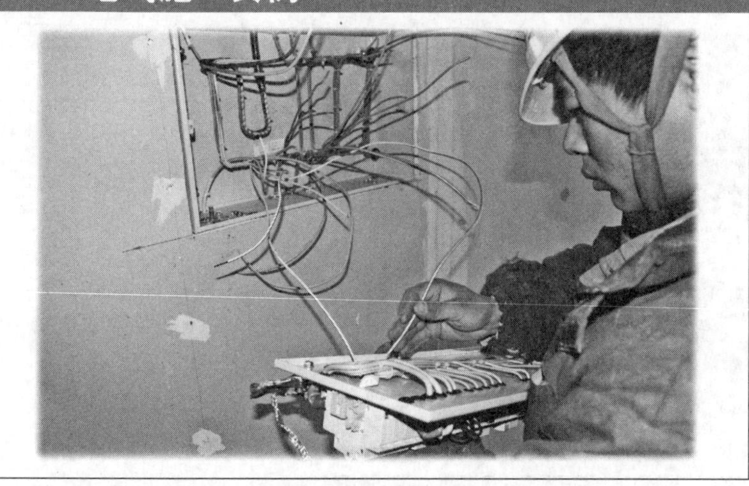

1.4 电气施工实例

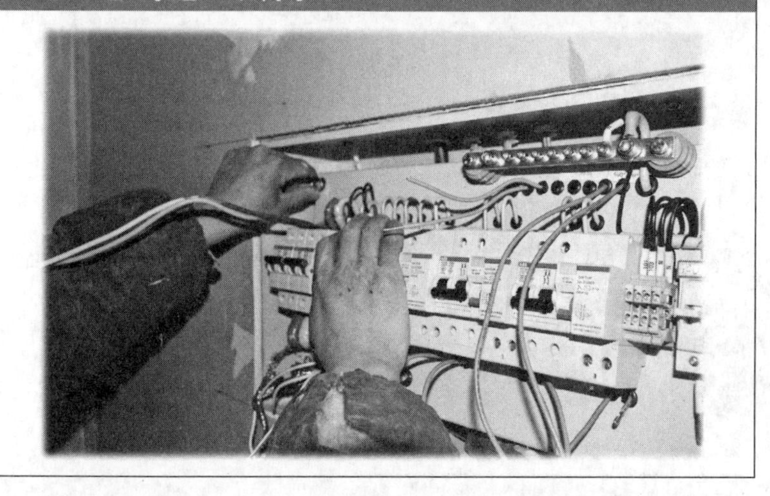

1.4 电气施工实例

1.4 电气施工实例

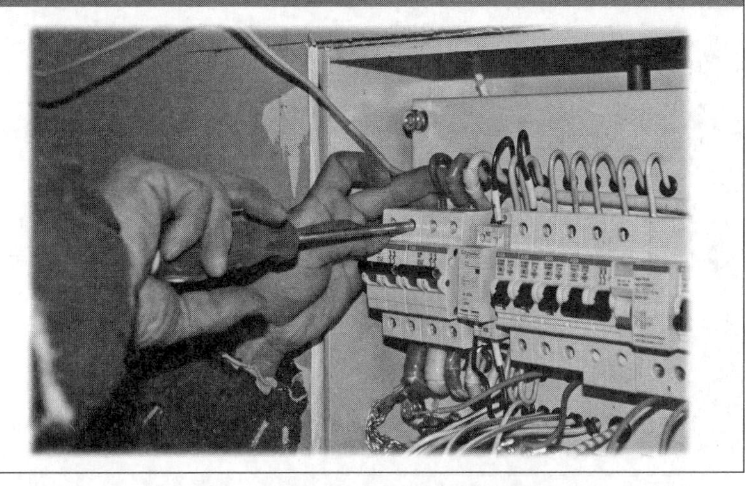

1.4 电气施工实例

1.4 电气施工实例

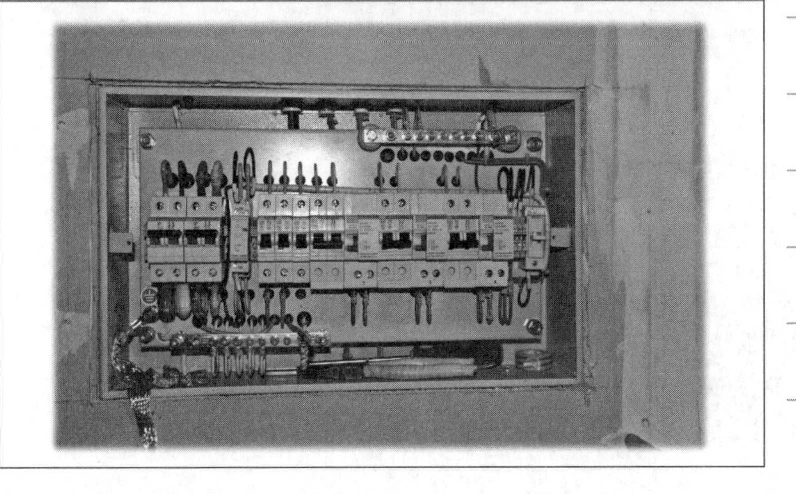

1.4 电气施工实例

1.4 电气施工实例

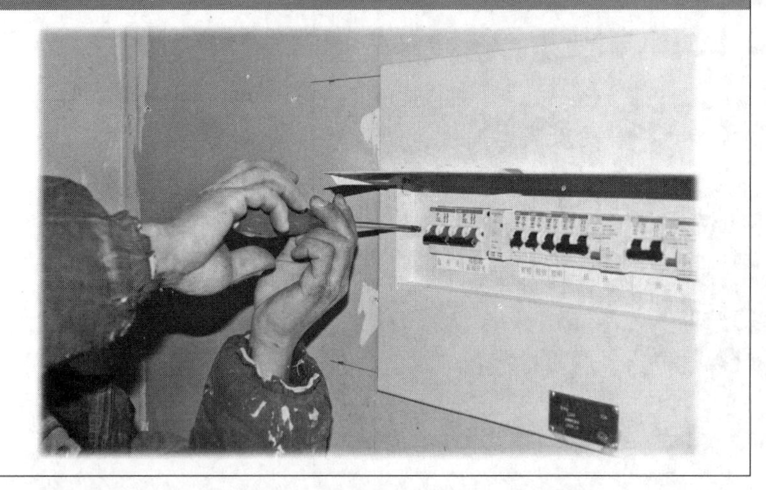

1.4 电气施工实例

1.4　电气施工实例

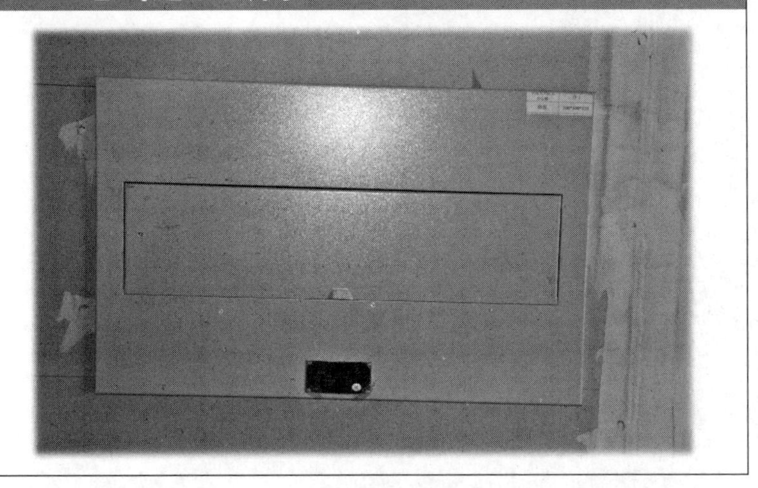

1.4　电气施工实例

1.4　电气施工实例

卫生间等电位配管

1.4 电气施工实例

1.4 电气施工实例

1.4 电气施工实例

1.4　电气施工实例

1.4　电气施工实例

1.4　电气施工实例

1.4 电气施工实例

1.4 电气施工实例

1.4 电气施工实例

1.4　电气施工实例

1.4　电气施工实例

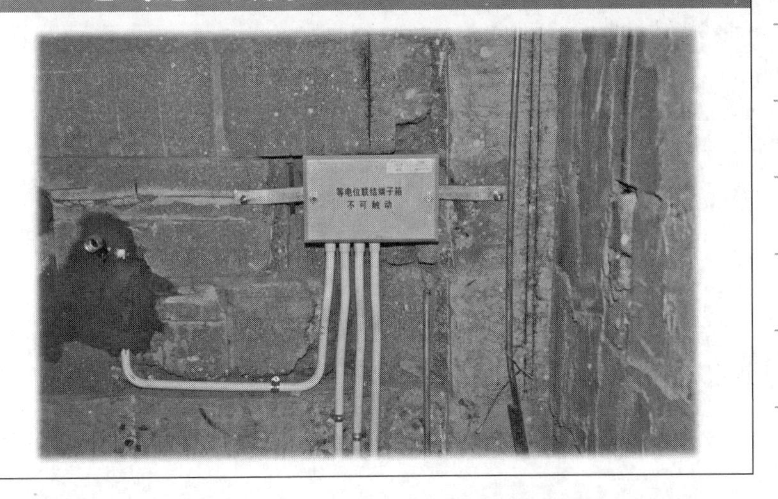

1.4　电气施工实例

屋顶防雷设施安装

1.4 电气施工实例

1.4 电气施工实例

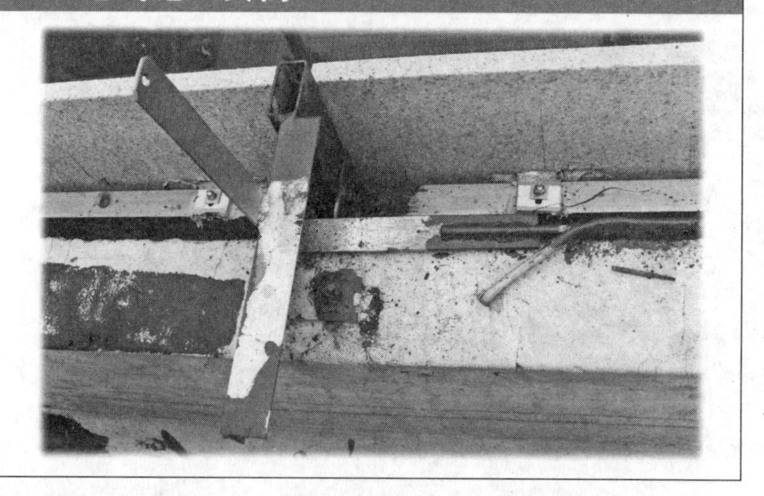

1.4 电气施工实例

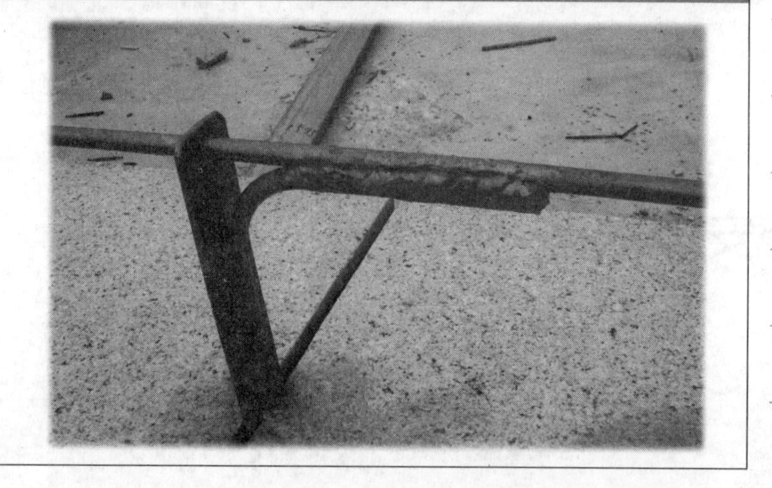

1.4　电气施工实例

1.4　电气施工实例

结束语

- 复杂工程的设计基础离不开可靠性、安全性、灵活性的要求
- 复杂工程的设计关键在于在多元使用要求条件下寻找其规律
- 复杂工程不是若干简单的有条件的叠加
- 复杂工程的设计需要勤奋和智慧，需要团队的力量

The End

第二章

建筑电气设计思想表达策略

【摘要】设计文件是工程质量源头，必须图文并茂地准确反映如何贯彻国家有关法律法规、现行工程建设标准、设计者的思想。设计文件应保证各阶段的质量，表述完整，避免文件中不清晰或出现矛盾的现象，特别在影响建筑物和人身安全、环境保护上更应有详尽的表达，以便于对电气设备进行安装、使用和维护，以杜绝对社会、环境和人类健康造成危害，提高经济效益，使其更好地服务工程建设。

目录 CONTENTS

2.1　设计文件编制原则

2.1　设计文件编制原则

设计文件通常由设计说明和图纸组成，是指导工程建设的重要依据，是表述设计思想的介质，设计文件质量将直接影响到工程建设，所以设计说明和图纸必须图文并茂地准确反映如何贯彻国家有关法律法规、现行工程建设标准、设计者的思想。设计文件应保证各阶段的质量，表述完整，避免文件中不清晰或出现矛盾的现象，特别在影响建筑物和人身安全、环境保护上更应有详尽的表达，以便于对电气设备进行安装、使用和维护，以杜绝对社会、环境和人类健康造成危害，提高经济效益，使其更好地服务工程建设。

2.1 设计文件编制原则

理解了建筑，才可能有好的设计思想

有了好的思想，需要好的设计表达

有了好的表达，才能更好指导工程建设

2.1 设计文件编制原则

设计文件应符合《建筑工程设计文件编制深度规定》、《建设工程质量管理条例》（国务院第 279 号令）和《建设工程勘察设计管理条例》（国务院第 662 号令）。

设计文件编制目标是为加强对建筑工程设计文件编制工作的管理，保证各阶段设计文件的质量和完整性。

境内和援外的民用建筑、工业厂房、仓库及其配套工程的新建、改建、扩建工程设计应执行同样设计文件编制深度。

设计文件编制应符合各类专项审查和工程所在地的相关要求。

当设计合同对设计文件编制深度另有要求时，设计文件编制深度应同时满足本规定和设计合同的要求。

2.1 设计文件编制原则

设计单位在设计文件中选用的建筑材料、建筑构配件和设备，应当注明规格、性能等技术指标，其质量要求必须符合国家规定的标准。

当建设单位另行委托相关单位承担项目专项设计（包括二次设计）时，主体建筑设计单位应提出专项设计的技术要求并对主体结构和整体安全负责。专项设计单位应依据本规定相关章节的要求以及主体建筑设计单位提出的技术要求进行专项设计并对设计内容负责。

在设计中宜因地制宜正确选用国家、行业和地方建筑标准设计，并在设计文件的图纸目录或施工图设计说明中注明所应用图集的名称。

（1）方案设计文件，应满足编制初步设计文件的需要，应满足方案审批或报批的需要。

（2）初步设计文件，应满足编制施工图设计文件的需要，应满足初步设计审批的需要。

（3）施工图设计文件，应满足设备材料采购、非标准设备制作和施工的需要。

2.1 设计文件编制原则

建筑电气收集设计资料内容

资料	内容
有关文件	工程建设项目委托文件和主管部门审批文件有关协议书
自然资料	工程建设项目所在的海拔高度、地震烈度、环境温度、最大日温差；工程建设项目的最大冻土深度；工程建设项目的夏季气压、气温（月平均和极限最高、最低）；工程建设项目所在地区的地形、地物状况（如相邻建筑物的高度）、气象条件（如雷暴日）和地质条件（如土壤电阻率）；工程建设项目的相对湿度（月平均最冷、最热）
电源现状	工程建设项目所在地的电气主管部门规划和设计规定；市政供电电源的电压等级、回路数及距离； 供电电源的可靠性；供电系统的短路容量；供电电源的进线方式、位置、标高；供电电源的质量；电力计费情况
电信线路现状	工程建设项目所在当地电讯主管部门的规划和设计规定；市政电讯线路与工程建设项目的接口地点；市政电话引入线的方式、位置、标高
有线电视现状	工程建设项目所在当地有线电视主管部门的规划和设计规定；市政有线电视线路与工程建设项目的接口地点；市政有线电视引入线的方式、位置、标高
其他	工程建设项目所在地常用电气设备的电压等级；当地对电气设备的供应情况；当地对各电气系统的有关规定、地区性标准和通用图等

2.2 方案设计表达

2.2 方案设计表达

□ 建筑电气方案设计文件编制深度原则

1. 方案设计文件，应满足编制初步设计文件的需要，应满足方案审批或报批的需要。
2. 在设计中宜因地制宜地正确选用国家、行业和地方建筑标准设计。
3. 当设计合同对设计文件编制深度另有要求时，设计文件编制深度应同时满足本规定和设计合同的要求。

□ 编制建筑电气方案设计文件关键点

1. 电气专业应为建筑方案的调整和深化设计提供技术支持，配合建筑方案提供并校核主要电气系统机房面积、位置及主要管线通道设置以及对建筑方案产生影响的电气设计条件。
2. 电气专业应根据设计项目具体规模和政府有关主管部门相关要求，提供如开闭站、模块局等市政机房的位置及控制性面积指标。
3. 输出设计文件为设计说明书，一般情况下可不提供专业图纸，若设计项目有要求时，可绘制指定内容的专业图纸。

2.2 方案设计表达

☐ 建筑电气设计说明编制内容

1. 工程概况。
2. 本工程拟设置的建筑电气系统。
3. 变、配、发电系统

负荷级别以及总负荷估算容量。电源，城市电网提供电源的电压等级、回路数、容量。拟设置的变、配、发电站数量和位置设置原则。确定备用电源和应急电源的形式、电压等级，容量。

4. 智能化设计

智能化各系统配置内容。智能化各系统对城市公用设施的需求。作为智能化专项设计，建筑智能化设计文件应包括设计说明书、系统造价估算。

5. 电气节能及环保措施。
6. 绿色建筑电气设计。
7. 建筑电气专项设计。
8. 当项目按装配式建筑要求建设时，电气设计说明应有装配式设计专门内容。

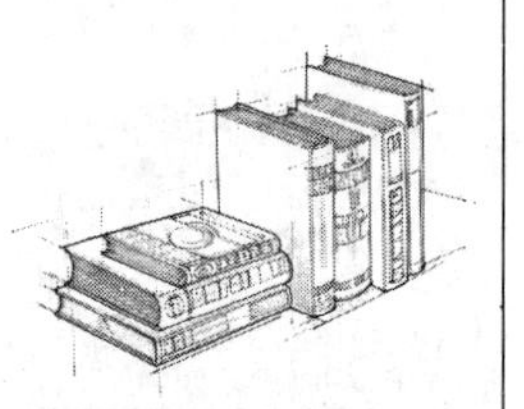

2.2 方案设计表达

☐ 智能化设计专项设计说明编制内容

1. 工程概况。
2. 设计依据。
3. 设计范围：本工程拟设的建筑智能化系统，内容一般应包括系统分类、系统名称，表述方式应符合《智能建筑设计标准》GB 50314 层级分类的要求和顺序；
4. 设计内容：内容一般应包括建筑智能化系统架构，各子系统的系统概述、功能、结构、组成以及技术要求。

2.2 方案设计表达

☐ 方案阶段专业间配合关键点

1. 与建筑专业配合，确定主要电气系统机房面积、位置及主要管线通道设置方案，提供会对建筑方案产生重大影响的电气设计条件。

2. 与结构专业配合，向结构专业了解其主要结构形式，提供会对结构方案产生重大影响的电气设计条件。了解结构形式、柱网布置及剪力墙可能布置位置等，以便配合建筑专业确定主要电气系统机房位置。

3. 与设备专业配合，向设备专业了解其主要系统形式及主要用电设备的容量及分布，并要求其提供对电气方案产生重大影响的设备条件。

2.2　方案设计表达

□ 方案阶段电气设计与相关专业配合输入表

提出专业	电气设计输入具体内容
建筑	建设单位委托设计内容、建筑物位置、规模、性质、用途、标准、建筑高度、层高、建筑面积等主要技术参数和指标以及主要平、立、剖面图
	市政外网情况（包括电源、电信、电视等）
	主要设备机房位置（包括冷冻机房、变配电机房、水泵房、锅炉房、消防控制室等）
结构	主体结构形式
	剪力墙、承重墙布置图
	伸缩缝、沉降缝位置
给排水	水泵种类及用电量
	其他设备的性质及用电量
通风与空调	冷冻机房的位置、用电量、制冷方式（电动压缩机式或直燃机式）
	空调方式（集中式、分散式）
	锅炉房的位置、用电量
	其他设备用电性质及容量

2.2　方案设计表达

□ 方案阶段电气设计与相关专业配合输出表

接收专业	电气设计输入具体内容
建筑	主要电气机房面积、位置、层高及其对环境的要求
	主要电气系统路由及竖井位置
	大型电气设备的运输通路
结构	变电所的位置
	大型电气设备的运输通路
给排水	主要设备机房的消防要求
	电气设备用房用水点
通风与空调	柴油发电机容量
	变压器的数量和容量
	主要电气机房对环境温、湿度的要求

举例

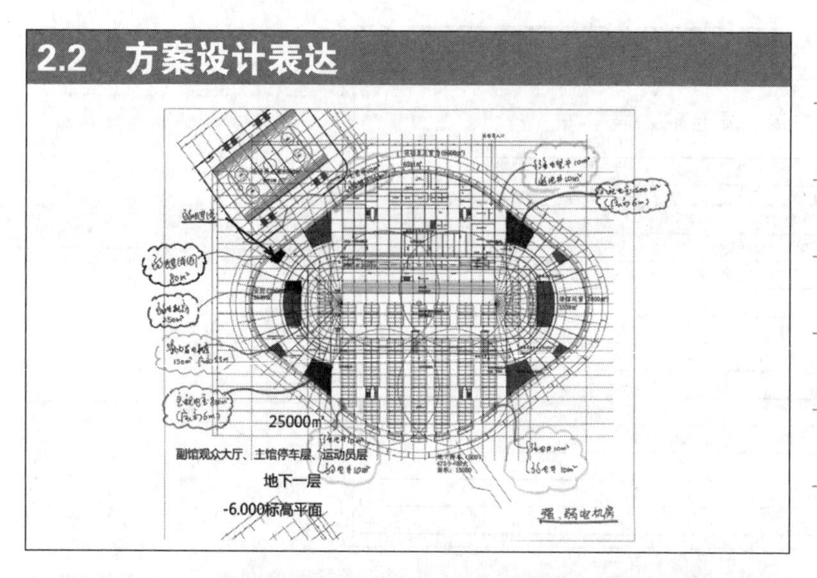
2.2 方案设计表达
25000㎡
副馆观众大厅、主馆停车层、运动员层
地下一层
-6.000标高平面
强、弱电机房

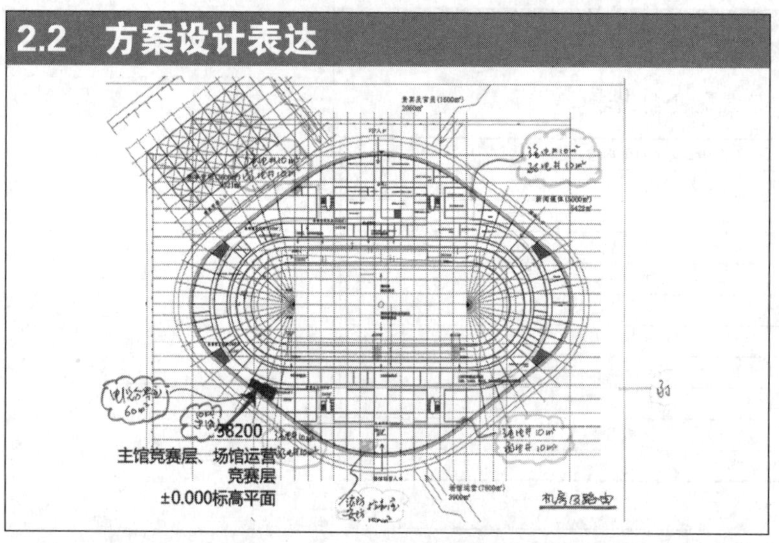
2.2 方案设计表达
38200
主馆竞赛层、场馆运营
竞赛层
±0.000标高平面

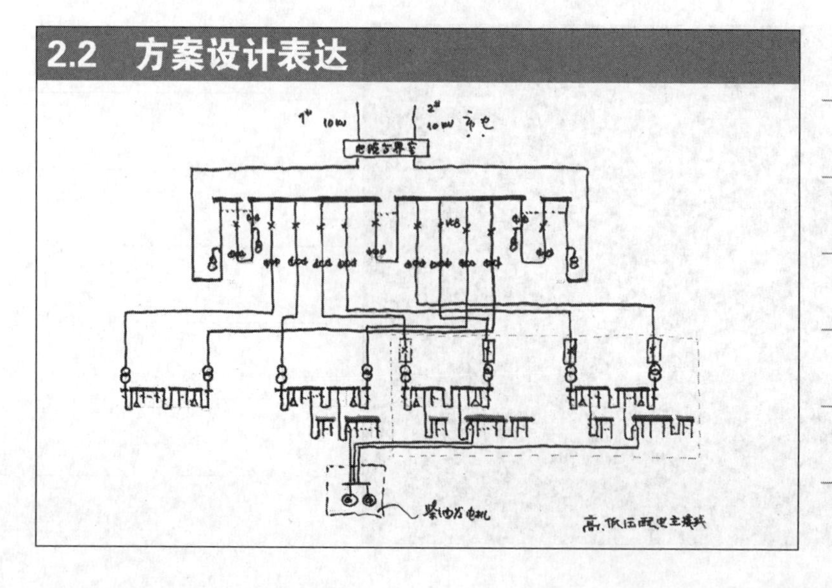
2.2 方案设计表达
高、低压配电主接线

2.2　方案设计表达

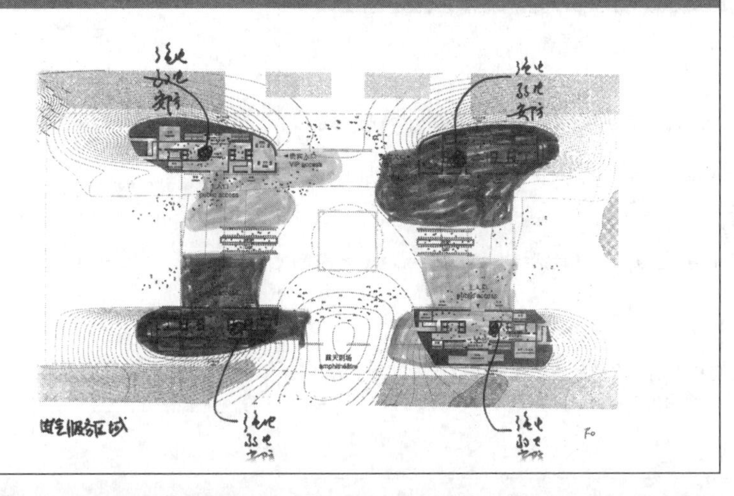

2.3　初步设计表达

2.3　初步设计表达

□ 建筑电气初步设计文件编制深度原则

1. 初步设计文件，应满足编制施工图设计文件的需要，应满足初步设计审批的需要。

2. 在设计中宜因地制宜正确选用国家、行业和地方建筑标准设计，并在设计文件的图纸目录或设计说明中注明所应用图集的名称。重复利用其他工程的图纸时，应详细了解原图利用的条件和内容，并作必要的核算和修改，以满足新设计项目的需要。

3. 当设计合同对设计文件编制深度另有要求时，设计文件编制深度应同时满足本规定和设计合同的要求。

4. 民用建筑工程一般应分为方案设计、初步设计和施工图设计三个阶段；对于技术要求相对简单的民用建筑工程，当有关主管部门在初步设计阶段没有审查要求且合同中没有做初步设计的约定时，可在方案设计审批后直接进入施工图设计。

□ 编制建筑电气初步设计文件关键点

1. 应根据已批准的方案设计文件，通过与建筑等其他专业的配合及计算，对电气专业设计方案或重大技术问题的解决方案进行综合技术分析，论证技术上的适用性、可靠性和经济上的合理性。

2. 对于复杂和特殊工程，为确保电气方案相对安全和优化，必要时应进行电气设计多方案比较。

3. 输出设计文件应包括设计说明书、初步设计图纸、计算书（供内部使用）、主要电气设备表等。

4. 通过初步设计文件，应对电气系统的创新设计理念、新技术、新材料的采用进行详尽阐述；并应能体现对电气系统选用标准的把握和量化控制。

2.3 初步设计表达

□ 设计说明书编制内容

（1）设计依据

1）工程概况：应说明建筑的建设地点、自然环境、建筑类别、性质、面积、层数、高度、结构类型等；

2）建设单位提供的有关部门（如供电部门、消防部门、通信部门、公安部门等）认定的工程设计资料，建设单位设计任务书及设计要求；

3）相关专业提供给本专业的工程设计资料；

4）设计所执行的主要法规和所采用的主要标准（包括标准的名称、编号、年号和版本号）；

5）上一阶段设计文件的批复意见。

（2）设计范围

1）根据设计任务书和有关设计资料说明本专业的设计内容，以及与二次装修电气设计、照明专项设计、智能化专项设计等相关专项设计，以及其他工艺设计的分工与分工界面；

2）拟设置的建筑电气系统。

2.3 初步设计表达

□ 设计说明书编制内容

（3）变、配、发电系统

1）确定负荷等级和各级别负荷容量；

2）确定供电电源及电压等级，要求电源容量及回路数、专用线或非专用线、线路路由及敷设方式、近远期发展情况；

3）备用电源和应急电源容量确定原则及性能要求，有自备发电机时，说明启动、停机方式及与城市电网关系；

4）高、低压供电系统接线型式及运行方式：正常工作电源与备用电源之间的关系；母线联络开关运行和切换方式；变压器之间低压侧联络方式；重要负荷的供电方式；

5）变、配、发电站的位置、数量及型式，设备技术条件和选型要求；

6）容量：包括设备安装容量、计算有功、无功、视在容量，变压器、发电机的台数、容量、负载率；

7）继电保护装置的设置；

8）操作电源和信号：说明高、低压设备的操作电源，以及运行信号装置配置情况；

9）电能计量装置：采用高压或低压；专用柜或非专用柜（满足供电部门要求和建设单位内部核算要求）；监测仪表的配置情况；

10）功率因数补偿方式：说明功率因数是否达到供用电规则的要求，应补偿容量和采取的补偿方式和补偿后的结果；

11）谐波：说明谐波状况及治理措施。

2.3 初步设计表达

□ 设计说明书编制内容

（4）配电系统

1）供电方式。

2）供配电线路导体选择及敷设方式：高、低压进出线路的型号及敷设方式；选用导线、电缆、母干线的材质和类别；

3）开关、插座、配电箱、控制箱等配电设备选型及安装方式；

4）电动机启动及控制方式的选择。

（5）照明系统

1）照明种类及主要场所照度标准、照明功率密度值等指标；

2）光源、灯具及附件的选择、照明灯具的安装及控制方式；若设置应急照明，应说明应急照明的照度值、电源型式、灯具配置、控制方式、持续时间等；

3）室外照明的种类（如路灯、庭院灯、草坪灯、地灯、泛光照明、水下照明等）、电压等级、光源选择及其控制方法等；

4）对有二次装修照明和照明专项设计的场所，应说明照明配电箱设计原则、容量及供电要求。

2.3 初步设计表达

□ 设计说明书编制内容

（6）电气节能及环保措施

1）拟采用的电气节能和措施；

2）表述电气节能和环保产品的选用情况。

（7）绿色建筑电气设计

1）绿色建筑电气设计概况；

2）建筑电气节能与能源利用设计内容；

3）建筑电气室内环境质量设计内容；

4）建筑电气运营管理设计内容。

（8）装配式建筑电气设计

1）装配式建筑电气设计概况；

2）建筑电气设备、管线及附件等在预制构件中的敷设方式及处理原则；

3）电气专业在预制构件中预留空洞、沟槽、预埋管线等布置的设计原则。

2.3 初步设计表达

□ 设计说明书编制内容

（9）防雷

1）确定建筑物防雷类别、建筑物电子信息系统雷电防护等级；

2）防直接雷击、防侧击雷、防雷击电磁脉冲等的措施；

3）当利用建筑物、构筑物混凝土内钢筋做接闪器、引下线、接地装置时，应说明采取的措施和要求。当采用装配式时应说明引下线的设置方式及确保有效接地所采用的措施。

（10）电气消防

1）火灾自动报警系统。按建筑性质确定系统形式及系统组成；确定消防控制室的位置；火灾探测器、报警控制器、手动报警按钮、控制台（柜）等设备的设置原则；火灾报警与消防联动控制要求，控制逻辑关系及控制显示要求；火灾警报装置及消防通信设置要求；消防主电源、备用电源供给方式，接地及接地电阻要求；传输、控制线缆选择及敷设要求；当有智能化系统集成要求时，应说明火灾自动报警系统与其他子系统的接口方式及联动关系；应急照明的联动控制方式等。

2）消防应急广播。消防应急广播系统声学等级及指标要求；确定广播分区分区原则和扬声器设置原则；确定系统音源类型、系统结构及传输方式；

确定消防应急广播联动方式；确定系统主电源、备用电源供给方式。

3）电气火灾监控系统。按建筑性质确定保护设置的方式、要求和系统组成；

确定监控点设置，设备参数配置要求；传输、控制线缆选择及敷设要求。

4）消防设备电源监控系统。确定监控点设置，设备参数配置要求；传输、控制线缆选择及敷设要求。

5）防火门监控系统。确定监控点设置，设备参数配置要求；传输、控制线缆选择及敷设要求。

2.3 初步设计表达

□ 设计说明书编制内容

（11）智能化设计

1）智能化系统设计概况；

2）智能化各系统的系统形式及其系统组成；

3）智能化各系统的及其子系统的主机房、控制室位置；

4）智能化各系统的布线方案；

5）智能化各系统的点位配置标准；

6）智能化各系统的及其子系统的供电、防雷及接地等要求；

7）智能化专项设计设计说明书

工程概况；设计依据：已批准的方案设计文件；建设单位提供有关资料和设计任务书；本专业设计所采用的设计所执行的主要法规和所采用的主要标准（包括标准的名称、编号、年号和版本号）；工程可利用的市政条件或设计依据的市政条件；建筑和有关专业提供的条件图和有关资料。设计范围；设计内容：各子系统的功能要求、系统组成、系统结构、设计原则、系统的主要性能指标及机房位置；节能及环保措施；相关专业及市政相关部门的技术接口要求。

2.3 初步设计表达

☐ 设计说明书编制内容

（12）机房工程

1）确定智能化机房的位置、面积及通信接入要求；

2）当智能化机房有特殊荷载设备时，确定智能化机房的结构荷载要求；

3）确定智能化机房的空调形式及机房环境要求；

4）确定智能化机房的给水、排水及消防要求；

5）确定智能化机房用电容量要求；

6）确定智能化机房装修、电磁屏蔽、防雷接地等要求。

（13）需提请在设计审批时需要解决的问题。

2.3 初步设计表达

☐ 设计图纸编制内容

（1）电气总平面图（仅有单体设计时，可无此项内容）

1）标示建筑物、构筑物名称、容量、高低压线路及其他系统线路走向、回路编号、导线及电缆型号规格及敷设方式、架空线杆位、路灯、庭院灯的杆位（路灯、庭院灯可不绘线路）；

2）变、配、发电站位置、编号、容量；

3）比例、指北针。

（2）变、配电系统

1）高、低压配电系统图：注明开关柜编号、型号及回路编号、一次回路设备型号、设备容量、计算电流、补偿容量、整定值、导体型号规格、用户名称；

2）平面布置图：应包括高、低压开关柜、变压器、母干线、发电机、控制屏、直流电源及信号屏等设备平面布置和主要尺寸，图纸应有比例；

3）标示房间层高、地沟位置、标高（相对标高）。

2.3 初步设计表达

☐ 设计图纸编制内容

（3）配电系统

1）主要干线平面布置图：应绘制主要干线所在楼层的干线路由平面图；

2）配电干线系统图：以建筑物、构筑物为单位，自电源点开始至终端主配电箱止，按设备所处相应楼层绘制，应包括变、配电站变压器编号、容量、发电机编号、容量、终端主配电箱编号、容量。

（4）防雷系统、接地系统

一般不出图纸，特殊工程只出顶视平面图，接地平面图。

（5）电气消防

1）火灾自动报警及消防联动控制系统图；2）电气火灾监控系统图；3）消防设备电源监控系统图；4）防火门监控系统图；5）消防控制室设备布置平面图。

（6）主要电气设备表

注明主要设备的名称、型号、规格、单位、数量。

2.3　初步设计表达

□ 设计图纸编制内容

（7）智能化系统

1）智能化各系统的系统图。

2）智能化各系统的及其子系统的干线路由平面图。

3）智能化各系统的及其子系统的主机房布置平面示意图。

4）智能化专项设计设计图纸。

封面、图纸目录、各子系统的系统框图或系统图；智能化技术用房的位置及布置图；系统框图或系统图应包含系统名称、组成单元、框架体系、图例等；图例应注明主要设备的图例、名称、规格、单位、数量、安装要求等。系统概算。确定各子系统规模；确定各子系统概算，包括单位、数量、系统造价。

2.3　初步设计表达

□ 计算书编制内容

（1）用电设备负荷计算；

（2）变压器、柴油发电机选型计算；

（3）系统短路电流计算；

（4）典型回路电压损失计算；

（5）防雷类别的选取或计算；

（6）典型场所照度值和照明功率密度值计算；

（7）各系统计算结果尚应标示在设计说明或相应图纸中；

（8）因条件不具备不能进行计算的内容，应在初步设计中说明，并应在施工图设计时补算。

2.3　初步设计表达

□ 初步设计阶段专业间配合关键点

1. 与建筑专业配合，落实电气用房、主干线路敷设以及与建筑形式有关的主要电气设计条件。

2. 与结构专业配合，落实影响结构构件设计和与钢结构、预应力结构等特殊结构形式有关的主要电气设计条件。

3. 与设备专业配合，落实与设备供配电及控制方案等有关的主要电气设计条件。

4. 与经济专业配合，提供设计说明、主要设备材料表和电气系统图及平面图。

2.3 初步设计表达

电气初步设计与相关专业配合输入表

提出专业	电气设计输入具体内容
建筑	建设单位委托设计内容、方案审查意见表和审定通知书、建筑物位置、规模、性质、用途、标准、建筑高度、层高、建筑面积等主要技术参数和指标、建筑使用年限、耐火等级、抗震级别、建筑材料等
	人防工程：防化等级、战时用途等
	总平面位置、建筑物的平、立、剖面图及建筑做法（包括楼板及垫层厚度）
	吊顶位置、高度及做法
	各设备机房、竖井的位置、尺寸（包括变配电所、冷冻机房、水泵房等）
	防火分区的划分
	电梯类型（普通电梯或消防电梯、有机房电梯或无机房电梯）
结构	主体结构形式
	基础形式
	梁板布置图
	楼板厚度及梁的高度
	伸缩缝、沉降缝位置
	剪力墙、承重墙布置图

2.3 初步设计表达

电气初步设计与相关专业配合输入表

提出专业	电气设计输入具体内容
给水排水	各类水泵台数、用途、容量、位置、电动机类型及控制要求
	各场所的消防灭火形式及控制要求
	消火栓位置
	冷却塔风机容量、台数、位置
	各种水箱、水池的位置、液位计的型号、位置及控制要求
	水流指示器、检修阀及水力报警阀、放气阀等位置
	各种用电设备（电伴热、电热水器等）的位置、用电容量、相数等
	各种水处理设备所需电量及控制要求
通风与空调	冷冻机房： 1）机房及控制（值班）室的设备布置图； 2）冷水机组的台数、每台机组电压等级、电功率、位置及控制要求； 3）冷水泵、冷却水泵或其他有关水泵的台数、电功率及控制要求
	各类风机房（空调风机、新风机、排风机、补风机、排烟风机、正压送风机等）的位置、容量、供电及控制要求
	锅炉房的设备布置及用电量
	电动排烟口、正压送风口、电动阀的位置
	其他设备用电性质及容量

2.3 初步设计表达

电气初步设计与相关专业配合输出表

提出专业	电气设计输入具体内容
建筑	变电所位置及平、剖面图（包括设备布置图）；柴油发电机房的位置、面积、层高； 电气竖井位置、面积等要求；主要配电点位置；各弱电机房位置、层高、面积等要求；强、弱电进出线位置及标高；大型电气设备的运输通路的要求；电气引入线做法； 总平面中人孔、手孔位置、尺寸
结构	大型设备的位置
	剪力墙上的大型孔洞（如门洞、大型设备运输预留洞等）
给排水	主要设备机房的消防要求
	水泵房配电控制室的位置、面积
	电气设备用房用水点
通风与空调	柴油发电机容量；变压器的数量和容量；冷冻机房控制室位置面积及对环境、消防的要求； 主要电气机房对环境温、湿度的要求；主要电气设备的发热量
概、预算	设计说明及主要设备材料表；电气系统图及平面图

举例

2.3　初步设计表达

序号	符号	说　明	备注	序号	符号	说　明	备注	序号	符号	说　明	备注
1		变压器		27		带最大需量指示器的电度表		53		调光器	
2		电压互感器		28		带最大需量记录器的电度表		54		风扇电源开关	
3		电流互感器		29		照明配电箱-AL		55		风机盘管控制开关	
4		避雷器		30		应急照明配电箱-ALE		56		聚光灯	
5		断路器		31		动力配电箱-AP		57		泛光灯	
6		隔离开关		32		控制箱-AC		58		航空障碍灯	
7		负荷开关		33		断路器箱		59		筒灯	
8		熔断器式刀开关		34		电表箱		60		花灯	
9		熔断器式负荷开关		35		接线(箱)		61		壁灯	
10		带剩余电流保护器的低压断路器		36		电磁阀		62		吸顶灯	
11		剩余电流保护器		37		电动阀		63		客房应急照明灯	
12		接触器		38		电开水器		64		防水灯	
13		热继电器		39		风机盘管		65		单管日光灯　1X28W	
14		继电器		40		轴流风机(扇)		66		双管日光灯　2X28W	
15		过电流继电器		41		风幕		67		三管日光灯　3X28W	
16		定时限过电流继电器		42		自耦降压起动装置		68		诱导灯	
17		反时限过电流继电器		43		变频调速装置		69		层号灯	
18		电流表		44		单相五孔插座(三孔、两孔各一)		70		安全出口灯	
19		电压表		45		剃须插座		71		航空障碍灯	
20		电压表转换开关		46		带单极开关的单相双孔插座		72		导管引向	
21		功率表		47		双极双控开关		73		钥匙开关	
22		无功功率表		48		三相四孔插座		74		请勿打扰	
23		功率因数表		49		单极开关		75		请勿打扰开关	
24		多功能电力仪表		50		双极开关		76			
25		电度表		51		三极开关					
26		无功电度表		52							

2.3　初步设计表达

序号	符号	说　明	备注	序号	符号	说　明	备注	序号	符号	说　明	备注
1		紧急广播声器 (3W)		24		防火调节阀(FDD)　(70℃熔断)		47		槽盒	
2		感烟探测器		25		防火调节阀(SFD)　(280℃熔断)		48		引上 下线缆	
3		地址感烟探测器		26		防火排烟阀　(280℃常闭阀)		49		语音信息插座	平面图
4		隔离模块		27		排烟阀　(常闭阀)		50		数据信息插座	平面图
5		地址感温探测器		28		显示盘		51		紧急广播声器 (1W)	(酒店客房内使用)
6		煤气探测器		29		层火灾部号显示灯		52		数据信息插座 (X)	系统图
7		地址手动报警器 (带电话插孔)		30		二分支器	系统图				
8		消火栓按钮 (带指示灯)		31		一分支器	系统图	53		语音信息插座 (Y)	系统图
9		监视模块		32		二分配器	系统图				
10		控制模块		33		三分配器	系统图	54		直通对讲电话	系统图
11		信息网络交换器		34		四分配器	系统图				
12		网络集成器		35		放大器(双向)	系统图	55		计算机	系统图
13		光纤互连单元		36		均衡器	系统图				
14		摄像头		37		终端电阻	系统图	56		紧急广播机	系统图
15		摄像头 (带云台)		38		背景音乐扬声器(3W)					
16		接线箱		39		背景音乐音量调节器		57		联动台	系统图
17		电梯		40		紧急广播号角 (15W)					
18		水流指示器		41		电气火灾监控模块	系统图	58		打印机	系统图
19		水流指示器前阀门		42		红外对射探测器发射器	系统图	59		卫星天线	系统图
20		[illegible]式报警铃		43		红外对射探测器接收器	系统图				
21		信号阀		44		按钮					
22		自动排烟口(BSD)　(24V 常闭阀)		45		电铃					
23		正压送风口(BD)　(24V 常闭阀)		46		信息显示屏					

2.3 初步设计表达

序号	设备名称	规格型号	数量	单位	备注
1	高压开关柜	H.V.switchgear−12	16	台	
2	直流信号屏	65Ah/110V	1	套	
3	干式变压器	2000kVA(10/0.4kV)	6	台	SC810
4	低压电容补偿柜	L.V.switchgear	12	台	
5	低压开关柜	L.V.switchgear	68	台	
6	动力配电柜	非标	60	台	
7	动力控制箱	非标	120	台	
8	双电源互投箱	非标	60	个	
9	照明配电箱	非标	140	个	
10	应急照明配电箱	非标	68	个	
11	EPS电源	3kW	68	个	
12	封闭绝缘母线	630A	200	m	
13	出口指示灯	8 W	500	个	
14	诱导灯	8 W	900	个	
15	数据采集盘		78	台	
16	火灾报警报警器		1	台	
17	联动台	非标	1	台	
18	CRT显示器	19寸	1	台	
19	地址感烟探测器		2150	台	
20	地址感温探测器		1600	台	
21	可燃气体探测器		35	台	
22	手动报警器		480	台	
23	楼层灯光显示器		120	台	
24	监视模块		1520	台	
25	控制模块		620	台	
26	紧急广播机	2000W	2	台	
27	紧急广播扬声器	3W	627	台	
28	紧急广播号角	15W	78	台	
29	消防对讲电话主机	80门	1	套	
30	复示盘		46	台	

序号	设备名称	规格型号	数量	单位	备注
31	数据点		2416	个	
32	语音点		2416	个	
33	门禁点位		489	套	
34	报警点		7	个	
35	解码器		1	套	
36	卫星接收天线		1	套	
37	电视前端设备		1	套	
38	一分支器		103	个	
39	二分支器		44	个	
40	二分配器		3	个	
41	四分配器		103	个	
42	放大器(双向)		3	个	
43	均衡器		3	个	
44	接地电阻		96	个	
45	电视主干线	SYKV-75-9	若干	米	
46	电视分支线	SYKV-75-5	若干	米	
47	两技术复合型探测器		98	个	
48	固定数字摄像机		210	套	
49	带云台数字摄像机		68	套	
50	广角数字摄像机		16	套	
51	16画面分割器		20	台	
52	512路视音频硬盘录像机	6000硬盘	1	套	
53	34"监视器		1	台	
54	21"监视器		1	台	
55	普通背景音乐扬声器	3W	420	套	
56	普通背景功率放大器	1500W	1	台	
57	普通背景音量调节器		106	个	
58	提前放电接闪杆		1	套	
59	电缆、槽盒		若干	m	
60	电线、管材		若干	m	

2.3 初步设计表达

□ 电气总平面表达控制要点

1. 标示建（构）筑物名称或编号、层数或标高、道路、地形等高线和用户的安装容量。

2. 标示变、配电站位置、编号，变压器台数、容量，发电机台数、容量。

3. 室外配电箱的编号、型号，室外照明灯具的规格、型号、容量。

4. 架空线路应标注：线路规格及走向，回路编号、杆位编号、档数、档距、杆高、拉线，重复接地、避雷器等（附标准图集选择表）。

5. 电缆线路应标示：电缆隧道、电缆沟、管孔、钢管敷设位置走向，线路回路编号、电缆型号及规格，线缆敷设方式（附标准图集选择表）。

6. 人（手）孔位置。

7. 比例、指北针。

8. 图中未表达清楚的内容可附图作统一说明。

9. 平面图纸应标注比例。

10. 简单设计项目，图例可随总体设计图例标示或随图标示。

2.3 初步设计表达

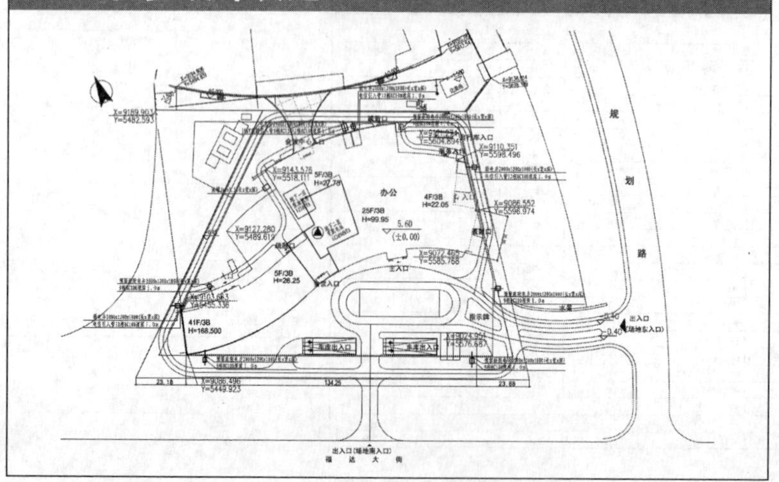

2.3　初步设计表达

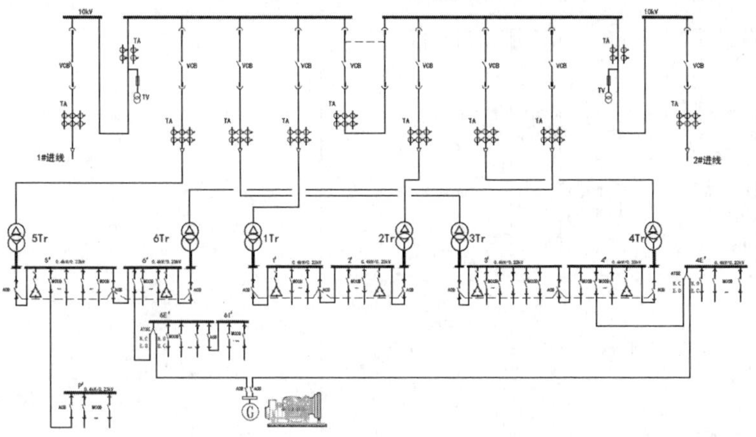

2.3　初步设计表达

□ 高、低压配电系统表达控制要点

1. 高压系统图一次接线图应标明柜体电压等级、柜体型号、柜体编号及用途、柜体尺寸、母线型号规格、继电保护设置要求、柜内主要一次元件参数及其数量，明确开关柜电气闭锁要求。

2. 低压配电一次系统图应标明开关柜型号、编号；进线电缆及柜内母线的型号、规格；变压器、发电机组的容量、型号、相关参数；柜内各元件型号及其技术参数；变压器及各配出回路负荷计算；配出回路编号、导体型号及规格。当选用分格式开关柜时，增加小室高度或模数等内容。

3. 发电机配电系统图应标明发电机组容量、技术参数；柜体尺寸；柜内母线型号、规格；柜内各元件型号及其技术参数；发电机组及各配出回路负荷计算；配出回路编号、导体型号及规格。

4. 平面图、剖面图。按比例绘制变压器、发电机、开关柜、控制柜、直流及信号柜、补偿柜、支架、电缆沟、电缆夹层等平面布置、安装尺寸等。根据开关柜、变压器的进出线方式绘制典型剖面，应体现变电室整体高度关系、进出线电缆桥架、母线敷设高度等内容。当选用标准图时，应标注标准图编号、页次。

5. 桥架母线布置平面图应标明桥架母线用途、型号、规格、敷设位置及其高度，具体施工做法宜引用标准图集。

6. 变配电室留洞图应标明各开关柜体、人孔、变压器电缆进线及中线点接地留洞尺寸，并标明各洞口尺寸定位。

7. 继电保护及信号原理图，二次原理宜选用标准图、通用图，控制柜、直流电源及信号柜、操作电源均应选用企业标准产品，图中标示相关产品型号、规格和要求。

2.3　初步设计表达

□ 变、配、发电站专业间配合要点

1. 建筑专业配合，确定电气用房、主干线路敷设以及与建筑形式有关的主要电气设计条件及具体做法，包括：

应向建筑专业提供电气用房具体设计要求；

应与建筑和结构专业共同配合确定大型设备的具体运输路线和预留孔洞具体尺寸。

2. 结构专业配合，落实影响结构构件设计和与钢结构、预应力结构等特殊结构形式有关的主要电气设计条件，包括：

（1）应向结构专业提供与结构构件设计有关的荷载大小和位置；

（2）应与建筑和结构专业共同配合确定大型设备的运输路线和预留孔洞以及设备固定方式和基础形式；

（3）应向结构专业提供影响结构构件承载力或钢筋配置的管、洞等具体设计资料。

2.3 初步设计表达

高压柜编号	[illegible]	[illegible]	[illegible]	[illegible]	[illegible]	[illegible]	[illegible]	[illegible]	[illegible]	[illegible]	[illegible]	[illegible]	[illegible]	[illegible]
高压柜型号	H.V.switchgear-12	H.V.switchgear-12	H.V.switchgear-12	H.V.switchgear-12	H.V.switchgear-12	H.V.switchgear-12	H.V.switchgear-12	H.V.switchgear-12	H.V.switchgear-12	H.V.switchgear-12	H.V.switchgear-12	H.V.switchgear-12	H.V.switchgear-12	H.V.switchgear-12
回路编号	WH1	WH2	WH3	WH5	WH6	WH7	WH8	WH9	WH10	WH11	WH12	WH13	WH14	WH16
设备容量(kVA)	6000(1:2000)			2000	2000	2000			2000	2000	2000			6000(1:2000)
计算电流(A)	347(694)			72	72	72			72	72	72			347(694)
电缆规格 型号及规格(mm²)	由供电部门决定			ZRYJV-8.7/10KV-3x120	ZRYJV-8.7/10KV-3x120	ZRYJV-8.7/10KV-3x120			ZRYJV-8.7/10KV-3x120	ZRYJV-8.7/10KV-3x120	ZRYJV-8.7/10KV-3x120			由供电部门决定
继电保护		过流,速断,零序		变压器高温,超温,过流,速断,零序	变压器高温,超温,过流,速断,零序	变压器高温,超温,过流,速断,零序	速断投入,自动解除		变压器高温,超温,过流,速断,零序	变压器高温,超温,过流,速断,零序	变压器高温,超温,过流,速断,零序		过流,速断,零序	
用途	1#电源电压互感器	主进线	专用计量	5Tr 变压器	3Tr 变压器	1Tr 变压器	联络	联络隔离	2Tr 变压器	4Tr 变压器	6Tr 变压器	专用计量	主进线	2#电源电压互感器
高压柜尺寸(宽×深×高)(mm)	[illegible]	[illegible]	[illegible]	[illegible]	[illegible]	[illegible]	[illegible]	[illegible]	[illegible]	[illegible]	[illegible]	[illegible]	[illegible]	[illegible]
备注														

2.3 初步设计表达

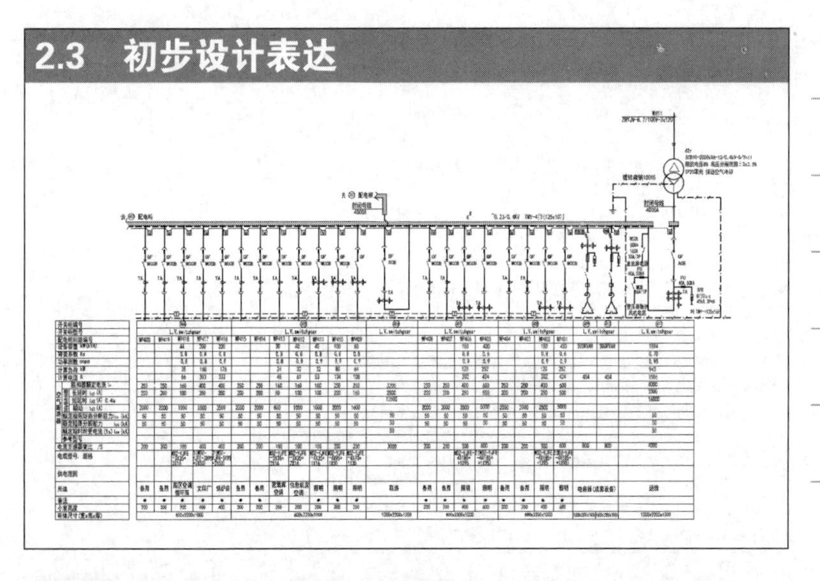

开关柜编号	[illegible]					[illegible]							[illegible]	[illegible]				[illegible]				[illegible]	[illegible]	[illegible]
开关柜型号	L.V.switchgear					L.V.switchgear							L.V.switchgear	L.V.switchgear				L.V.switchgear				L.V.switchgear		L.V.switchgear
配电柜回路编号	WP420	WP419	WP418	WP417	WP416	WP415	WP414	WP413	WP412	WP411	WP410	WP409		WP408	WP407	WP406	WP405	WP404	WP403	WP402	WP401			
设备容量 kW(kVA)			44	200	220			30	40	45	100	80				150	400			150	400	300kvar	300kvar	1594
需要系数 Kx			0.8	0.8	0.8			0.8	0.8	0.8	0.8	0.8				0.8	0.6			0.8	0.6			0.70
功率因数 cosφ			0.8	0.8	0.8			0.8	0.9	0.9	0.9	0.9				0.9	0.9			0.9	0.9			0.95
计算负荷 kW			35	160	175			24	32	32	80	64				120	252			120	252			943
计算电流 A			66	303	333			46	61	53	134	108				202	424			202	424	454	454	1595
空气断路器 脱扣器额定电流 In	250	250	160	400	400	250	250	160	160	160	250	250	2200	250	250	400	600	250	250	400	600			4000
整定值 长延时 Ir1 (A)	200	200	100	350	350	200	200	50	100	100	200	160	2500	200	200	250	500	200	200	250	500			3300
短延时 Ir2 (A) 0.4s													12500											16000
瞬动 Ir3 (A)	2000	2000	1000	3500	3500	2000	2000	800	1000	1000	2000	1600		2000	2000	2500	5000	2000	2000	2500	5000			
额定极限短路分断能力 Icu (kA)	50	50	50	50	50	50	50	50	50	50	50	50	50	50	50	50	50	50	50	50	50			50
额定运行短路分断能力 Ics (kA)	50	50	50	50	50	50	50	50	50	50	50	50	50	50	50	50	50	50	50	50	50			50
额定短时耐受电流(1s) Icw (kA)													50											50
参考型号																								
电流互感器变比 /5	200	200	100	400	400	200	200	100	100	100	200	200	3000	200	200	500	600	200	200	500	600	800	800	4000
电缆型号、规格			[illegible]	[illegible]	[illegible]			[illegible]	[illegible]	[illegible]	[illegible]	[illegible]				[illegible]	[illegible]			[illegible]	[illegible]			
供电范围																								
用途	备用	备用	消防空调循环泵	文印厂	锅炉房	备用	备用	变配库空调	信息机房空调	照明	照明	照明	联络	备用	备用	照明	照明	备用	备用	照明	照明	电容器(成套设备)		进线
备注	•	•	•	•	•	•	•			•	•	•		•	•	•	•	•	•	•	•			
小室高度	200	200	200	400	400	200	200	200	200	200	300	200		200	200	400	400	200	200	400	400			
柜体尺寸(宽x高x厚)	600x2200x1000					600x2200x1000							1000x2200x1000	600x2200x1000				600x2200x1000				[illegible]	[illegible]	1000x2200x1000

2.3 初步设计表达

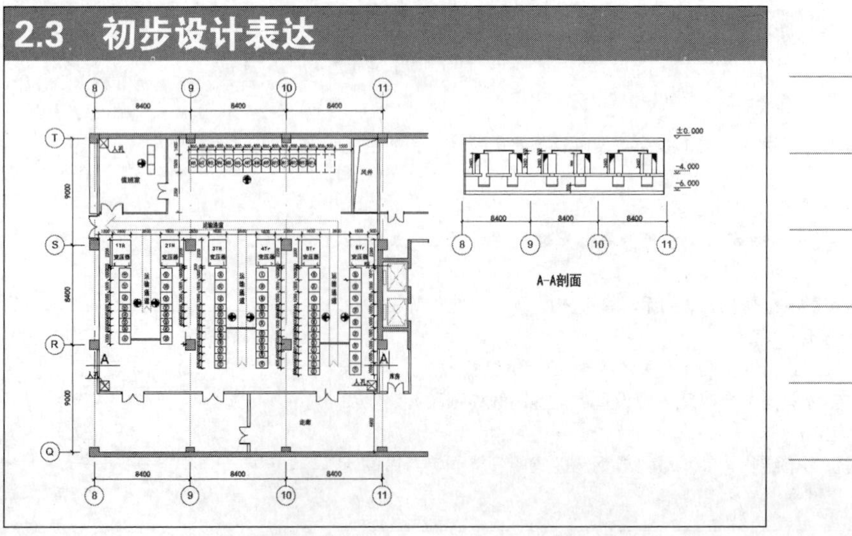

2.3 初步设计表达

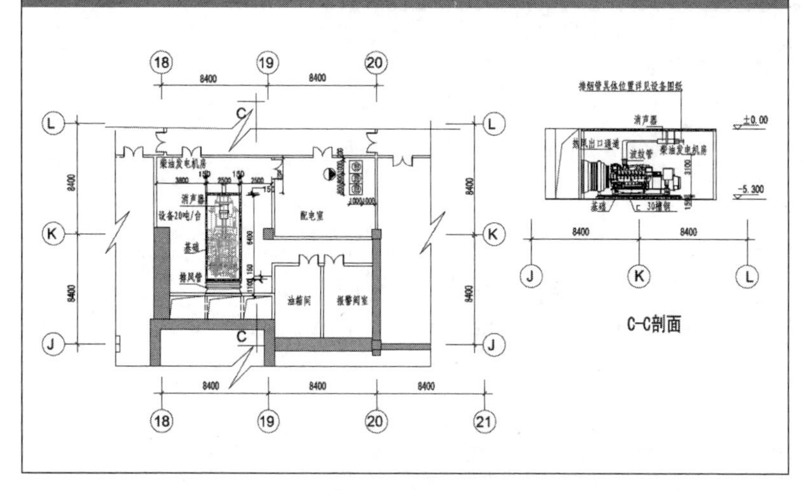

2.3 初步设计表达

□ 公共建筑竖向配电系统表达控制要点

1. 根据建筑物负荷性质、特点、建筑物结构特点等条件构建建筑物配电系统，并根据负荷性质、特点选择导体类型。

2. 以建筑物为单位，自电源的开始点至终端配电箱止，按楼层、设备机房、电气小间等绘制，表述各系统下配电柜（盘）或大型设备之间的配电关系和相应的线路编号，为对整体架构的了解提供参考。

□ 居住建筑竖向配电系统表达控制要点

1. 因各地区供电部门的管理要求存在差异，因此住宅竖向配电系统的设计应根据具体要求绘制。

2. 住宅竖向配电系统原则上应以每栋楼为单位，自低压进线的 π 接柜开始至终端配电箱为止。如果单体楼的单元较多，可按不同的 π 接室和配电室的供电范围分段绘制。

3. π 接柜进线电缆型号规格可按电力公司的统一要求标注，不标注时应注明由小区电力外线设计单位确定。

4. 光力柜型号按电力公司要求的统一型号。

5. 住户照明主干线电缆在各层分支可采用 T 接端子箱、预分支电缆等分支方式。

6. 住宅总进线处设置的电气火灾报警装置。

2.3 初步设计表达

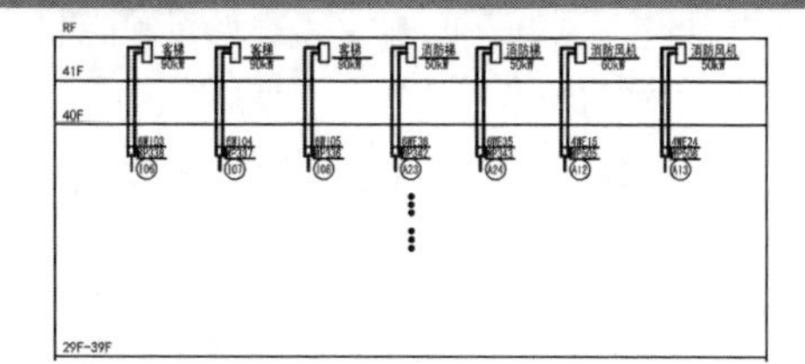

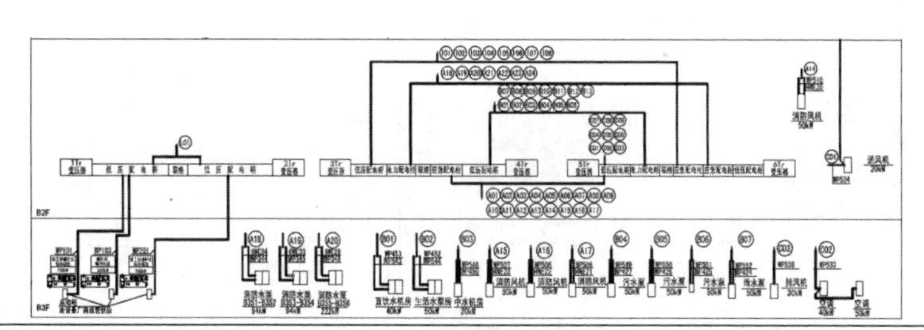

2.3 初步设计表达

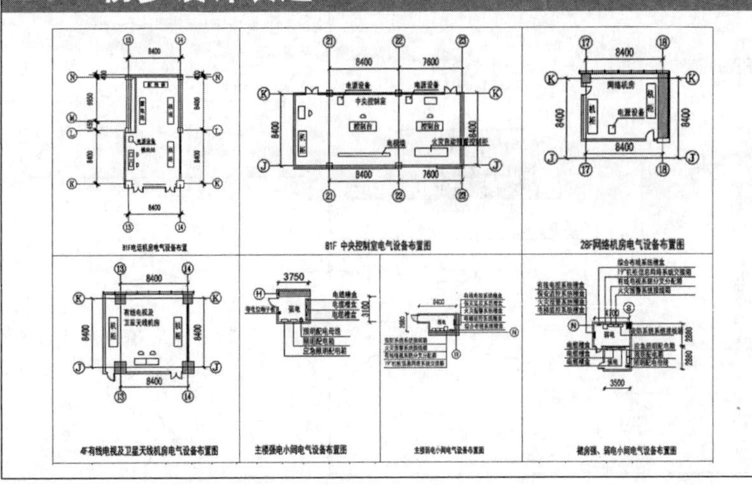

2.3 初步设计表达

□ 人防配电系统表达控制要点

1. 系统图中应明确战时内部电源、区域电源的设置情况以及线路的预留要求。
2. 系统架构应表示平时、战时电源转换的关系，满足不同负荷等级的供配电要求。
3. 结合系统图按负荷分级分别统计平时及战时负荷容量。
4. 标注配电箱编号、设备容量，配电干线回路编号、导体规格型号。

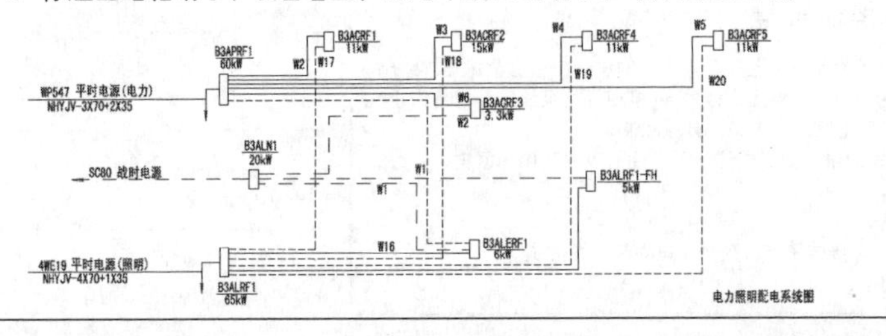

2.3 初步设计表达

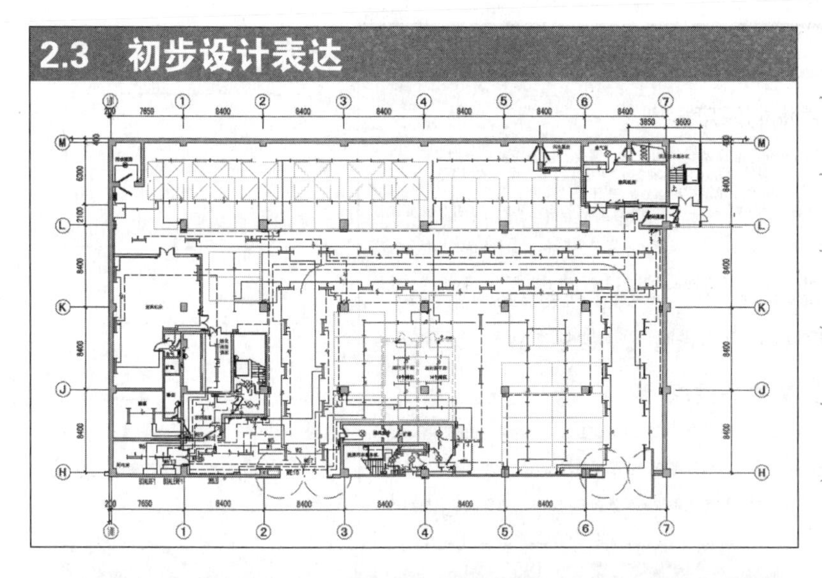

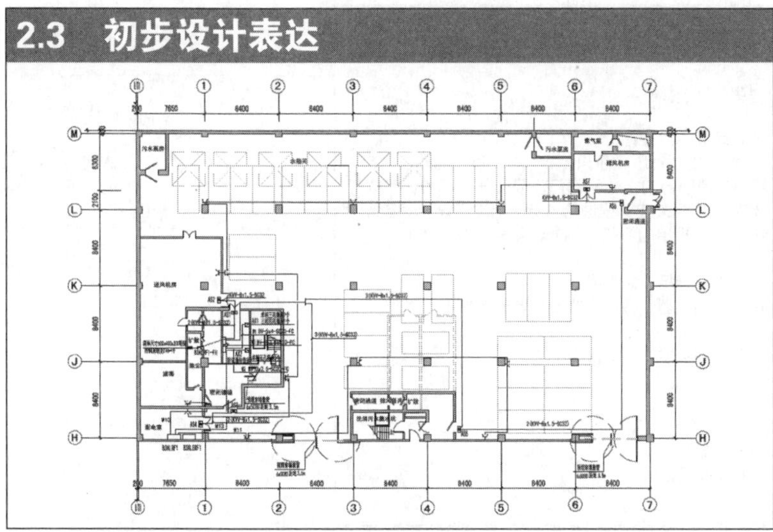

2.4　施工图设计表达

2.4 施工图设计表达

□ 建筑电气施工图设计文件编制深度原则

1. 施工图设计文件，应满足设备材料采购、非标准设备制作和施工的需要。对于将项目分别发包给几个设计单位或实施设计分包的情况，设计文件相互关联处的深度应满足各承包或分包单位设计的需要。

2. 在设计中宜因地制宜正确选用国家、行业和地方建筑标准设计，并在设计文件的图纸目录或设计说明中注明所应用图集的名称。重复利用其他工程的图纸时，应详细了解原图利用的条件和内容，并作必要的核算和修改，以满足新设计项目的需要。

3. 设计单位在设计文件中选用的建筑材料、建筑构配件和设备，应当注明规格、性能等技术指标，其质量要求必须符合国家规定的标准。

4. 民用建筑工程一般应分为方案设计、初步设计和施工图设计三个阶段；对于技术要求相对简单的民用建筑工程，当有关主管部门在初步设计阶段没有审查要求，且合同中没有做初步设计的约定，可在方案设计审批后直接进入施工图设计。

5. 当设计合同对设计文件编制深度另有要求时，设计文件编制深度应同时满足本规定和设计合同的要求。

□ 编制建筑电气施工图设计文件关键点

1. 电气专业应根据已批准的初步设计文件，通过与建筑等其他专业的配合及设计计算，使施工图设计安全适用、经济合理、完整、准确。

2. 输出设计文件应包括电气专业设计说明书、施工图设计图纸、主要电气设备表、计算书等电气专业施工图设计文件。

3. 通过施工图设计文件，应详细、量化、准确地表达电气系统的设计内容以及采用电气设备、材料的使用要求等，对施工方、施工作业的特殊要求等进行详尽说明。

2.4 施工图设计表达

□ 建筑电气施工图设计说明编制内容

1. 工程概况：初步（或方案）设计审批定案的主要指标。

2. 设计依据：1）工程概况：应说明建筑类别、性质、面积、层数、高度、结构类型等；2）建设单位提供的有关部门（如：供电部门、消防部门、通信部门、公安部门等）认定的工程设计资料，建设单位设计任务书及设计要求；3）相关专业提供给本专业的工程设计资料；4）设计所执行的主要法规和所采用的主要标准（包括标准的名称、编号、年号和版本号）。

3. 设计范围。

4. 设计内容（应包括建筑电气各系统的主要指标）。

5. 各系统的施工要求和注意事项（包括线路选型、敷设方式及设备安装等）。

6. 设备主要技术要求（亦可附在相应图纸上）。

7. 防雷及接地保护等其他系统有关内容（亦可附在相应图纸上）。

8. 电气节能及环保措施。

9. 绿色建筑电气设计

（1）绿色建筑设计目标；

（2）建筑电气设计采用的绿色建筑技术措施；

（3）建筑电气设计所达到的绿色建筑技术指标。

10. 与相关专业的技术接口要求 。

2.4 施工图设计表达

□ 建筑电气施工图设计说明编制内容

11. 智能化设计

（1）智能化系统设计概况；

（2）智能化各系统的供电、防雷及接地等要求；

（3）智能化各系统与其他专业设计的分工界面、接口条件。

12. 智能化专项设计

（1）工程概况；应将经初步（或方案）设计审批定案的主要指标录入。设计依据：已批准的初步设计文件（注明文号或说明、设计范围、设计内容：应包括智能化系统及各子系统的用途、结构、功能、功能、设计原则、系统点表、系统及主要设备的性能指标）；

（2）各系统的施工要求和注意事项（包括布线、设备安装等）；

（3）设备主要技术要求及控制精度要求（亦可附在相应图纸上）；

（4）防雷、接地及安全措施等要求（亦可附在相应图纸上）；节能及环保措施；与相关专业及市政相关部门的技术接口要求及专业分工界面说明；各分系统间联动控制和信号传输的设计要求；对承包商深化设计图纸的审核要求。凡不能用图示表达的施工要求，均应以设计说明表述；有特殊需要说明的可集中或分列在有关图纸上。

13. 其他专项设计、深化设计

（1）其他专项设计、深化设计概况；

（2）建筑电气与其他专项、深化设计的分工界面及接口要求。

2.4 施工图设计表达

□ 建筑电气施工图纸编制内容

1. 图例符号（应包括设备选型、规格及安装等信息）。

2. 电气总平面图（仅有单体设计时，可无此项内容）

标注建筑物、构筑物名称或编号、层数或标高、道路、地形等高线和用户的安装容量。标注变、配电站位置、编号；变压器台数、容量；发电机台数、容量；室外配电箱的编号、型号；室外照明灯具的规格、型号、容量。架空线路应标注：线路规格及走向，回路编号，杆位编号，挡数、档距、杆高、拉线、重复接地、避雷器等（附标准图集选择表）。电缆线路应标注：线路走向、回路编号、敷设方式、人（手）孔型号、位置。比例、指北针。图中未表达清楚的内容可随图作补充说明。

3. 变、配电站设计图

高、低压配电系统图（一次线路图）。图中应标明变压器、发电机的型号、规格；母线的型号、规格；标明开关、断路器、互感器、继电器、电工仪表（包括计量仪表）等的型号、规格、整定值（此部分也可标注在图中表格中）。图下方表格标注：开关柜编号、开关柜型号、回路编号、设备容量、计算电流、导体型号及规格、敷设方法、用户名称、二次原理图方案号，（当选用分隔式开关柜时，可增加小室高度或模数等相应栏目）。

2.4 施工图设计表达

□ 建筑电气施工图纸编制内容

4. 变、配电站设计图

（1）平、剖面图。按比例绘制变压器、发电机、开关柜、控制柜、直流及信号柜、补偿柜、支架、地沟、接地装置等平面布置、安装尺寸等，以及变、配电站的典型剖面，当选用标准图时，应标注标准图编号、页次；标注进出线回路编号、敷设安装方法，图纸应有设备明细表、主要轴线、尺寸、标高、比例。

（2）继电保护及信号原理图。继电保护及信号二次原理方案号，宜选用标准图、通用图。当需要对所选用标准图或通用图进行修改时，仅需绘制修改部分并说明修改要求。控制柜、直流电源及信号柜、操作电源均应选用标准产品，图中标示相关产品型号、规格和要求。

（3）配电干线系统图。以建筑物、构筑物为单位，自电源点开始至终端配电箱止，按设备所处相应楼层绘制，应包括变、配电站变压器编号、容量、发电机编号、容量、各处终端配电箱编号、容量，自电源点引出回路编号。

（4）相应图纸说明。图中表达不清楚的内容，可随图作相应说明。

2.4 施工图设计表达

□ 建筑电气施工图纸编制内容

5. 配电、照明设计图

（1）配电箱（或控制箱）系统图，应标注配电箱编号、型号，进线回路编号；标注各元器件型号、规格、整定值；配出回路编号、导线型号规格、负荷名称等，（对于单相负荷应标明相别），对有控制要求的回路应提供控制原理图或控制要求；当数量较少时，上述配电箱（或控制箱）系统内容在平面图上标注完整的，可不单独出配电箱（或控制箱）系统图。

（2）配电平面图应包括建筑门窗、墙体、轴线、主要尺寸、房间名称、工艺设备编号及容量；布置配电箱、控制箱，并注明编号；绘制线路始、终位置（包括控制线路），标注回路编号、敷设方式（需强调时）；凡需专项设计场所，其配电和控制设计图随专项设计，但配电平面图上应相应标注预留的配电箱，并标注预留容量；图纸应有比例。

（3）照明平面图应包括建筑门窗、墙体、轴线、主要尺寸、标注房间名称、绘制配电箱、灯具、开关、插座、线路等平面布置，标明配电箱编号，干线、分支线回路编号；凡需二次装修部位，其照明平面图及配电箱系统图由二次装修设计，但配电或照明平面图上应相应标注预留的照明配电箱，并标注预留容量；图纸应有比例。

2.4 施工图设计表达

□ 建筑电气施工图纸编制内容

6. 建筑设备控制原理图

（1）建筑电气设备控制原理图，有标准图集的可直接标注图集方案号或者页次。

1）控制原理图应注明设备明细表。

2）选用标准图集时若有不同处应做说明。

（2）建筑设备监控系统及系统集成设计图。

1）监控系统方框图、绘至 DDC 站止。

2）随图说明相关建筑设备监控（测）要求、点数，DDC 站位置。

2.4 施工图设计表达

□ 建筑电气施工图纸编制内容

7. 防雷、接地及安全设计图

（1）绘制建筑物顶层平面，应有主要轴线号、尺寸、标高、标注接闪杆、接闪器、引下线位置。注明材料型号规格、所涉及的标准图编号、页次，图纸应标注比例。

（2）绘制接地平面图（可与防雷顶层平面重合），绘制接地线、接地极、测试点、断接卡等的平面位置、标明材料型号、规格、相对尺寸等及涉及的标准图编号、页次，图纸应标注比例。

（3）当利用建筑物（或构筑物）钢筋混凝土内的钢筋作为防雷接闪器、引下线、接地装置时，应标注连接方式，接地电阻测试点，预埋件位置及敷设方式，注明所涉及的标准图编号、页次。

（4）随图说明可包括：防雷类别和采取的防雷措施（包括防侧击雷、防雷击电磁脉冲、防高电位引入）；接地装置形式、接地极材料要求、敷设要求、接地电阻值要求；当利用桩基、基础内钢筋作接地极时，应采取的措施。

（5）除防雷接地外的其他电气系统的工作或安全接地的要求（如：电源接地型式，直流接地，等电位等），如果采用共用接地装置，应在接地平面图中叙述清楚，交待不清楚的应绘制相应图纸。

2.4 施工图设计表达

□ 建筑电气施工图纸编制内容

8. 建筑电气消防系统

（1）火灾自动报警系统设计图。

（2）电气火灾监控系统、防火门监控系统。

（3）消防设备电源监控系统。

1）应绘制系统图，以及各监测点名称、位置等。

2）一次部分绘制并标注在配电箱系统图上。

3）在平面图上应标注或说明监控线路型号、规格及敷设要求。

（4）消防应急广播。

1）消防应急广播系统图、施工说明。

2）各层平面图，应包括设备及器件布点、连线，线路型号、规格及敷设要求。

9. 主要设备表。注明主要设备名称、型号、规格、单位、数量。

10. 计算书。施工图设计阶段的计算书，计算内容同初步设计要求。

11. 当采用装配式建筑技术设计时，应明确装配式建筑设计电气专项内容：

明确装配式建筑电气设备的设计原则及依据。对预埋在建筑预制墙及现浇墙内的电气预埋箱、盒、孔洞、沟槽及管线等要有做法标注及详细定位。预埋管、线、盒及预留孔洞、沟槽及电气构件间的连接做法。墙内预留电气设备时的隔声及防火措施；设备管线穿过预制构件部位采取相应的防水、防火、隔声、保温等措施。采用预制结构柱内钢筋作为防雷引下线时，应绘制预制结构柱内防雷引下线间连接大样，标注所采用防雷引下线钢筋、连接件规格以及详细作法。

2.4 施工图设计表达

□ 智能化专项设计施工图纸编制内容

1. 图例。注明主要设备的图例、名称、数量、安装要求。注明线型的图例、名称、规格、配套设备名称、敷设要求。

2. 主要设备及材料表。分子系统注明主要设备及材料的名称、规格、单位、数量。

3. 智能化总平面图。标注建筑物、构筑物名称或编号、层数或标高、道路、地形等高线和用户的安装容量；标注各建筑进线间及总配线间的位置、编号；室外前端设备位置、规格以及安装方式说明等；室外设备应注明设备的安装、通信、防雷、防水及供电要求，宜提供安装详图；室外立杆应注明杆位编号、杆高、壁厚、杆件形式、拉线、重复接地、避雷器等（附标准图集选择表），宜提供安装详图；室外线缆应注明数量、类型、线路走向、敷设方式、人（手）孔规格、位置、编号及引用详图。

4. 系统图应表达系统结构、主要设备的数量和类型、设备之间的连接方式、线缆类型及规格、图例；平面图应包括设备位置、线缆数量、线缆管槽路由、线型、管槽规格、敷设方式、图例；图中应表示出轴线号、管槽距、管槽尺寸、设计地面标高、管槽标高（标注管槽底）、管材、接口形式、管道平面示意，并标出交叉管槽的尺寸、位置、标高。

2.4 施工图设计表达

□ 智能化专项设计施工图纸编制内容

5. 智能化集成管理系统设计图。系统图、集成型式及要求；各系统联动要求、接口型式要求、通信协议要求。 通信网络系统设计图。根据工程性质、功能和近远期用户需求确定电话系统形式；当设置电话交换机时，确定电话机房的位置、电话中继线数量及配套相关专业技术要求；传输线缆选择及敷设要求；中继线路引入位置和方式的确定；通信接入机房外线接入预埋管、手（人）孔图；防雷接地、工作接地方式及接地电阻要求。

6. 系统预算。确定各子系统主要设备材料清单；确定各子系统预算，包括单位、主要性能参数、数量、系统造价。

7. 智能化集成管理系统设计图。 计算机网络系统设计图。系统图应确定组网方式、网络出口、网络互联及网络安全要求。建筑群项目，应提供各单体系统联网的要求；信息中心配置要求；注明主要设备图例、名称、规格、单位、数量、安装要求。平面图应确定交换机的安装位置、类型及数量。

8. 布线系统设计图。根据建设工程项目的性质、功能和近期需求、远期发展确定布线系统的组成以及设置标准；系统图、平面图；确定布线系统结构体系、配线设备类型，传输线缆的选择和敷设要求。

9. 有线电视及卫星电视接收系统设计图。根据建设工程项目的性质、功能和近期需求、远期发展确定有线电视及卫星电视接收系统的组成以及设置标准；系统图、平面图；确定有线电视及卫星电视接收系统组成，传输线缆的选择和敷设要求；确定卫星接收天线的位置、数量、基座类型及做法；确定接收卫星的名称及卫星接收节目，确定有线电视节目源。

2.4 施工图设计表达

□ 智能化专项设计施工图纸编制内容

10. 公共广播系统设计图。根据建设工程项目的性质、功能和近期需求、远期发展确定系统设置标准；系统图、平面图；确定公共广播的声学要求、音源设置要求及末端扬声器的设置原则；确定末端设备规格，传输线缆的选择和敷设要求。

11. 信息导引及发布系统设计图。根据建设工程项目的性质、功能和近期需求、远期发展确定系统功能、信息发布屏类型和位置；系统图、平面图；确定末端设备规格，传输线缆的选择和敷设要求；设备安装详图。

12. 会议系统设计图。根据建设工程项目的性质、功能和近期需求、远期发展确定会议系统建设标准和系统功能；系统图、平面图；确定末端设备规格，传输线缆的选择和敷设要求。

13. 时钟系统设计图。根据建设工程项目的性质、功能和近期需求、远期发展确定子钟位置和形式；系统图、平面图；确定末端设备规格，传输线缆的选择和敷设要求。

14. 专业工作业务系统设计图。根据建设工程项目的性质、功能和近期需求、远期发展确定专业工作业务系统类型和功能；系统图、平面图；确定末端设备规格，传输线缆的选择和敷设要求；

物业运营管理系统设计图。根据建设项目性质、功能和管理模式确定系统功能和软件架构图。

15. 智能卡应用系统设计图。根据建设项目性质、功能和管理模式确定智能卡应用范围和一卡通功能；系统图；确定网络结构、卡片类型。

2.4 施工图设计表达

□ 智能化专项设计施工图纸编制内容

16. 建筑设备管理系统设计图。系统图、平面图、监控原理图、监控点表；系统图应体现控制器与被控设备之间的连接方式及控制关系；平面图应体现控制器位置、线缆敷设要求，绘至控制器止；监控原理图有标准图集的可直接标注图集方案号或者页次，应体现被控设备的工艺要求、应说明监测点及控制点的名称和类型、应明确控制逻辑要求，应注明设备明细表，外接端子表；监控点表应体现监控点的位置、名称、类型、数量以及控制器的配置方式；监控系统模拟屏的布局图。

17. 安全技术防范系统设计图。根据建设工程的性质、规模确定风险等级、系统架构、组成及功能要求；确定安全防范区域的划分原则及设防方法；系统图、设计说明、平面图、不间断电源配电图；确定机房位置、机房设备平面布局，确定控制台、显示屏详图；传输线缆选择及敷设要求；确定视频安防监控、入侵报警、出入口管理、访客管理、对讲、车库管理、电子巡查等系统设备位置、数量及类型；确定视频安防监控系统的图像分辨率、存储时间及存储容量。

18. 机房工程设计图。说明智能化主机房（主要为消防监控中心机房、安防监控中心机房、信息中心设备机房、通信接入设备机房、弱电间）设置位置、面积、机房等级要求及智能化系统设置的位置；说明机房装修、消防、配电、不间断电源、空调通风、防雷接地、漏水监测、机房监控要求；绘制机房设备布置图，机房装修平面、立面及剖面图，屏幕墙及控制台详图，配电系统（含不间断电源）及平面图，防雷接地系统及布置图，漏水监测系统及布置图。

2.4 施工图设计表达

□ 智能化专项设计施工图纸编制内容

19. 其他系统设计图。根据建设工程项目的性质、功能和近期需求、远期发展确定专业工作业务系统类型和功能；系统图、设计说明、平面图；确定末端设备规格，传输线缆的选择和敷设要求；图例说明：注明主要设备名称、规格、单位、数量、安装要求。

20. 设备清单。分子系统编制设备清单；清单编制内容应包括序号、设备名称、主要技术参数、单位、数量及单价。

21. 技术需求书。技术需求书应包含工程概述、设计依据、设计原则、建设目标以及系统设计等内容；系统设计应分系统阐述，包含系统概述、系统功能、系统结构、布点原则、主要设备性能参数等内容。

2.4 施工图设计表达

□ 施工图设计阶段与建筑专业配合关键点

1. 应向建筑专业提供电气用房具体设计要求；

2. 应与建筑和结构专业共同配合确定大型设备的具体运输路线和预留孔洞具体尺寸；

3. 对于管线复杂的工程，应会同设备等其他专业共同协商确定主要管线的敷设路径、敷设方式及相关专业的配合要求；

4. 对于大型金属屋面或其他特殊形式屋面的设计项目，应与建筑、结构专业配合，确定电气防雷接地

5. 系统设计要求及具体连接节点做法；

6. 应要求建筑专业提供需二次精装修的平面位置、吊顶区域范围，并会同设备专业共同协商确定吊顶

7. 分格方式与各专业设备布置的配合原则以及确定吊顶高度；

8. 配合建筑专业确定电气各系统引入线在总平面中的位置、人孔（手孔）尺寸、外观要求等；

9. 对维护、检修通道有特殊要求以及电气设备安装有特殊要求的场所，应向建筑专业提出具体做法要求。

2.4　施工图设计表达

□ 施工图设计阶段与结构专业配合关键点

1. 应向结构专业提供与结构构件设计有关的荷载大小和位置；

2. 应与建筑和结构专业共同配合确定大型设备的运输路线和预留孔洞以及设备固定方式和基础形式；

3. 应向结构专业提供影响结构构件承载力或钢筋配置的管、洞等具体设计资料；

4. 应与结构专业配合，确定与钢结构有关的所有电气设计方案及具体做法；

5. 应与结构专业配合，确定与预应力结构设计有关的相关电气设计内容；

6. 应向结构专业提供地下室外墙和人防地下室外墙预留孔洞位置、规格、标高；

7. 应与结构专业配合，确定电气专业利用结构基础、护坡桩等结构内钢筋规格及连接要求；

8. 应要求结构专业提供各楼层及基础结构布置平面图，视需要要求结构专业提供反映构件相对位置的主要剖面大样。

2.4　施工图设计表达

□ 施工图设计阶段与设备专业配合关键点

1. 确定设备机房内配电/控制室（需要独立设置时）的具体位置、尺寸等；

2. 确定电气机房的消防灭火形式及控制要求等；

3. 应向设备专业提供主要电气机房对环境条件的要求及主要电气设备发热量，提供电气机房设备平面布置图；

4. 应要求设备专业提供各类电动设备位置、用途、数量、用电性质、用电量、使用率及编号等参数；

5. 提供电动（或信号、报警等）水阀、电动风阀等位置、用途、数量及编号等参数；

6. 应要求设备专业提供各系统监控要求、监控原理图、受控设备数量等相关设计资料，配合电气专业完成控制点表的设计。

2.4　施工图设计表达

施工图电气设计与相关专业配合输入表

提出专业	电气设计输入具体内容
建筑	建设单位委托设计内容、初步设计审查意见表和审定通知书、建筑物位置、规模、性质、用途、标准、建筑高度、层高、建筑面积等主要技术参数和指标、建筑使用年限、耐火等级、抗震级别、建筑材料等
	人防工程：防化等级、战时用途等
	总平面位置、建筑平、立、剖面图及尺寸（承重墙、填充墙）及建筑做法
	吊顶平面图及吊顶高度、做法、楼板厚度及做法
	二次装修部位平面图
	防火分区平面图，卷帘门、防火门形式及位置、各防火分区疏散方向
	沉降缝、伸缩缝的位置
	各设备机房、竖井的位置、尺寸
	室内外高差（标高）、周边环境、地下室外墙及基础防水做法、污水坑位置
	电梯类型（普通电梯或消防电梯；有机房电梯或无机房电梯）
结构	柱子、圈梁、基础等主要的尺寸及构造形式
	梁、板、柱、墙布置图及楼板厚度
	护坡桩、铆钎形式
	基础板形式
	剪力墙、承重墙布置图
	伸缩缝、沉降缝位置

2.4 施工图设计表达

施工图电气设计与相关专业配合输入表

提出专业	电气设计输入具体内容
给水排水	各种水泵、冷却塔设备布置图及工艺编号、设备名称、型号、外形尺寸、电动机型号、设备电压、用电容量及控制要求等
	电动阀的容量、位置及控制要求
	水力报警阀、水流指示器、检修阀、消火栓的位置及控制要求
	各种水箱、水池的位置、液位计的型号、位置及控制要求
	变频调速水泵的容量、控制柜位置及控制要求
	各场所的消防灭火形式及控制要求
	消火栓箱的位置布置图
通风与空调	所有用电设备（含控制设备、送风阀、排烟阀、温湿度控制点、电动阀、电磁阀、电压等级及相数、风机盘管、诱导风机、风幕、分体空调等）的平面位置并标出设备的编（代）号、电功率及控制要求
	电采暖用电容量、位置（包括地热电缆、电暖器等）
	电动排烟口、正压送风口、电动阀的位置及其所对应的风机及控制要求
	各用电设备的控制要求（包括排风机、送风机、补风机、空调机组、新风机组、排烟风机、正压送风机等）
	锅炉房的设备布置、用电量及控制要求等

2.4 施工图设计表达

施工图电气设计与相关专业配合输出表

接收专业	电气设计输入具体内容
建筑	变电所的位置、房间划分、尺寸标高及设备布置图
	变电所地沟或夹层平面布置图
	柴油发电机房的平面布置图及剖面图，储油间位置及防火要求
	变配电设备预埋件
	电气通路上留洞位置、尺寸、标高
	特殊场所的维护通道（马道、爬梯等）
	各电气设备机房的建筑做法及对环境的要求
	电气竖井的建筑做法要求
	设备运输通道的要求（包括吊装孔、吊钩等）
	控制室和配电间的位置、尺寸、层高、建筑做法及对环境的要求 总平面中人孔、手孔位置、尺寸
给水排水	变电所及电气用房的用水、排水及消防要求
	水泵房配电控制室的位置、面积
	柴油发电机房用水要求
概、预算	设计说明及主要设备材料表
	电气系统图及平面图

2.4 施工图设计表达

施工图电气设计与相关专业配合输出表

接收专业	电气设计输入具体内容
结构	地沟、夹层的位置及结构做法
	剪力墙留洞位置、尺寸
	进出线留洞位置、尺寸
	防雷引下线、接地及等电位联结位置
	机房、竖井预留的楼板孔洞的位置及尺寸
	变电所及各弱电机房荷载要求
	设备基础、吊装及运输通道的荷载要求
	微波天线、卫星天线的位置及荷载与风荷载的要求
	利用结构钢筋的规格、位置及要求
通风与空调	冷冻机房控制室位置面积及对环境、消防的要求
	空调机房、风机房控制箱的位置
	空调机房、冷冻机房电缆桥架的位置、高度
	对空调有要求的房间内的发热设备用电容量（如变压器、电动机、照明设备等）
	各电气设备机房对环境温、湿度的要求
	柴油发电机容量
	室内储油间、室外储油库的储油容量
	主要电气设备的发热量

举例

2.4　施工图设计表达

开关柜编号	AH1	AH2	AH3	AH4	AH5	AH6	AH7	AH8	AH9	AH10
开关柜型号	GZS1-12Z-042	GZS1-12Z-011	GZS1-12Z-061	GZS1-12Z-008	GZS1-12Z-011	GZS1-12Z-055	GZS1-12Z-008	GZS1-12Z-061	GZS1-12Z-011	GZS1-12Z-042
开关柜用途	1#进线隔离+PT	1#进线	计量	1#变压器	母联	母联隔离	2#变压器	计量	2#进线	2#进线隔离+PT
一次接线图 GZS1 Ue=10kV	10kV	3x(TMY-60x8)	10kV	3x(TMY-60x8)		10kV	3x(TMY-60x8)		10kV	3x(TMY-60x8)
微机一体化综合继保装置 □□□		过电流保护 电流速断保护 零序保护		过电流保护 电流速断保护 零序保护 高温温升保护, 高温报警 超高温跳闸	过电流保护 电流速断保护		过电流保护 电流速断保护 零序保护 高温温升保护, 高温报警		过电流保护 电流速断保护 零序保护	
二次原理										
柜内主要电器元件：真空断路器(抽出式) □□-12kV/630A 25kA		1		1	1		1		1	
操作机构(配套) DC220V		1		1	1		1		1	
隔离插头 630A	1	1	1	1	1	1	1	1	1	1
高压熔断器 XRNP-12/1A	3		3					3		3
电流互感器 LZJC-10 0.2S级			2(150/5A)					2(150/5A)		
电流互感器 LZZBJ10-10 0.5级		3(200/5A)		3(100/5A)	3(300/5A)		3(100/5A)		3(200/5A)	
电压互感器 JDZ10-10/0.1kV 0.2级			2					2		
电压互感器 JDZ10-10/0.1kV 0.5级	2									2
接地开关 JN15-12/31.5-210				1			1			
带电显示器 GSN-10/T	1	1	1	1	1	1	1	1	1	1
避雷器 HY5WZ-17/45.5	3			3			3			3
转换开关 LW12-16/9.6912.5	1		1					1		1
电压表 42L6-V-0-15kV/0.1kV	1		1					1		1
电流表 42L6-A-		3(0-200A)		3(0-100A)	3(0-100A)		3(0-100A)		3(0-200A)	
零序电流互感器 KLH-II 100/5A 10P5	1			1			1			1
多功能计量表(供电局提供)			1具					1具		
三相失压仪 电能采集器	1套(供电局提供)									1套(供电局提供)
联锁说明	手车与Q1联锁防止带负荷拉车	与Q2、Q3联锁防止合环 手车与Q1联锁防止带电拉车	手车与Q1联锁防止带电拉车	手车与Q4联锁防止带电拉车	手动联锁并与Q1、Q2联锁防止合环 手车与Q3联锁防止带电拉车	手车与Q3联锁防止带电拉车	手车与Q5联锁防止带电拉车	手车与Q2联锁防止带电拉车	与Q1、Q3联锁防止合环 手车与Q2联锁防止带电拉车	手车与Q2联锁防止带负荷拉车
变压器容量(kVA)				SCB10-1250kVA			SCB10-1250kVA			
进出线电缆型号	见高压供电方案			WDZA-YJY(3x150)			WDZA-YJY(3x150)			见高压供电方案
柜体尺寸 宽×高×深(mm)	800x2200x1500	800x2200x1500	800x2200x1500	800x2200x1500	800x2200x1500	800x2200x1500	800x2200x1500	800x2200x1500	800x2200x1500	800x2200x1500

2.4　施工图设计表达

开关柜编号	AH1	AH2	AH3	AH4	AH5	AH6	AH7	AH8
开关柜型号	□□□	□□□	□□□	□□□	□□□	□□□	□□□	□□□
开关柜用途	1#电源进线	计量	1#变压器	联络	联络开关柜	2#变压器	计量	2#电源进线
一次系统图	10kV 3-(TMY-630A)		10kV 3-(TMY-630A)			10kV 3-(TMY-630A)		10kV 3-(TMY-630A)
柜内主要电器元件：负荷开关 SF6-12kV 630A-C1T 25kA(3S)	1			1				1
负荷开关 200A-C1T 25kA(3S)			1			1		
高压熔断器 FUSARC		3	3x80A			3x50A	2	
电流互感器 LZZJ1-12kV 10VA 0.2级		2x100/5A					2x100/5A	
电压互感器 VRC2/S1-12 10/0.1		2					2	
PT一次熔断器 GF-12/0.5A		2					2	
带电显示器 DXN	1	1	1	1		1	1	1
接地开关(由开关柜配套)	1		2			2		1
避雷器(由开关柜配套)	1							1
电压表(厂家配套) 0-12kV		1					1	
电流表(厂家配套)		1	1			1	1	
多功能表 (供电局提供)		1					1	
故障记录仪(供电局提供)		1					1	
变压器容量(kVA)			SCB10-500kVA			SCB10-500kVA		
进出线电缆型号规格	见高压供电方案		WDZA-YJY-3x95			WDZA-YJY-3x95		见高压供电方案
柜体尺寸 宽x高x深(mm)	500x1600x840	750x2050x840	375x1600x840	375x1600x840	375x1600x840	375x1600x840	750x2050x840	500x1600x840

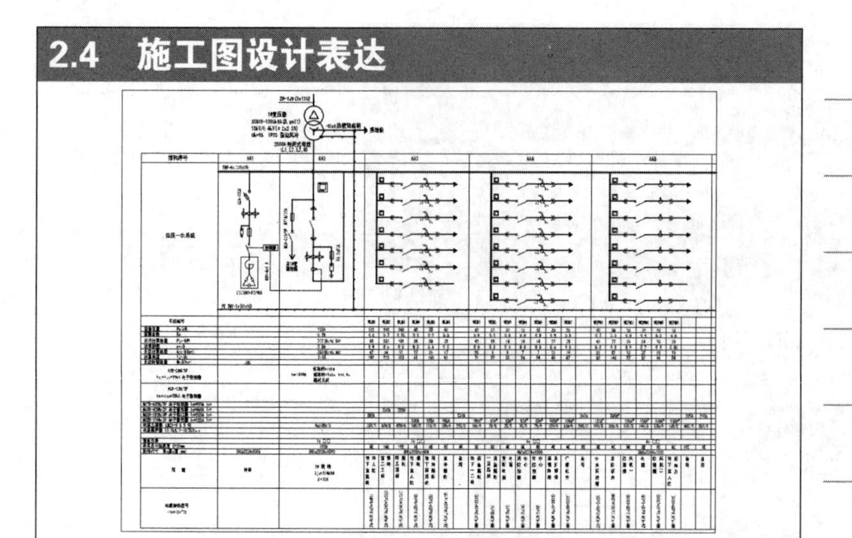
2.4 施工图设计表达

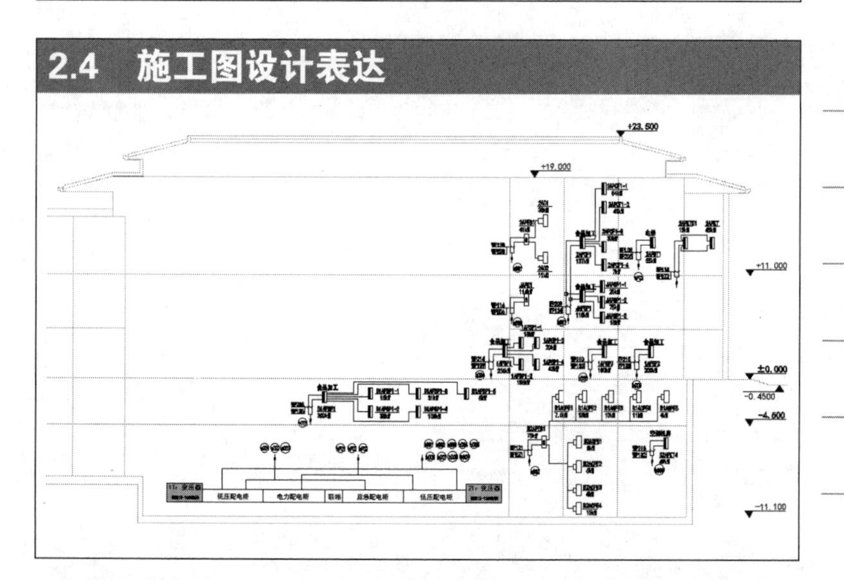
2.4 施工图设计表达
+23.500
+19.000
+11.000
±0.000
-0.4500
-4.500
-11.100
低压配电所
电力配电所
联络
应急配电所
低压配电所

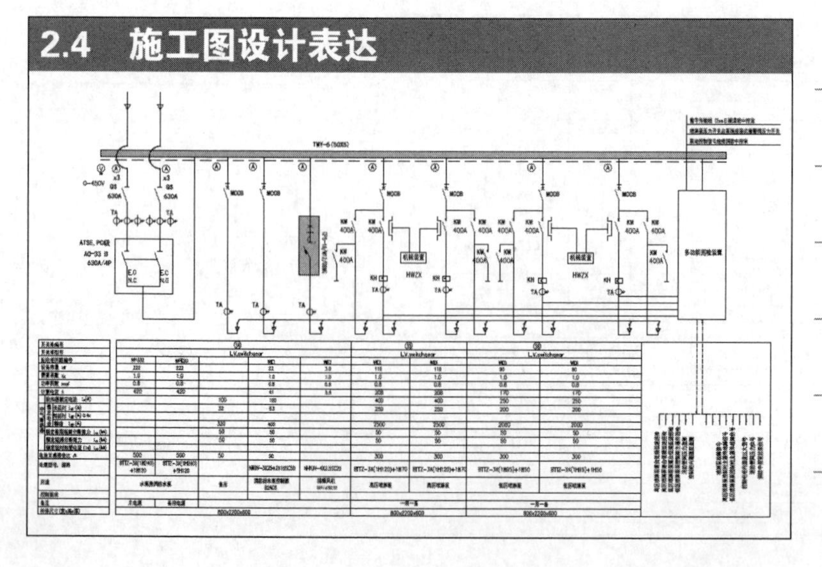
2.4 施工图设计表达
ATSE, PC级
HWZX

2.4　施工图设计表达

2.4　施工图设计表达

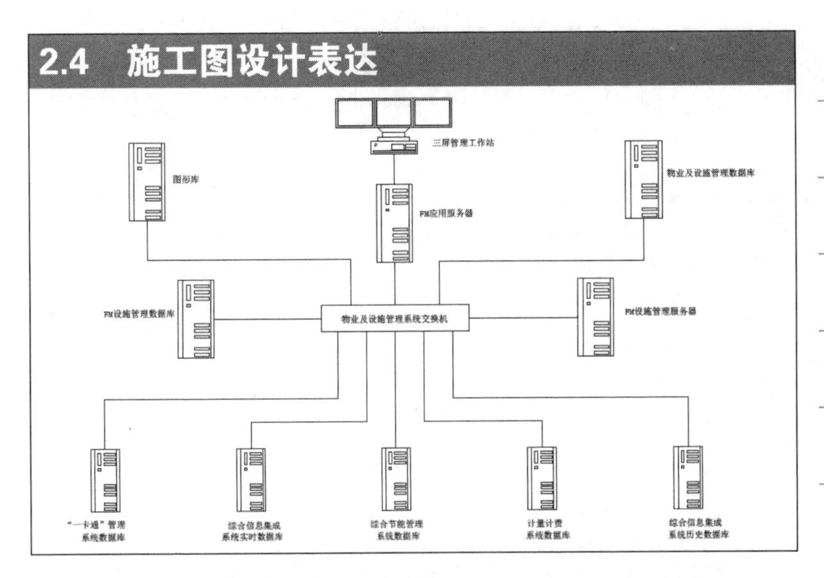

2.4　施工图设计表达

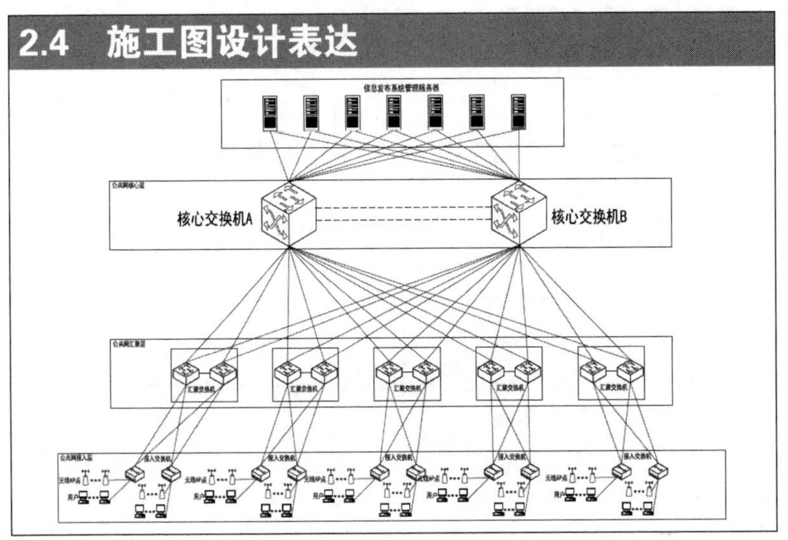

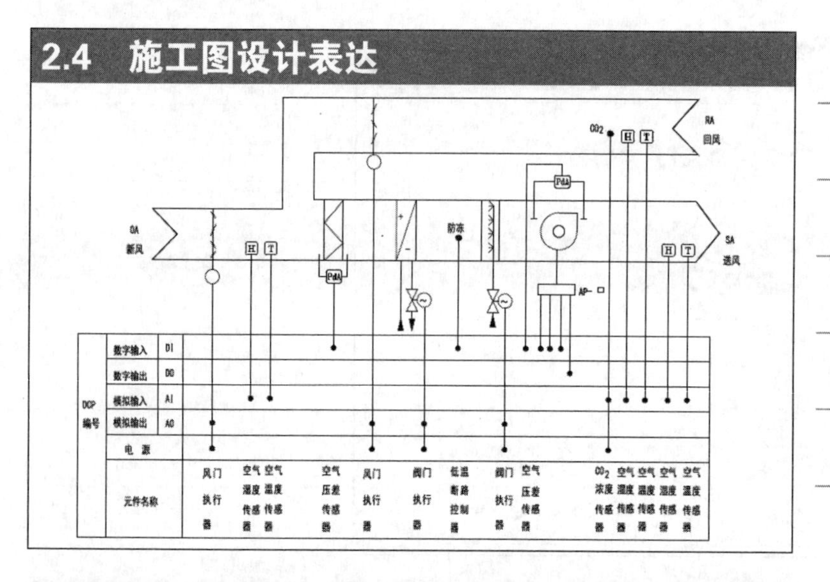
2.4 施工图设计表达
OA
新风
RA
回风
SA
送风
防冻
数字输入 DI
数字输出 DO
模拟输入 AI
模拟输出 AO
DCP 编号
电源
元件名称
风门执行器
空气湿度传感器
空气温度传感器
空气压差传感器
阀门执行器
低温断路控制器
CO2浓度传感器

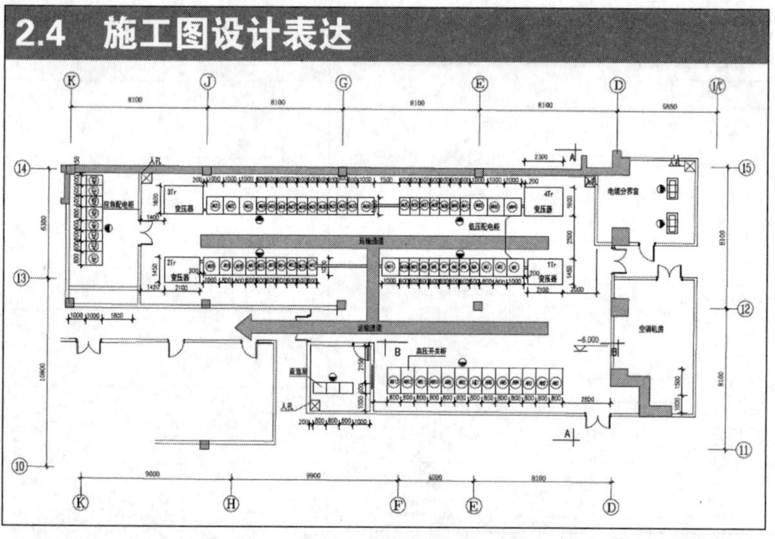
2.4 施工图设计表达
电缆分界室
应急配电柜
变压器
低压配电柜
运输通道
空调机房
高压开关柜
直流屏

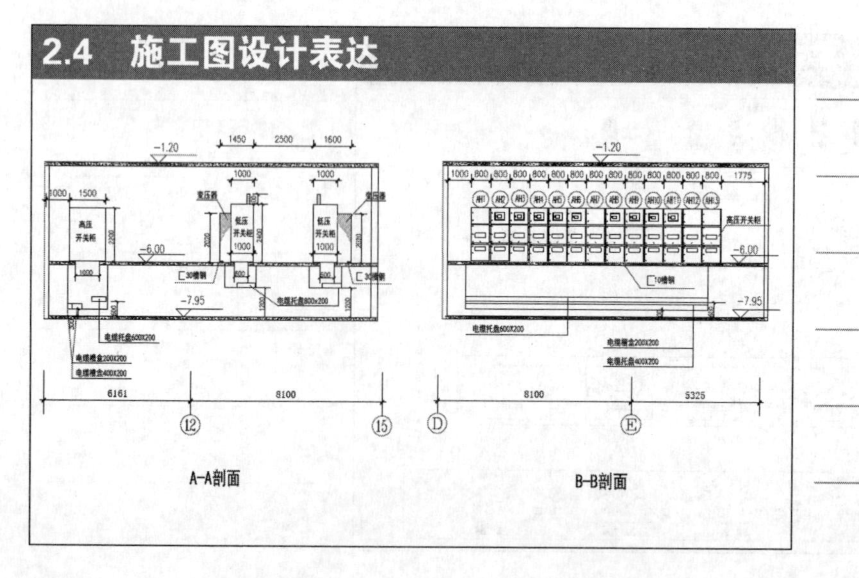
2.4 施工图设计表达
高压开关柜
变压器
低压开关柜
电缆托盘600X200
电缆槽盒200X200
电缆槽盒400X200
电缆托盘400X200
A-A剖面
B-B剖面

2.4　施工图设计表达

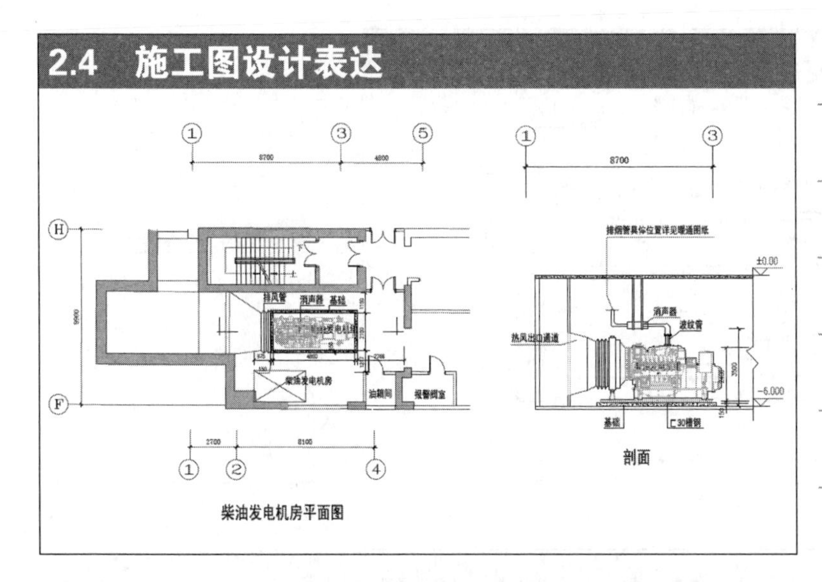

2.4　施工图设计表达

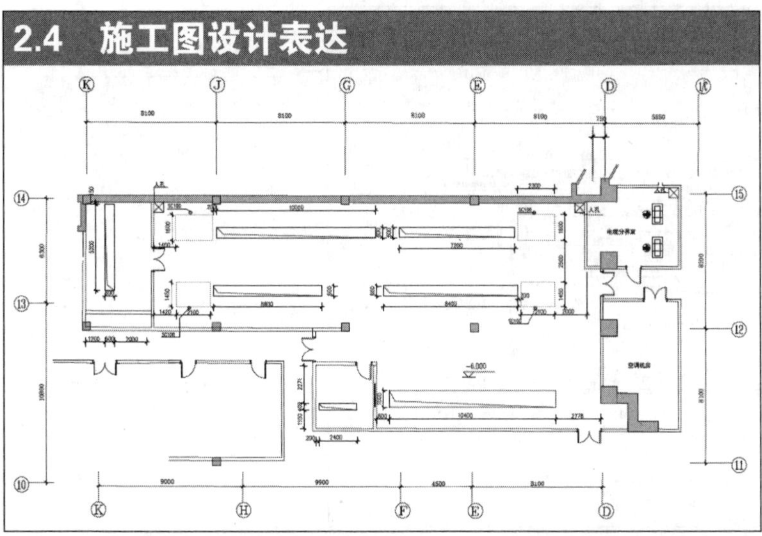

2.4　施工图设计表达

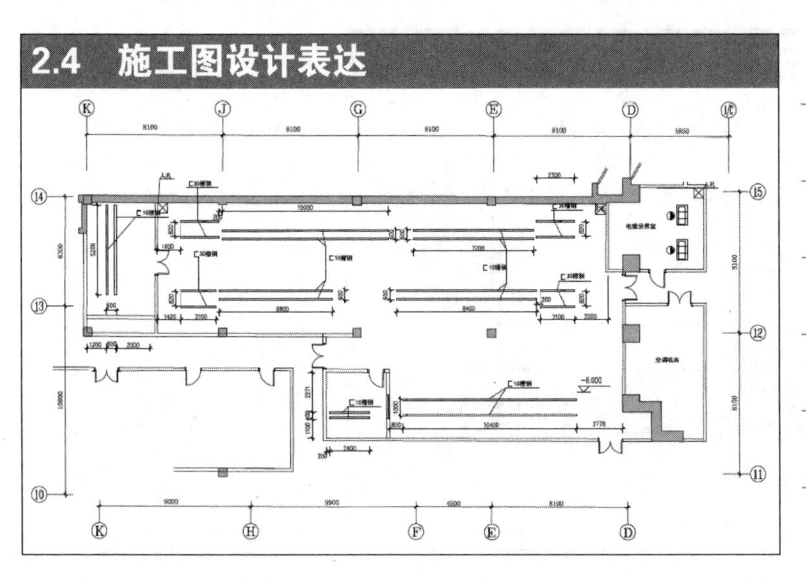

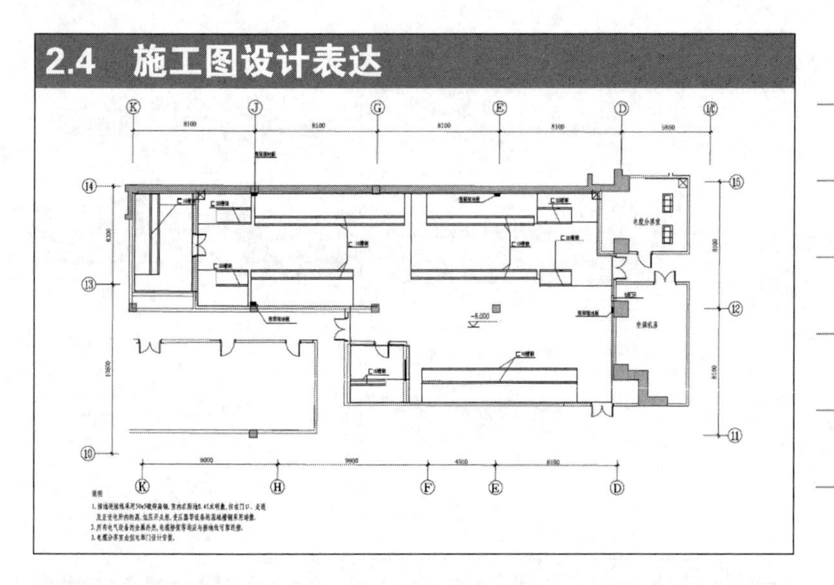
2.4 施工图设计表达

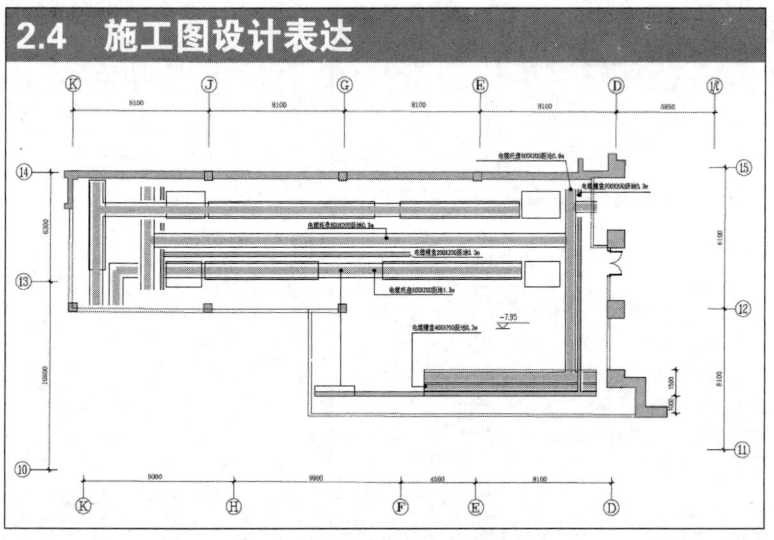
2.4 施工图设计表达

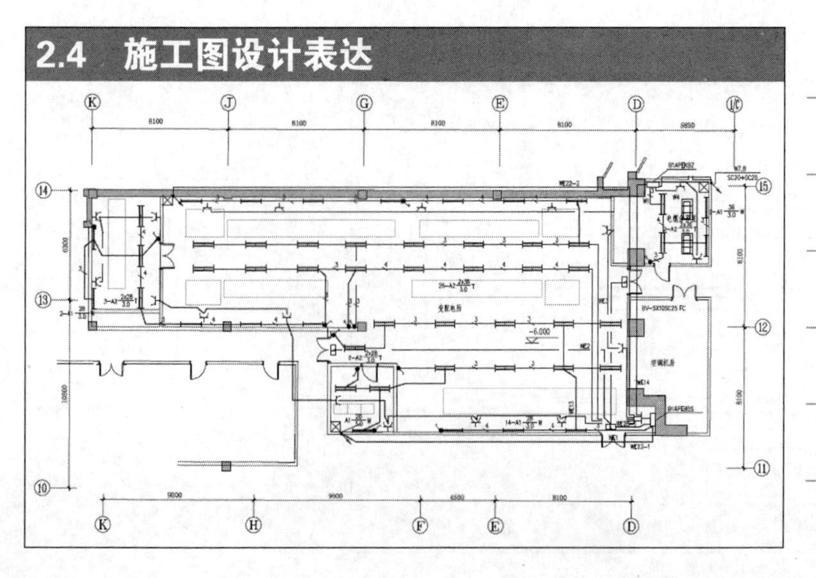
2.4 施工图设计表达

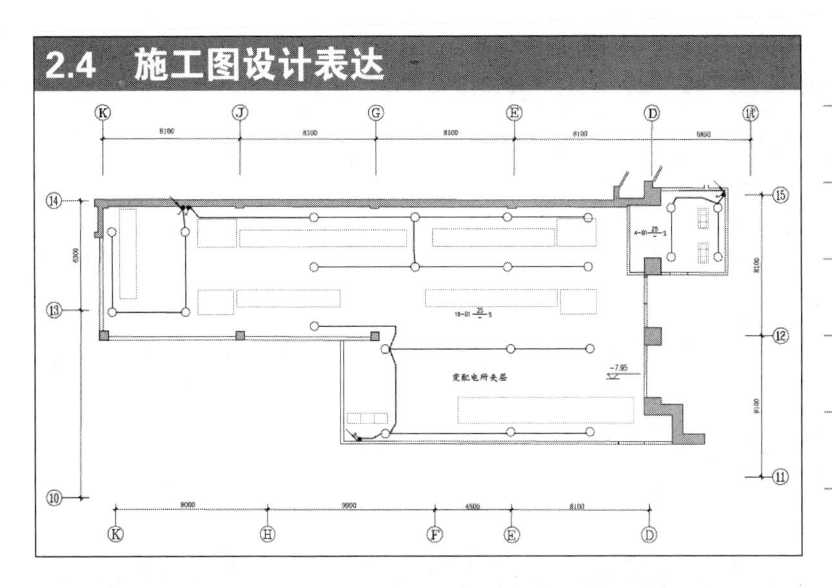
2.4　施工图设计表达
变配电所夹层

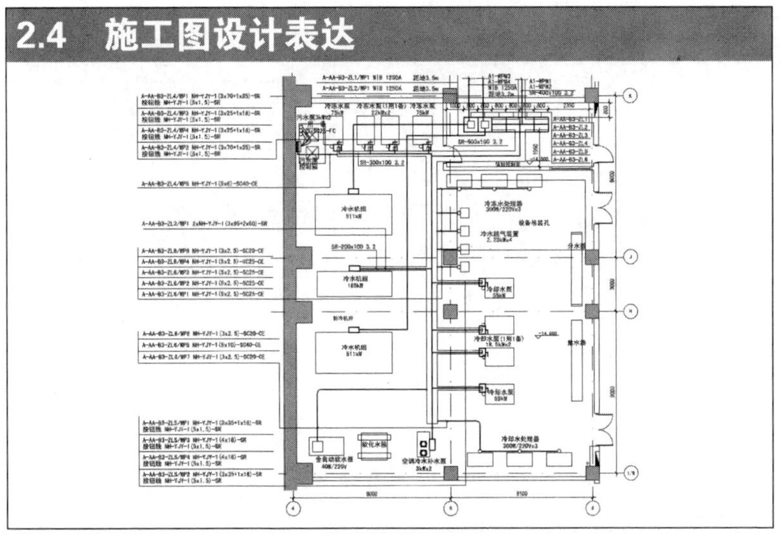
2.4　施工图设计表达

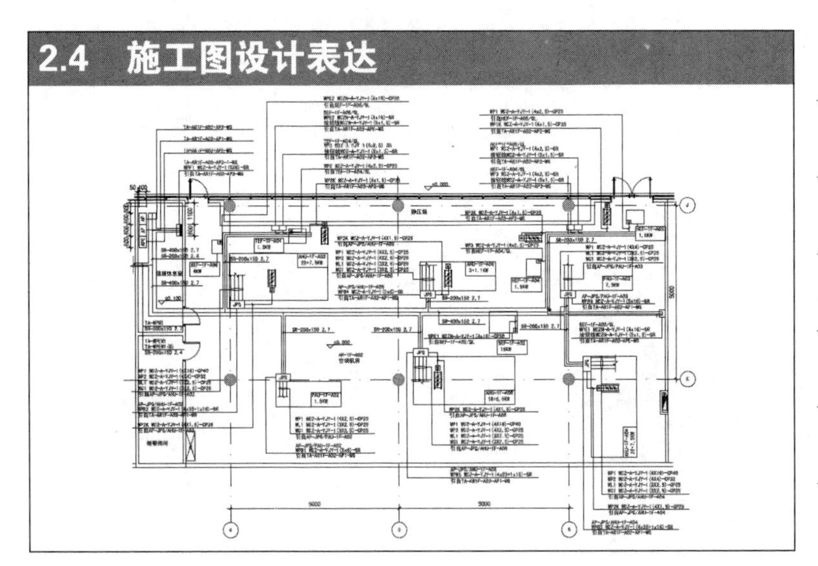
2.4　施工图设计表达

2.4 施工图设计表达

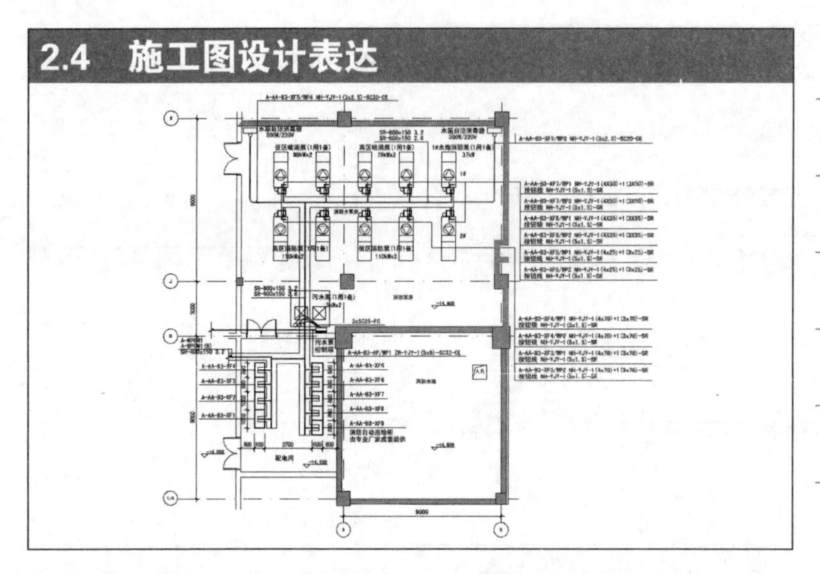

2.4 施工图设计表达

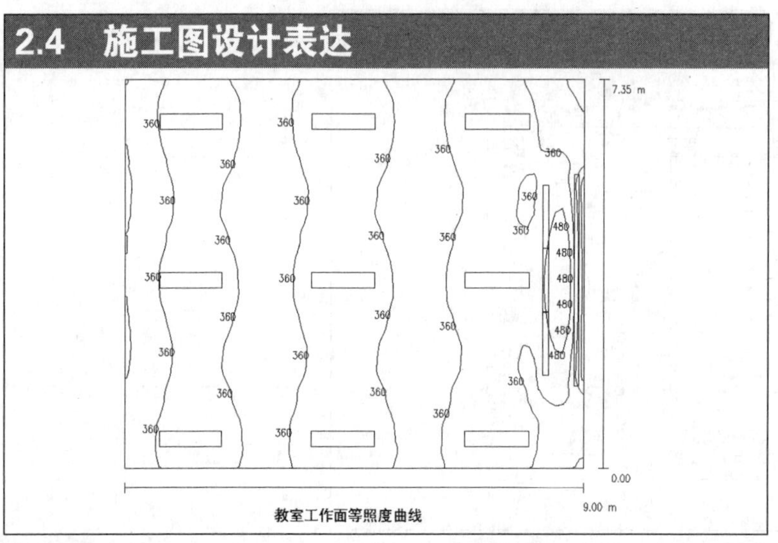

教室工作面等照度曲线

2.4 施工图设计表达

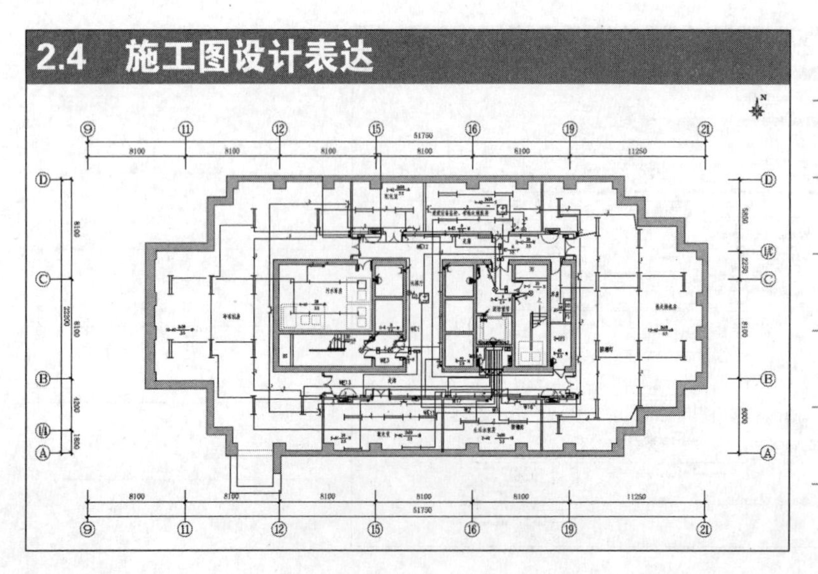

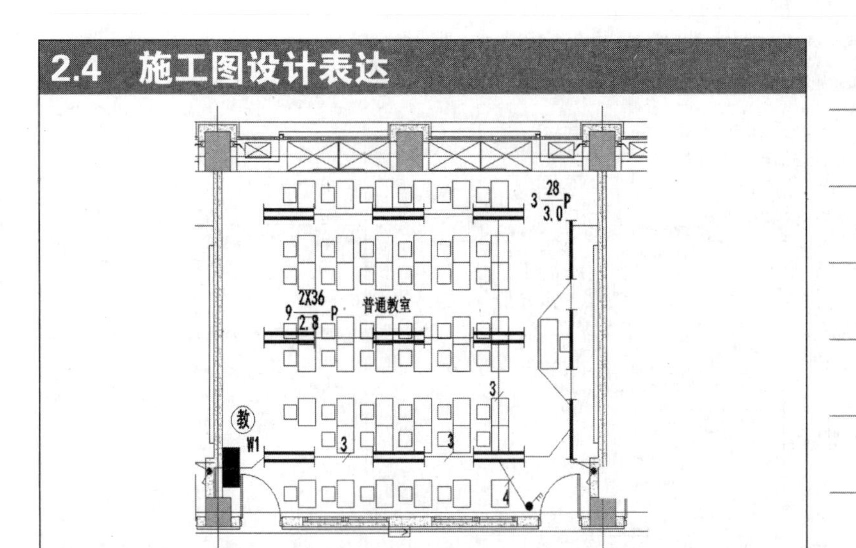
2.4　施工图设计表达
3 28/3.0 P
9 2X36/2.8 P
普通教室
教
W1
3
4

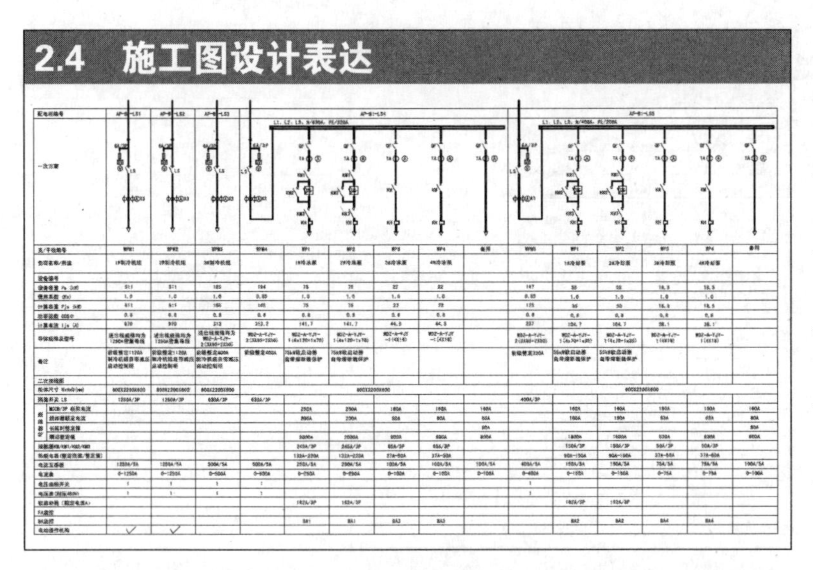
2.4　施工图设计表达

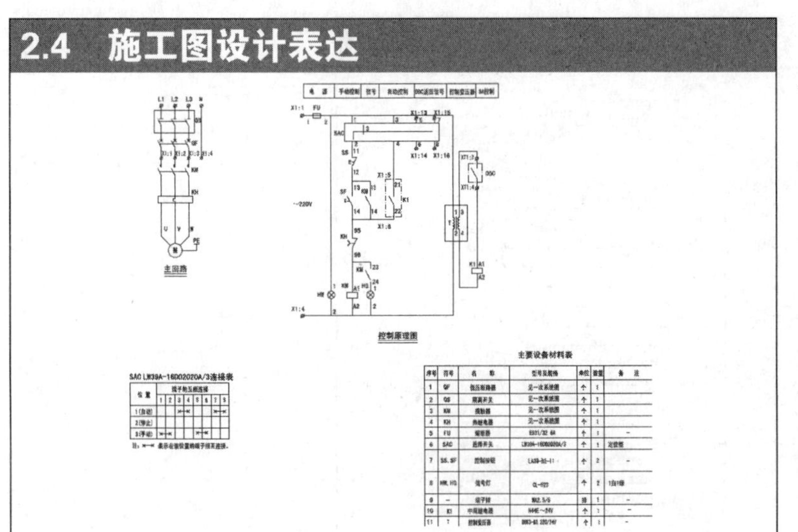
2.4　施工图设计表达
主回路
控制原理图
~220V
主要设备材料表

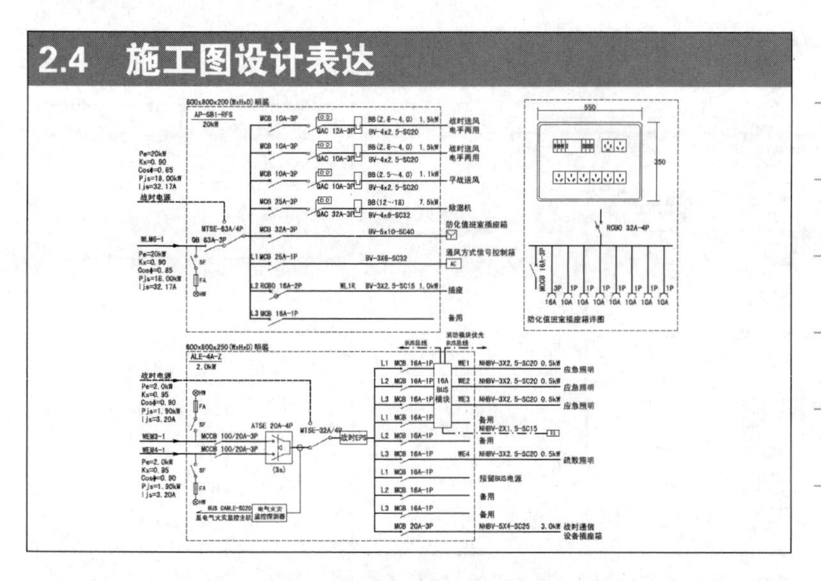
2.4 施工图设计表达
防化值班室插座箱详图

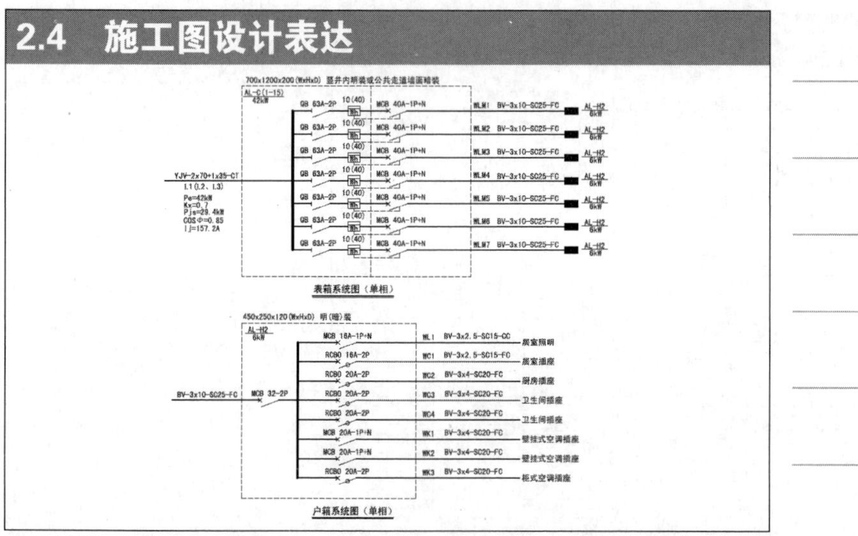
2.4 施工图设计表达
表箱系统图（单相）
户箱系统图（单相）

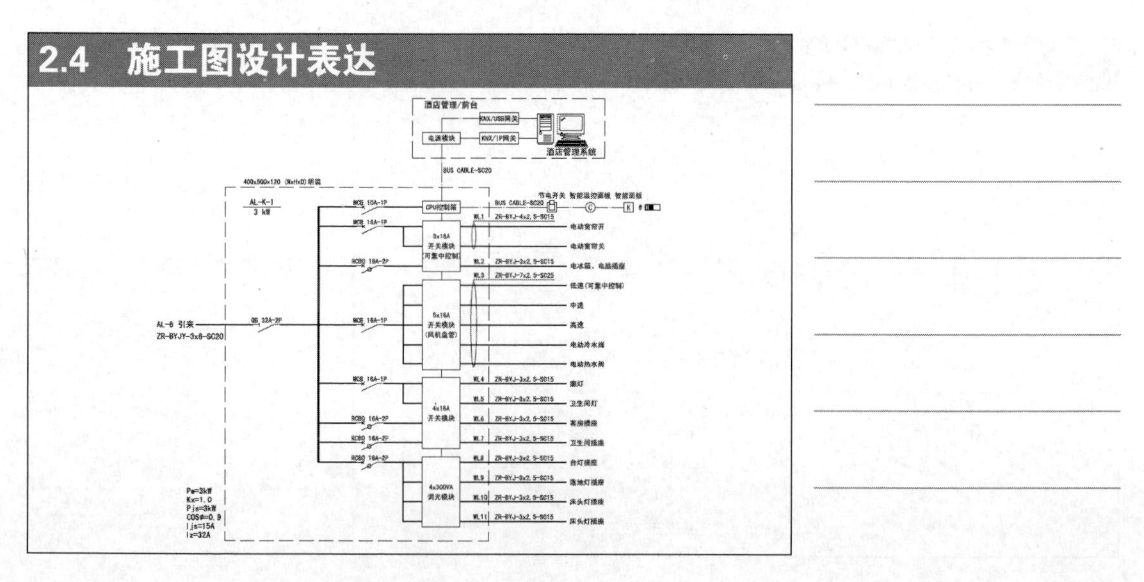
2.4 施工图设计表达
酒店管理/前台
酒店管理系统

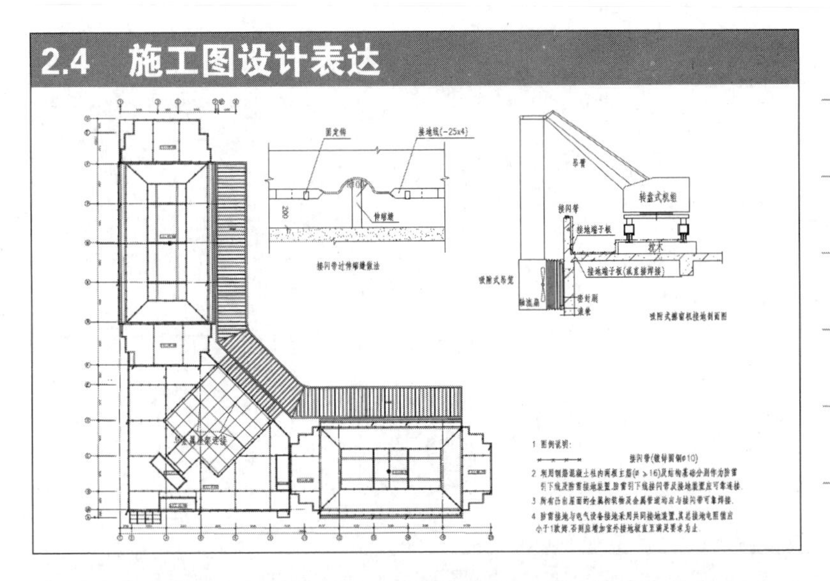
2.4 施工图设计表达

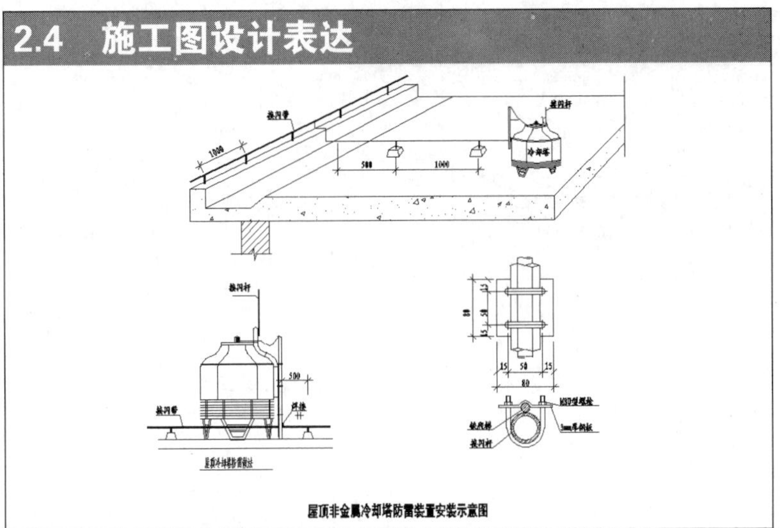
2.4 施工图设计表达
接闪带
接闪杆
冷却塔
屋顶非金属冷却塔防雷装置安装示意图

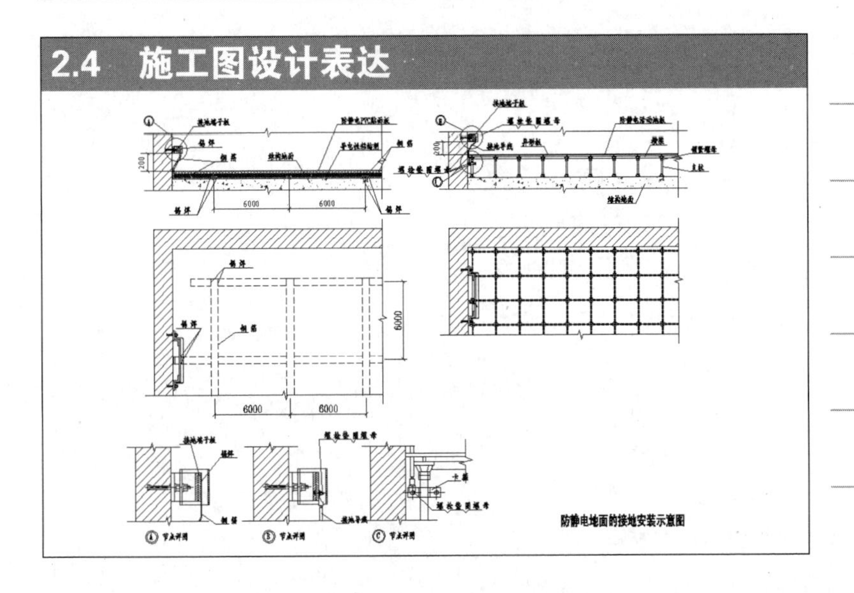
2.4 施工图设计表达
6000
6000
防静电地面的接地安装示意图

2.4 施工图设计表达

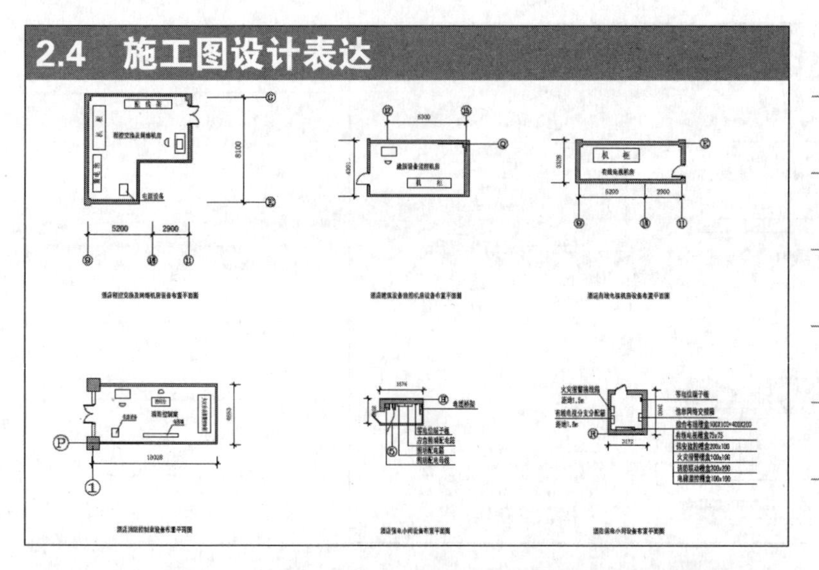

2.4 施工图设计表达

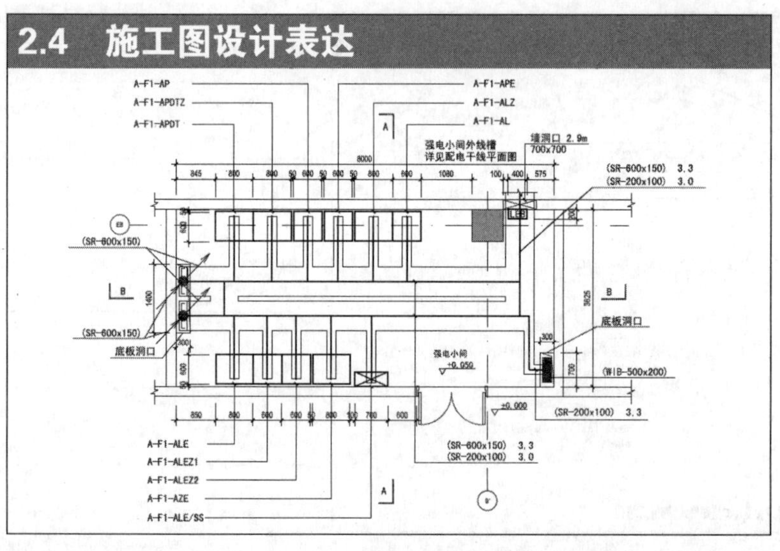

2.4 施工图设计表达

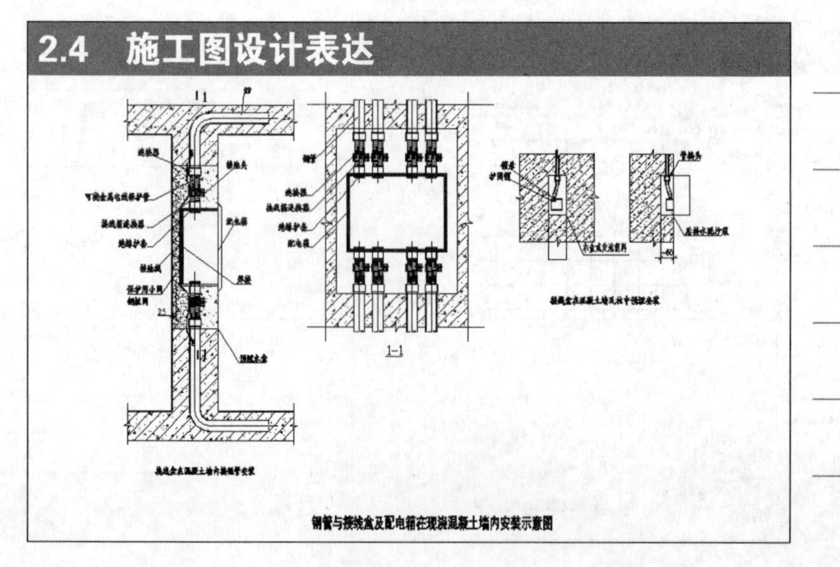

钢管与接线盒及配电箱在现浇混凝土墙内安装示意图

2.4　施工图设计表达

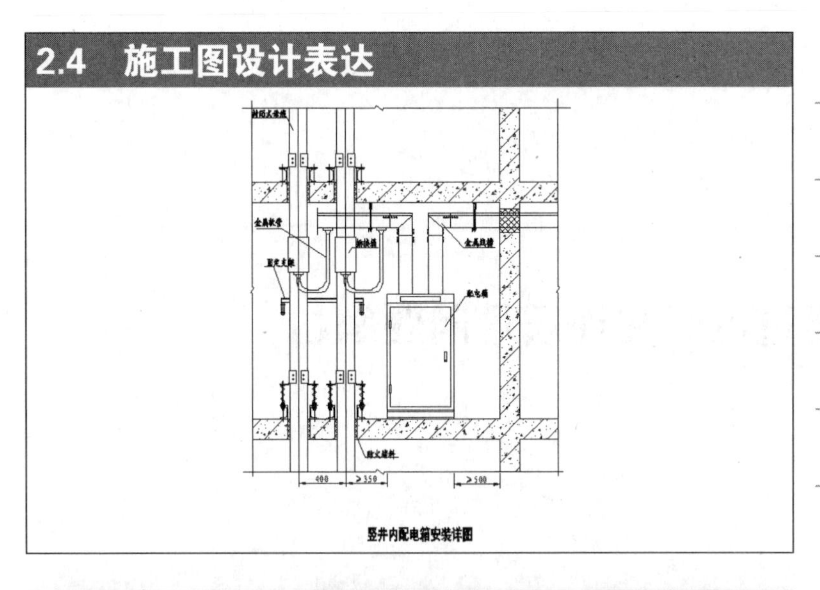

竖井内配电箱安装详图

2.4　施工图设计表达

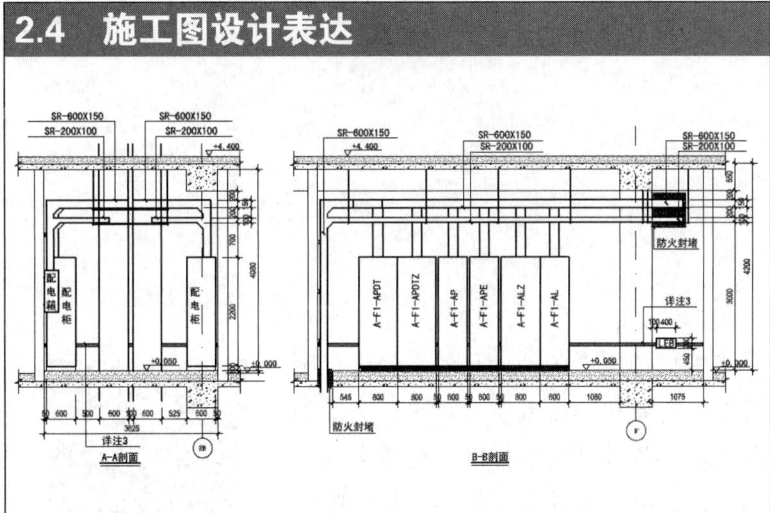

结束语

- 优秀的设计思想是基于对建筑的理解
- 设计文件应准确在书面呈现设计思想
- 理想的设计文件是不存在分歧和争议
- 设计文件应满足法制化、工程化、标准化和国际化要求

The End

第三章

建筑电气文件质量问题解析

【摘要】设计质量是指根据使用者的使用目的、经济状况及企业内部条件确定所需设计的质量等级或质量水平。它反映着设计目标的完善程度，表现为各种规格和标准。建筑电气文件质量是工程建设的基础，建筑电气文件质量好坏直接影响到工程建设的质量。同时，设计质量映射设计师敬业心，设计师只有拥有一颗对事业的执着心，就会在提高质量中成长，设计师对提高设计质量将永无止境。

目录 CONTENTS

3.1 设计说明中常见问题

3.1 设计说明中常见问题

1. 工程概况描述不详尽

- 建筑名称、用途（公建、住宅、厂房、仓库）；
- 建筑类别（工程类别、防火类别、爆炸火灾危险类别）；
- 结构类型（住宅是否为装配式）；
- 建筑高度、面积、层数、各层用途；（是否为超限高层）；
- 若有地下部分宜再将地上、地下的高度、面积、层数、用途分别列出；
- 若有人防部分、爆炸危险场所等应简单描述其概况（面积、分区、位置、等级等）。

3.1 设计说明中常见问题

2. 设计依据存在漏洞

- 设计采用的工程建设标准和引用的其他标准不是有效版本；
- 采用和引用的标准不适用于本工程；
- 采用和引用的标准存在缺漏；
- 标准图列为设计依据。

3. 设计范围不明确

- 没有明确本单位设计范围内容；
- 本单位设计内容与其他单位的分工应说明清楚（合同范围包括哪些内容和不包括哪些内容应明确）；
- 本专业设计内容以及与其他相关专业的分工应说明清楚。

3.1 设计说明中常见问题

4. 负荷等级不准确，缺少统计

- 一级负荷不满足双重电源供电。
- 一级负荷中特别重要负荷不满足双重电源供电加应急电源供电。一级负荷中特别重要负荷不满足供电电源的切换时件，或连续供电。
- 下列负荷没有规定为二级负荷。
  - ➢ 室外消防用水量大于 30L/s 的厂房（仓库）;
  - ➢ 室外消防用水量大于 35L/s 的可燃材料堆场、可燃气体储罐（区）和甲、乙类液体储罐（区）;
  - ➢ 二类高层民用建筑；
  - ➢ 座位数超过 1500 个的电影院、剧场，座位数超过 3000 个的体育馆，任一层建筑面积超过 $3000m^2$ 的商店和展览建筑，省（市）级及以上的广播电视、电信和财贸金融建筑，室外消防用水量大于 25L/s 的其他公共建筑。

3.1 设计说明中常见问题

5. 线缆选择及敷设不正确

- 线缆选择及敷设在设计说明中没明确，系统图、平面图中没表示。
- 消防配电线路明敷时采用有防火保护措施的金属导管或封闭式金属槽盒。
- 矿物绝缘线缆没有直接明敷。
- 电缆井、孔洞封堵没要求。
- 大型和中型商店建筑的营业厅，线缆的绝缘和护套没有采用低烟低毒阻燃。
- 人防工程的电缆电线没有采用铜芯电缆电线。
- 电力电缆采用铜包铝电缆。
- 火灾自动报警系统的供电线路、联动控制线路没有采用耐火铜芯电线电缆，报警总线消防应急广播和消防专用电话等传输线路没有采用阻燃或阻燃耐火电线电缆 。

3.1 设计说明中常见问题

6. 应急照明持续时间和疏散照明照度表述不准确。

- 建筑高度大于 100m 的民用建筑，应急照明持续时间小于 1.5h；
- 医疗建筑、老年人建筑、总建筑面积大于 100000m^2 的公共建筑和总面积大于 20000m^2 的地下、半地下建筑，应急照明持续时间少于 1.0h；
- 一般建筑，应急照明持续时间少于 0.5h。

7. 疏散照明照度没有满足要求。

- 对于疏散走道，疏散照明照度低于 1.0lx；
- 对于人员密集场所、避难层（间），疏散照明照度低于 3.0lx；对于病房楼或手术部的避难间，疏散照明照度低于 10.0lx；
- 对于楼梯间、前室或合用前室、避难走道，疏散照明照度低于 5.0lx。

3.1 设计说明中常见问题

8. 防雷等级划分缺少数据支持。

- 预计雷击次数没有计算。
- 对于预计雷击次数相同的一般建筑与人员密集的公共建筑防雷等级一样。
- 电涌保护器没有明确指标。
- 高低压系统接地没有明确。
- 接地装置的接地电阻值没有明确，设计说明内容前后及各系统不统一。
- 应重复接地没有提出要求。

3.1 设计说明中常见问题

9. 智能化设计要求不规范

- 在公用电信网络已实现光纤传输的县及以上城区，新建住宅区和住宅建筑的通信设施没有采用光纤到户方式建设。
- 门禁系统。人员密集场所内平时需要控制人员随意出入的和设置门禁系统的住宅、宿舍、公寓建筑的外门没有保证火灾时不需使用钥匙等任何工具即能从内部易于打开，并应在显著位置设置具有使用提示的标识。
- 当公共广播与消防广播合用或用于消防广播时公共广播没有满足消防要求。火灾隐患地区使用的紧急广播传输线路及其线槽（或线管）应采用阻燃材料。广播扬声器应使用阻燃材料设置，或具有阻燃厚罩结构。

10. 消防缺少系统图、平面图中不能表示强制条文要求。

- 系统总线上没有设置总线短路隔离器。
- 总线短路隔离器设计说明中明确，系统图、平面图中还应有具体表示。
- 消防应急广播与普通广播或背景音乐广播合用时，没有强制切入消防应急广播的功能。
- 出入口控制系统必须与火灾报警系统及其他紧急疏散系统联动，当发生火警或需紧急疏散时，人员不使用钥匙应能迅速安全通过。

3.1 设计说明中常见问题

11. 人防说明不完整

- 人防工程概况描述不准确全面（人防建筑面积，防护单元数量，每个单元的类别、战时、平时用途）。
- 战时电源负荷等级与计算不完整。
- 战时、平时没有分电源负荷计算表。
- 消防用电设备、消防配电柜、消防控制箱等没有设置有明显标志。
- 防空地下室内安装的变压器、断路器、电容器等高、低压电器设备没有采用无油、防潮设备。
- 人防部门设置内部设置柴油电站依据不准确。
- 防空地下室内各种动力配电箱、照明箱、控制箱，在外墙、临空墙、防护密闭隔墙、密闭隔墙上嵌墙暗装。若必须安装时，应采取挂墙式明装。
- 设计说明与系统图、平面图不一致。

3.1 设计说明中常见问题

12. 节能、绿建不详尽

- 荧光灯没有配用电子镇流器或节能电感镇流器。
- 对频闪效应有限制的场所，没有采用高频电子镇流器。
- 镇流器的谐波、电磁兼容没有选用符合现行国家标准《电磁兼容限值　谐波电流发射限值（设备每相输入电流≤16A）》GB 17625.1 和《电气照明和类似设备的无线电骚扰特性的限值和测量方法》GB 17743 的有关规定。（3C 认证含）
- 高压钠灯、金属卤化物灯没有配用节能电感镇流器；在电压偏差较大的场所，宜配用恒功率镇流器；功率较小者可配用电子镇流器。
- 甲类和乙类公共建筑的低压配电系统，没有实施分项计量。
- 照明功率密度 LPD 值未满足现行国家标准《建筑照明设计标准》GB 50034 规定的现行值。
- 公共建筑的电能计量，没有具备实施复费率电能管理的条件，并应满足《用能单位能源计量器具配备和管理通则》GB 17167 的规定。

3.1 设计说明中常见问题

12. 节能、绿建不详尽

- 当房间或场所的室形指数等于或小于 1 时，其照明功率密度限值可以增加，但增加值超过限值的 20%。
- 在满足眩光限制和配光要求条件下，没有选用效率或效能高的灯具。
- 照明功率密度计算没有采用净面积。
- 照明节能设计判定表中所注场所位置与平面图不一致。
- 照明节能设计判定表中所注场所灯具数量安装功率应与平面图及图例一致
- 同一建筑 相同功能房间可以找一个条件最差的计算。

3.1 设计说明中常见问题

13. 图例标注缺少备注

- 当应急照明在采用节能自熄开关控制时，未采取应急时自动点亮的措施。
- 应急照明的节能自熄开关没有带有强启端子。
- 住宅套内安装在 1.8m 及以下的插座没有采用安全型插座。
- 中小学、幼儿园的电源插座未采用安全型。幼儿活动场电源插座底边低于 1.8m。
- 在住宅和儿童专用活动场所未采用带保护门的插座。
- 无障碍卫生间设救助呼叫按钮高度不在 0.40 ~ 0.50m。
- 养老设施建筑的公共活动用房、居住用房及卫生间设救助呼叫按钮高度不在 1.20 ~ 1.30m，卫生间的呼叫装置高度距地宜为 0.40 ~ 0.50m。
- 幼儿园、医院、养老建筑等处紫外线消毒灯开关的形式、安装高度等没有特殊防误打开措施。
- 将图例作为设备表（缺少型号、数量、规格等内容）。

3.1 设计说明中常见问题

14. 其他

- 缺少抗震设计。设在建筑物屋顶上的共用天线应采取防止因地震导致设备或其部件损坏后坠落伤人的防护措施。
- 项目大，内容多，设计内容应前后一致，设计说明应与系统图、平面图一致，选用的规范、标准名称、编号、版本应一致，电缆类型应一致，照度值、功率密度值应一致，应急电源、备用电源工作时间应一致，防雷等级、接地电阻应一致。
- 没有限制使用卤素灯。
- 使用的建筑材料中与电气专业有关的是卤粉荧光灯、一般型电感镇流器、白炽灯。

举例

3.1 设计说明中常见问题

设计说明（局部）

2.1法规及标准

2.1.1《民用建筑电气设计规范》JGJ 16-2008

2.1.2《低压配电设计规范》GB 50054-2011

2.1.3《供配电系统设计规范》GB 50052-2009

2.1.4《通用用电设备配电设计规范》GB 50055-2011

2.1.5《建筑设计防火规范》GB 50016-2014

2.1.6《建筑物防雷设计规范》GB 50057-2010

2.1.7《建筑照明设计标准》GB 50034-2013

2.1.8《教育建筑电气设计规范》JGJ 310-2013

2.1.9《中小学校设计规范》GB 50099-2011

2.1.10《民用闭路监视电视系统工程技术规范》GB 50198-1994

2.1.11《火灾自动报警系统设计规范》GB 50116-2013

2.1.12《综合布线系统工程设计规范》GB 50311-2007

2.1.13《有线电视系统工程技术规范》GB 50200-94

2.1.14《绿色建筑设计标准》DB 11/938-2012

2.1.15《公共建筑节能设计标准》(GB 50189-2005)

2.1.16《绿色建筑评价标准》DB11/T 825-2011

2.1.17《中小学校和幼儿园安全技术防范规范》DB11/528-2008

失效版本

3.1 设计说明中常见问题

设计说明（局部）

一. 工程概况:

本工程建筑面积66986.8平方米，建筑主要功能为展览、收藏，属大型展览馆，地上四层（最高），地下三层，负三层为人防区域，建筑高度24米。

缺少主要规范

二. 设计依据:

国家现行的主要设计规范及标准:

《20KV及以下变电所设计规范》 GB 50053-2013

《供配电系统设计规范》 GB 50052-2009

《低压配电设计规范》 GB 50054-2011

《电力工程电缆设计规范》 GB 50217-2007

《建筑物防雷设计规范》 GB 50057-2010

《建筑物电子信息系统防雷技术规范》 GB 50343-2012

《建筑设计防火规范》 GB 50016-2014

《民用建筑电气设计规范》 JGJ 16-2008

《建筑照明设计标准》 GB 50034-2013

《展览建筑设计规范》 JGJ 218-2010

《博物馆建筑设计规范》 JGJ 66-2015

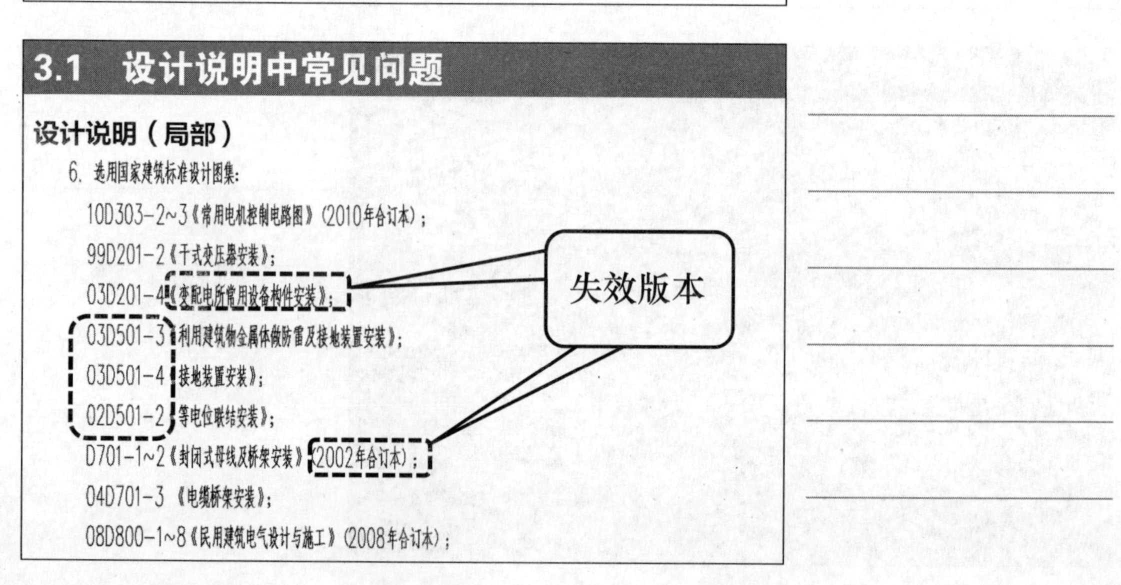

3.1 设计说明中常见问题

设计说明（局部）

6. 选用国家建筑标准设计图集:

10D303-2~3《常用电机控制电路图》(2010年合订本)；

99D201-2《干式变压器安装》；

03D201-4《变配电所常用设备构件安装》；

03D501-3《利用建筑物金属体做防雷及接地装置安装》；

03D501-4《接地装置安装》；

02D501-2《等电位联结安装》；

D701-1~2《封闭式母线及桥架安装》(2002年合订本)；

04D701-3 《电缆桥架安装》；

08D800-1~8《民用建筑电气设计与施工》(2008年合订本)；

3.1　设计说明中常见问题

实验室设计说明（局部）

(一) 10/0.4kV变配电系统

1. 负荷分类及容量：

根据本工程的特点及要求条件：

1) 二级负荷用电：主要通道照明、楼梯应急照明，对供电连续性要求较高的实验室，[illegible]主要设备用电，冷库，主要操作间、备餐间照明，乙等会堂舞台照明，电声设备，对媒体有较高要求的计分装置、通讯网络机房，安防系统，观众席及主要通道照明，电梯，污水泵，事故风机，重要机房（变电室；消防泵房；给水泵房；消防控制室；网络控制室），消防负荷。

(二) 电力配电系统

1. 低压配电系统采用~220/380V放射式与树干式相结合的方式，对于单台容量较大的负荷或重要负荷采用放射式供电，对于照明及一般负荷采用树干式与放射式相结合的供电方式。本工程低压配电系统保护接地形式为TN-C-S系统。

2. 负荷等级对电源的要求：二级负荷采用双回路电源供电，在末端互投（或在适当位置互投）

说明与图纸不一致

5F

AP-SY-5
90kW

4F

AP-SY-4
150kW

3F

AP-SY-3
90kW

2F

AP-SY-2
90kW

1F

AP-SY-1
90kW

回路号	WPM7	WPM8	WPM9	WPM10	WPM11
Pe(kW)	90	90	90	150	90
用途	实验教室1	实验教室2	实验教室3	实验教室4	实验教室5

APZ-SY

Pe = 510 kW
kd = 0.30
cosφ = 0.80
Pjs = 153.00 kW
Ijs = 290.57 A

由变电所引来

3.1　设计说明中常见问题

高层住宅建筑设计说明（局部）

1 建筑概况

1.5 建筑层数：地上15层，地下1层。
1.6 建筑层高：地下二层层高4.75米，地下一层层高4.2米，首层及标准层层高2.95米。
1.7 室内外高差：0.15米
1.8 建筑高度：本建筑为平屋面；建筑屋面高度43.5米，女儿墙高度44.1米。
1.9 总建筑面积：13789平方米
1.10 总户数：120户
1.11 建筑结构形式：全现浇钢筋混凝土剪力墙结构
1.12 楼板厚度：首层及标准层公共走道及电梯厅处为160mm；标准层120mm；地下一层顶板160mm，公共部分垫层20mm，户内垫层120mm。
1.13 建筑分类：二类高层住宅建筑

6 配电线路敷设及干线选择

6.1 低压进线自车库或外线引至x接闸内x接柜，再沿普通冷镀锌金属线槽（尺寸见平面标注）敷设至配电室内配电柜。
6.2 自高层配电柜引出的配电干线消防、非消防负荷分开敷设。消防设备配电干线采用封闭式金属线槽(冷镀锌加喷防火涂料，内设隔板，尺寸见平面标注）水平敷设至强电竖井，然后沿墙体穿SC管暗埋至消防设备配电箱处。住宅照明用电及非消防动力设备配电干线采用普通冷镀锌金属线槽（尺寸见平面标注）水平敷设至强电竖井，然后采用普通冷镀锌金属线槽（尺寸见平面标注）引上至各层计量表箱及非消防动力设备配电箱处（顶层改为穿SC管暗敷）。
6.3 除线槽内敷设的线路外，楼内干线、公共部分支线及户内支线全部穿SC管暗敷在现浇楼板或墙体内。消防配电线路暗敷时，应穿SC管并应敷设在不燃性结构内且保护层厚度不应小于30mm。
6.4 当采用I类灯具时，照明支路（包括正常照明及应急照明）均加穿一根PE线。
6.5 金属线槽安装局部与设备管线交插时，金属线槽向上弯通过，应保证线槽内导线正常的弯曲半径。
6.6 消防设备配电电缆选用NH-YJV-1KV，电线选用NH-BV-750V，其它设备配电电缆选用YJV-1KV，电线选用BV-750V。

应选用低烟、低毒的阻燃类线缆

3.1　设计说明中常见问题

学校设计说明（局部）

6.4 应急照明

1）本工程应急疏散标志拟采用EPS集中供电方式以保证在最不利情况下的人员安全疏散。在公共走廊、楼梯间、前室、疏散通道等部位设有疏散照明，双回路供电，照度不小于一般正常照明照度的10%且应大于1lx。在人员密集场所的出口、疏散走道、疏散楼梯、各安全出口设有疏散标志照明。应急照明最低照度满足JGJ16-2008中表13.8.6的规定。

疏散照明照度不满足要求

（4）主要功能房间或场所的照度、统一眩光值、照明光源的显色指数、色温等，满足《建筑照明设计标准》GB 50034的相关规定。各类房间或场所的照明功率密度值，符合《建筑照明设计标准》GB 50034第6.3.3条、6.3.4条、6.3.5条、6.3.13条等规定的现行值。

（5）选用高效节能照明产品，并符合以下要求：

- 对于高强度气体放电灯，开敞式灯具效率≥75%，格栅或透光罩灯具效率≥60%；
- 对于荧光灯，开敞式灯具效率≥75%，透明保护罩灯具效率≥65%，格栅灯具效率≥60%。

照明灯具效率不满足要求

3.1 设计说明中常见问题

展览馆设计说明（局部）

一. 工程概况:

本工程　　　建筑面积66986.8平方米。建筑主要功能为展览、收藏，属大型展览馆 地上四层（最高），地下三层，负三层为人防区域，建筑高度24米。

未对展厅、会议室照度提出要求

2. 照度要求及功率密度:

房间或场所	功率密度（W/m2）		对应照度值（lx）		显色指数	眩光值
	照明功率密度限值（≤）	设计值	标准值	设计值	（≤）	（≤）
低压电房	6	5.76	200	200.96	80	–
变压器室	3.5	3.2	100	105.34	60	–
排风机房	3.5	3.09	100	108.42	60	–
空调机房	3.5	3.03	100	104.31	60	–
走道	2	1.92	50	53.38	60	25
楼梯	2	1.67	50	48.4	60	25
车道	2	1.64	50	55	60	–

3.1 设计说明中常见问题

设计说明（局部）

5.4.3 照明设备选型及安装方式

灯具选型基本原则为优选节能型高效光源及灯具，一般照明以采用电子镇流器的节能型高效无眩光荧光灯或紧凑型荧光灯（高功率因数、低谐波型产品）为主，荧光灯光源优选T5型荧光灯管；所有灯具补偿后功率因数均应大于0.9，如采用LED光源，则其色温应低于4000k，且应满足《建筑照明设计标准》GB50034-2013第4.4.4条规定。

LED灯要求不全

3.1 设计说明中常见问题

高层住宅设计说明（局部）

1 建筑概况:

1.1 工程名称:　京汉君庭住宅小区项目，7#楼

1.2 建设地点:　大安区

1.3 建筑性质: 地上为普通住宅，地下为设备用房及库房。

1.4 建筑层数: 地上一二单元27层，三单元六层，地下二层

1.5 建筑高度: 檐口高度: 77.85米

1.6 结构类型: 住宅钢筋混凝土剪力墙结构

1.7 抗震烈度: 8度

1.8 建筑类别: 高层住宅

建筑描述漏项

1.9 耐火等级: 地上二级，地下一级

1.10 建筑防水等级地下室一级防水，屋面Ⅰ级防水

1.11 合理使用年限: 50年

1.12 总建筑面积: 18028.35m²（其中: 地上16402.97m²；地下1625.38m²）

6 照明系统: 本工程照明设计包括: 一般照明、应急照明。

6.1 各层公共走道电气竖井设金属线槽，各户电度表设置于各层电气竖井外的公共走道内。

6.2 楼梯间、公共走道采用声光控延时开关（带消防强起功能）控制，电梯厅照明采用节能控制开关控制，楼梯间、公共走道、电梯厅处灯具均为应急灯，设玻璃或其他不燃烧材料制作的保护罩，并应符合现行国家标准《消防应急照明和疏散指示系统》GB17945的有关规定，消防疏散指示标志应符合现行国家标准《消防安全标志》GB13495的有关规定。

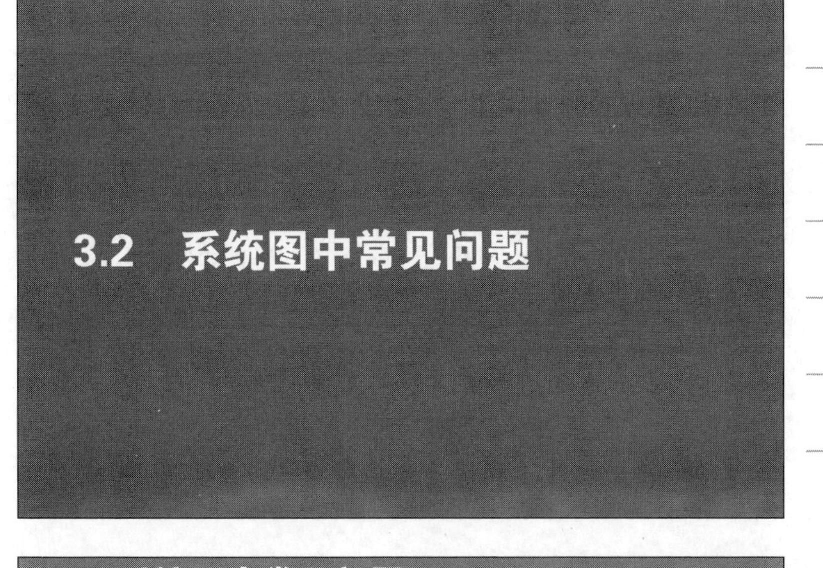

3.2　系统图中常见问题

1. 配电系统线缆与保护装置不匹配

- 线路中的隔离开关与回路断路器使用不当；
- 安全变压器容量与一、二次侧保护装置不匹配；
- T 接线路没有按要求设置保护装置；
- 星－三角启动电机线路选择不当；
- 双速电动机线路选择不当。

2. 配电系统设计差错

- 事故通风机，没有根据放散物的种类，设置相应的检测报警及控制系统。事故通风的手动控制装置应在室内外便于操作的地点分别设置。
- 平面图中事故通风没有表示。
- 气体灭火系统事后排风与上述事故通风有区别。

3.2　系统图中常见问题

3. 消防设备配电系统

- 消防水泵控制不完善
  - ➢ 消防水泵控制柜设置在专用消防水泵控制室时，其防护等级低于 IP30；与消防水泵设置在同一空间时，其防护等级低于 IP55。
  - ➢ 消防水泵控制柜没有设置机械应急启泵功能，没能保证在控制柜内的控制线路发生故障时有管理权限的人员在紧急时启动消防水泵。机械应急启动时，没有确保消防水在报警后 5.0min 内正常工作。
  - ➢ 水泵控制柜、风机控制柜等消防电气控制装置采用变频启动方式。
- 末端切换箱设置不合理
  - ➢ 消防控制室、消防水泵房、防烟和排烟风机房的消防用电设备及消防电梯等的供电，没有在其配电线路明的最末一级配电箱处设置自动切换装置。
  - ➢ 设置有消防给水的人防工程，没有设置消防排水设施。
  - ➢ 排水泵（消防电梯下和消防水泵房内除外）、空压机、稳压泵、电伴热等设备，若定义为消防设备，没有采用消防电源，双电源可以在最末一级配电箱处自动切换，与消防控制室、消防水泵房、防烟和排烟风机房、消防电梯用同一末端切换配电箱、用同一消防电源配电。

3.2 系统图中常见问题

3. 消防设备配电系统

- 消防用电设备没有采用专用的供电回路。
- 火灾自动报警系统主电源设置剩余电流动作保护和过负荷保护装置。
- 消防控制室末端切换箱内有采用剩余电流保护装置的配电回路，消防控制室的插座电源由此消防控制室末端切换箱出线。

- 应急照明系统
  - 没有明确应急疏散指示系统类别（自带电源集中控制型、自带电源非集中控制型、集中电源集中控制型、集中电源非集中控制型等等）。
  - 系统图中没有明确交流线路、直流线路、控制线路位置、电压、规格、芯数；没有明确应急电源电源位置、每种线路进出口、容量；没有明确配电装置位置。

3.2 系统图中常见问题

4. 火灾自动报警系统

- 系统总线上未设置总线短路隔离器，每只总线短路隔离器保护的火灾探测器、手动火灾报警按钮和模块等消防设备的总数超过 32 点。
- 高度超过 100m 的建筑中，除消防控制室内设置的控制器外，每台控制器直接控制的火灾探测器、手动报警按钮和模块等设备跨越避难层。
- 消防联动控制器没能按设定的控制逻辑向相关的受控设备发出联动信号，并接受相关设备的联动反馈信号。
- 消防泵的水流指示器、压力开关、信号阀、流量开关、水位开关，电梯归首，送、排风口，防火卷帘，非消防广播系统，安防疏散口没有控制等。
- 消防泵直接启泵信号设置在巡检柜上。
- 消防水泵、防烟和排烟风机的控制设备，除采用联动控制方式外没有在消防控制室设置手动直接控制装置。
- 遗漏由消防控制室至消防水泵、防烟和排烟风机控制箱的手动直接控制装置连线。
- 火灾自动报警系统没有分别表示出声光报警器、消防广播扬声器。

3.2 系统图中常见问题

5. 住宅

- 住宅配电系统各级负荷计算没有按最大相负荷计算，应尽量使供电电源的负荷三相平衡。
- 明敷的线缆没有选用低烟、低毒的阻燃类线缆。
- 住宅设置自恢复式过、欠电压保护电器不当。
- 照明回路支线小于 1.5mm^2。
- 淋浴或浴盆的卫生间没有做辅助等电位联结。
- 通信系统没按光纤到户设计。
- 建筑电信间的使用面积不宜小于 5m^2。
- 住宅访客系统附有紧急报警按钮，各单元楼门对讲信号线没有引至报警值班室（控制中心）。
- 住宅电梯适老性要求没有安装紧急呼叫按钮（宜设在安防报警系统）。

举例

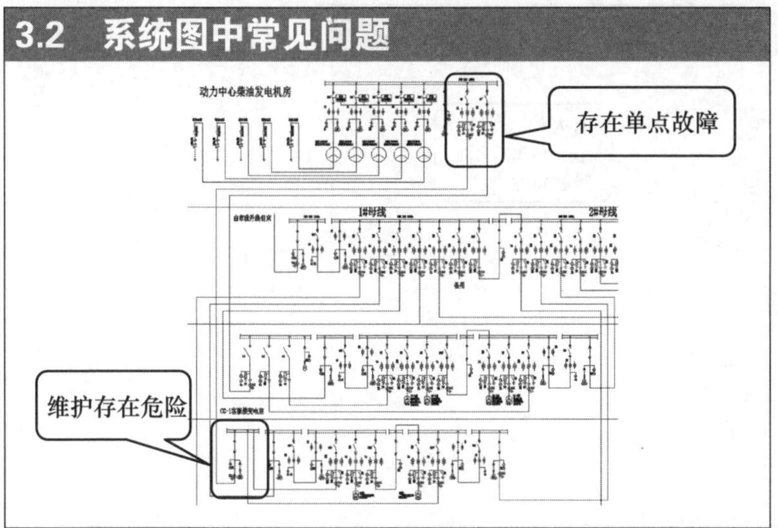
3.2　系统图中常见问题
动力中心柴油发电机房
存在单点故障
1#母线
2#母线
维护存在危险

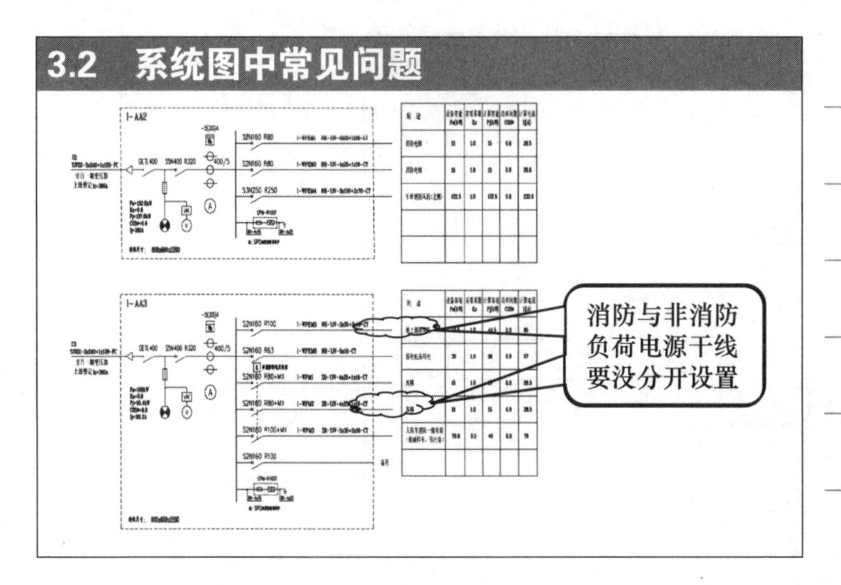
3.2　系统图中常见问题
消防与非消防
负荷电源干线
要没分开设置

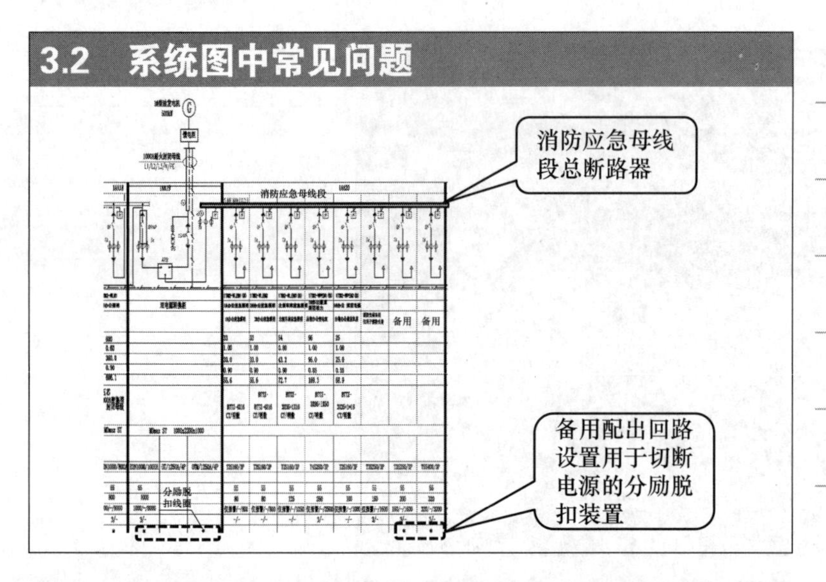
3.2 系统图中常见问题
消防应急母线段
消防应急母线段总断路器
备用配出回路设置用于切断电源的分励脱扣装置
分励脱扣线圈
备用
备用

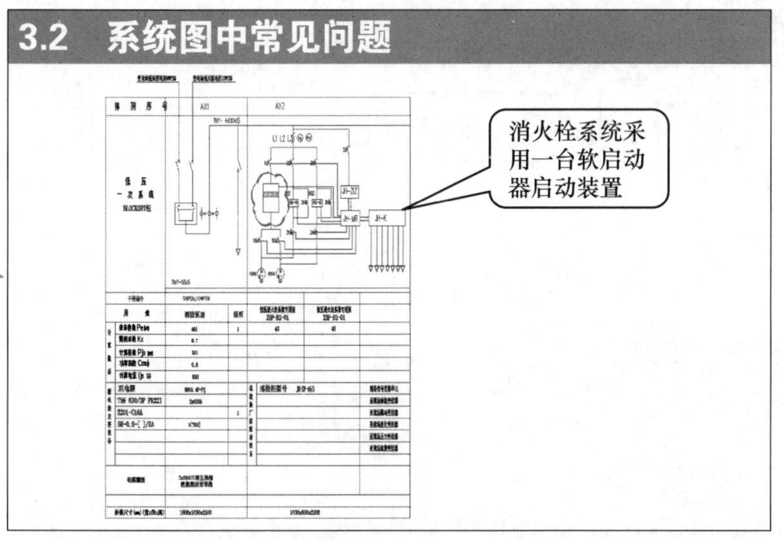
3.2 系统图中常见问题
消火栓系统采用一台软启动器启动装置

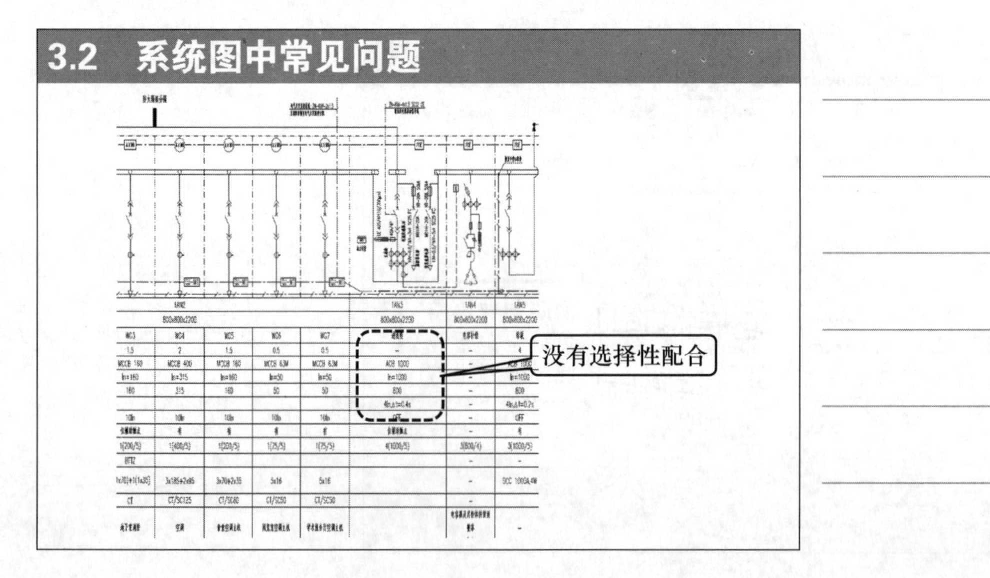
3.2 系统图中常见问题
没有选择性配合

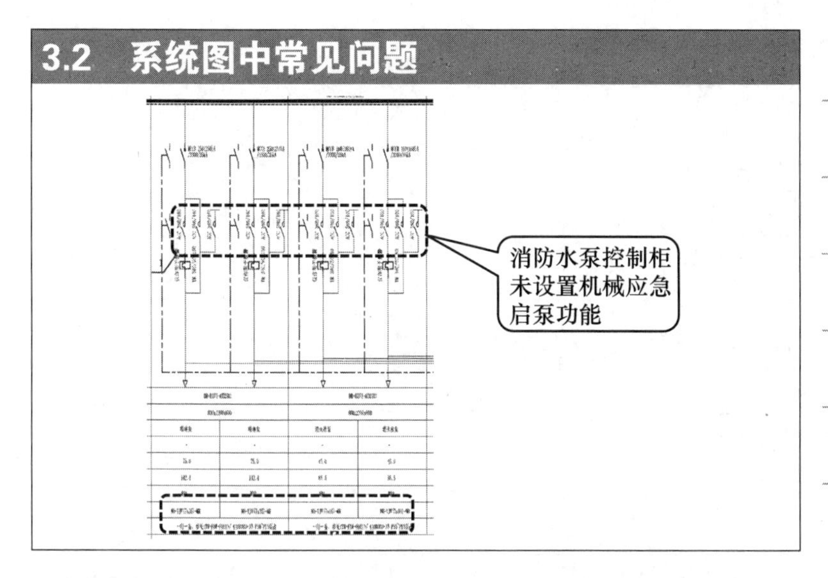
3.2　系统图中常见问题
消防水泵控制柜未设置机械应急启泵功能

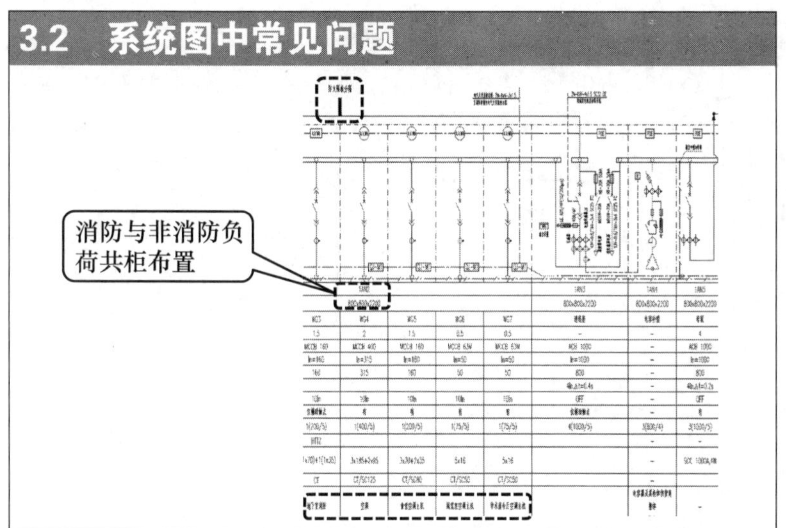
3.2　系统图中常见问题
消防与非消防负荷共柜布置

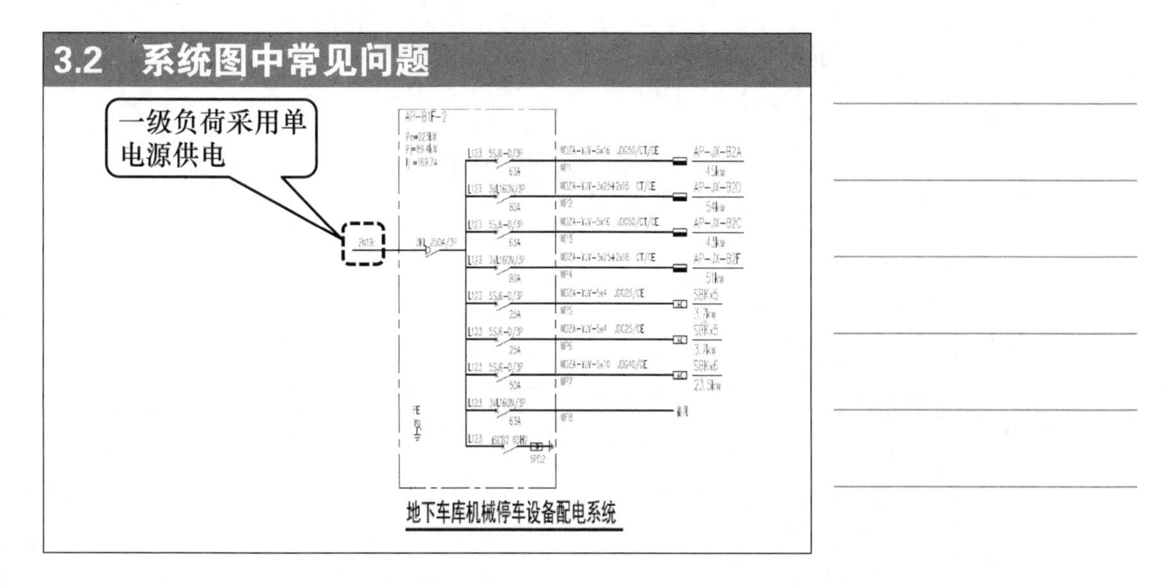
3.2　系统图中常见问题
一级负荷采用单电源供电
AP-B1F-2
AP-JX-B2A
AP-JX-B2D
AP-JX-B2C
AP-JX-B2F
地下车库机械停车设备配电系统

3.2 系统图中常见问题

消防控制室配电柜设置插座

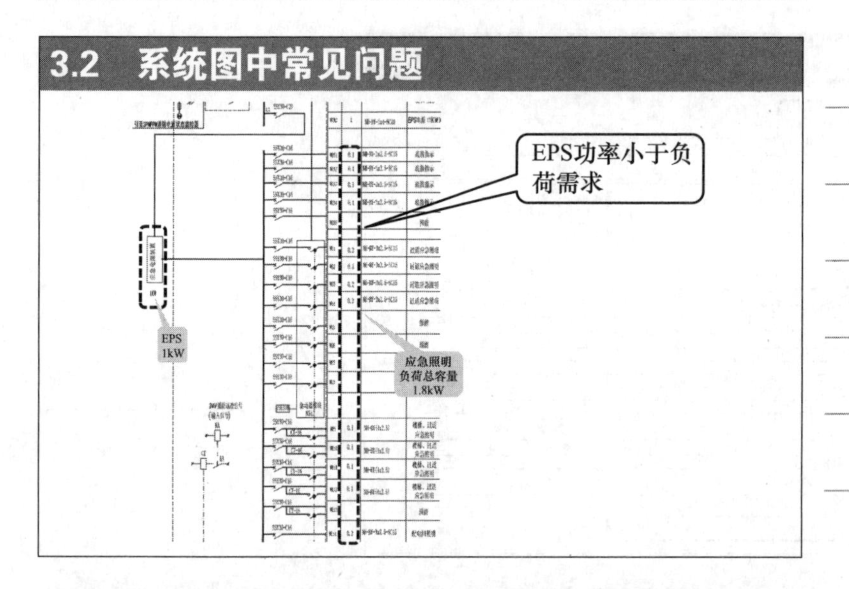

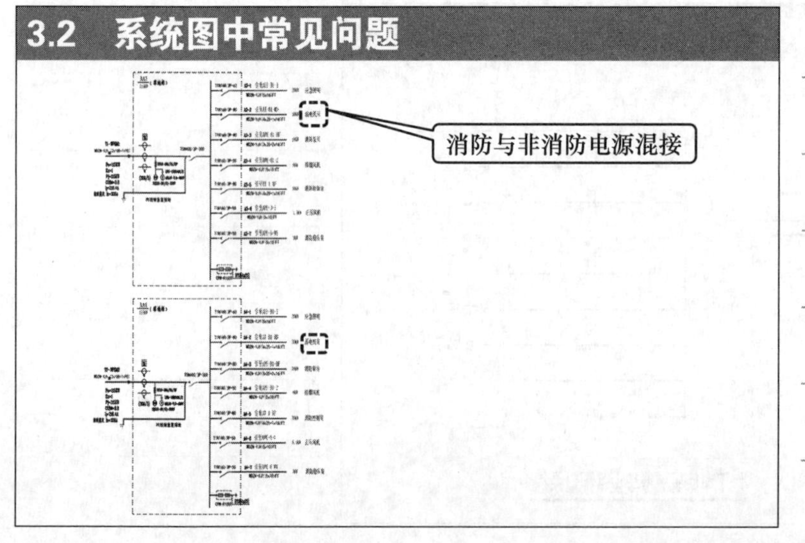

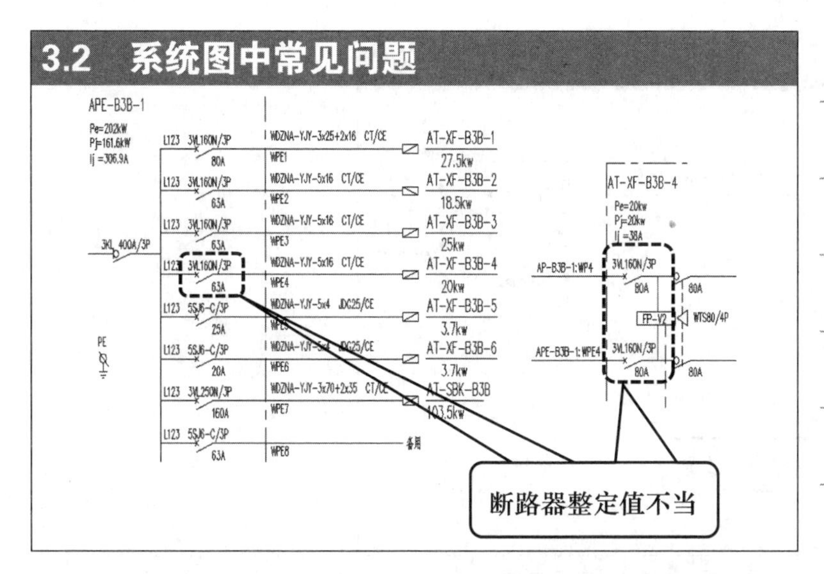

3.2　系统图中常见问题
APE-B3B-1
Pe=202kW
Pj=161.6kW
Ij =306.9A
3KL 400A/3P
L123 3VL160N/3P 80A
WDZNA-YJY-3x25+2x16 CT/CE
WPE1
AT-XF-B3B-1
27.5kw
L123 3VL160N/3P 63A
WDZNA-YJY-5x16 CT/CE
WPE2
AT-XF-B3B-2
18.5kw
L123 3VL160N/3P 63A
WDZNA-YJY-5x16 CT/CE
WPE3
AT-XF-B3B-3
25kw
L123 3VL160N/3P 63A
WDZNA-YJY-5x16 CT/CE
WPE4
AT-XF-B3B-4
20kw
L123 5SJ6-C/3P 25A
WDZNA-YJY-5x4 JDC25/CE
AT-XF-B3B-5
3.7kw
L123 5SJ6-C/3P 20A
WPE6
AT-XF-B3B-6
3.7kw
L123 3VL250N/3P 160A
WDZNA-YJY-3x70+2x35 CT/CE
WPE7
AT-SBK-B3B
103.5kw
L123 5SJ6-C/3P 63A
WPE8
备用
PE
AT-XF-B3B-4
Pe=20kw
Pj=20kw
Ij =38A
AP-B3B-1:WP4
3VL160N/3P
80A
FP-Y2
WTS80/4P
APE-B3B-1:WPE4
3VL160N/3P
80A
断路器整定值不当

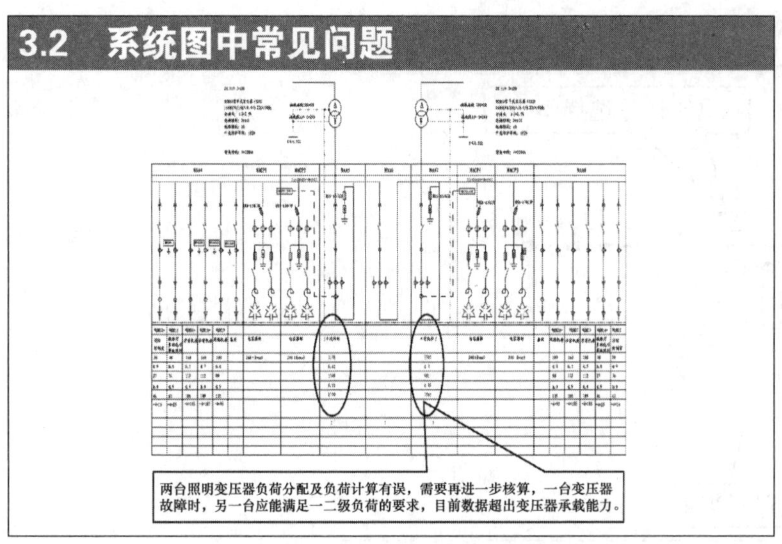

3.2　系统图中常见问题
两台照明变压器负荷分配及负荷计算有误，需要再进一步核算，一台变压器故障时，另一台应能满足一二级负荷的要求，目前数据超出变压器承载能力。

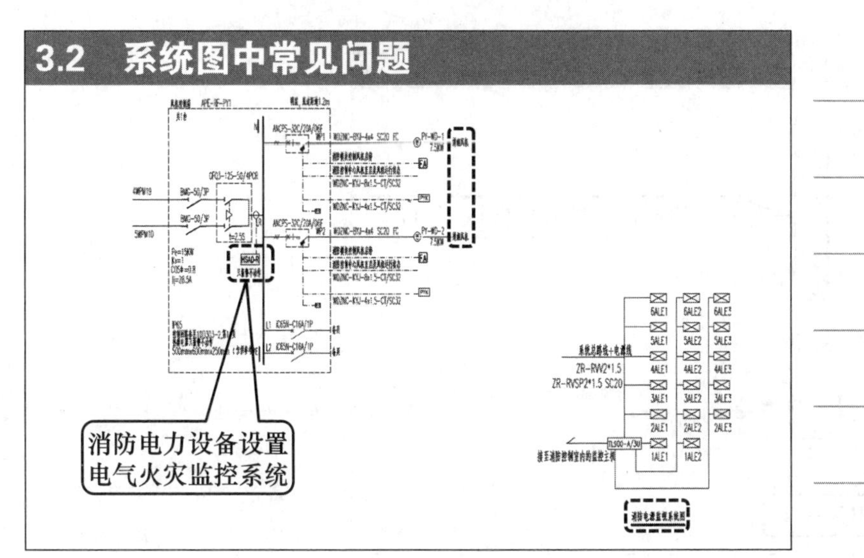

3.2　系统图中常见问题
APE-RF-PY1
4WPM19
5WPM10
BMG-50/3P
ZR-RVV2*1.5
ZR-RVSP2*1.5 SC20
6ALE1 6ALE2
5ALE1 5ALE2
4ALE1 4ALE2
3ALE1 3ALE2
2ALE1 2ALE2
1ALE1 1ALE2
消防电力设备设置
电气火灾监控系统

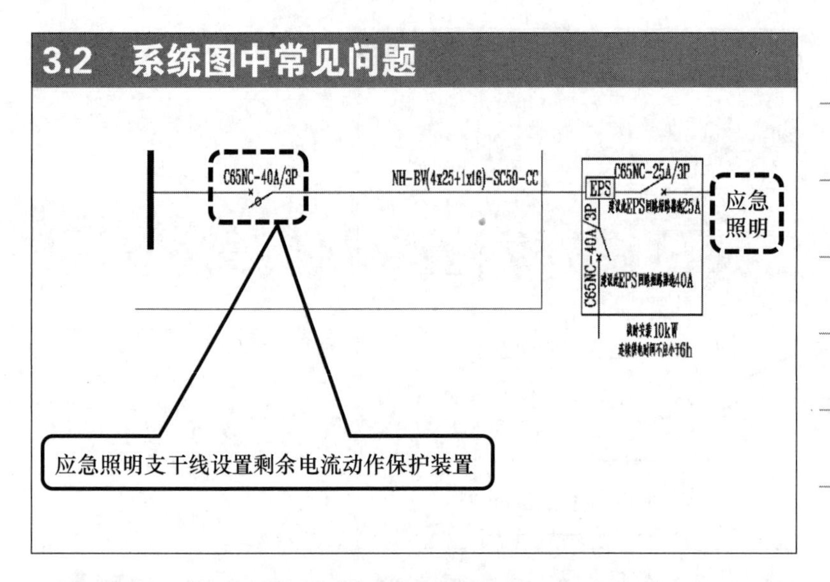
3.2 系统图中常见问题
C65NC-40A/3P
NH-BV(4x25+1x16)-SC50-CC
C65NC-25A/3P
EPS
C65NC-40A/3P
应急照明
应急照明支干线设置剩余电流动作保护装置

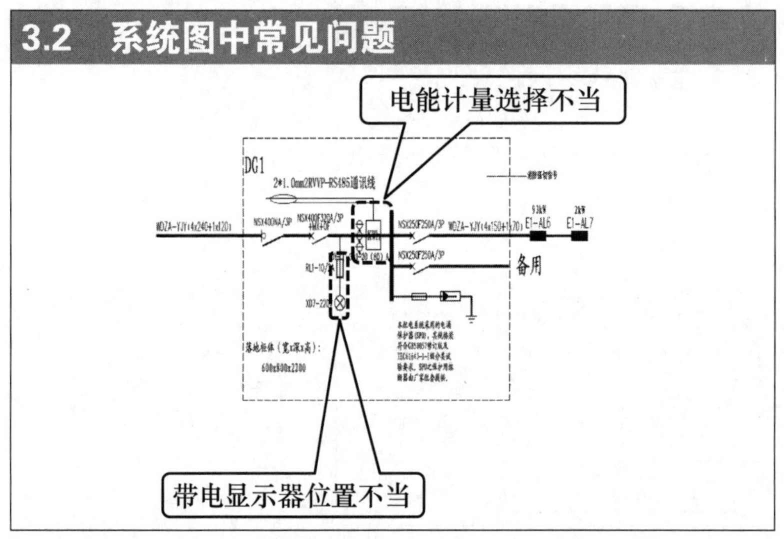
3.2 系统图中常见问题
电能计量选择不当
DG1
备用
带电显示器位置不当

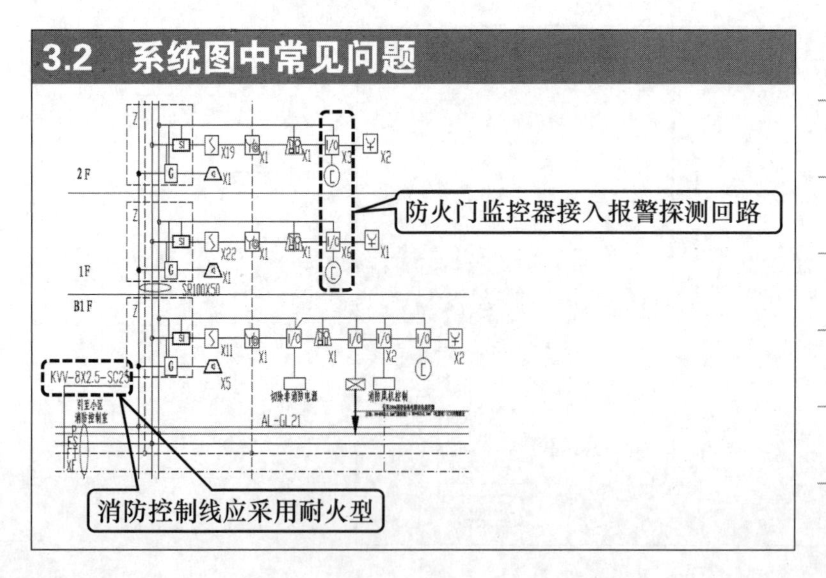
3.2 系统图中常见问题
2F
1F
B1F
防火门监控器接入报警探测回路
KVV-8X2.5-SC25
AL-GL21
消防控制线应采用耐火型

3.2　系统图中常见问题

消防应急电源（主）

消防应急电源（备）

备用电源（备）

备用电源（主）

主、备配电回路引自同一台变压器

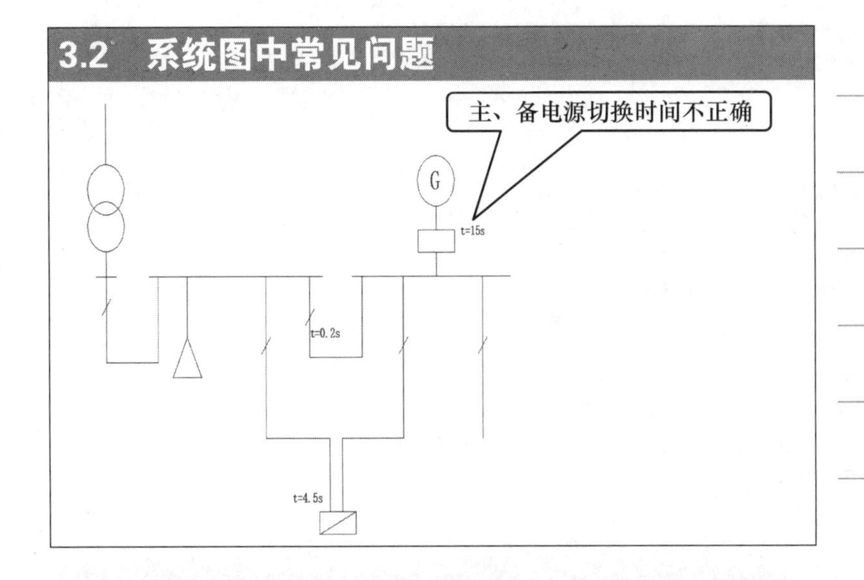

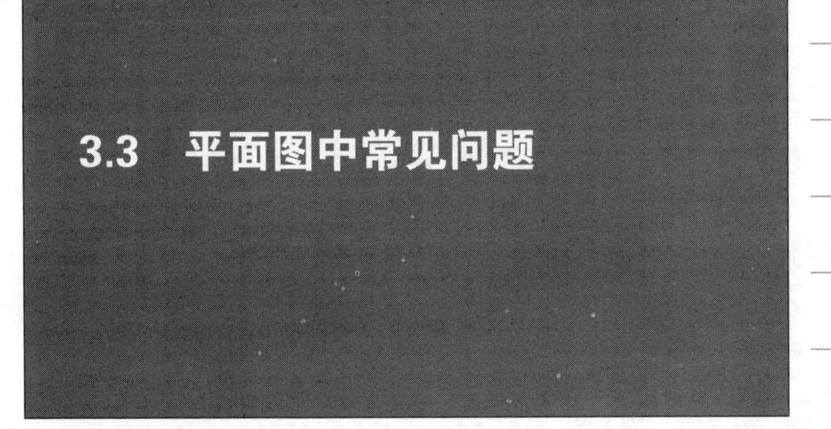

3.3 平面图中常见问题

1. 平面图通病

- 图纸没有比例；图纸线形分辨不清；柱列线尺寸线混乱；没有示意图（缩略图）防火分区、人防单元。

2. 动力平面图中的问题

- 消防与非消防线路没有分开敷设。
- 住宅建筑中住户智能箱的没有设置电源（保证光纤到户）。
- 防雷、接地电阻统一按本建筑最小值确定。
- 总等电位箱（MEB）、辅助等电位箱（LEB）位置不合理。
- 潮湿场所（游泳池、戏水池、喷水池）的辅助等电位的没有设置。
- 防空地下室内动力配电箱、照明箱、控制箱，在外墙、临空墙、防护密闭隔墙、密闭隔墙上嵌墙暗装。（人防区域各种配电箱明配也包括人防墙另一边非人防区安装的配电箱）。
- 事故通风没有根据放散物的种类，设置相应的检测报警及控制系统。事故通风的手动控制装置没有在室内外便于操作的地点分别设置。

3.3 平面图中常见问题

3. 照明平面图中的问题

- 应急照明

  人防区内集气室、滤毒室、战时水箱间等的照明采用应急照明；

  配电室等处排风扇与应急照明同回路。

- 疏散照明

  疏散走道转角区域 1m 范围内没有设置消防安全疏散标志；

  推拉门、卷帘门、吊门、转门和折叠门门口设出口灯，附近疏散指示也指向此处。

- 疏散照明

  人防工程消防疏散指示标志的设置位置不符合下列规定：

  （1）沿墙面设置的疏散标志灯距地面不应大于 1m，间距不应大于 15m；

  （2）设置在疏散走道上方的疏散标志灯的方向指示应与疏散通道垂直，其大小应与建筑空间相协调；标志灯下边缘距室内地面不应大于 2.5m，且应设置在风管等设备管道的下部。

3.3 平面图中常见问题

4. 火灾自动报警平面图中的问题

- 火灾警报器

  每个报警区域内均匀设置火灾报警器，其声压级小于 60dB；在环境噪声大于 60dB 的场所，其声压级低于背景噪声 15dB。

  火灾警报器设计按声压执行有难度，参照标准图集 14X505-1《火灾自动报警系统设计规范》图示第 55 页中在大空间、疏散通道内任意平面位置距火灾警报器不大于 25m 执行；设计说明消防部分应按规范条文标注说明。

- 总线短路隔离器

  系统总线上应设置总线短路隔离器……总线穿越防火分区时，没有在穿越处设置总线短路隔离器。

3.3　平面图中常见问题

5. 智能化平面图中的问题

■ 消防控制室

消防控制室、消防值班室或企业消防站等处，没有设置可直接报警的外线电话。

与建筑其他智能化系统合用的消防控制室内，消防设备没有集中设置，没能与其他设备间有明显间隔 。

没有提供消防控制室设备布置图。

■ 安防控制室

监控中心没有设置为禁区，没有保证自身安全的防护措施和进行内外联络的通信手段，没有设置紧急报警装置和留有向上一级接处警中心报警的通信接口。

■ 住宅门禁系统

住宅楼入口或单元入口没有设访客对讲装置，住户没有设对讲机，没有有紧急报警按钮。

没在所有通往楼内的通道口，包括地下车库直接通向楼内的通道，安装与楼门相同的访客对讲装置或其他电子出入管理系统。

各楼门对讲信号线没有引至报警值班室（控制中心）。

3.3　平面图中常见问题

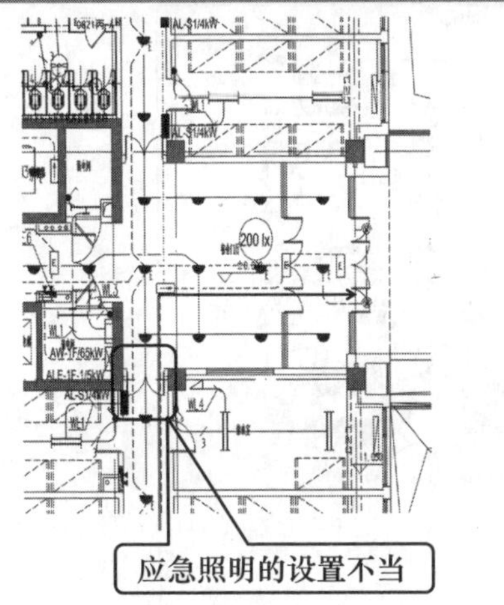

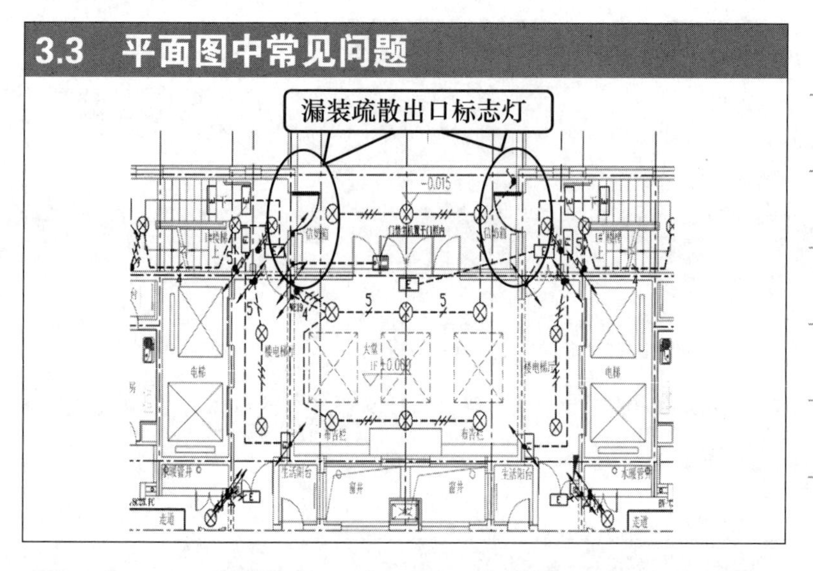
3.3 平面图中常见问题
漏装疏散出口标志灯

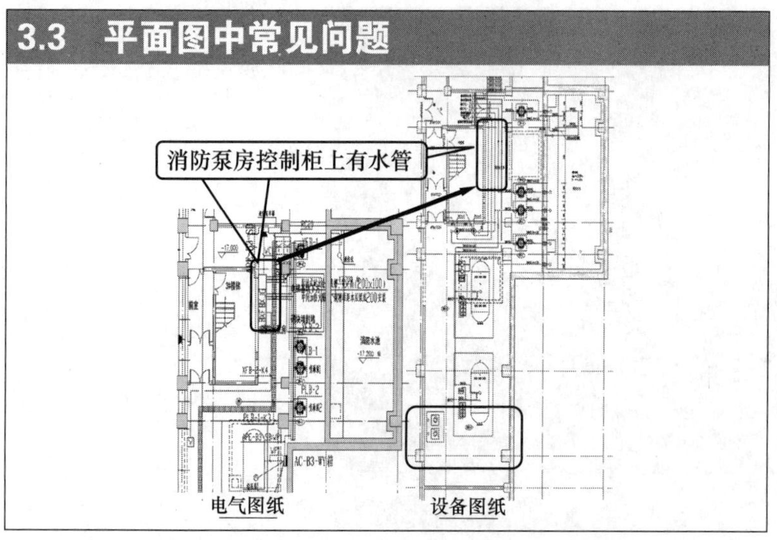
3.3 平面图中常见问题
消防泵房控制柜上有水管
电气图纸
设备图纸

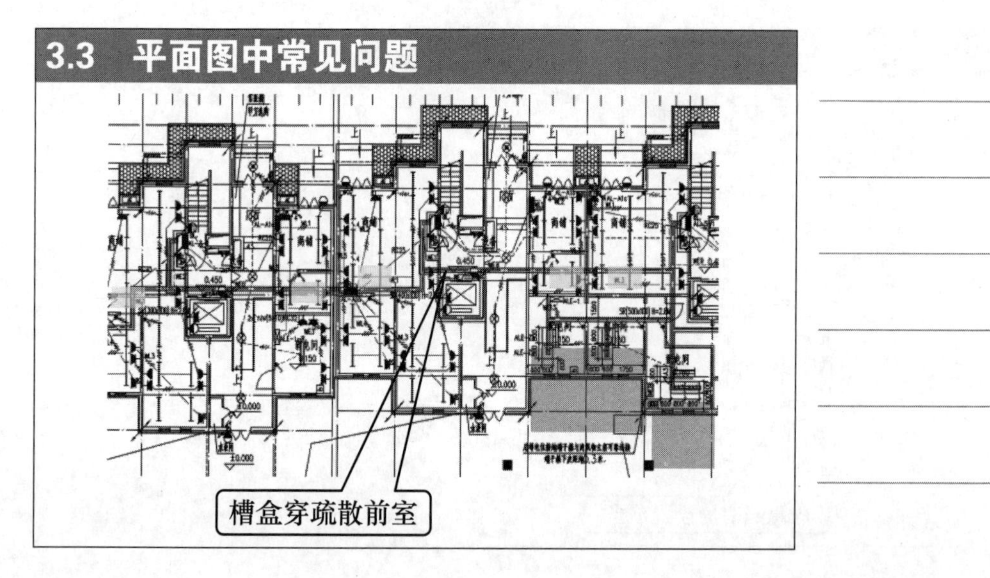
3.3 平面图中常见问题
槽盒穿疏散前室

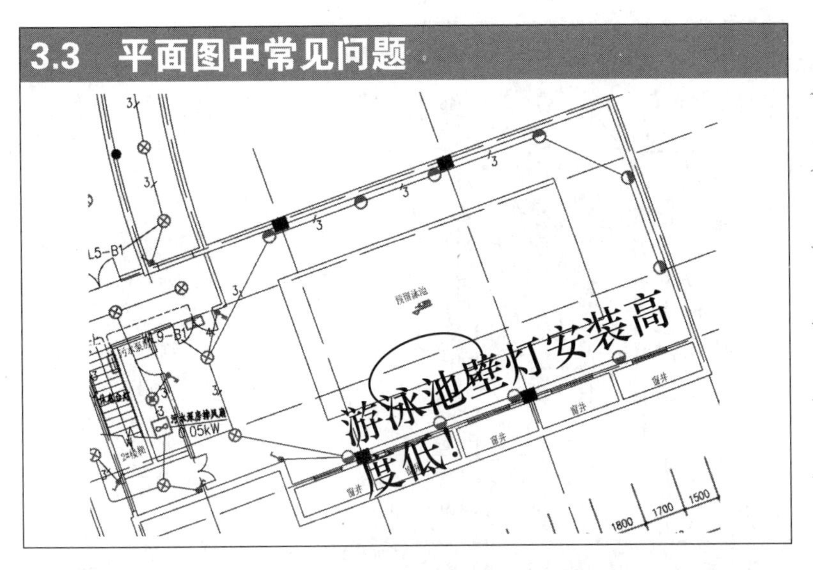
3.3　平面图中常见问题
游泳池壁灯安装高度低！
0.05kW
1800
1700
1500

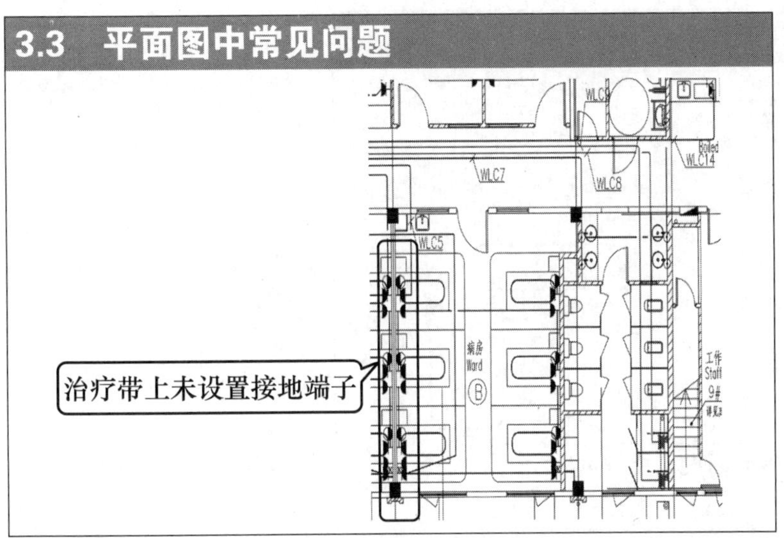
3.3　平面图中常见问题
治疗带上未设置接地端子
WLC7
WLC8
WLC5
WLC14
病房
Ward

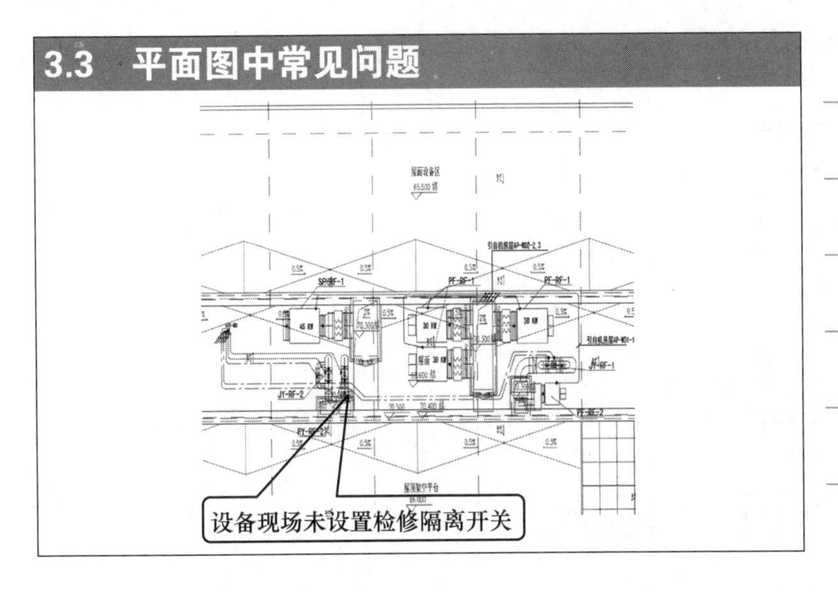
3.3　平面图中常见问题
设备现场未设置检修隔离开关

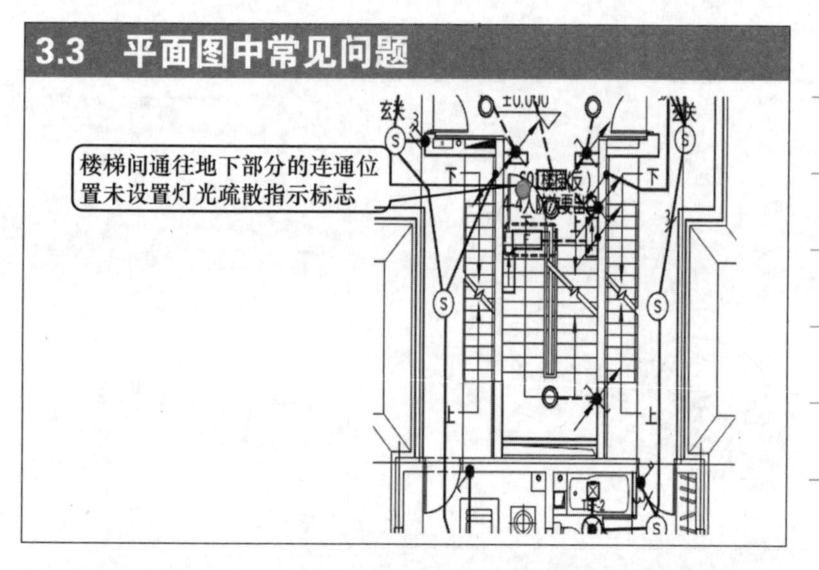
3.3 平面图中常见问题
楼梯间通往地下部分的连通位置未设置灯光疏散指示标志
下
上

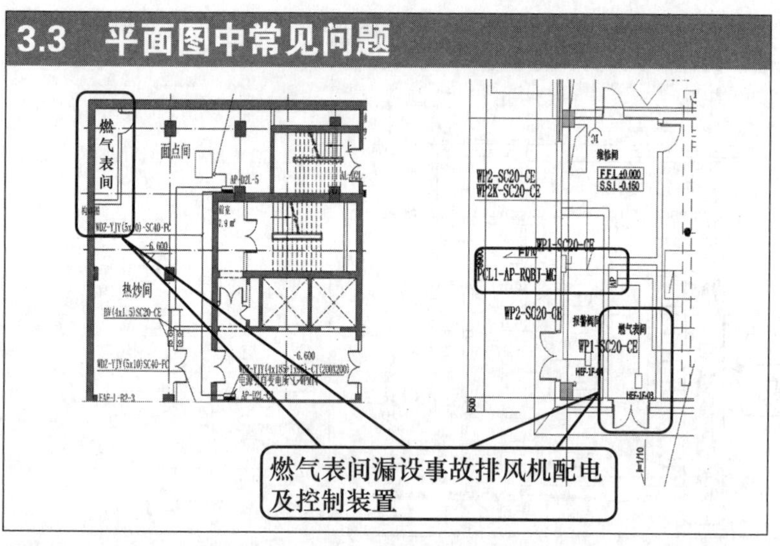
3.3 平面图中常见问题
燃气表间
热炒间
WP2-SC20-CE
WP1-SC20-CE
PCL1-AP-RQBJ-MG
燃气表间漏设事故排风机配电及控制装置

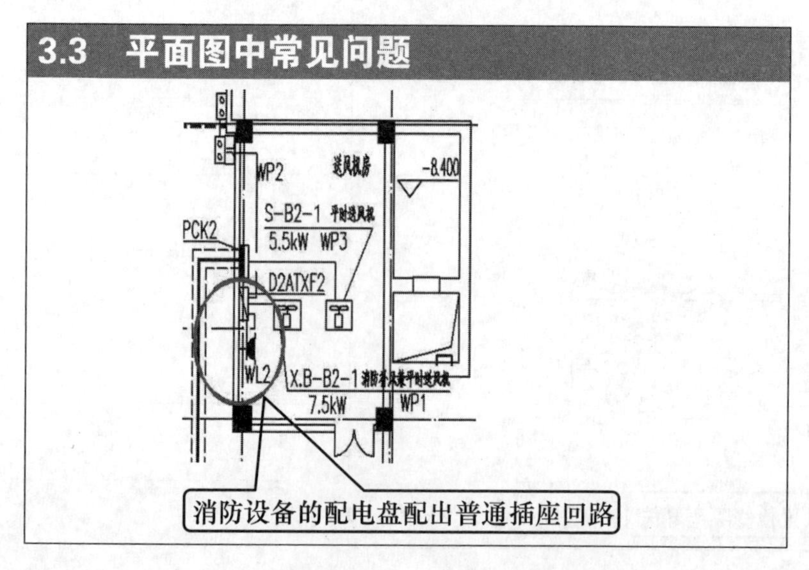
3.3 平面图中常见问题
WP2
送风机房
-8.400
S-B2-1
5.5kW WP3
PCK2
D2ATXF2
WL2
X.B-B2-1
7.5kW
WP1
消防设备的配电盘配出普通插座回路

3.3 平面图中常见问题

残疾人卫生间缺少求助呼叫按钮及警报装置

PANADERIA
207Lx

无障碍厕所

男厕

女厕

备餐
PREP

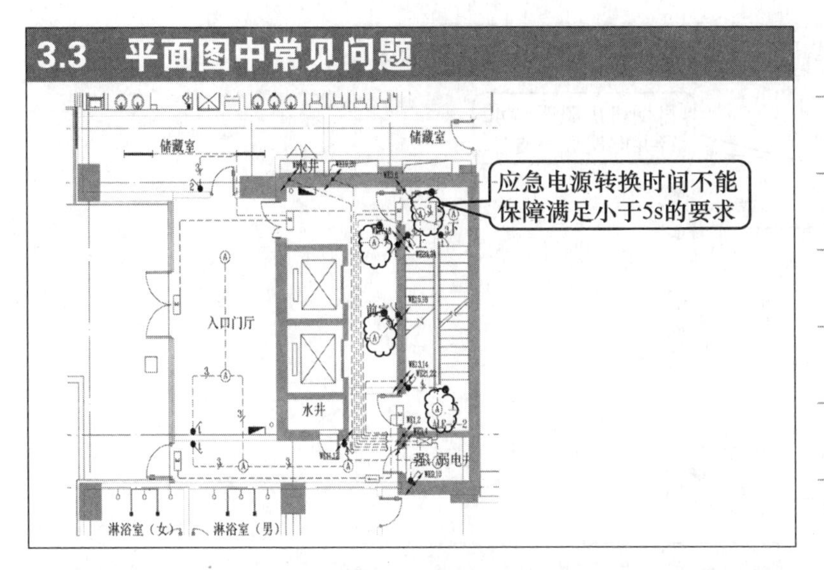

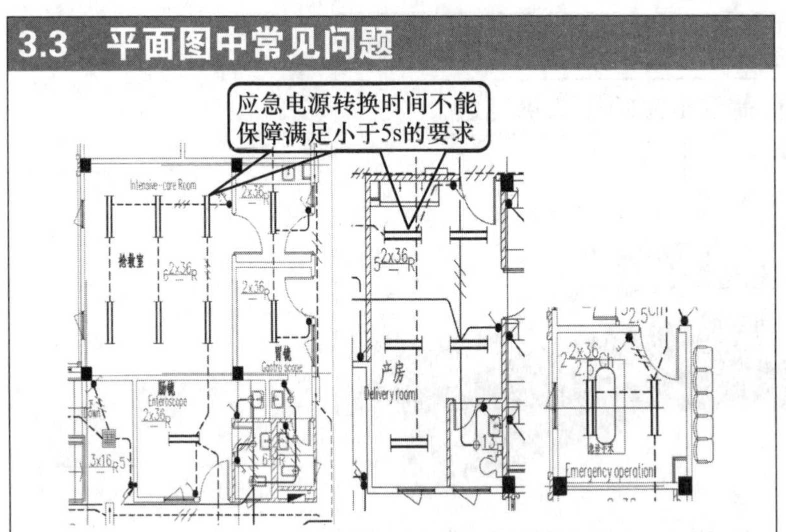

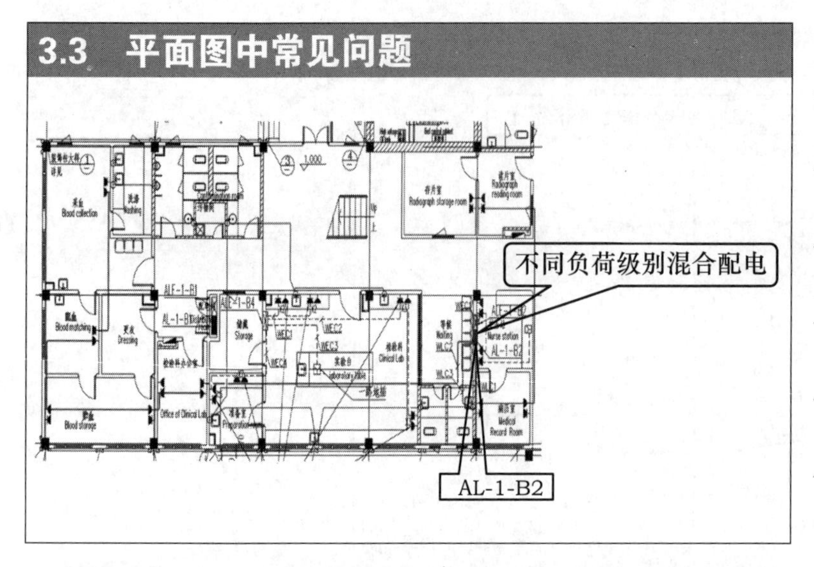
3.3 平面图中常见问题
不同负荷级别混合配电
AL-1-B2

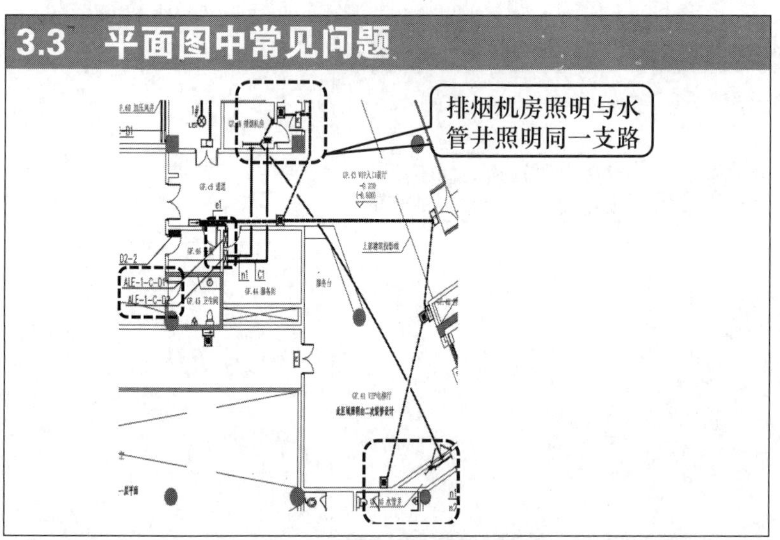
3.3 平面图中常见问题
排烟机房照明与水
管井照明同一支路

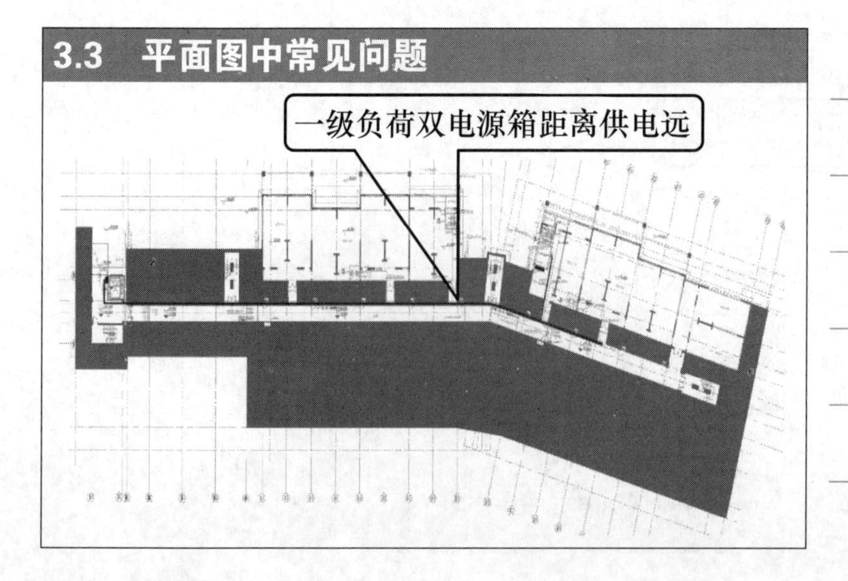
3.3 平面图中常见问题
一级负荷双电源箱距离供电远

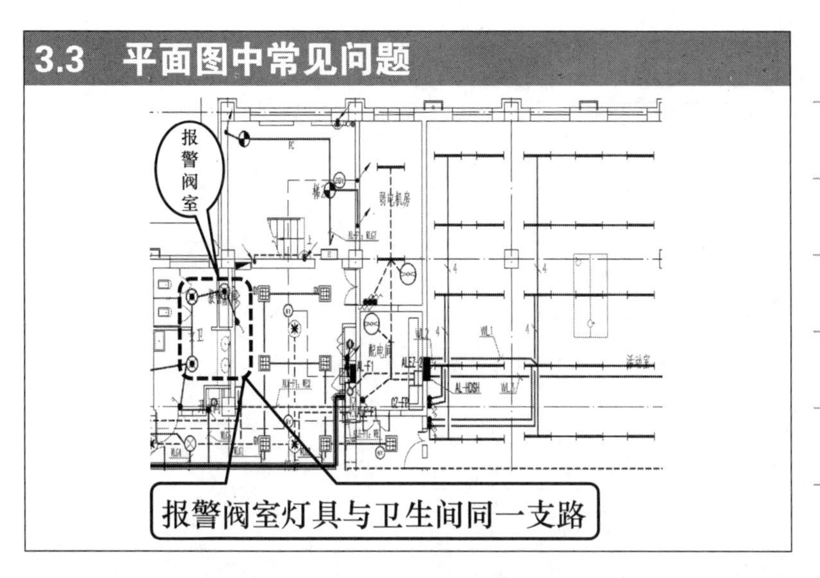
3.3 平面图中常见问题
报警阀室
报警阀室灯具与卫生间同一支路

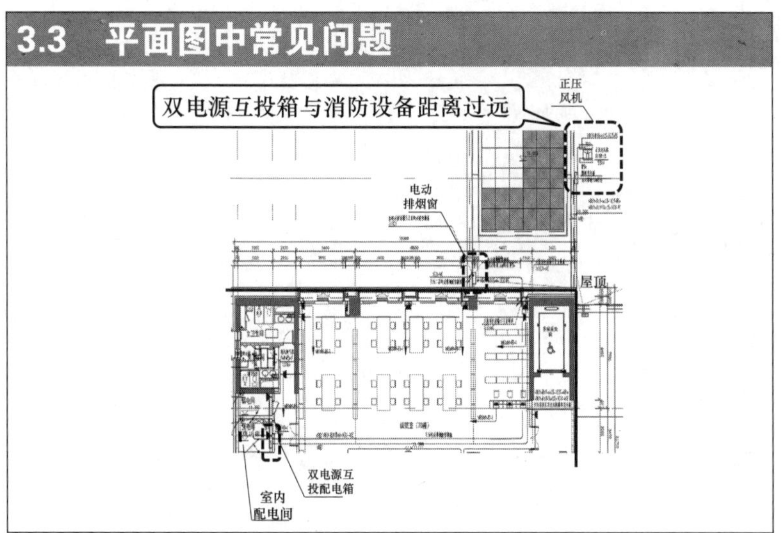
3.3 平面图中常见问题
双电源互投箱与消防设备距离过远
正压风机
电动排烟窗
屋顶
双电源互投配电箱
室内配电间

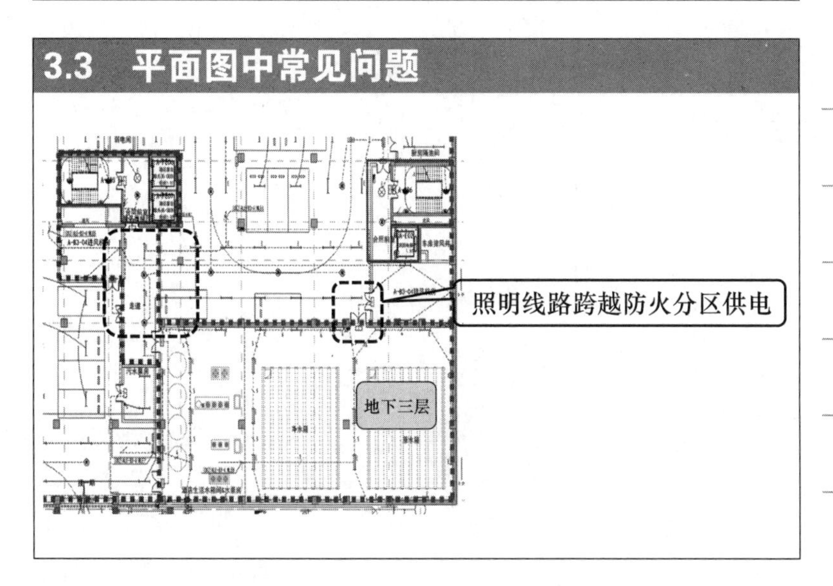
3.3 平面图中常见问题
照明线路跨越防火分区供电
地下三层

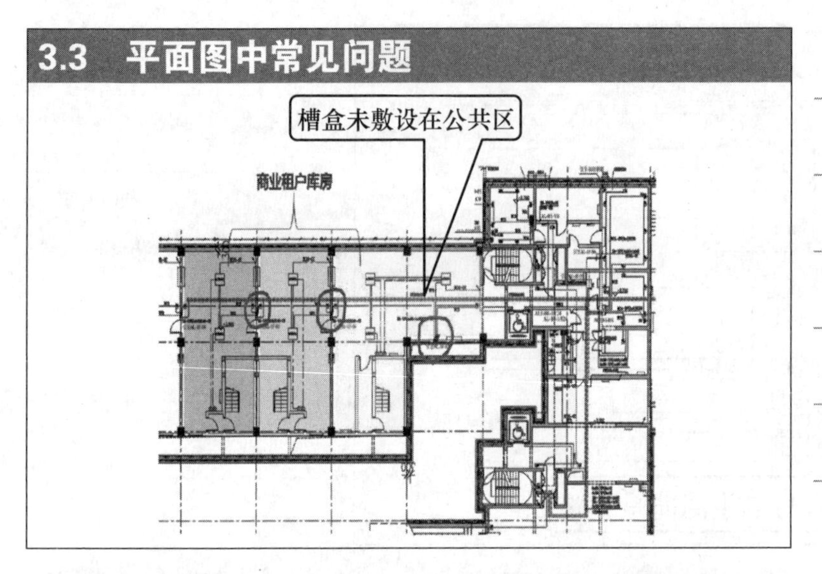
3.3 平面图中常见问题
槽盒未敷设在公共区
商业租户库房

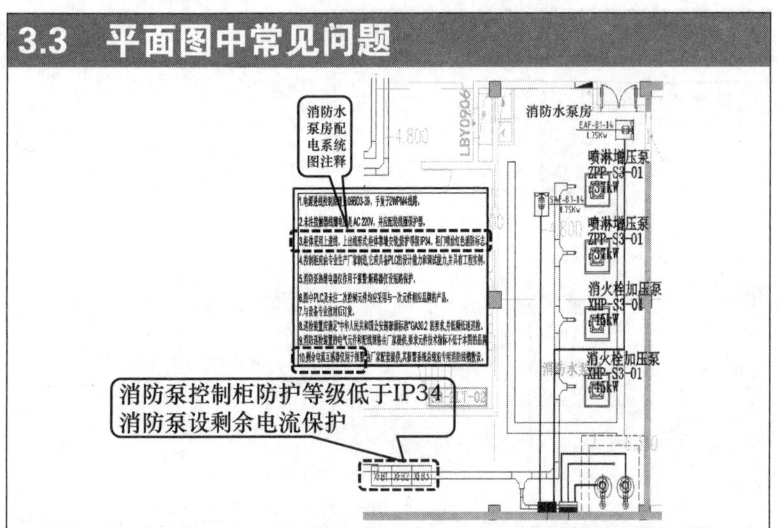
3.3 平面图中常见问题
消防水泵房配电系统图注释
消防水泵房
喷淋增压泵
ZPP-S3-01
喷淋增压泵
ZPP-S3-01
消火栓加压泵
XHP-S3-01
消火栓加压泵
XHP-S3-01
消防泵控制柜防护等级低于IP34
消防泵设剩余电流保护

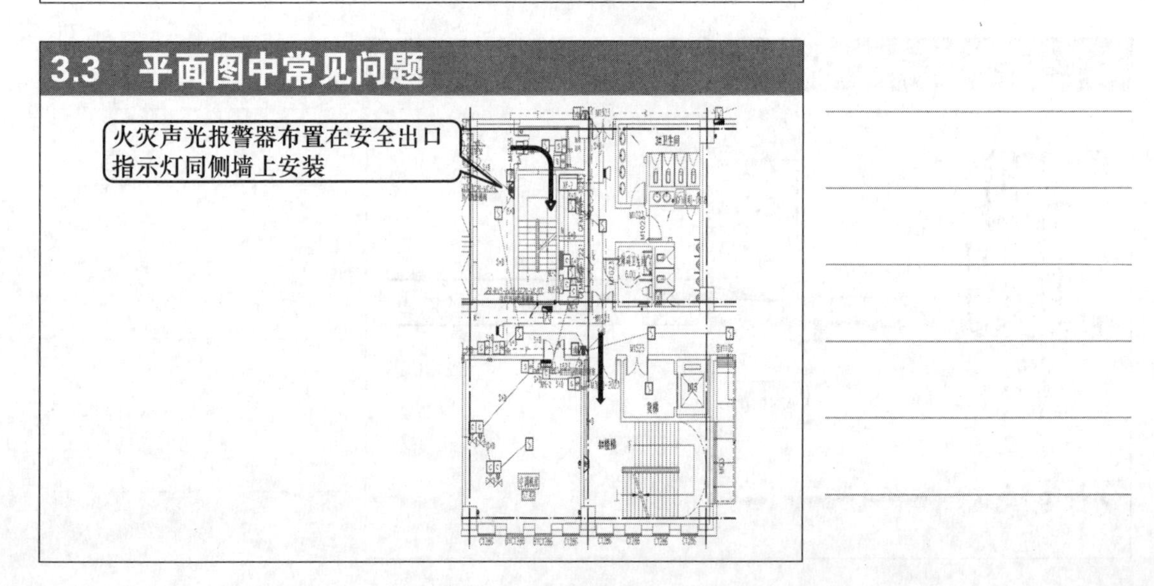
3.3 平面图中常见问题
火灾声光报警器布置在安全出口
指示灯同侧墙上安装

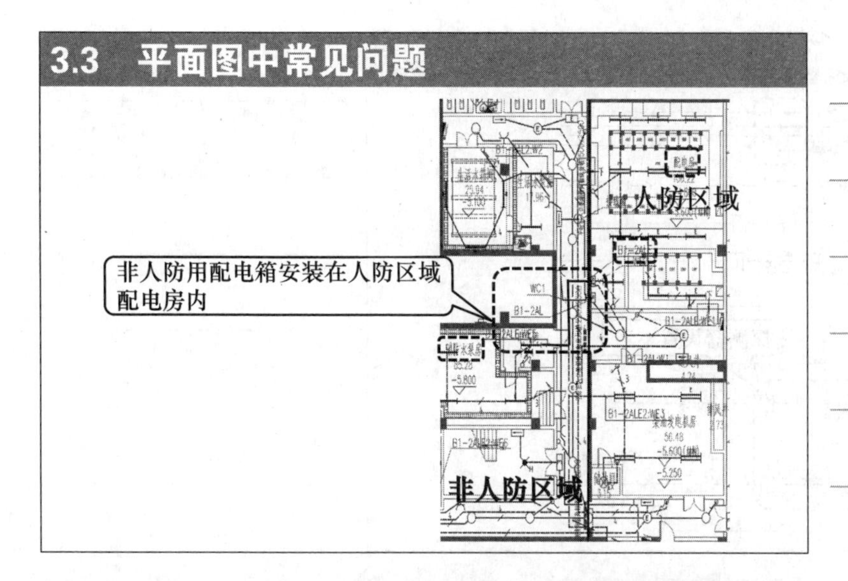
3.3 平面图中常见问题
非人防用配电箱安装在人防区域配电房内
人防区域
非人防区域

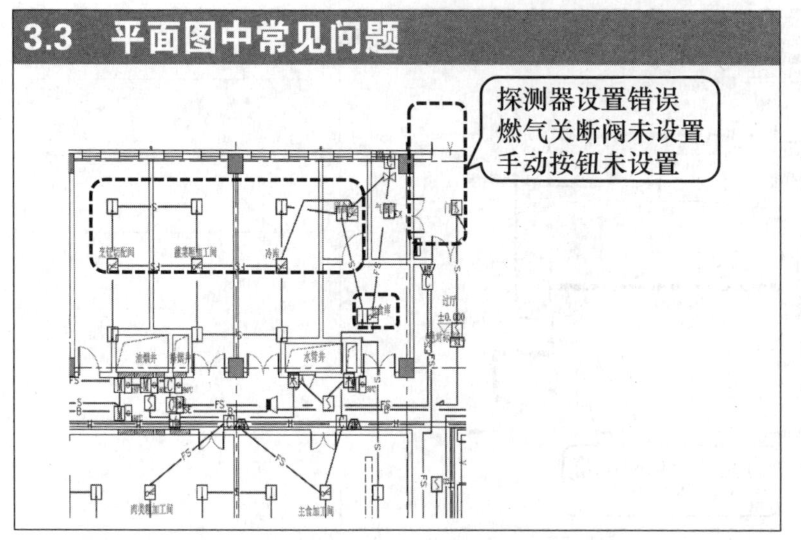
3.3 平面图中常见问题
探测器设置错误
燃气关断阀未设置
手动按钮未设置

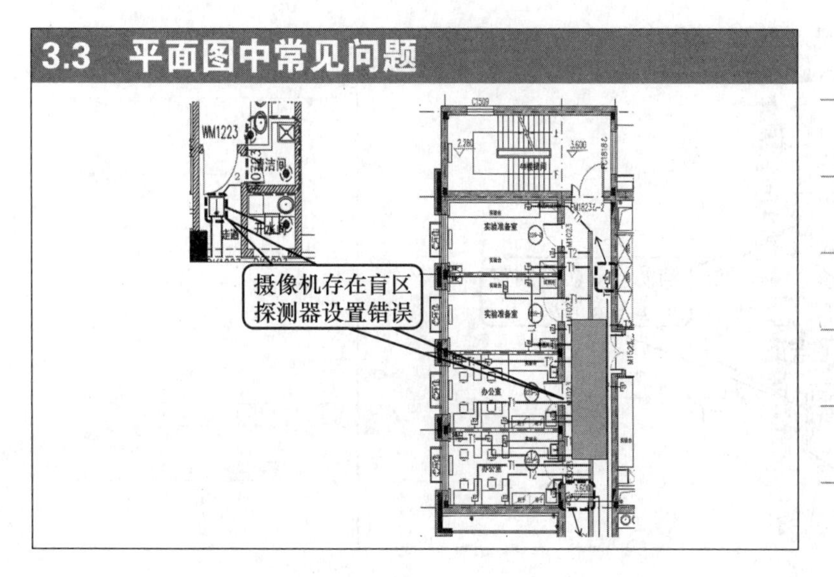
3.3 平面图中常见问题
摄像机存在盲区
探测器设置错误

3.3 平面图中常见问题

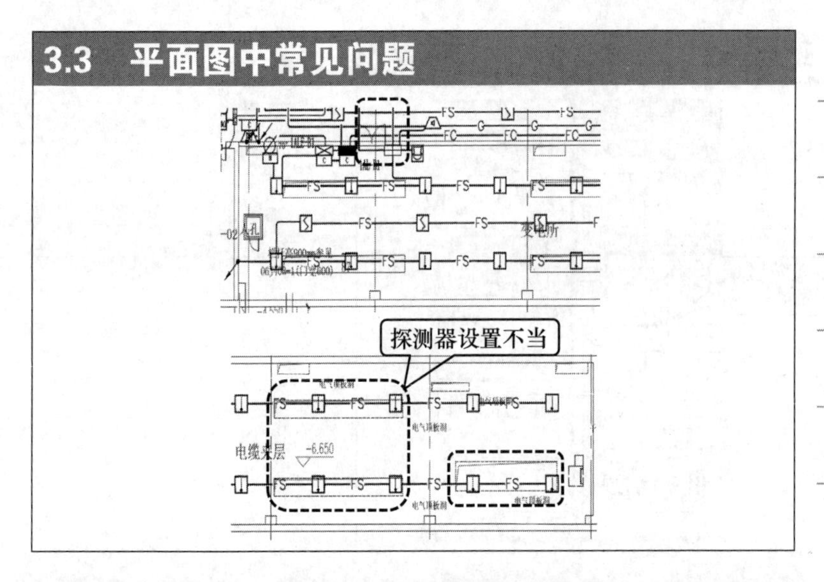

3.3 平面图中常见问题

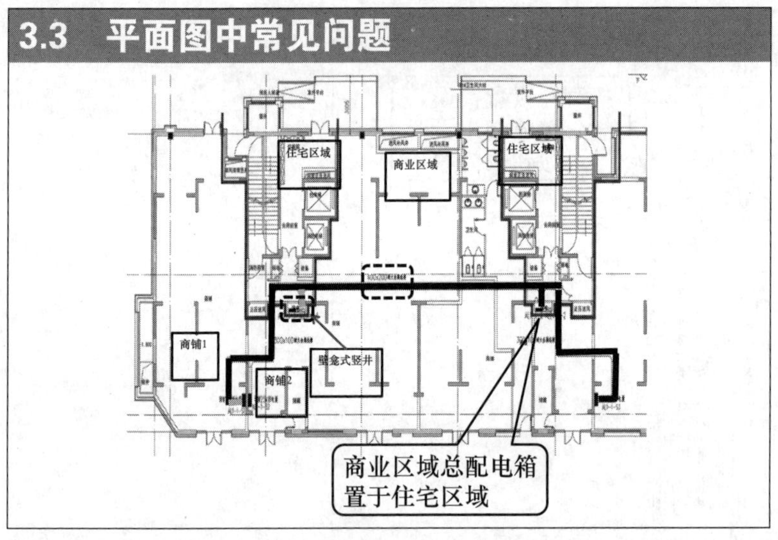

3.3 平面图中常见问题

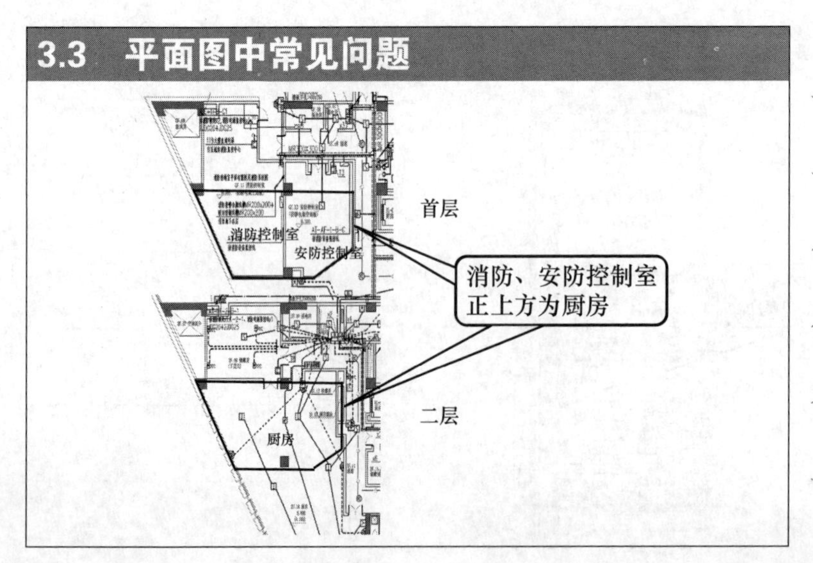

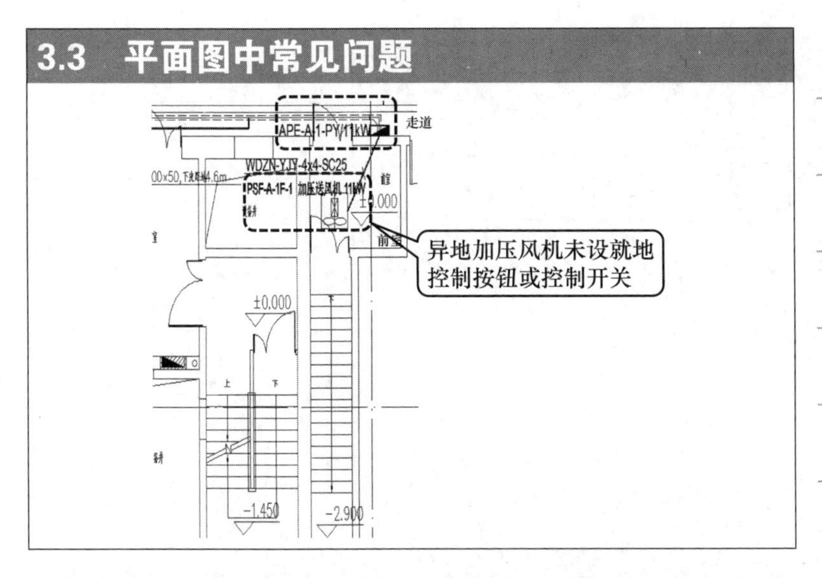

3.3　平面图中常见问题
APE-A1-PY/11kW
走道
WDZN-YJY-4x4-SC25
PSF-A-1F-1 加压送风机 11kW
±0.000
前室
异地加压风机未设就地控制按钮或控制开关
±0.000
上
下
-1.450
-2.900

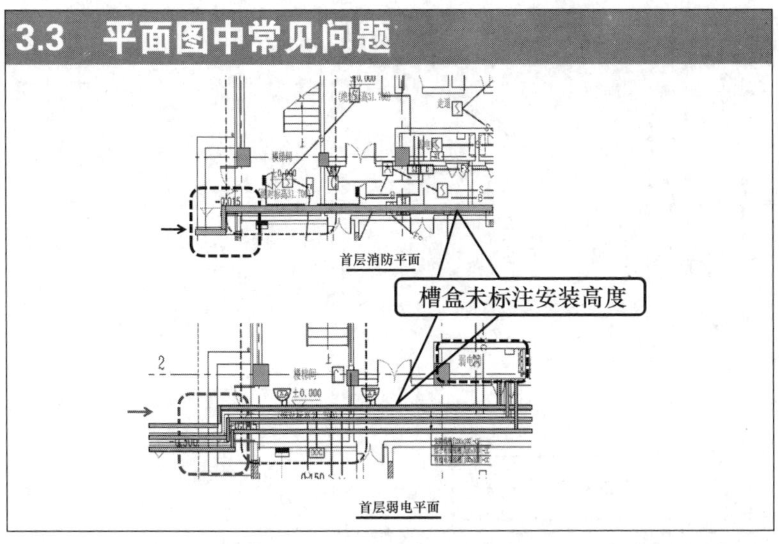

3.3　平面图中常见问题
首层消防平面
槽盒未标注安装高度
2
±0.000
首层弱电平面

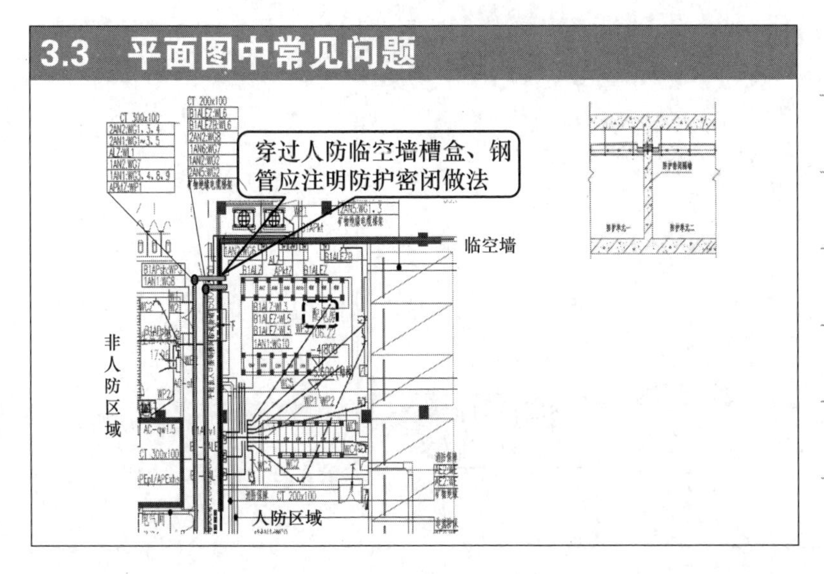

3.3　平面图中常见问题
CT 300x100
CT 200x100
穿过人防临空墙槽盒、钢管应注明防护密闭做法
临空墙
非人防区域
人防区域

3.3 平面图中常见问题

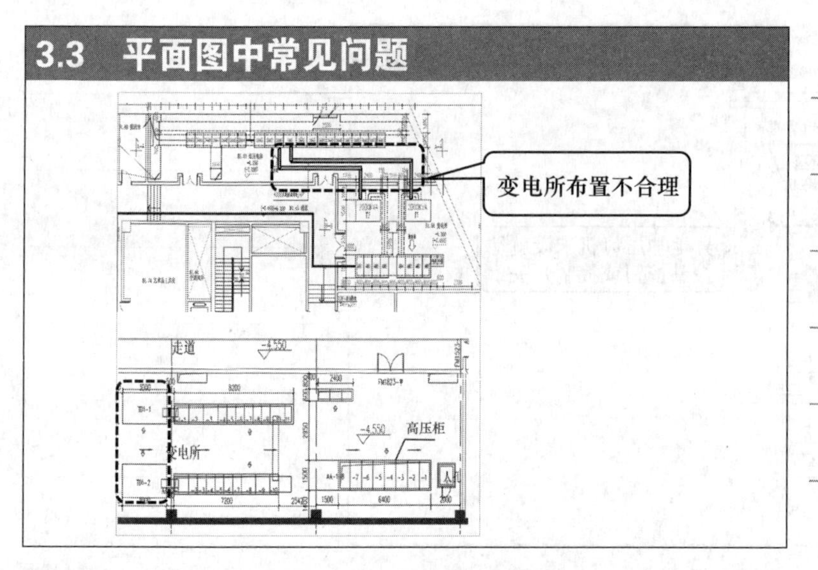

3.3 平面图中常见问题

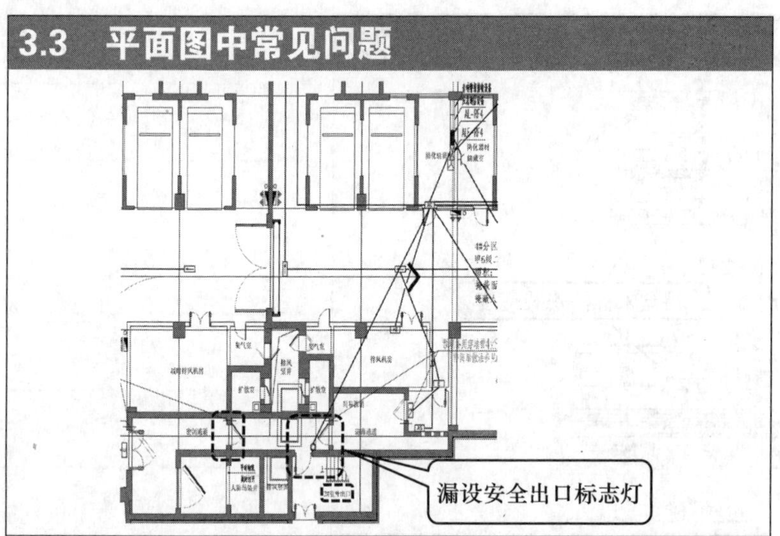

3.3 平面图中常见问题

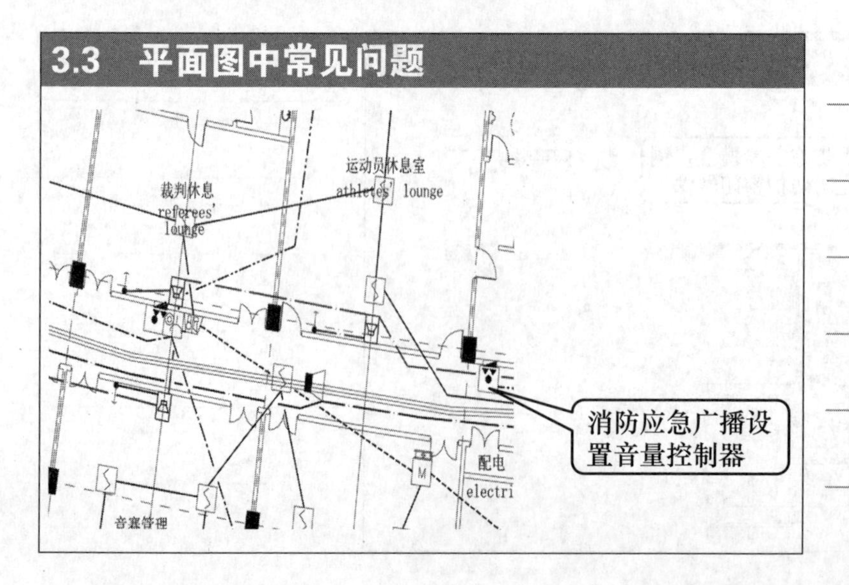

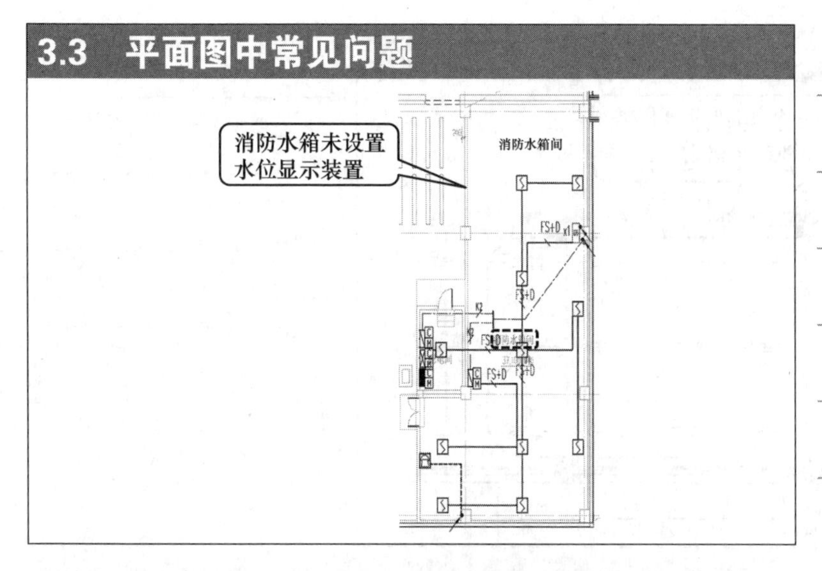
3.3 平面图中常见问题
消防水箱未设置水位显示装置
消防水箱间

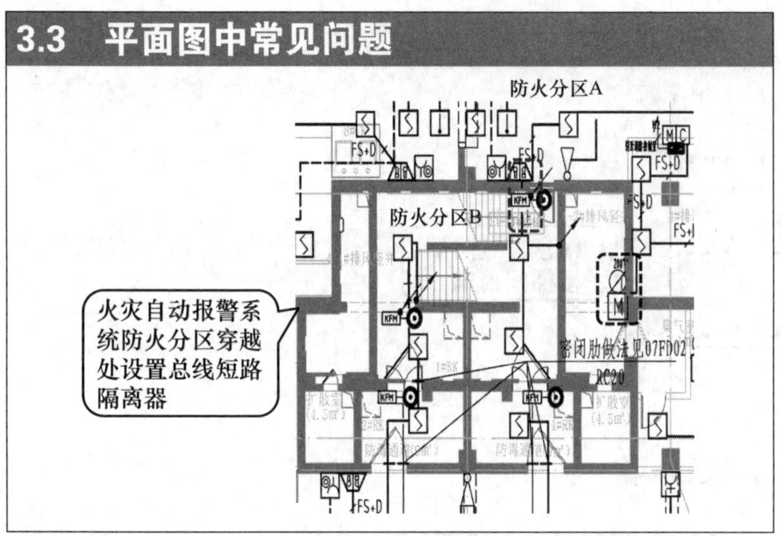
3.3 平面图中常见问题
防火分区A
防火分区B
火灾自动报警系统防火分区穿越处设置总线短路隔离器

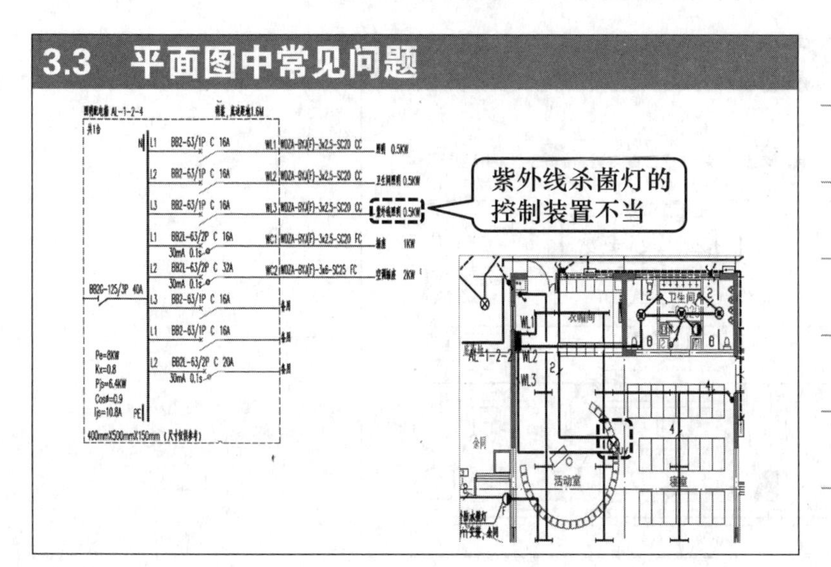
3.3 平面图中常见问题
紫外线杀菌灯的控制装置不当

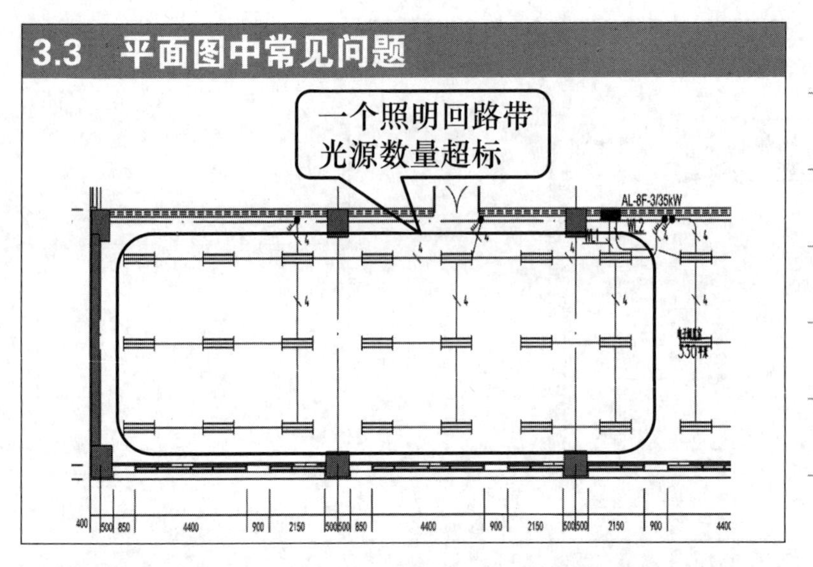
3.3 平面图中常见问题
一个照明回路带光源数量超标
AL-8F-3/35kW

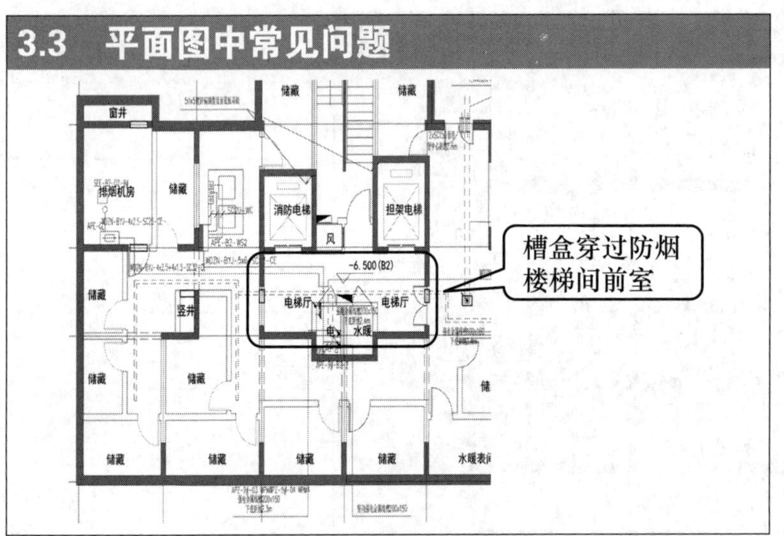
3.3 平面图中常见问题
槽盒穿过防烟楼梯间前室
消防电梯
担架电梯
电梯厅
排烟机房

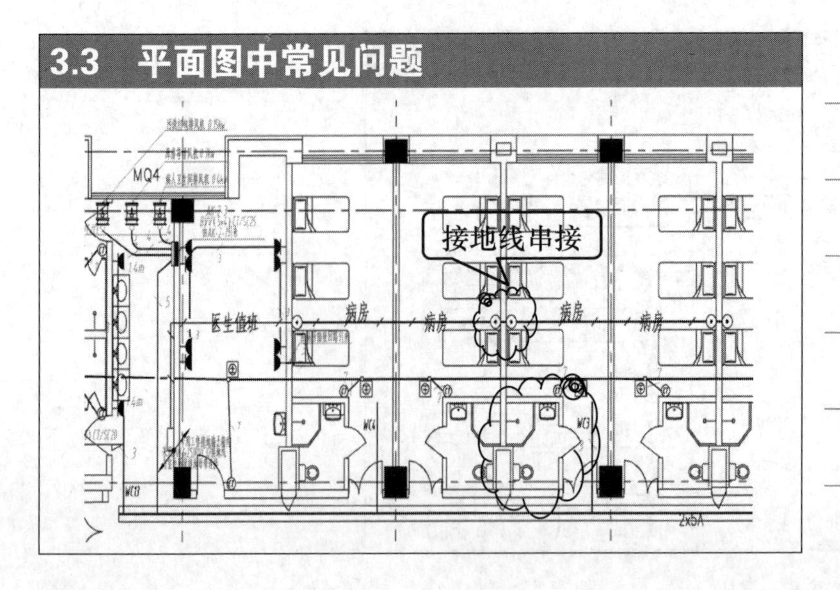
3.3 平面图中常见问题
接地线串接
医生值班
病房

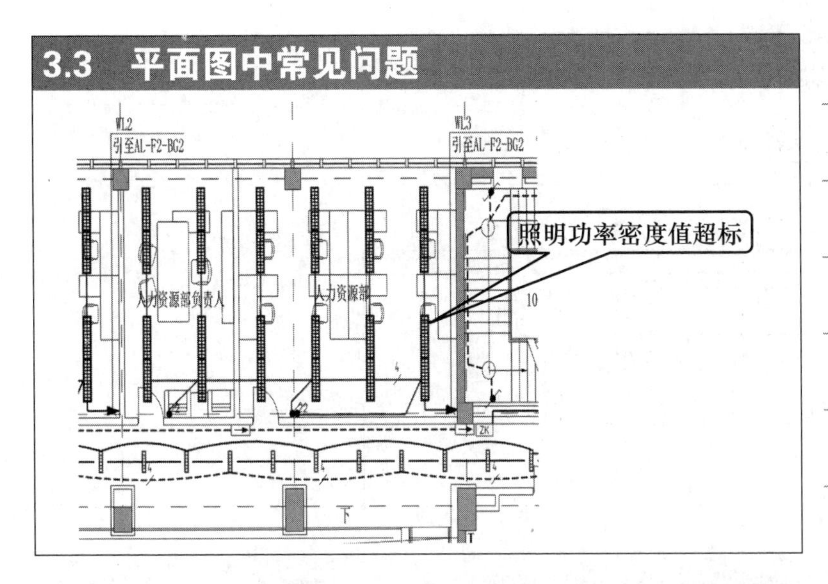
3.3 平面图中常见问题
WL2
引至AL-F2-BG2
WL3
引至AL-F2-BG2
照明功率密度值超标
人力资源部负责人
人力资源部
ZK

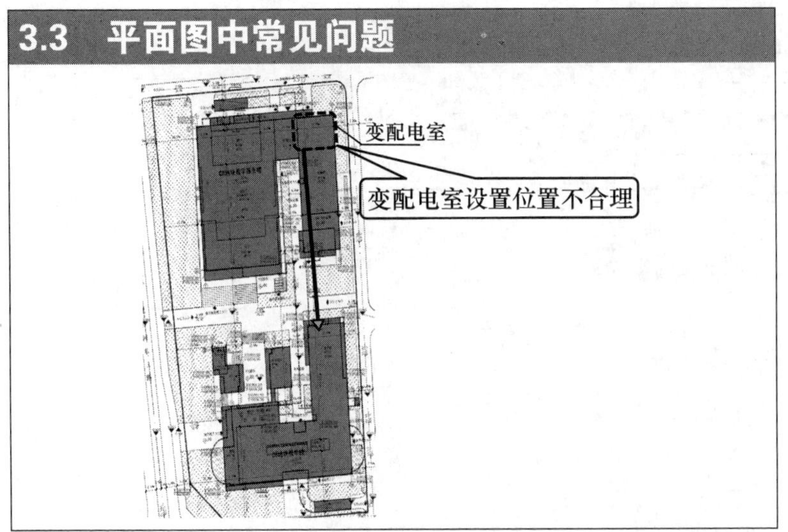
3.3 平面图中常见问题
变配电室
变配电室设置位置不合理

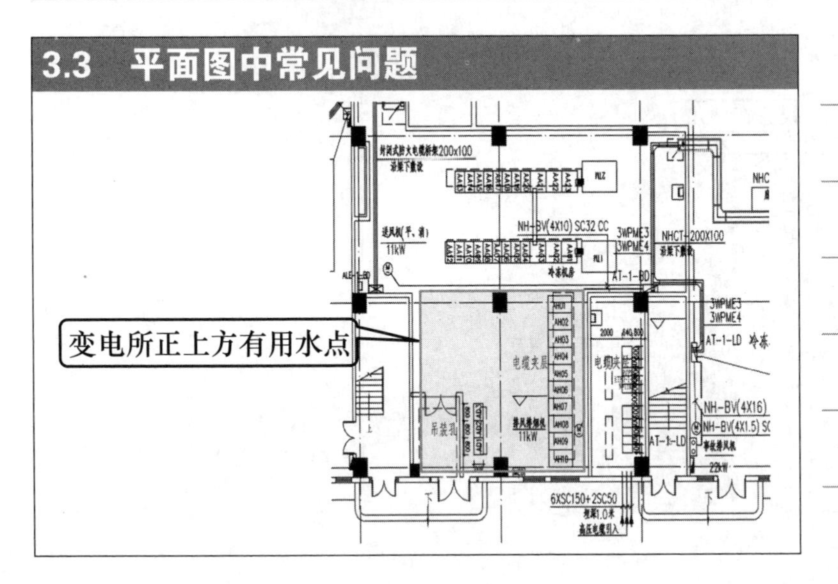
3.3 平面图中常见问题
变电所正上方有用水点
NH-BV(4X10) SC32 CC
3WPME3
3WPME4
NHCT-200X100
AT-1-BD
AT-1-LD
11kW
NH-BV(4X16)
22kW
6XSC150+2SC50

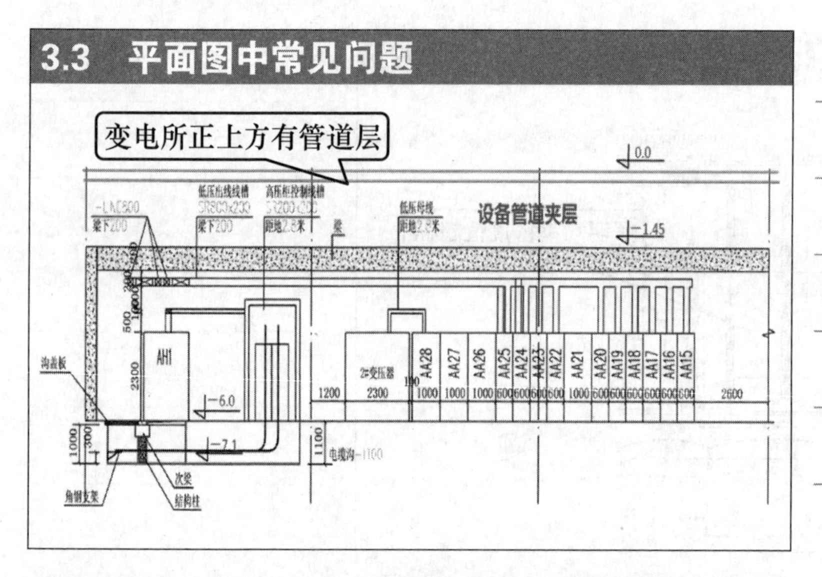
3.3 平面图中常见问题
变电所正上方有管道层
设备管道夹层
AH1
2#变压器
AA28
AA27
AA26
AA25
AA24
AA23
AA22
AA21
AA20
AA19
AA18
AA17
AA16
AA15
沟盖板
角钢支架
次梁
结构柱

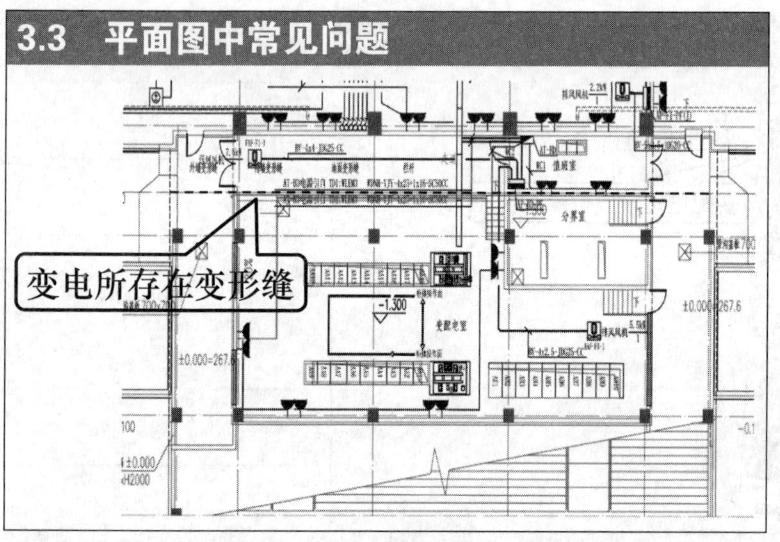
3.3 平面图中常见问题
变电所存在变形缝
分界室
变配电室
±0.000=267.6

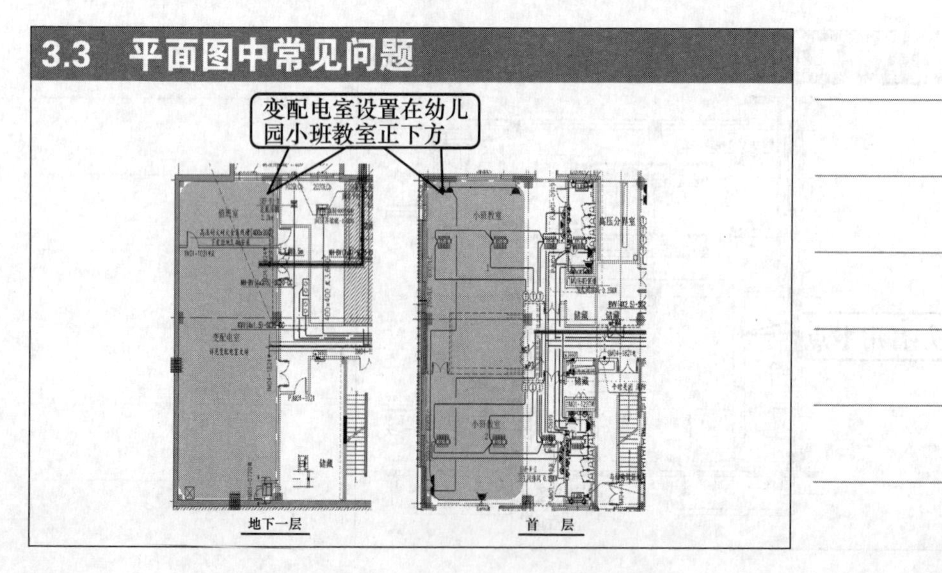
3.3 平面图中常见问题
变配电室设置在幼儿
园小班教室正下方
地下一层
首 层

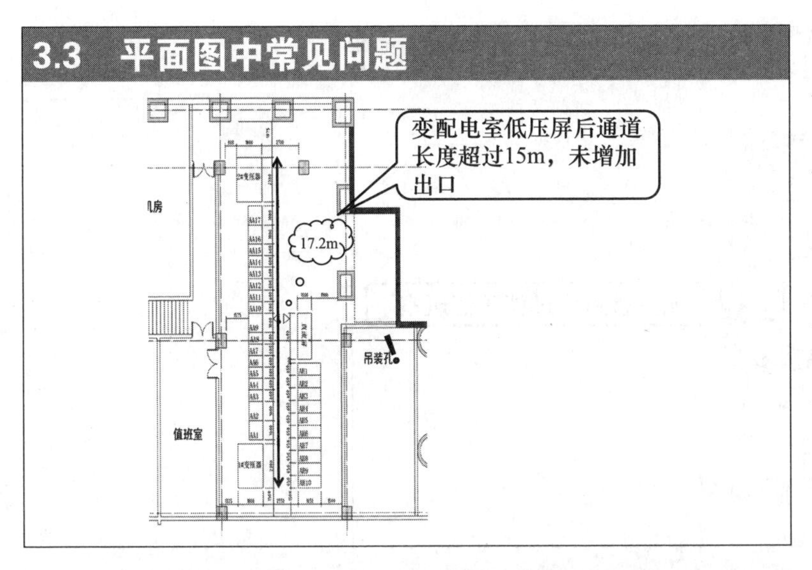
3.3　平面图中常见问题
变配电室低压屏后通道长度超过15m，未增加出口
17.2m
吊装孔
值班室
机房

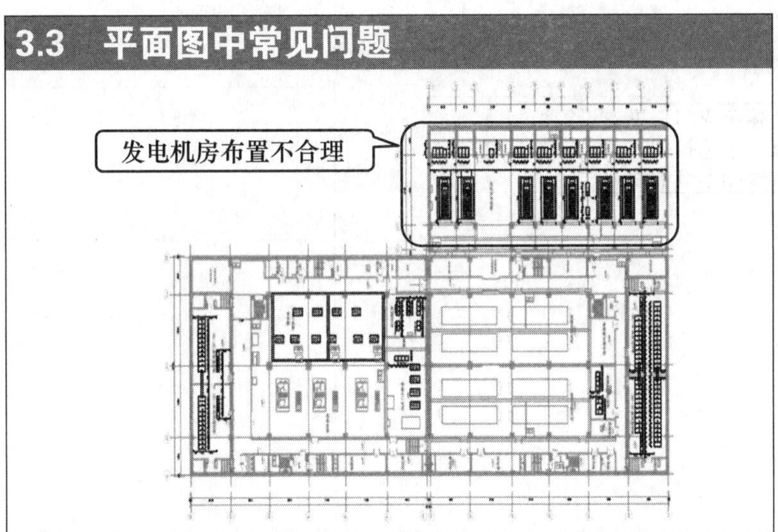
3.3　平面图中常见问题
发电机房布置不合理

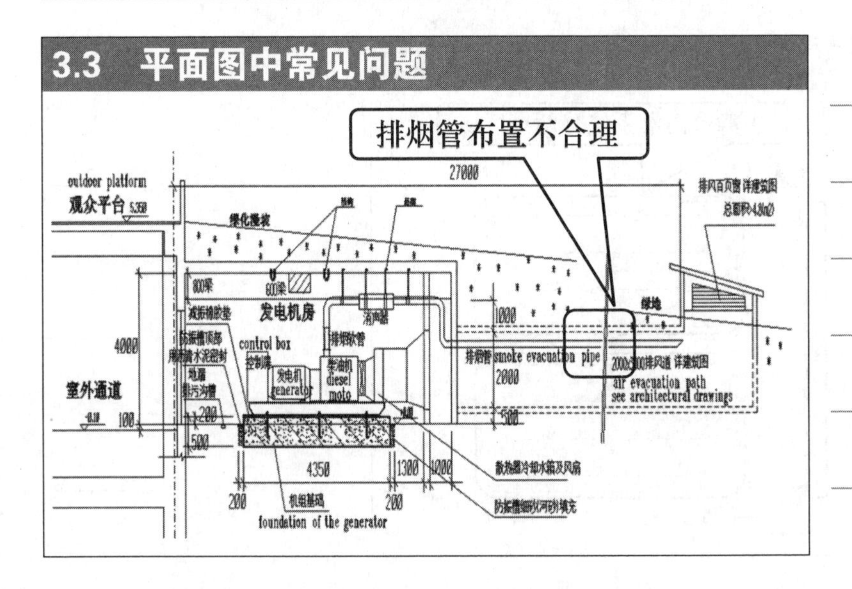
3.3　平面图中常见问题
排烟管布置不合理
outdoor platform
观众平台
27000
发电机房
control box
控制箱
发电机
generator
diesel
moto
消声器
排烟管 smoke evacuation pipe
air evacuation path
see architectural drawings
室外通道
4000
1000
2000
500
4350
1300
200
散热器冷却水箱及风扇
foundation of the generator

3.3 平面图中常见问题

CRAC-SL-F1-1.2

无关管路穿过消防值班室

3.3 平面图中常见问题

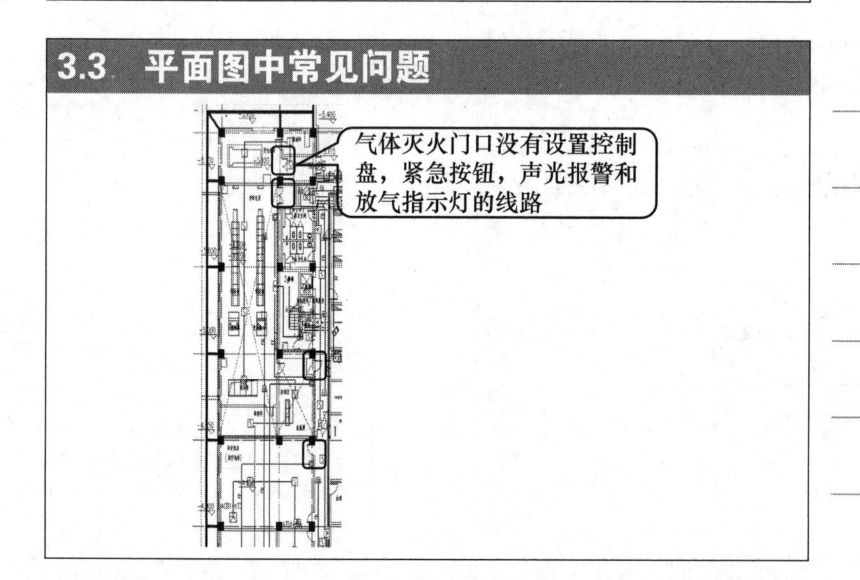

气体灭火门口没有设置控制盘，紧急按钮，声光报警和放气指示灯的线路

3.3 平面图中常见问题

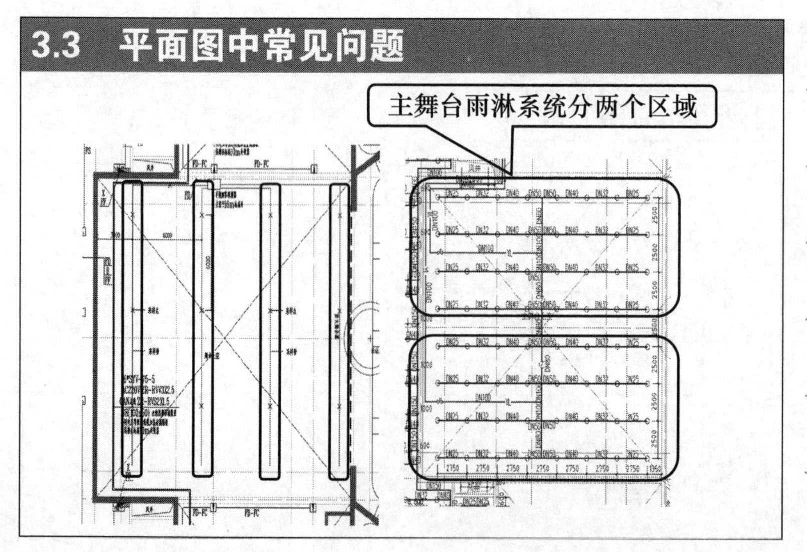

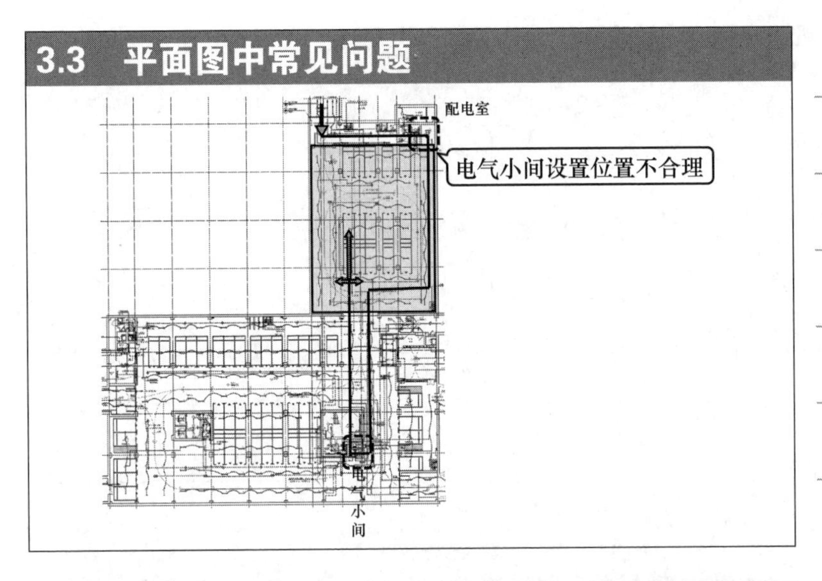
3.3　平面图中常见问题
配电室
电气小间设置位置不合理
电气小间

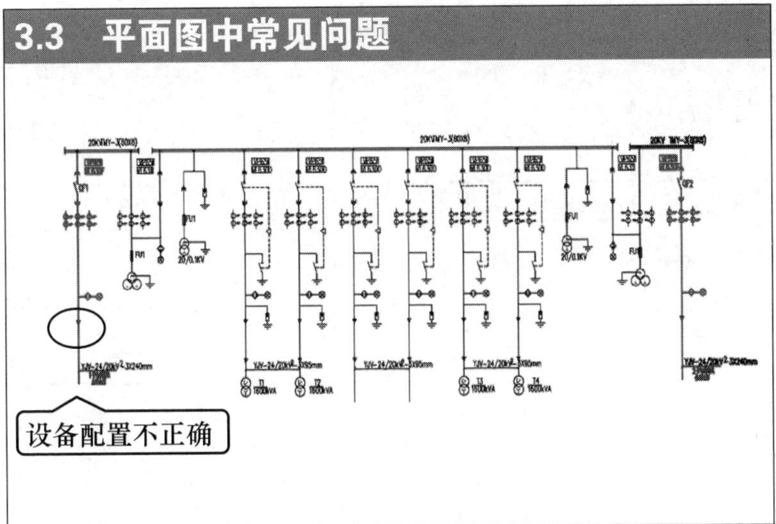
3.3　平面图中常见问题
设备配置不正确

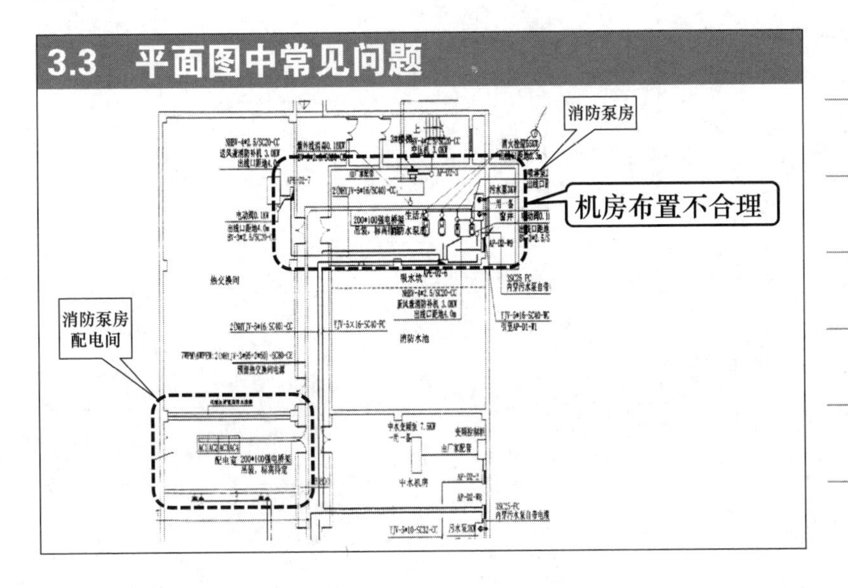
3.3　平面图中常见问题
消防泵房
机房布置不合理
消防泵房配电间

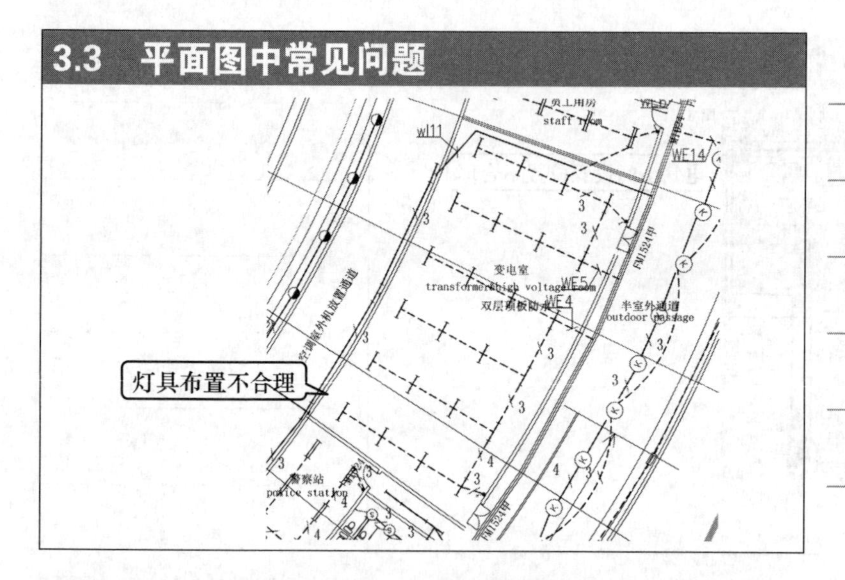
3.3 平面图中常见问题
灯具布置不合理
员工用房
staff room
变电室
双层顶板防水
半室外通道
outdoor passage
警察站
police station
WE14
WE5
WE4
wl11

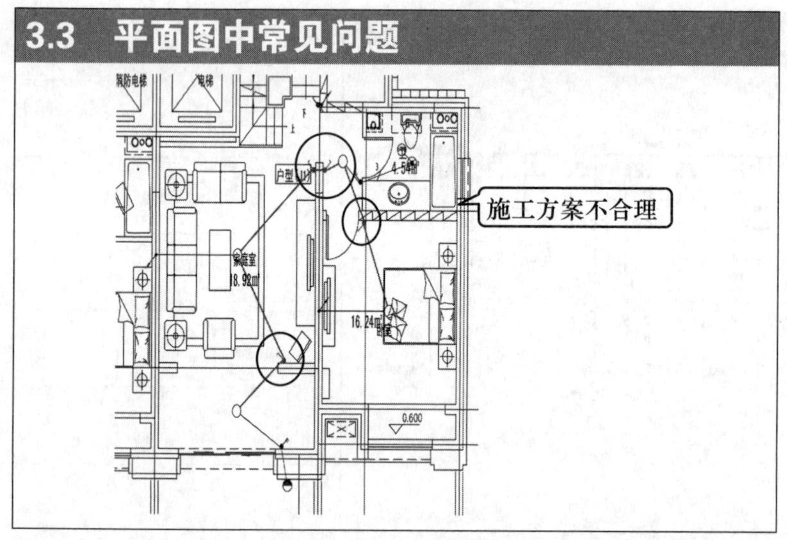
3.3 平面图中常见问题
施工方案不合理
消防电梯
电梯
家庭室
18.92㎡
16.24㎡
0.600

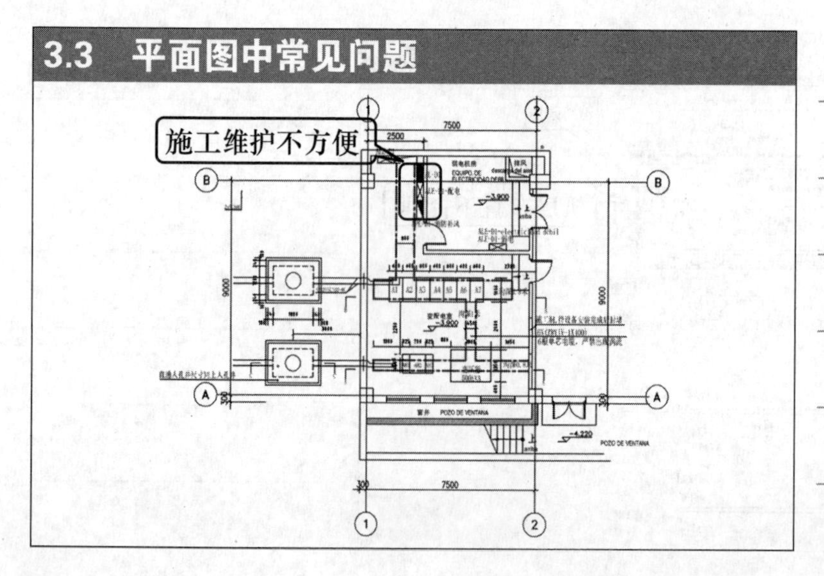
3.3 平面图中常见问题
施工维护不方便
7500
2500
9000
POZO DE VENTANA

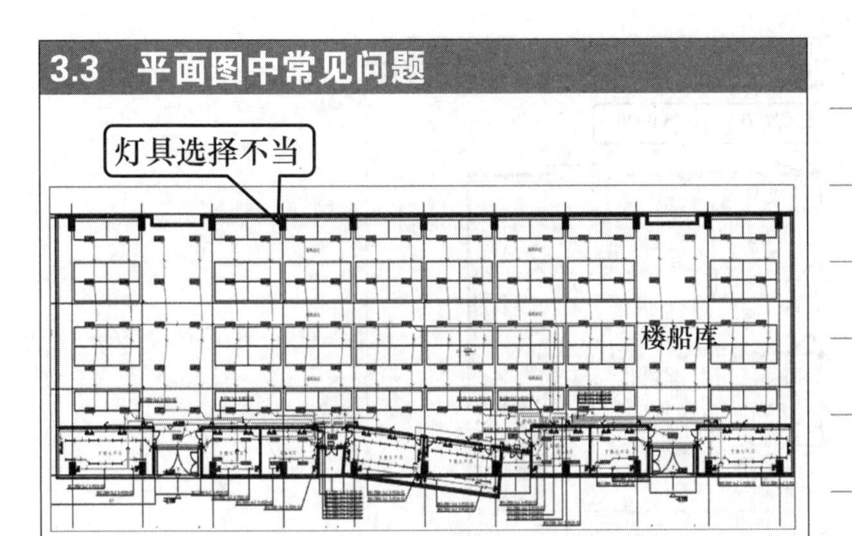
3.3　平面图中常见问题
灯具选择不当
楼船库

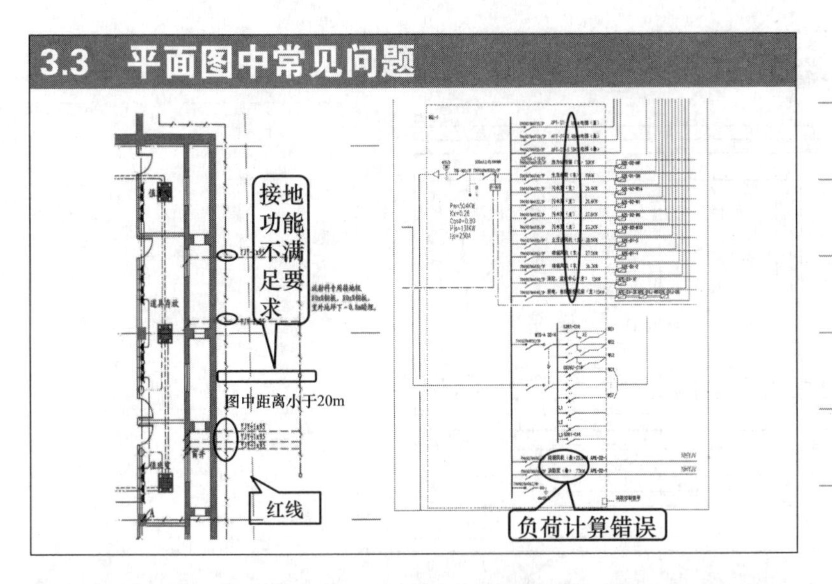
3.3　平面图中常见问题
接地功能不满足要求
图中距离小于20m
红线
负荷计算错误

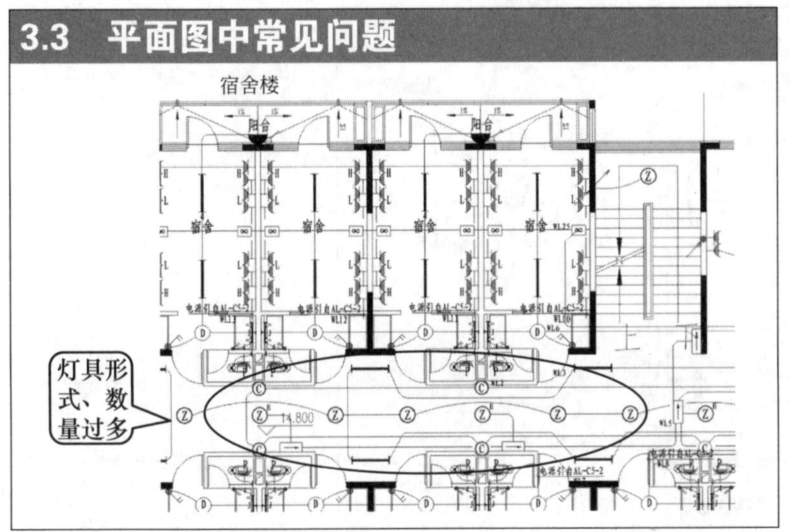
3.3　平面图中常见问题
宿舍楼
阳台
宿舍
灯具形式、数量过多

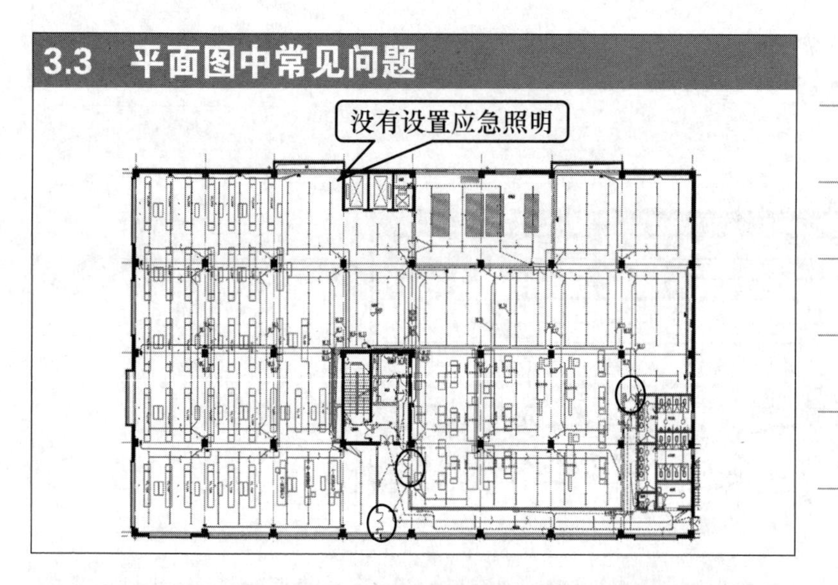
3.3 平面图中常见问题
没有设置应急照明

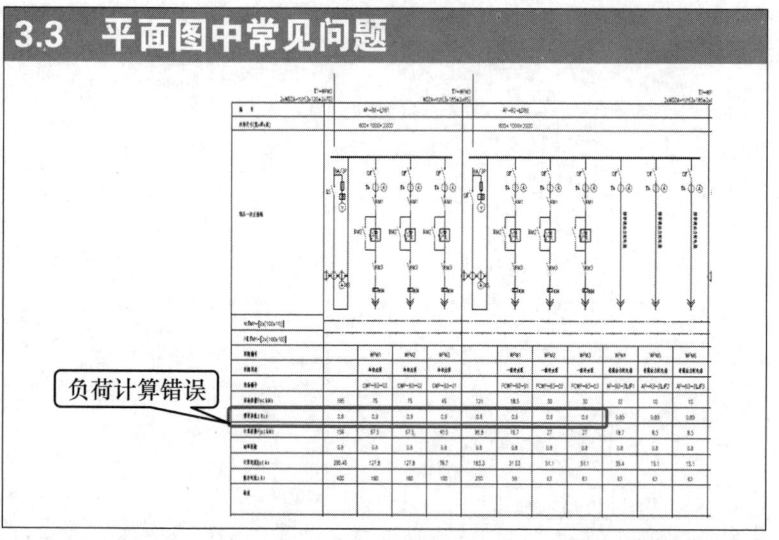
3.3 平面图中常见问题
负荷计算错误

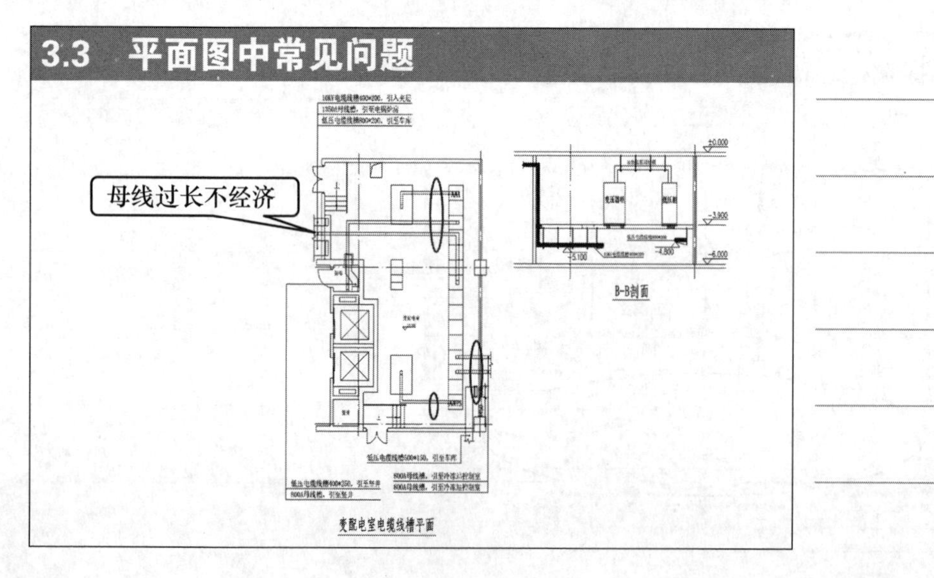
3.3 平面图中常见问题
母线过长不经济
B-B剖面
变配电室电缆线槽平面

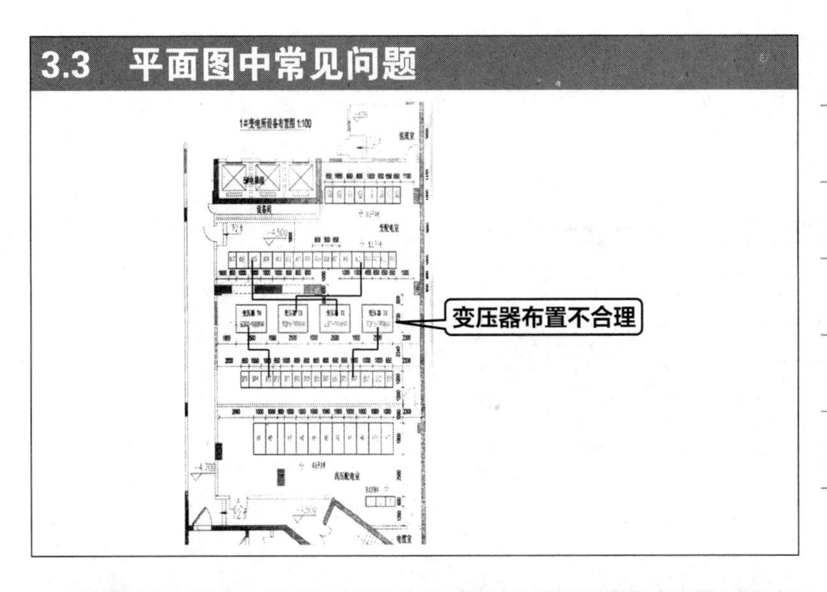
3.3　平面图中常见问题
1#变电所设备布置图 1:100
变压器布置不合理

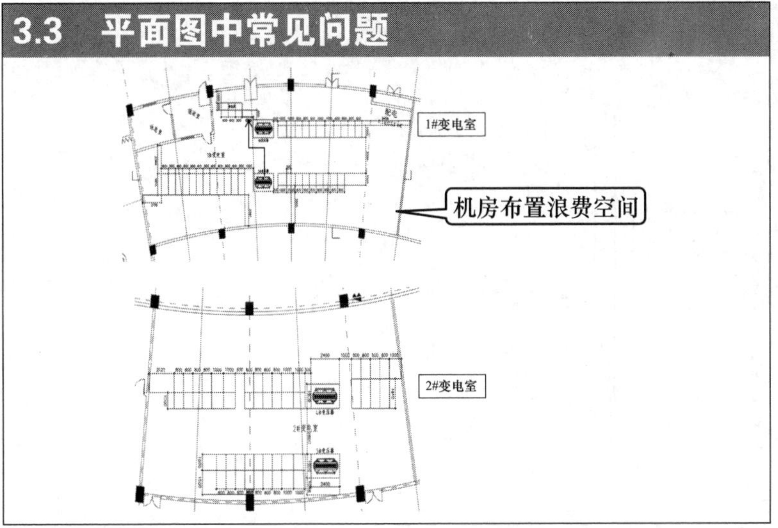
3.3　平面图中常见问题
1#变电室
机房布置浪费空间
2#变电室

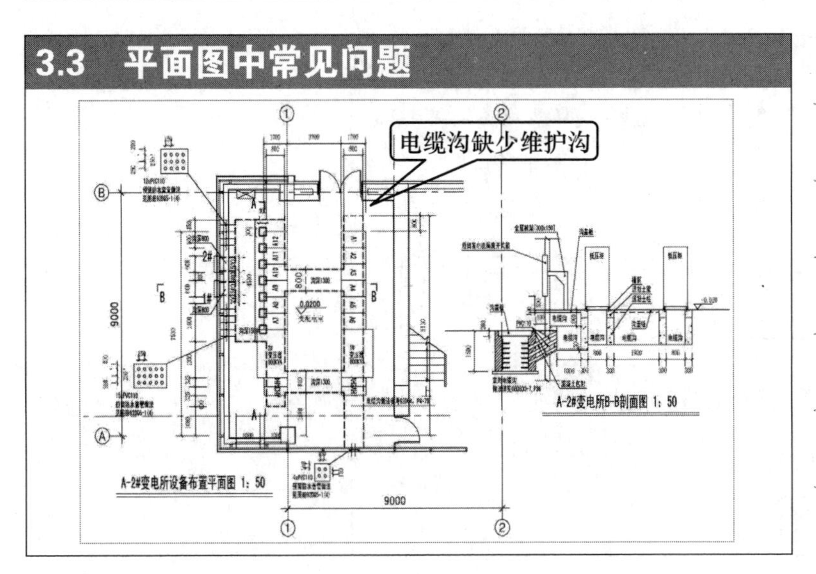
3.3　平面图中常见问题
电缆沟缺少维护沟
9000
A-2#变电所设备布置平面图 1：50
A-2#变电所B-B剖面图 1：50

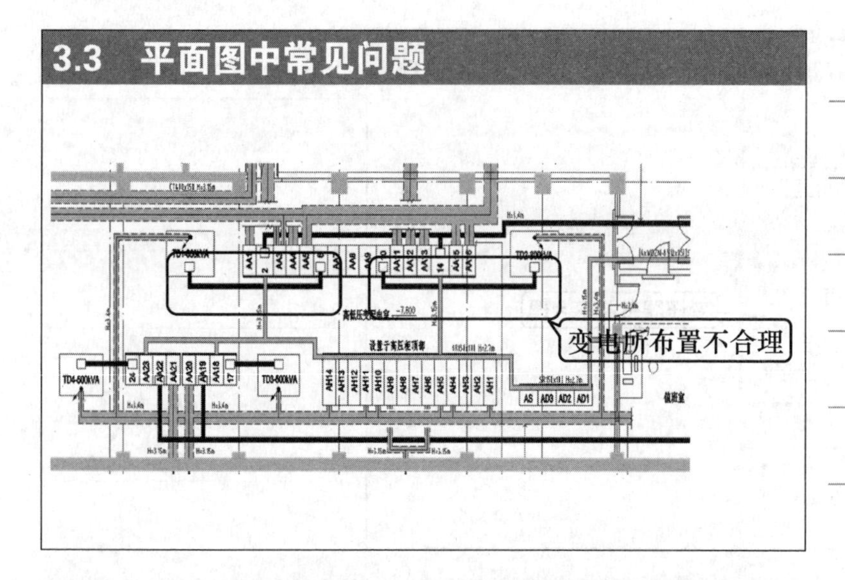
3.3 平面图中常见问题
变电所布置不合理
TD4-600kVA
AS AD3 AD2 AD1
值班室

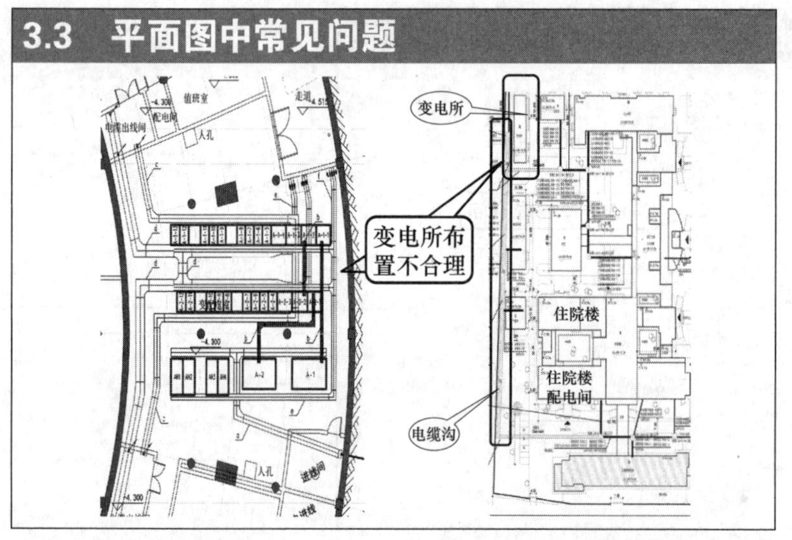
3.3 平面图中常见问题
值班室
人孔
变电所布
置不合理
变电所
住院楼
住院楼
配电间
电缆沟

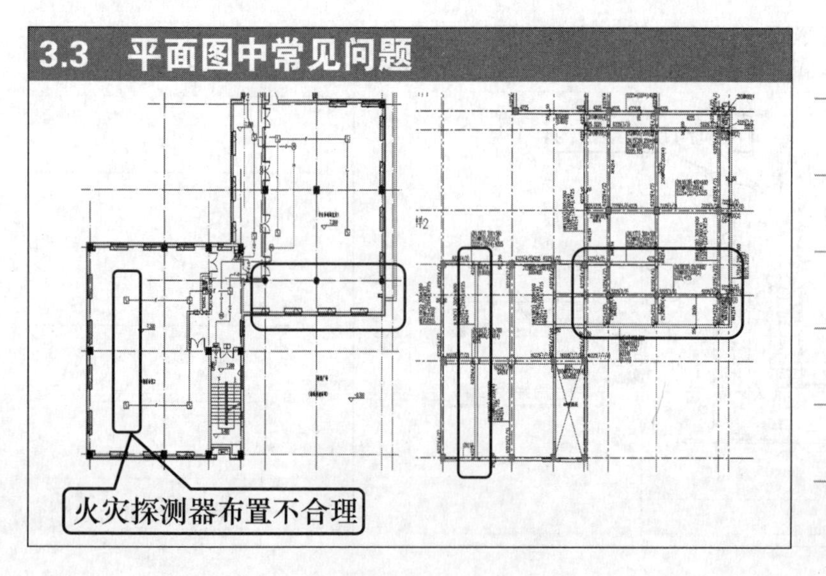
3.3 平面图中常见问题
火灾探测器布置不合理

3.3 平面图中常见问题

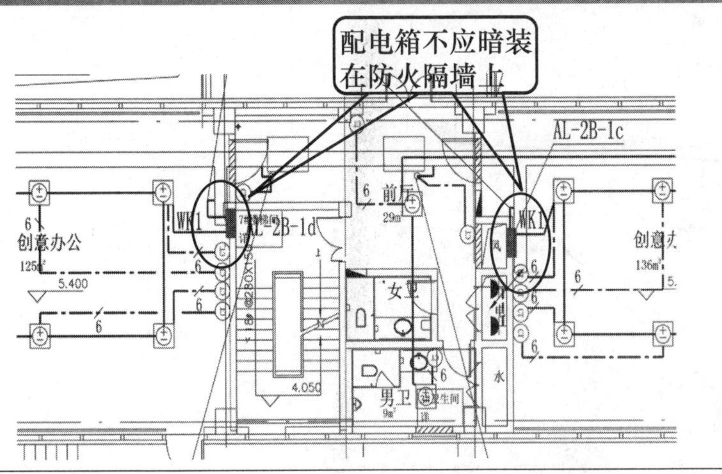

3.3 平面图中常见问题

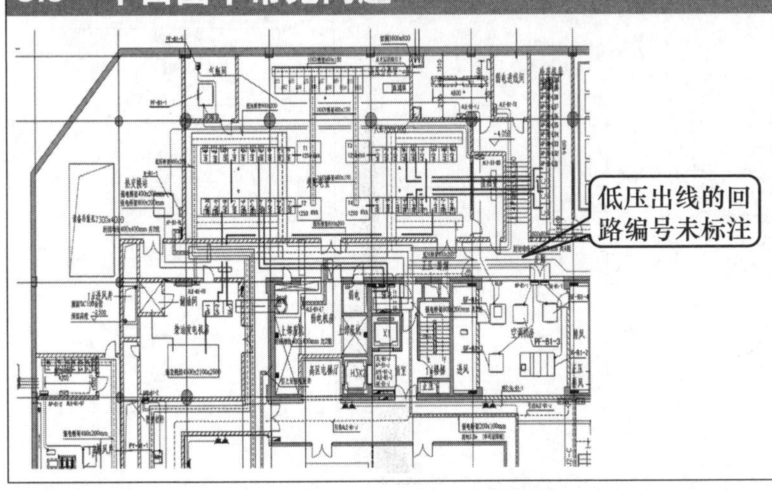

3.3 平面图中常见问题

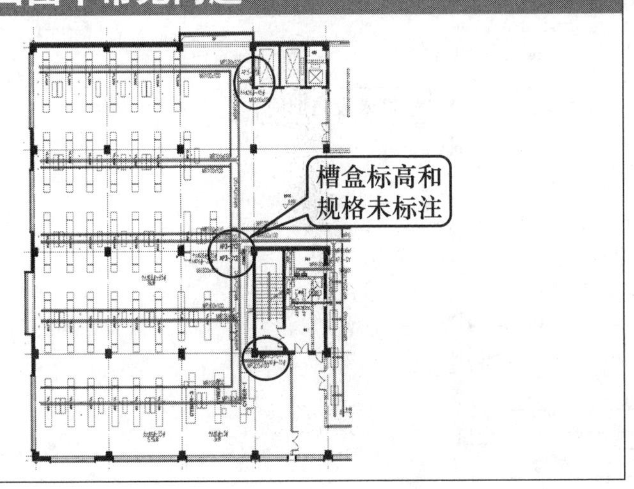

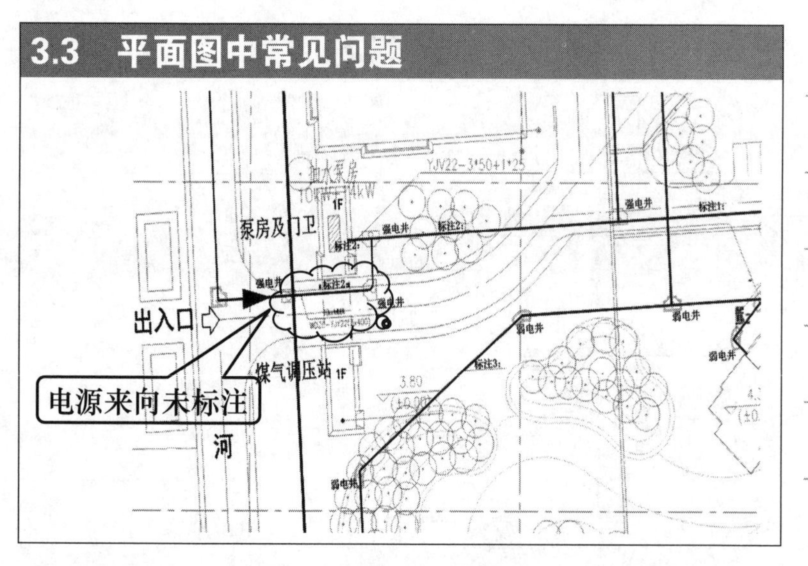
3.3 平面图中常见问题
电源来向未标注
出入口
泵房及门卫
煤气调压站
河
强电井
弱电井
YJV22-3*50+1*25

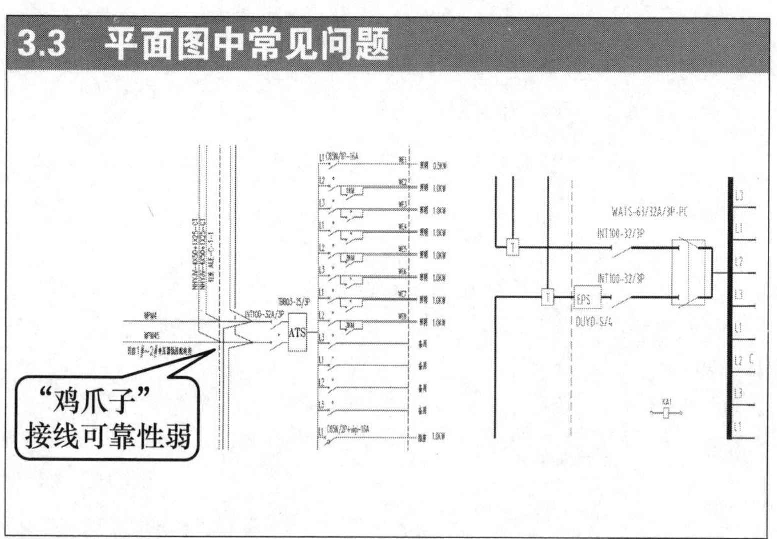
3.3 平面图中常见问题
"鸡爪子"
接线可靠性弱
ATS
WATS-63/32A/3P-PC
INT100-32/3P
EPS
DUYD-S/4

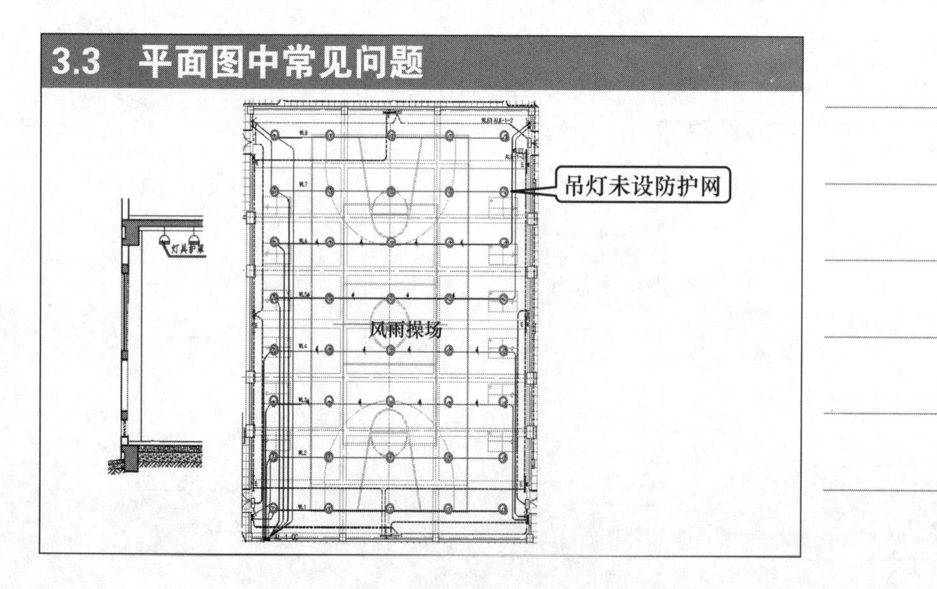
3.3 平面图中常见问题
吊灯未设防护网
风雨操场
灯具护罩

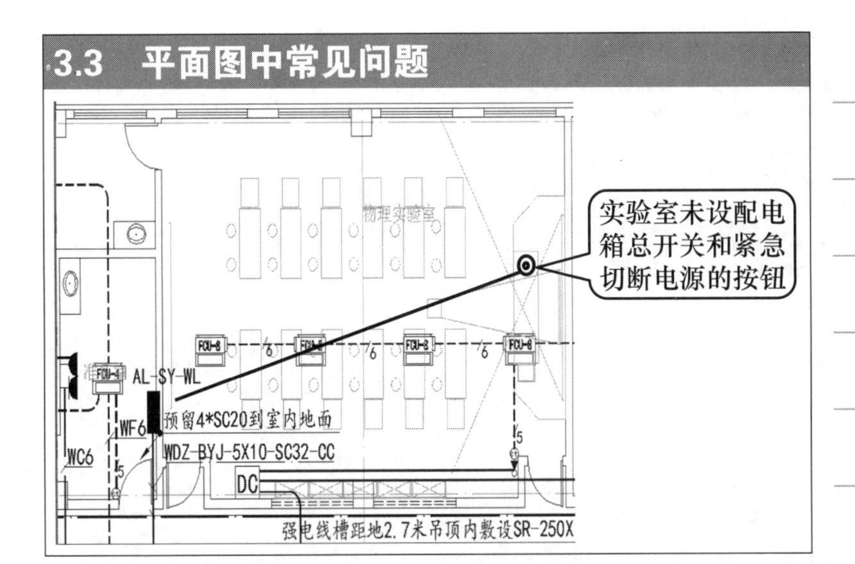
3.3 平面图中常见问题
实验室未设配电箱总开关和紧急切断电源的按钮
AL-SY-WL
预留4*SC20到室内地面
WF6
WC6
WDZ-BYJ-5X10-SC32-CC
DC
强电线槽距地2.7米吊顶内敷设SR-250X

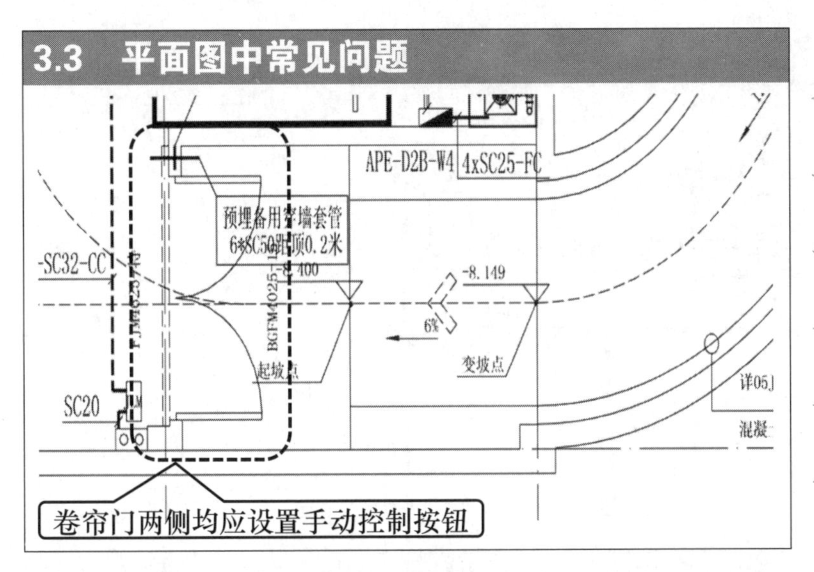
3.3 平面图中常见问题
APE-D2B-W4
4xSC25-FC
预埋备用穿墙套管
6*SC50距顶0.2米
-SC32-CC
-8.149
6%
起坡点
变坡点
SC20
卷帘门两侧均应设置手动控制按钮

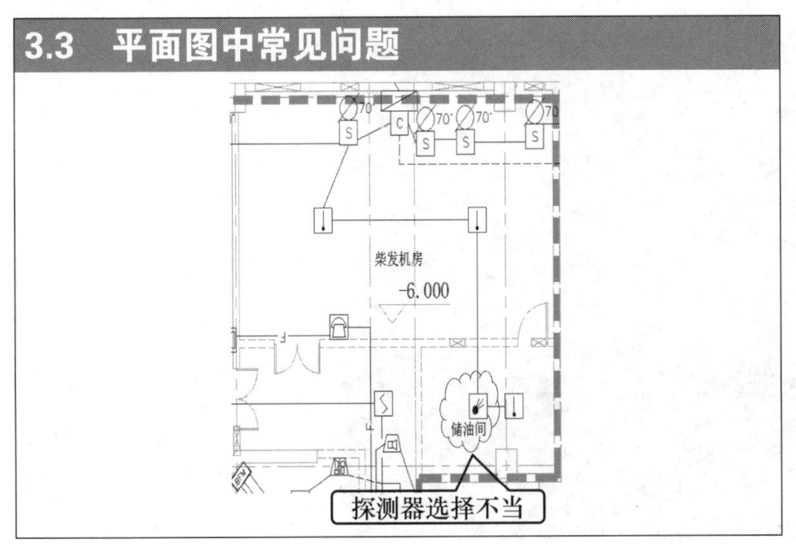
3.3 平面图中常见问题
柴发机房
-6.000
储油间
探测器选择不当

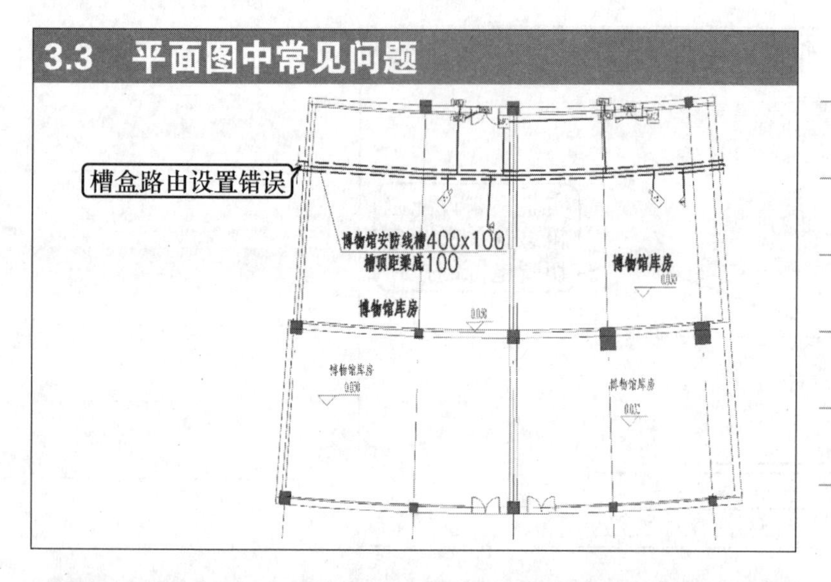
3.3 平面图中常见问题
槽盒路由设置错误
博物馆安防线槽400x100
槽顶距梁底100
博物馆库房
博物馆库房

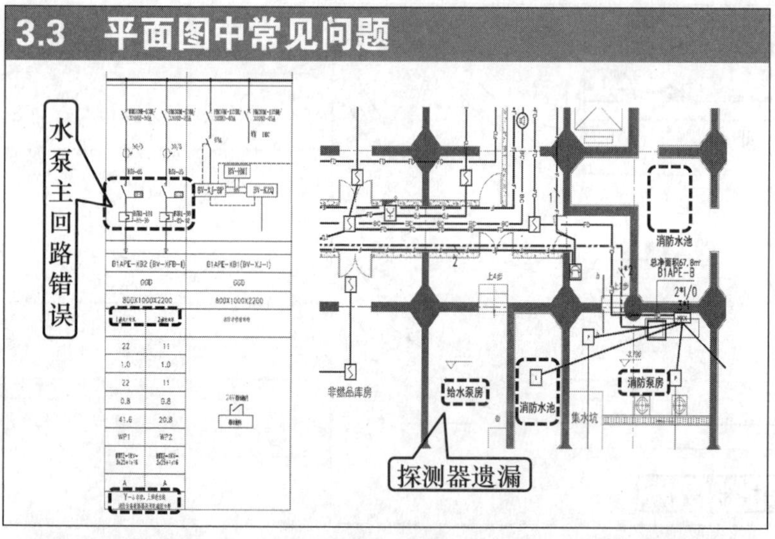
3.3 平面图中常见问题
水泵主回路错误
B1APE-KB2 (BV-XFB-I)
B1APE-KB1 (BV-XJ-I)
GGD
GGD
800X1000X2200
800X1000X2200
消防水池
B1APE-B
非燃品库房
给水泵房
消防水池
集水坑
消防泵房
探测器遗漏

3.4 典型实际案例分析

3.4　典型实际案例分析

3.4　典型实际案例分析

3.4　典型实际案例分析

3.4 典型实际案例分析

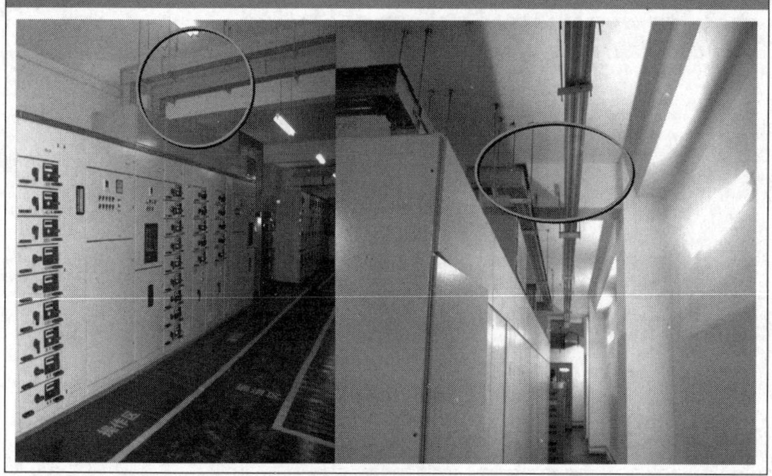

3.4 典型实际案例分析

3.4 典型实际案例分析

3.4　典型实际案例分析

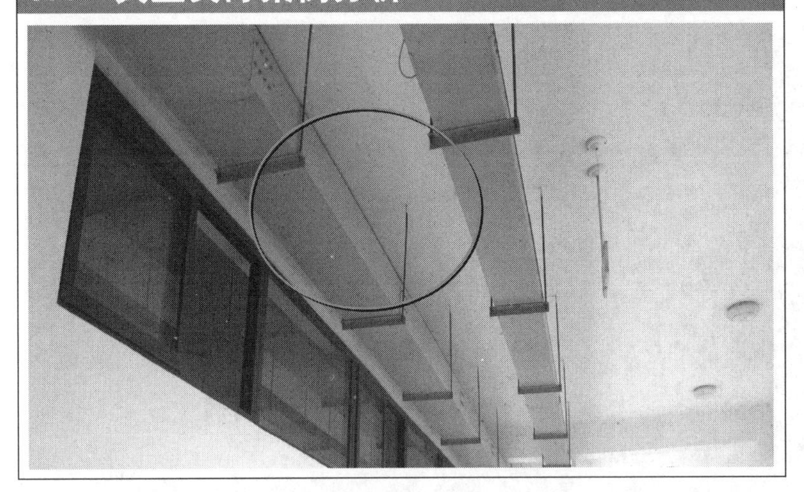

3.4　典型实际案例分析

3.4　典型实际案例分析

3.4 典型实际案例分析

3.4 典型实际案例分析

3.4 典型实际案例分析

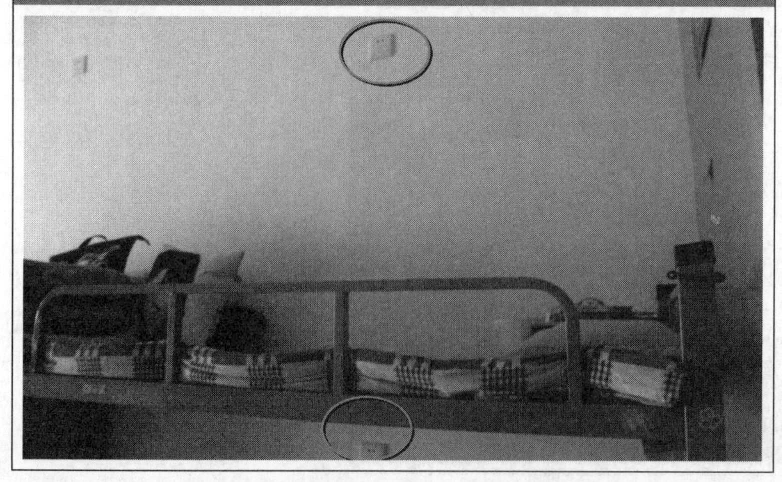

3.4 典型实际案例分析

3.4 典型实际案例分析

3.4 典型实际案例分析

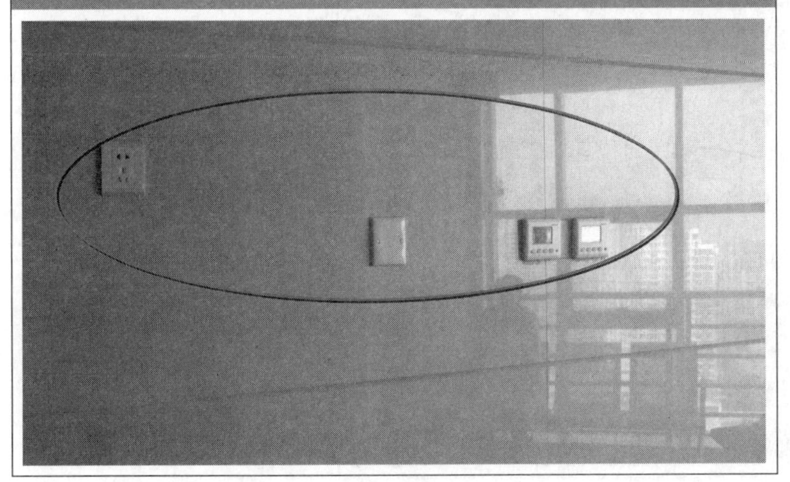

3.4 典型实际案例分析

3.4 典型实际案例分析

3.4 典型实际案例分析

3.4　典型实际案例分析

3.4　典型实际案例分析

3.4　典型实际案例分析
俄罗斯
俄罗斯外长 拉夫罗夫
美朝双方甚至在直接威胁

3.4 典型实际案例分析

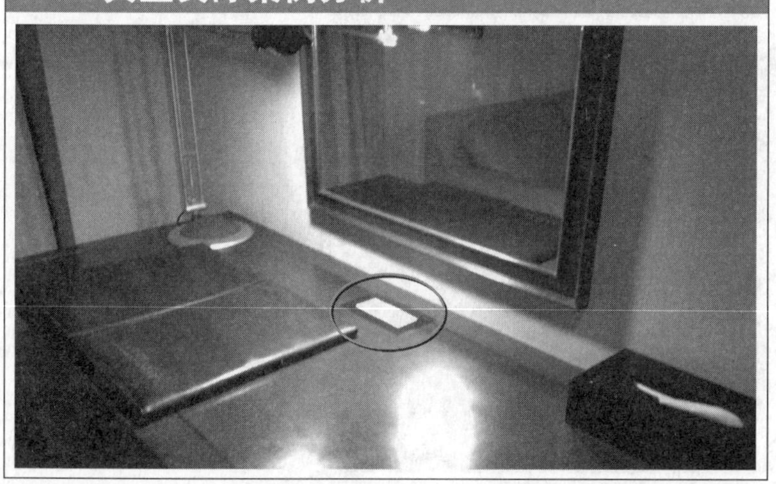

3.4 典型实际案例分析

3.4 典型实际案例分析

3.4　典型实际案例分析

3.4　典型实际案例分析

3.4　典型实际案例分析

3.4 典型实际案例分析

3.4 典型实际案例分析

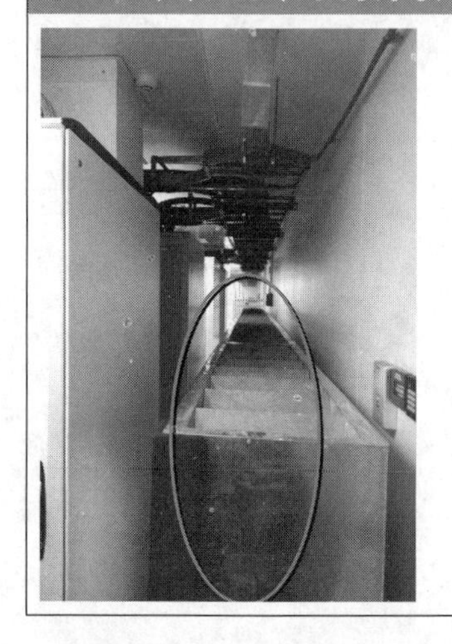

3.4 典型实际案例分析

3.4　典型实际案例分析

3.4　典型实际案例分析

3.4　典型实际案例分析

3.4 典型实际案例分析

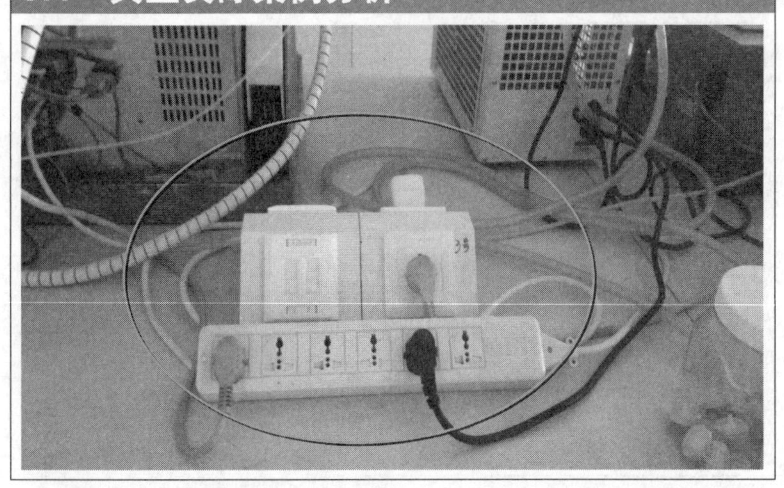

3.4 典型实际案例分析

3.4 典型实际案例分析

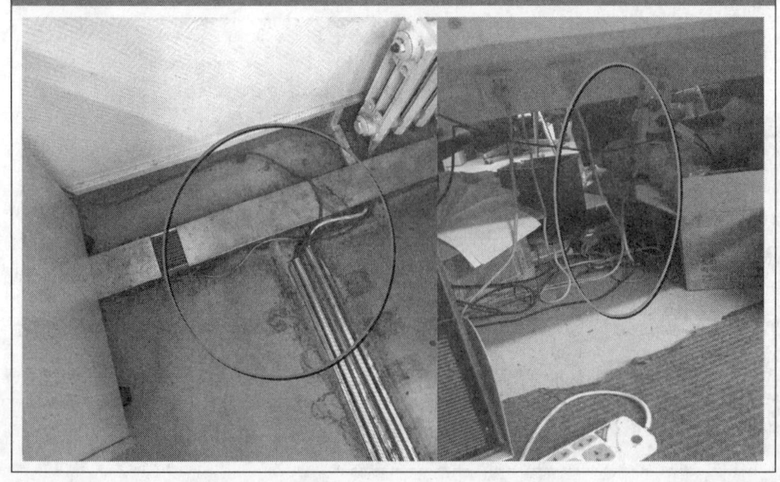

3.4 典型实际案例分析

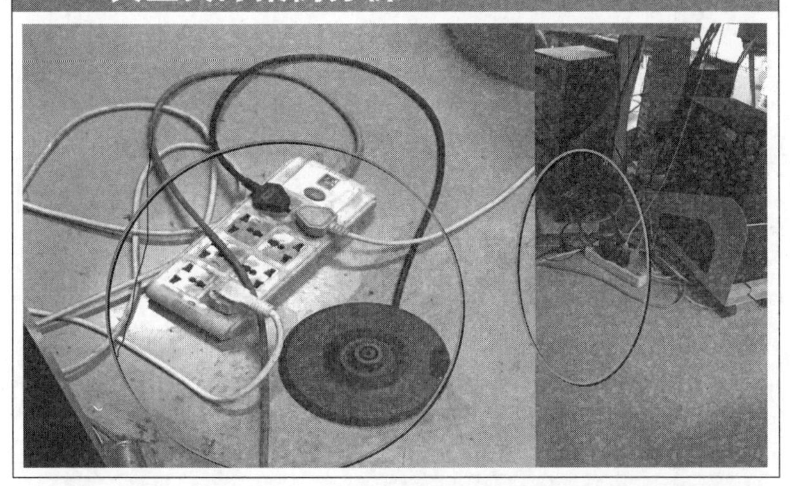

3.4 典型实际案例分析

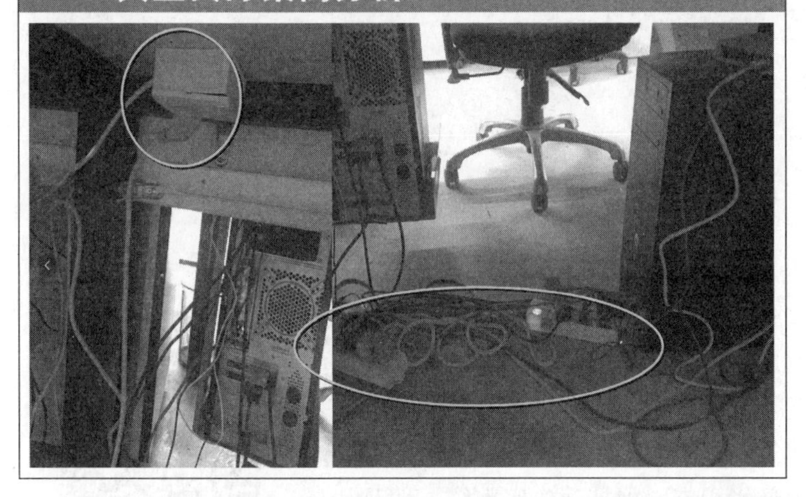

结束语

1 设计质量是工程建设的基础；
2 设计质量映射设计师敬业心；
3 设计师是在提高质量中成长；
4 提高设计质量将永无止境……

The End

第四章

电气设计与其他相关专业协作

【摘要】建筑是人们为了满足社会生活需要，利用所掌握的物质技术手段，并运用一定的科学规律等创造的人工环境。建筑需要多专业精心配合才能建造成完美的工程。建筑电气是建筑物的神经系统，建筑物能否实现使用功能，电气是关键。建筑电气在维持建筑内环境稳态，保持建筑完整统一性及其与外环境的协调平衡中起着主导作用。

目录 CONTENTS

4.1　电在建筑工程中的作用

4.1　电在建筑工程中的作用

电在建筑中发挥的作用

- 输送电能
- 提供光环境
- 为设备提供有效控制
- 为信息化提供保证
- 为防灾（防火、防雷、防盗、抗震等）提供保证

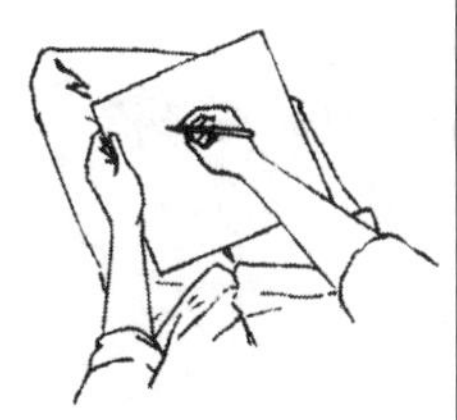

4.1 电在建筑工程中的作用

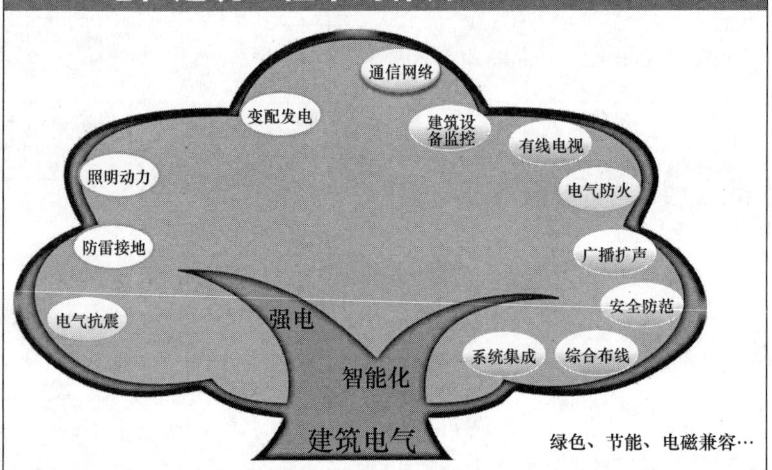

4.1 电在建筑工程中的作用

策划
- 为建筑投标方案设计提供专业技术支持（主要解决一般性功能问题），提供主要电气系统机房位置及控制性面积指标。
- 主要解决问题：电气系统配置与控制性面积指标

方案
- 提出主要电气系统机房面积、位置及主要管线通道设置方案，提供会对建筑方案产生重大影响的电气设计条件。
- 主要解决问题：电气指标、相互影响方案问题

初步设计
- 落实电气用房、主干线路敷设以及与建筑形式有关的主要电气设计条件，并对设备造价进行控制。
- 主要解决问题：基本设计要求、特殊设计要求

施工图
- 确定电气用房、主干线路敷设以及与建筑形式有关的主要电气设计条件及具体做法，并对施工方案造价进行控制。
- 主要解决问题：具体设计要求、节点、细节、限制

施工
- 确定并解决土建预埋构件、电气设备采购和安装、线路敷设、合同管理以及相关的具体做法。
- 主要解决问题：工程协调、采购招标、合同管理、造价控制、施工管理以及电气设备安装与工程进度配合

维护
- 确定影响电气专业建筑部品、机电设备维护周期，制定预案和监督
- 主要解决问题：影响建筑部品、设备维护管理

4.1 电在建筑工程中的作用

方案阶段建筑与电气专业配合内容

建筑专业向电气专业设计输入具体内容

1. 建筑物位置、规模、性质、用途、标准、建筑高度、层高、建筑面积等主要技术参数和指标。
2. 业主特殊要求。

电气专业向建筑专业设计输出具体内容

1. 主要电气机房面积、位置、层高及其对环境的要求。
2. 主要电气系统路由及竖井位置。
3. 大型电气设备的运输通路。

4.1 电在建筑工程中的作用

初步设计阶段建筑与电气专业配合内容

建筑专业向电气专业设计输入具体内容

1. 建筑物位置、规模、性质、用途、标准、建筑高度、层高、建筑面积等主要技术参数和指标（建筑使用年限、耐火等级、抗震级别、建筑材料等）。
2. 业主对建筑及机电的要求。

电气专业向建筑专业设计输出具体内容

1. 电气系统配置与标准。
2. 变电所、柴油发电机房、智能化机房位置及平、剖面图（包括设备布置图）。
3. 电气竖井位置、面积等要求。大型电气设备的运输通路的要求。

4.1 电在建筑工程中的作用

施工图设计阶段建筑与电气专业配合内容

建筑专业向电气专业设计输入具体内容

1. 建设单位委托设计内容、初步设计审查意见表和审定通知书、建筑物位置、规模、性质、用途、标准、建筑高度、层高、建筑面积等主要技术参数和指标、建筑使用年限、耐火等级、抗震级别、建筑材料等。
2. 人防工程：防化等级、战时用途等。
3. 总平面位置、建筑平、立、剖面图及尺寸（承重墙、填充墙）及建筑做法。
4. 吊顶平面图及吊顶高度、做法、楼板厚度及做法。
5. 二次装修部位平面图。
6. 防火分区平面图，卷帘门、防火门形式及位置、各防火分区疏散方向。

4.1 电在建筑工程中的作用

施工图设计阶段电气专业与建筑专业配合内容

电气专业向建筑专业设计输出具体内容

1. 变电所的位置、房间划分、尺寸标高及设备布置图。
2. 变电所地沟或夹层平面布置图。
3. 柴油发电机房的平面布置图及剖面图，储油间位置及防火要求。
4. 电气通路上留洞位置、尺寸、标高。
5. 各电气设备机房的建筑做法及对环境的要求。
6. 电气竖井的建筑做法要求，设备运输通道的要求（包括吊装孔、吊钩等）。
7. 控制室和配电间的位置、尺寸、层高、建筑做法及对环境的要求。
8. 总平面中人孔、手孔位置、尺寸。

4.1 电在建筑工程中的作用

建筑施工阶段建筑与电气专业配合内容

建筑专业向电气专业设计输入具体内容

建筑调整、电气设备预埋构件、组织电气设备招标采购、线路敷设方案和设备安装等施工管理工作。

电气专业向建筑专业设计输出具体内容

配合建筑调整、电气设备预埋构件、电气设备招标采购、线路敷设和设备安装等工作。

4.1 电在建筑工程中的作用

建筑维护阶段建筑与电气专业配合内容

建筑专业向电气专业设计输入具体内容

建筑功能变化需求、设备老化、采用新技术替换老旧设备以及涉及增容、消防、安防、防雷和抗震设施等。

电气专业向建筑专业设计输出具体内容

电气设备本身老化、采用新技术替换老旧设备对建筑的影响以及对建筑消防、安防、防雷和抗震设施等。

4.2 电气与相关专业间配合

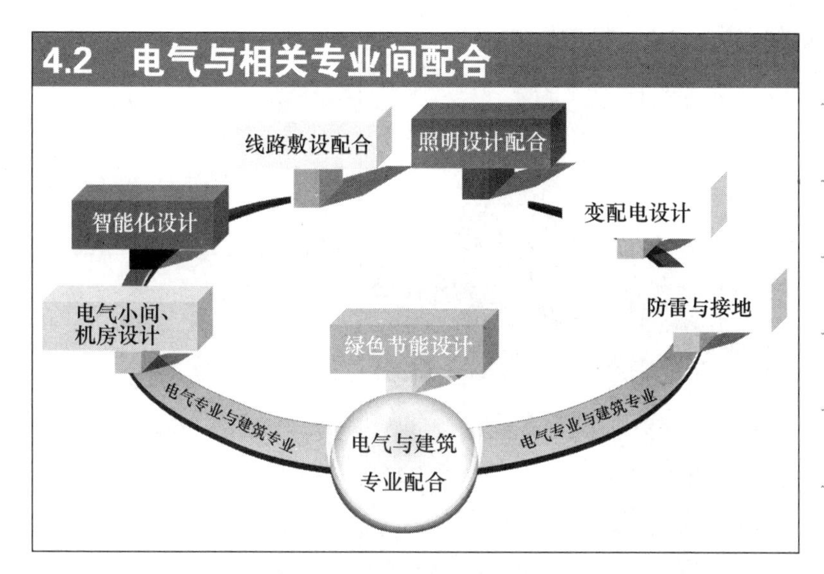
4.2 电气与相关专业间配合
线路敷设配合
照明设计配合
智能化设计
变配电设计
电气小间、
机房设计
绿色节能设计
防雷与接地
电气专业与建筑专业
电气与建筑
专业配合
电气专业与建筑专业

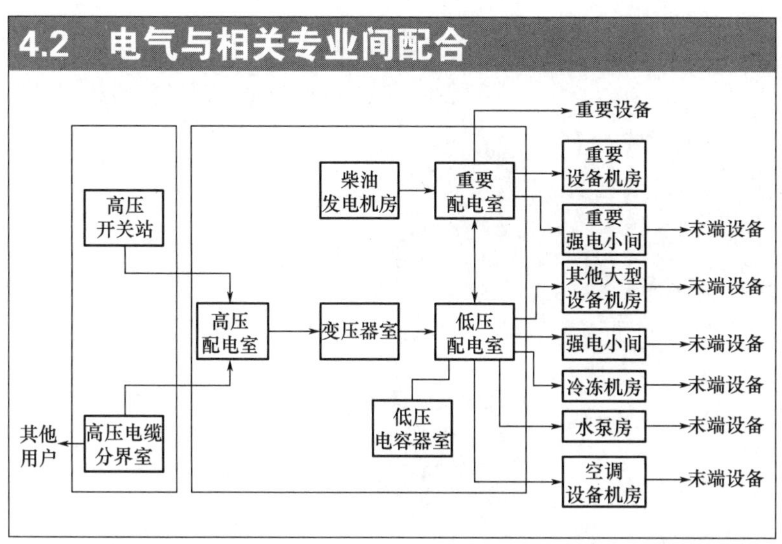
4.2 电气与相关专业间配合
重要设备
高压
开关站
柴油
发电机房
重要
配电室
重要
设备机房
重要
强电小间
末端设备
其他大型
设备机房
末端设备
高压
配电室
变压器室
低压
配电室
强电小间
末端设备
冷冻机房
末端设备
低压
电容器室
水泵房
末端设备
其他
用户
高压电缆
分界室
空调
设备机房
末端设备

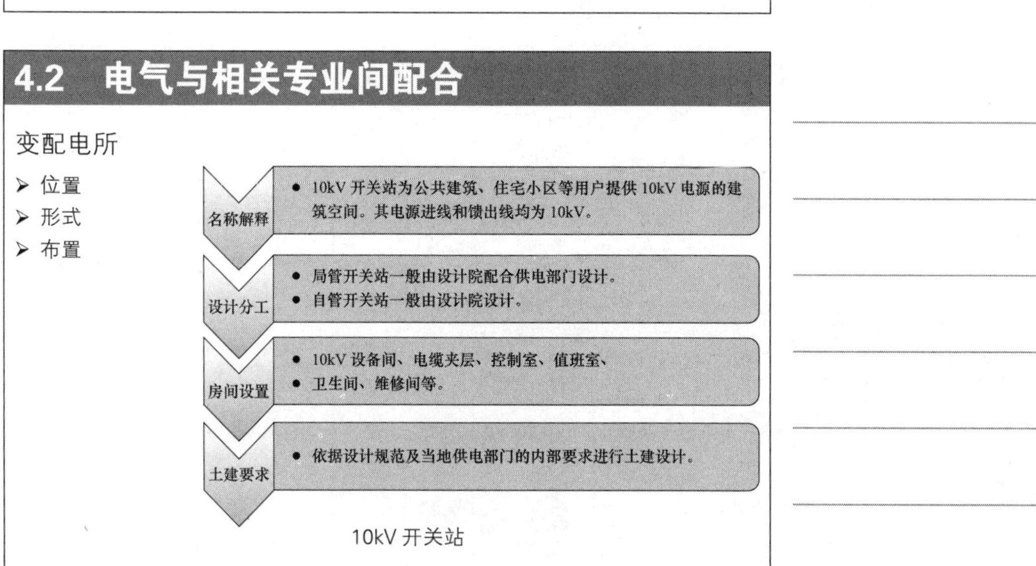
4.2 电气与相关专业间配合
变配电所
➢ 位置
➢ 形式
➢ 布置
名称解释
● 10kV 开关站为公共建筑、住宅小区等用户提供 10kV 电源的建筑空间。其电源进线和馈出线均为 10kV。
设计分工
● 局管开关站一般由设计院配合供电部门设计。
● 自管开关站一般由设计院设计。
房间设置
● 10kV 设备间、电缆夹层、控制室、值班室、
● 卫生间、维修间等。
土建要求
● 依据设计规范及当地供电部门的内部要求进行土建设计。
10kV 开关站

4.2 电气与相关专业间配合

供电部门管理的 10kV 开关站

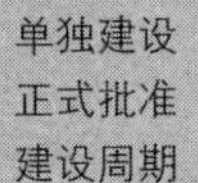

4.2 电气与相关专业间配合

供电部门管理的 10kV 开关站

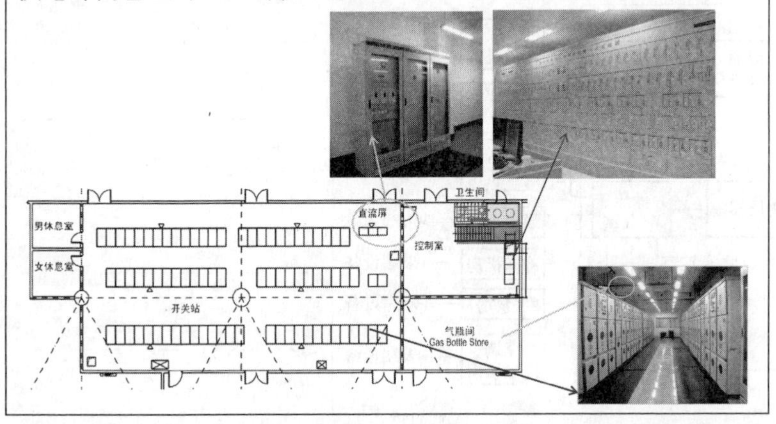

4.2 电气与相关专业间配合

供电部门管理的 10kV 开关站

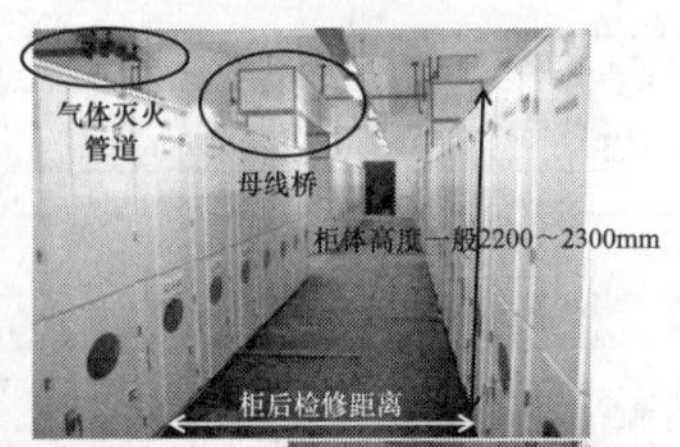

高压配电室内各种通道的最小宽度（mm）

开关柜布置方式	柜后维护通道	柜前操作通道	
		固定式开关柜	移开式开关柜
单排布置	800	1500	单手车长度 +1200
双排面对面布置	800	2000	双手车长度 +900
双排背对背布置	1000	1500	单手车长度 +1200

4.2　电气与相关专业间配合

开关站（含配电室）用地面积为 270 ~ 300m²

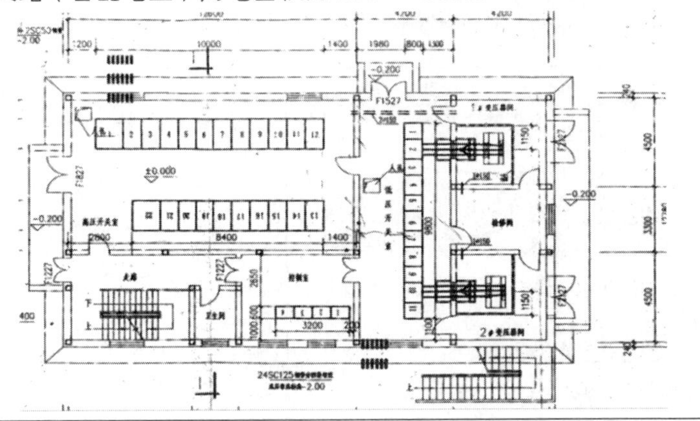

4.2　电气与相关专业间配合

名称解释
- 用来作为供电部门与高压自管户进行电缆产权分界的建筑空间。

设计分工
- 配合供电部门设计

房间设置
- 10kV 设备间、电缆夹层。

土建要求
- 依据京供业扩【2003】9 号《10kV 电缆分支（分界）室设计细则》规定或当地供电部门的设计要求进行土建设计。

10kV 电缆分支（分界）室

4.2　电气与相关专业间配合

10kV 电缆分支（分界）室

宜设置在地面一层
不应设置在最底层
靠外墙（贴近红线内侧）
设备层净高不小于 3.0m
设夹层，净高不小于 1.9m
面积 25 ~ 30m²

4.2 电气与相关专业间配合

名称解释

- 高基变电所即用户配电室（俗称自管变电所），是由业主自己建设和自行管理的变电所。
- 低基变电所即公用配电室（俗称局管变电所），其设计与管理均由供电部门负责。

设计分工

- 低基变电所一般由设计院配合供电部门设计。
- 高基变电所由设计院设计。

房间设置

- 10kV 设备间、变压器间、低压间、电缆夹层、控制室、值班室、
- 卫生间、维修间等。

土建要求

- 高基变电所依据《20kV 及以下变电所设计规范》GB 50053—2013 及电气设计人的具体要求设计。
- 低基变电所依据《10kV 及以下配电网建设技术规范》DB11/T 1147—2015、京供业扩【2003】4 号《居民住宅区入楼配电室设计细则（试行）》等要求设计。

变配电室控制的主要内容

4.2 电气与相关专业间配合

高压柜 → 变压器 → 低压柜

4.2 电气与相关专业间配合

高基变电所

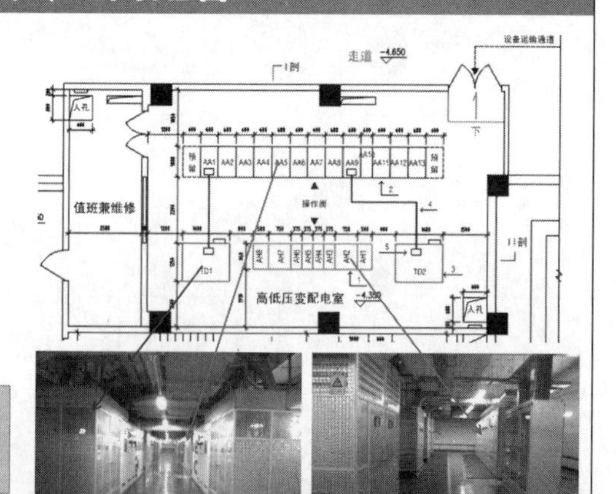

高压室、变压器室、低压室可同室布置

4.2　电气与相关专业间配合

高基变电所

高压室、变压器室
与低压室分室布置

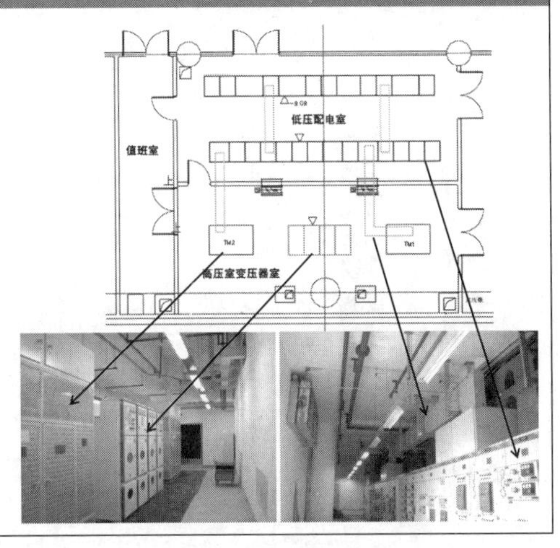

4.2　电气与相关专业间配合

供电部门要求
周围环境条件
注意高度要求

变电室下出线方式——设电缆夹层

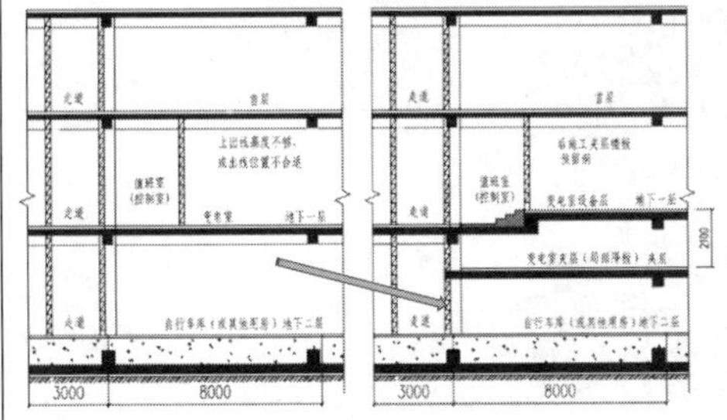

变电室电缆夹层

电缆夹层板底净高不小于1.9m

4.2　电气与相关专业间配合

变电室下出线方式——设电缆沟

供电部门意见
两列沟要贯通
柱子加梁结构

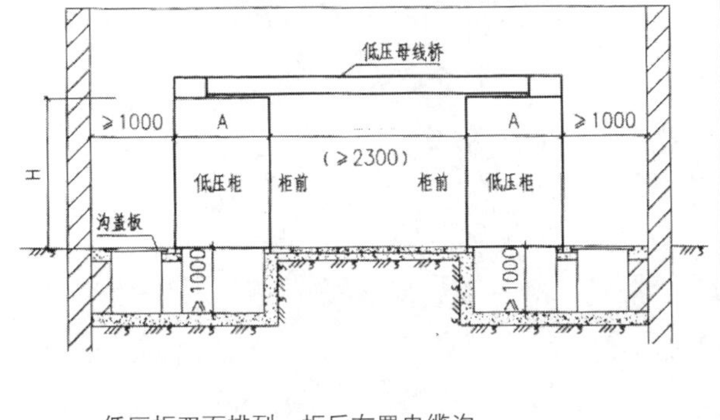

低压柜双面排列、柜后布置电缆沟

4.2 电气与相关专业间配合

变配电所面积 (10/0.4kV) 估算：90 ~ 120m²/ 台

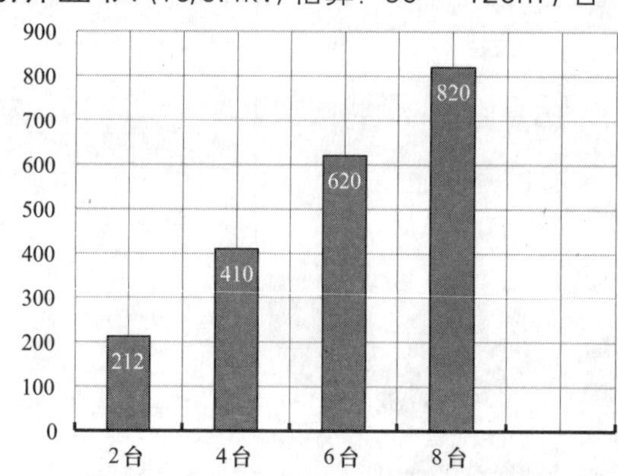

4.2 电气与相关专业间配合

变电室出线方式——下出线

只有局部封闭母线

4.2 电气与相关专业间配合

变电室出线方式——上出线

变电室高度与出线电缆数量多少有关

4.2　电气与相关专业间配合

变电室出线方式——上出线

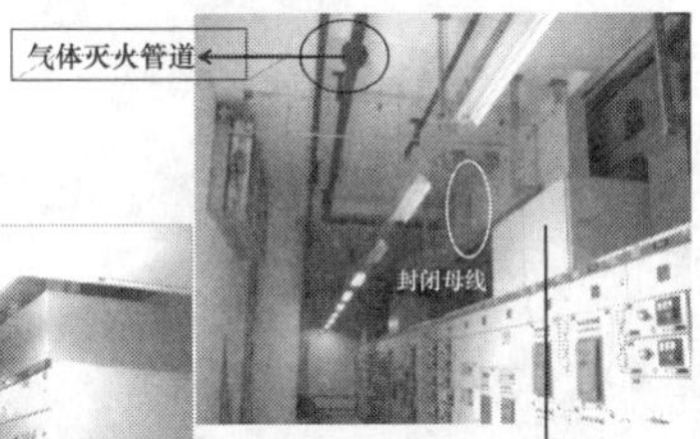

母线转换箱，一般高度约1000mm。

4.2　电气与相关专业间配合

变电室土建要求

1. 墙面抹灰刷白；
2. 地面地砖、自流平、高标号水泥压光，周围如果临近卫生间等潮湿场所，地面抬高150~300mm；
3. 顶板墙面抹灰刷白无吊顶（控制、值班室除外）。

4.2　电气与相关专业间配合

户外预装变电站（地上安装式）

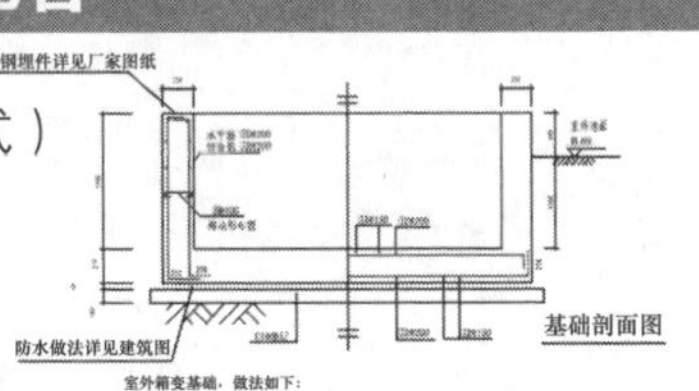

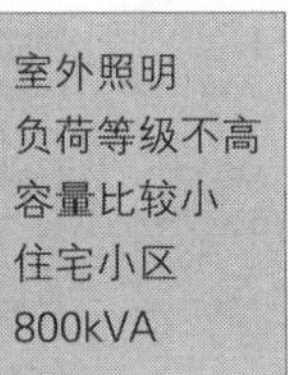

室外照明
负荷等级不高
容量比较小
住宅小区
800kVA

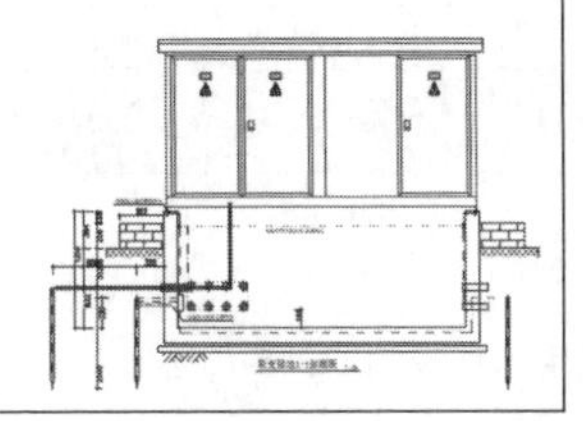

民用建筑与10kV及以下的预装式变电站的防火间距不应小于3m。

4.2 电气与相关专业间配合

户外预装变电站（半地下安装式）

4.2 电气与相关专业间配合

户外预装变电站（地下全埋式）

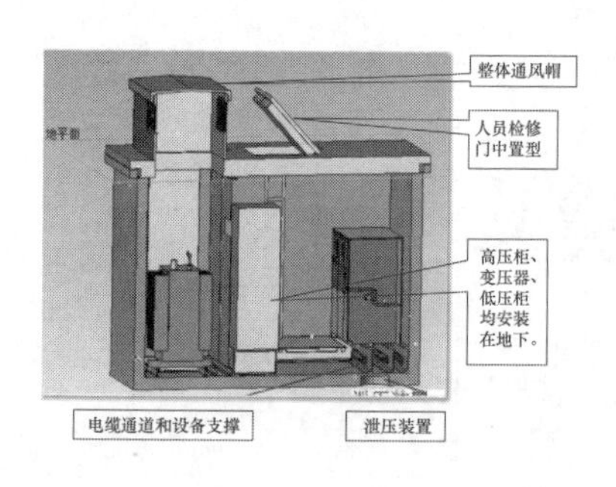

全埋式箱式变电站外壳采用 GRC——玻璃纤维增强水泥

4.2 电气与相关专业间配合

设计分工
- 一般由设计院进行一次设计。
- 设备承包商配合设计院进行二次设计。

房间设置
- 发电机设备间、油箱间、控制室等。

土建要求
墙、顶有吸音做法，地面有敷设油管的沟，排水槽，其他土建条件基本同变电室。

柴油发电机房控制的主要内容

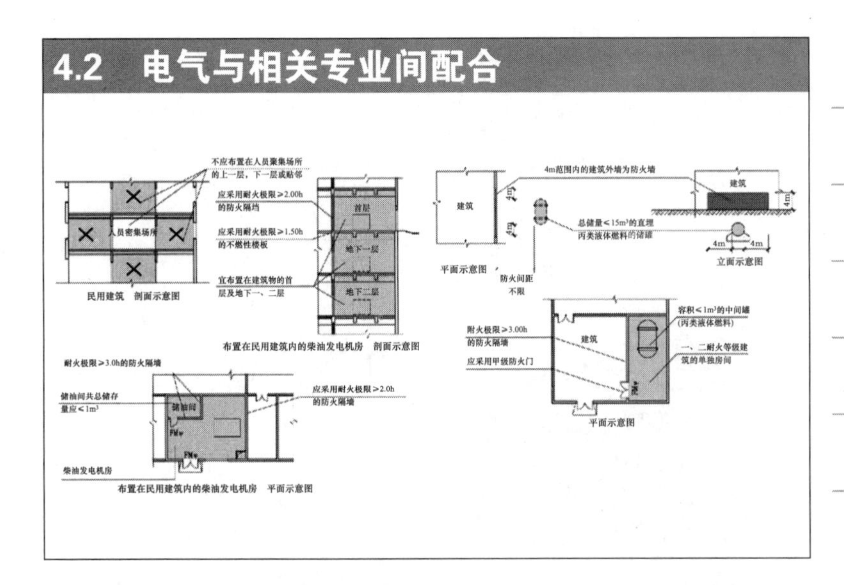

4.2 电气与相关专业间配合

柴油发电机耗油量

1 当发电机组机组负荷率 50%：150mL/h・kW

2 当发电机组机组负荷率 75%：200mL/h・kW

3 当发电机组机组负荷率 100%：300mL/h・kW

柴油发电机组负荷率	50%	75%	100%
耗油量	150	200	300

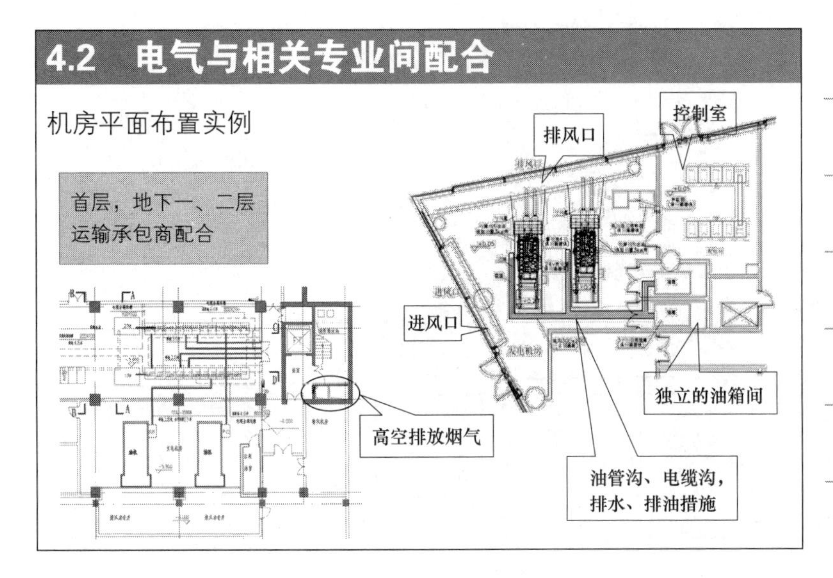

4.2 电气与相关专业间配合

机房平面布置实例

地下室
风口面积、位置

进出风口与整体式风冷机组的关系

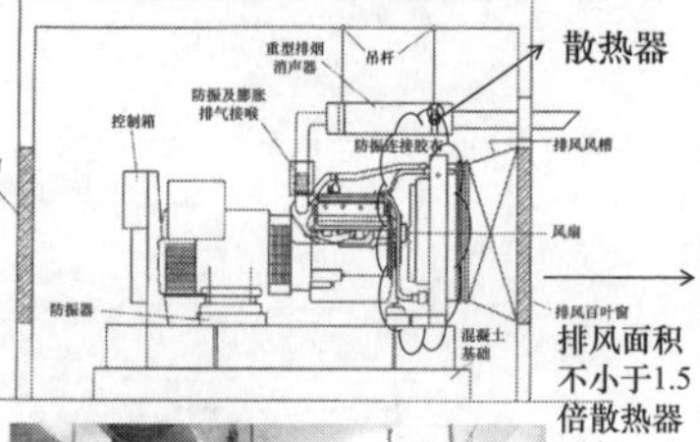

4.2 电气与相关专业间配合

分体式散热器

分体式散热器
最大安装高度
承包商计算

集装式

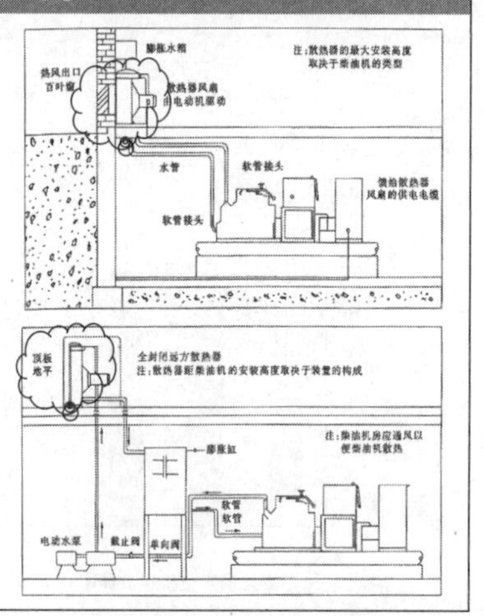

4.2 电气与相关专业间配合

机房灭火及降噪

水喷雾或气体灭火方式，
顶板、墙面采取吸音措施

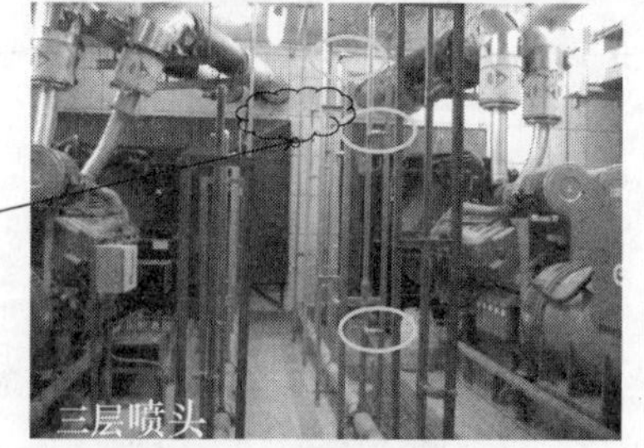

配电站站界噪声标准值

使用区域	噪声标准值（dBA）	
	昼间：6：00～22：00	夜间：22：00～6：00
居住、文教机关	55	45
居住、商业、工业混杂区、商业中心区	60	50
工业区	65	55
交通干线道路两侧区域	70	55

4.2　电气与相关专业间配合

UPS 机房设置

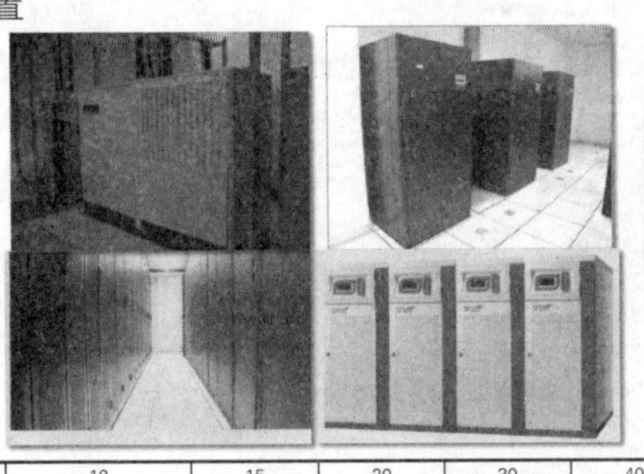

通风散热
独立设置
与人分隔
架空地板

容量（kVA）	10	15	20	30	40	50
外形尺寸（宽 x 深 x 高）	300 x 740 x 700	400 x 800 x 1180				
重量（kg）	130	200	208	225	273	304

4.2　电气与相关专业间配合

设备机房设置配电间实例

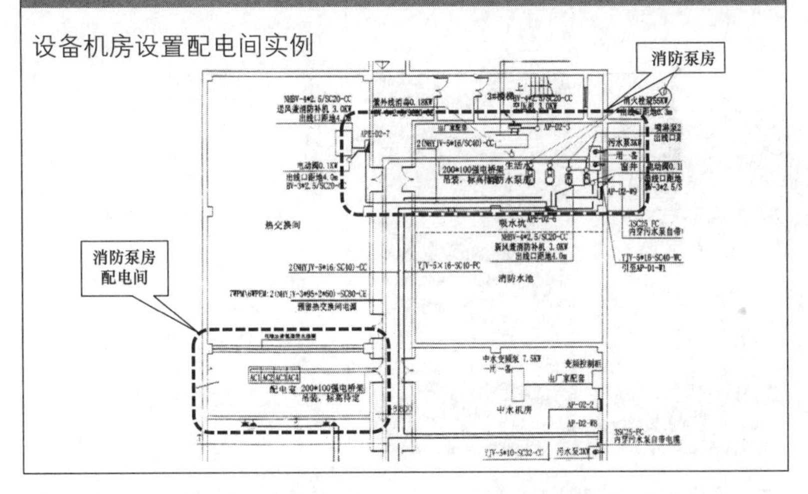

4.2　电气与相关专业间配合

电气小间

- 面积
- 位置
- 数量

1　强电小间是联系干线与支干线的枢纽，变电室与小间之间要形成通路，小间面积要适当留有余地，为业主需求可持续发展变化提供条件。

2　控制服务半径、保证末端设备的供电质量；方便管理、保证维护检修安全、保证满足末端设备的运行要求；方便管理、维护。

强电小间的设置原则

4.2 电气与相关专业间配合

强电小间专业要求

电气小间位置

1. 在条件允许时应避免与电梯井及楼梯间相邻；
2. 相邻不应有烟道、热力管道及其他散热量大或潮湿的设施；
3. 不应和电梯井、管道井共用同一竖井、不能跨越伸缩缝布置；
4. 宜靠近用电负荷中心，应尽可能减少干线电缆的长度；
5. 供电半径宜为30m。

内部安装设备

1. 金属管线、金属线槽、金属桥架；
2. 封闭母线、母线插接箱；
3. 照明、动力等系统配电盘（柜）；
4. 应急电源（EPS）柜或不间断电源（UPS）柜；
5. 接地端子箱。

土建基本要求

1. 墙面抹灰刷白；
2. 地面水泥压光或自流平，周围如果临近卫生间等潮湿场所，地面抬高150～300mm；
3. 顶板墙面抹灰刷白无吊顶；
4. 墙壁应是耐火极限不低于1h的非燃烧体；
5. 电气小间在每层楼应设维护检修门并应开向公共走廊，其耐火等级不应低于丙级。

4.2 电气与相关专业间配合

强电小间

居住建筑内配电间

风机设备

标识灯箱

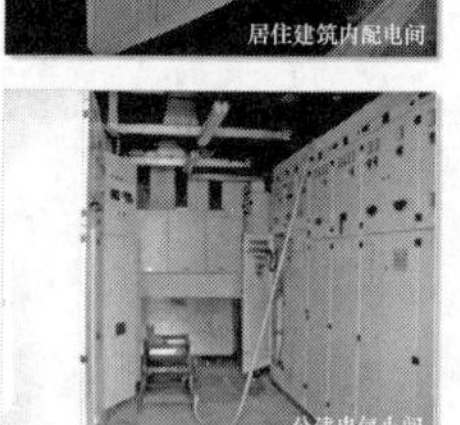
公建电气小间

照明、标识灯箱

照明、办公设备

4.2 电气与相关专业间配合

强电小间的面积问题

电气小间面积过小，
安装设备受限制，
没有操作、维修空间，
系统没有发展余地。

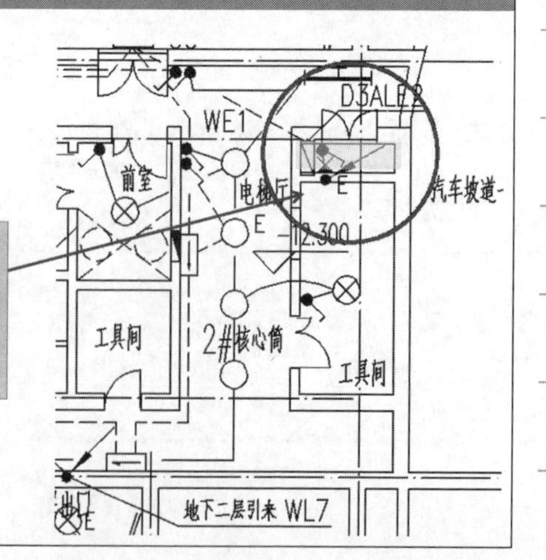

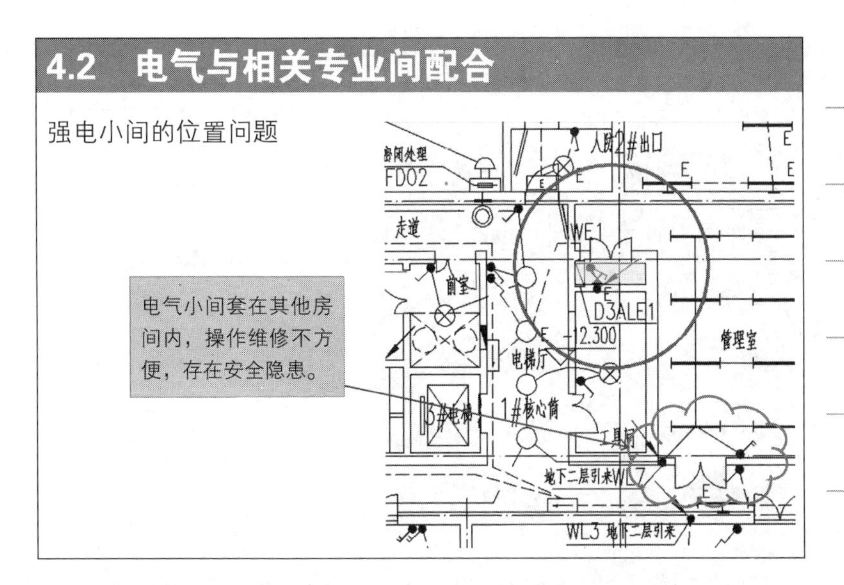
4.2　电气与相关专业间配合
强电小间的位置问题
电气小间套在其他房间内，操作维修不方便，存在安全隐患。
人防2#出口
FD02
走道
前室
WE1
D3ALE1
2.300
管理室
电梯厅
3#电梯
1#核心筒
工具间
地下二层引来WL7
WL3 地下二层引来

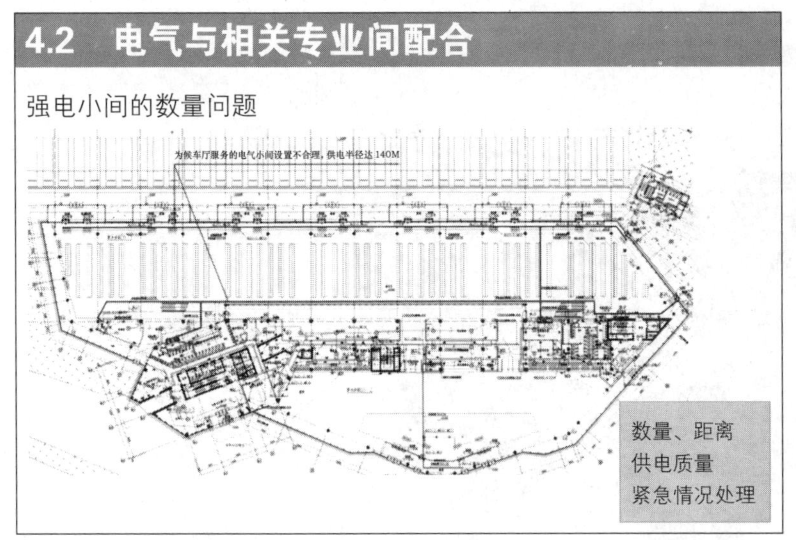
4.2　电气与相关专业间配合
强电小间的数量问题
为候车厅服务的电气小间设置不合理，供电半径达140M
数量、距离
供电质量
紧急情况处理

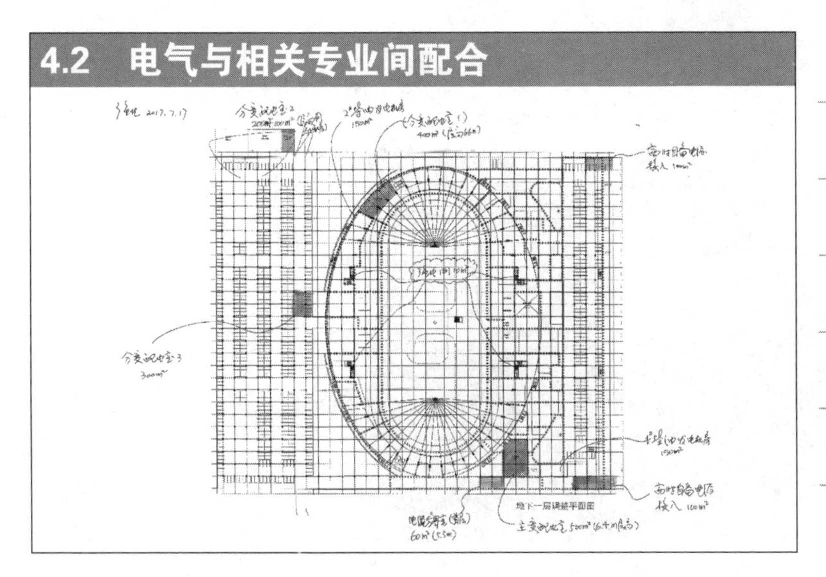
4.2　电气与相关专业间配合
地下一层调整平面图

4.2 电气与相关专业间配合

线路敷设

- 了解电气线路敷设部位
- 需早期介入线路敷设方案
- 解决电气线路维修问题

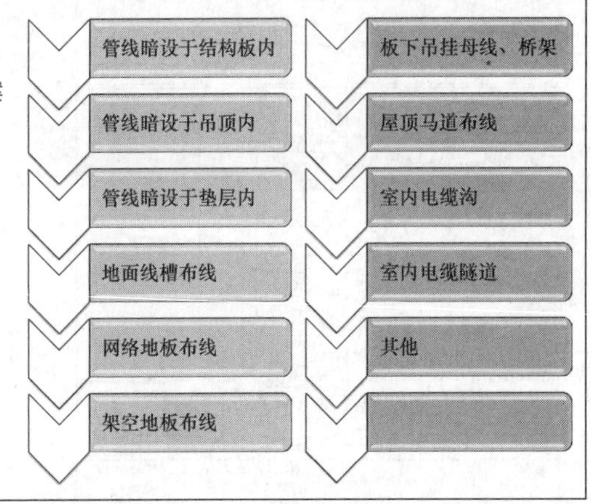

4.2 电气与相关专业间配合

管线暗设于结构板内

规范要求
导管外径
楼板厚度
调整不灵活

4.2 电气与相关专业间配合

吊顶内敷设

灯具安装
辅助龙骨

4.2　电气与相关专业间配合

管线、地面出线口暗设于垫层内

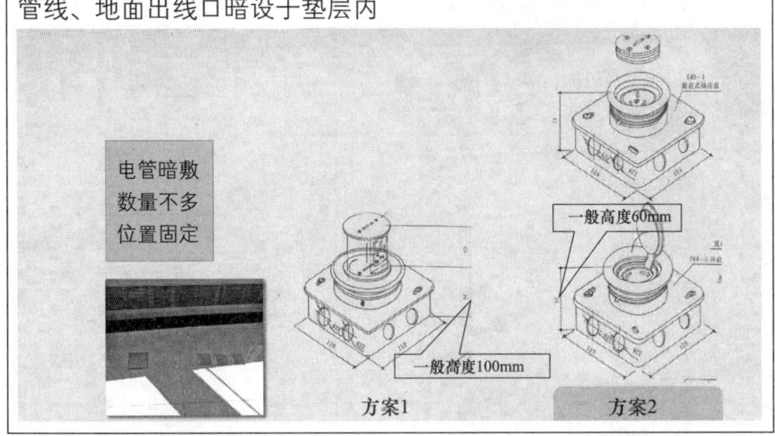

4.2　电气与相关专业间配合

地面线槽布线

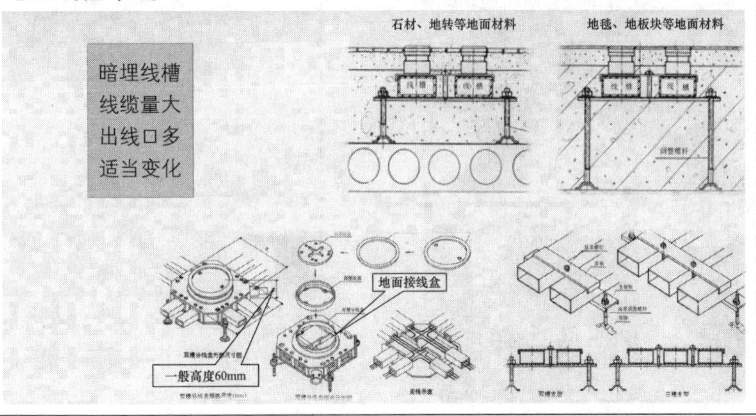

4.2　电气与相关专业间配合

网络地板布线

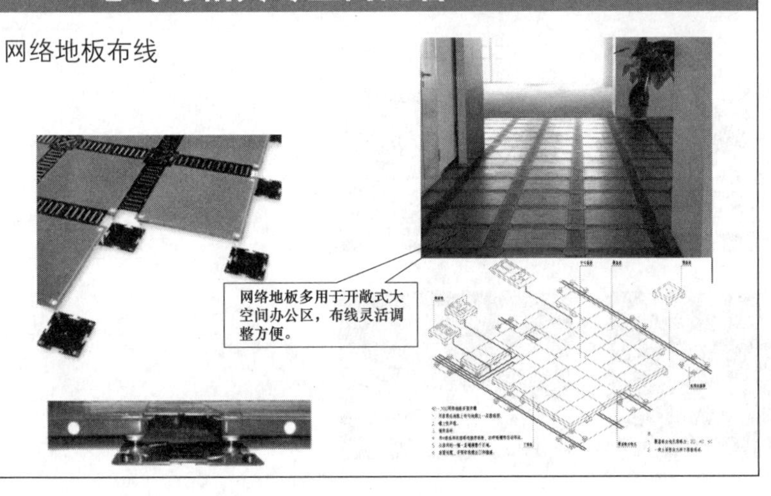

网络地板多用于开敞式大空间办公区，布线灵活调整方便。

4.2 电气与相关专业间配合

架空地板布线

机房工程
主干线路
地板送风

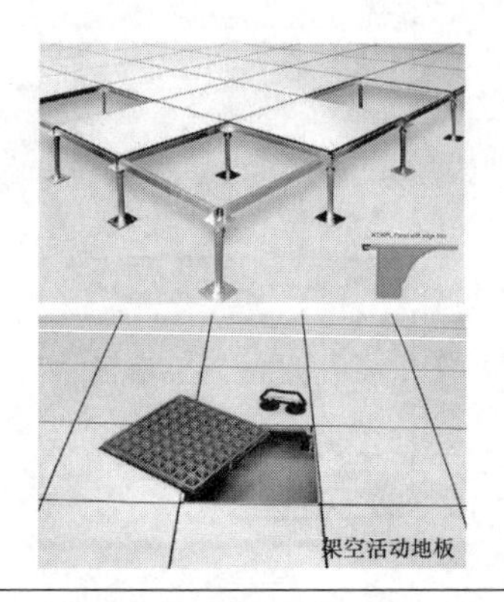

架空活动地板

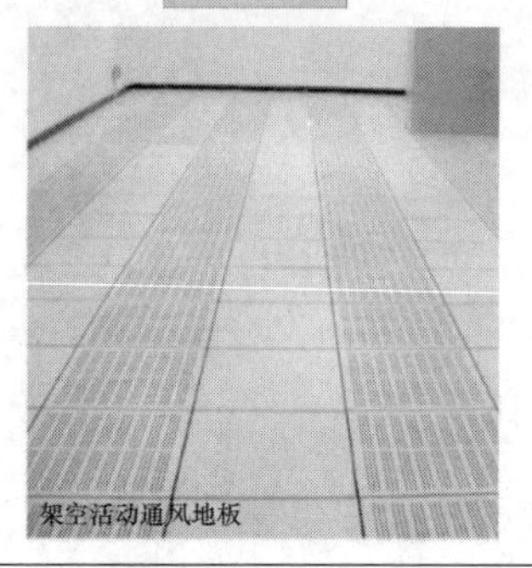

架空活动通风地板

4.2 电气与相关专业间配合

顶板下吊挂密闭母线敷设方式

主干线路
施工维护
设备供应商

顶板下吊挂电缆桥架敷设方式

4.2 电气与相关专业间配合

体育建筑马道

场地照明灯
观众席照明灯
部分音响设备
部分摄像机
电缆线槽
专项设计早期介入

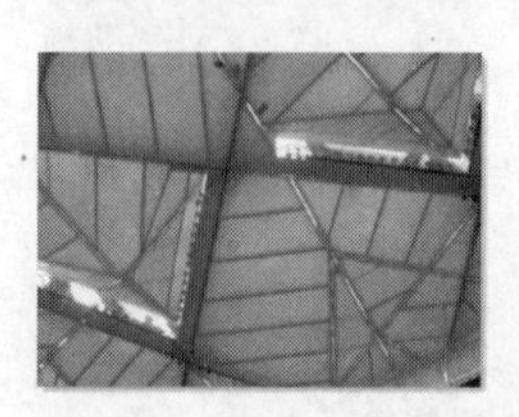

4.2　电气与相关专业间配合

体育建筑马道

4.2　电气与相关专业间配合

剧场建筑马道

- 舞台照明灯具
- 舞台机械
- 观众席照明灯具
- 部分音响设备
- 部分摄像机
- 专项设计早期介入

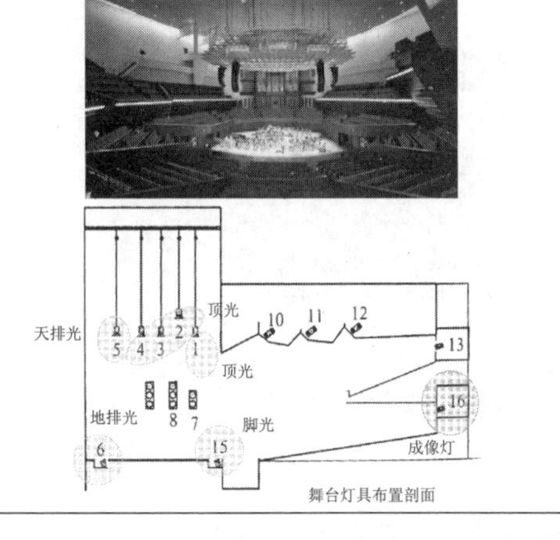

4.2　电气与相关专业间配合

交通建筑马道

- 建筑吊顶方案、结构网架方案
- 大空间照明效果方案
- 重点区域照明要求

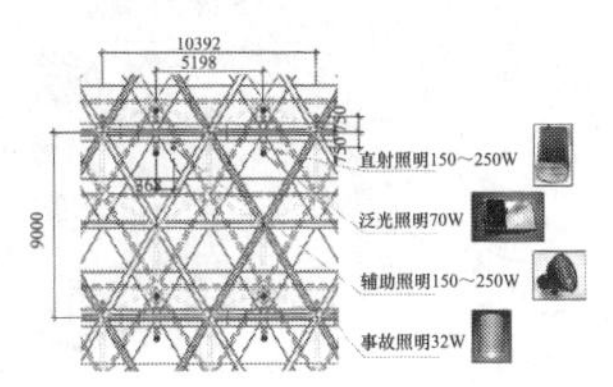

4.2 电气与相关专业间配合

室内电缆隧道

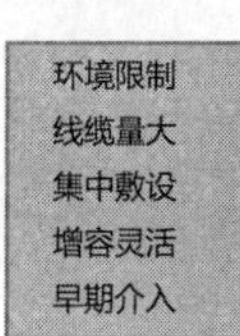

环境限制
线缆量大
集中敷设
增容灵活
早期介入

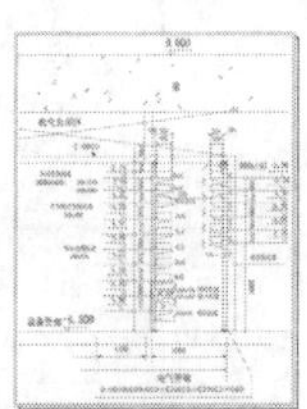

4.2 电气与相关专业间配合

室外线路敷设基本要求

1. 当沿同一路径敷设的室外电缆根数为8根及以下且场地有条件时，宜采用电缆直接埋地敷设。
2. 当不宜采用直埋或电缆沟敷设的地段可采用电缆排管内敷设方式，但电缆根数不超过12根。
3. 当同一路径的电缆根数为18根及以下或道路开挖不便且电缆需分期敷设时，宜采用电缆沟布线。
4. 当电缆多于18根时，宜采用电缆隧道布线。

4.2 电气与相关专业间配合

电缆直埋、穿管、管块敷设

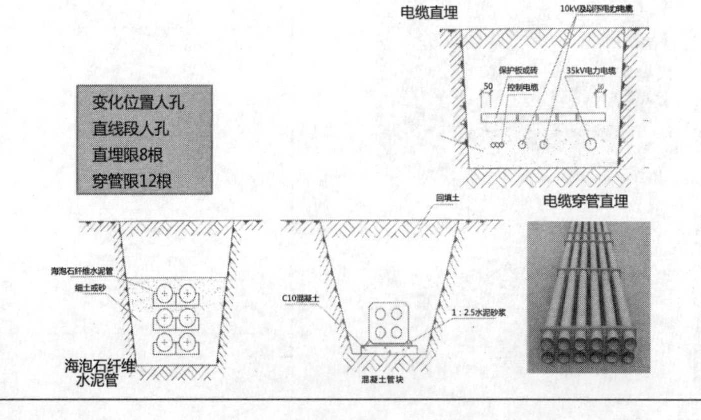

4.2　电气与相关专业间配合

电缆沟敷设

防水

盖板承重

防火

12~18根

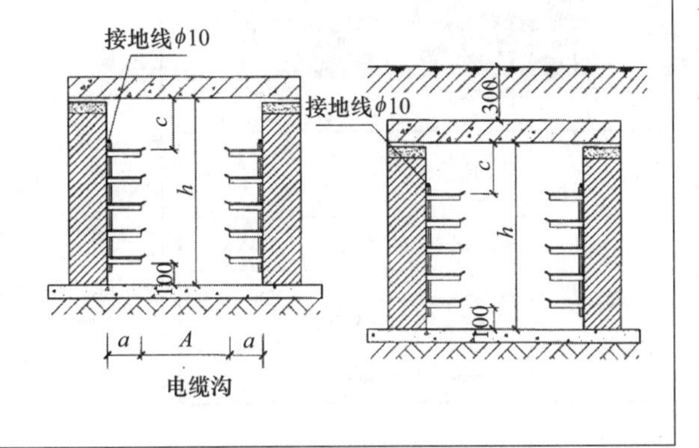

4.2　电气与相关专业间配合

电缆隧道敷设

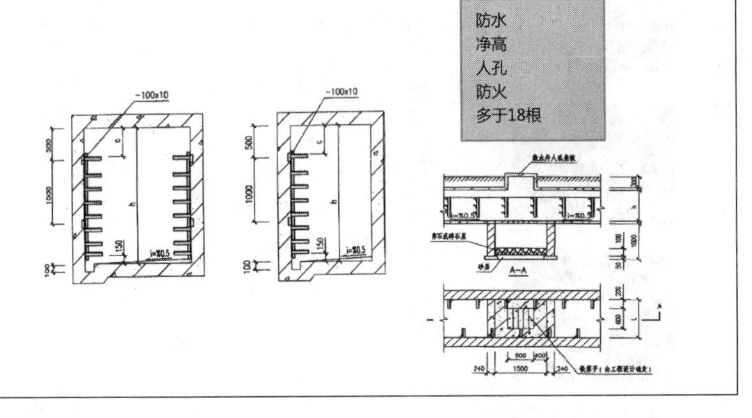

4.2　电气与相关专业间配合

照明

- 光环境控制
- 节能与绿色要求
- 照明设备安装
- 设备投资

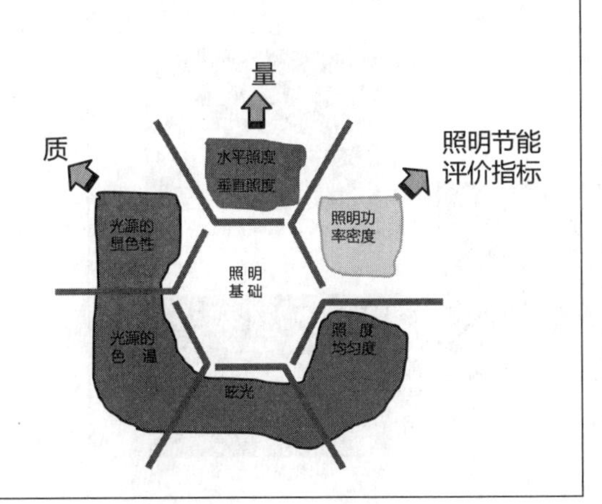

4.2 电气与相关专业间配合

2900K，钨丝灯

2900K，荧光灯偏黄

5000K，标准

7000K，荧光灯偏蓝

光源颜色分类	相关色温(K)	色表特征	适用场所
Ⅰ	<3300	暖	客房、卧室、病房、酒吧
Ⅱ	3300-5300	中间	教室、办公室、阅览室、商场、诊室、检验室、实验室、控制室、机加工车间、仪表装配
Ⅲ	>5300	冷	热加工车间、高照度场所

4.2 电气与相关专业间配合

长期工作或停留的房间或场所，照明光源的显色指数(Ra)不应小于80。在灯具安装高度大于8m的工业建筑场所，Ra可低于80，但必须能够辨别安全色。

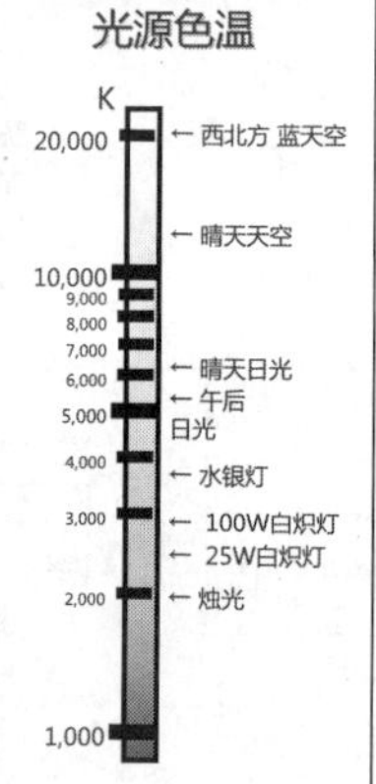

4.2 电气与相关专业间配合

照明方式

一般照明

照亮整个场所

分区一般照明

特定区域照度

混合照明

一般与局部

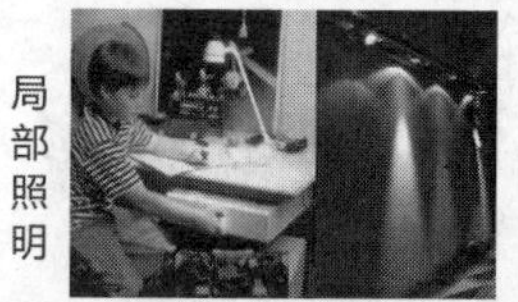
局部照明

照亮某个局部

4.2　电气与相关专业间配合

照明方式

光通量中>85%直接投射到假定工作面上

直接照明

光通量中30%～60%
直接投射到假定工作面上

光通量中<15%
直接投射到假定工作面上

漫射照明

间接照明

4.2　电气与相关专业间配合

照明种类

因正常照明的电源失效
而启用的照明

永久性安装的、
正常情况下使用
的照明

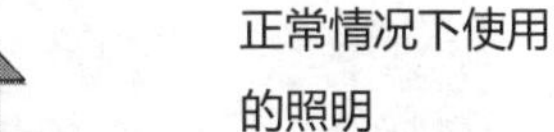

值班照明
警卫照明
障碍照明
景观照明

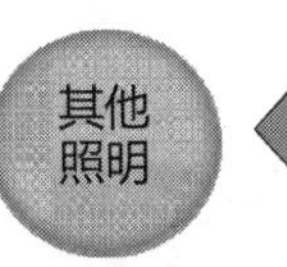

正常
照明

4.2　电气与相关专业间配合

普通照明设计——建筑吊顶分格形式与灯具选型的配合

4.2 电气与相关专业间配合

普通照明设计——系统天花

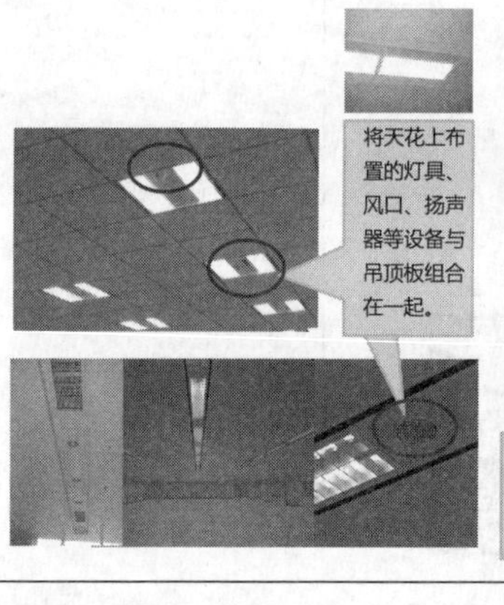

将天花上布置的灯具、风口、扬声器等设备与吊顶板组合在一起。

4.2 电气与相关专业间配合

专业照明设计——体育建筑

上人的吊顶
升降灯具

4.2 电气与相关专业间配合

专业照明设计——剧场建筑

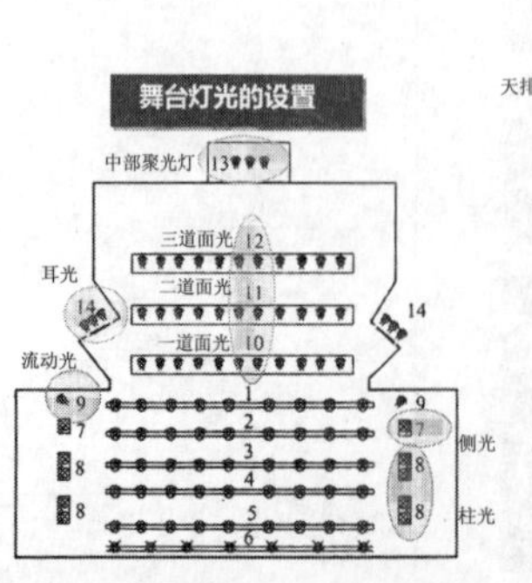

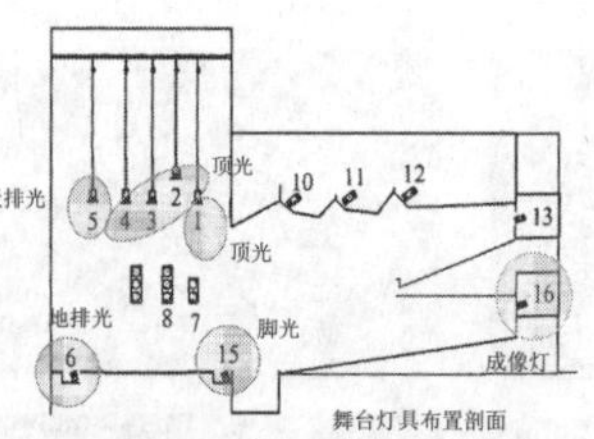

4.2　电气与相关专业间配合

公共建筑大空间照明设计

提出照明设计目标、照明设计方案与建筑方案同步进行。

成功的照明设计方案往往是建筑师和灯光顾问从设计开始就合作的结果。

建筑投标方案中的大空间照明

建筑投标方案中的大空间照明

建成后运行的大空间照明

建成后运行的大空间照明

4.2　电气与相关专业间配合

公共建筑大空间照明设计

深圳文化中心

机电单元

4.2　电气与相关专业间配合

公共建筑大空间照明设计

图书物流中心

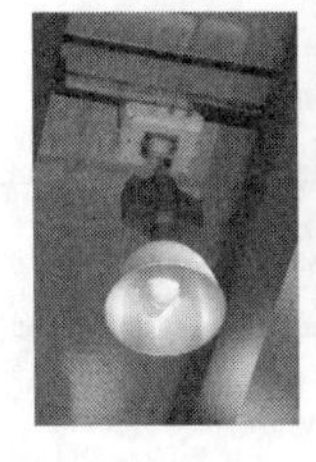

采用升降灯具
解决日常维护不便的问题

4.2 电气与相关专业间配合

公共建筑大空间照明设计

烟台世贸中心

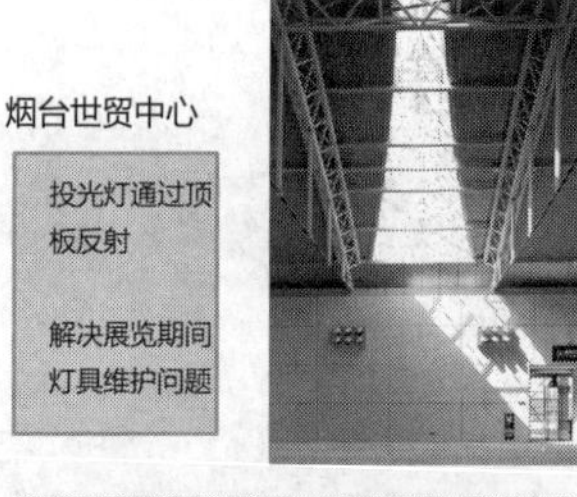

投光灯通过顶板反射

解决展览期间灯具维护问题

海南博物馆

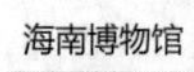

可开启的装饰灯罩

解决荧光灯的日常维护问题

4.2 电气与相关专业间配合

应急照明设计：

1. 应急照明包括疏散照明、备用照明、安全照明。
2. 应急照明设计要求。

“安全、准确、迅速”地避烟逃生

4.2 电气与相关专业间配合

装修

- ➢ 确定方案
- ➢ 细部尺寸
- ➢ 完善设计

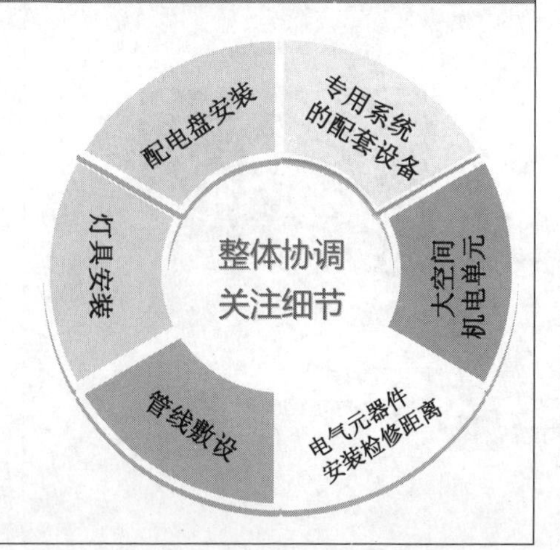

4.2 电气与相关专业间配合

装修设计举例——大空间区域机电设备组合单元

◎配电盘 ◎送风口
◎弱电区域 ◎消防栓
◎消防水炮 ◎送风道

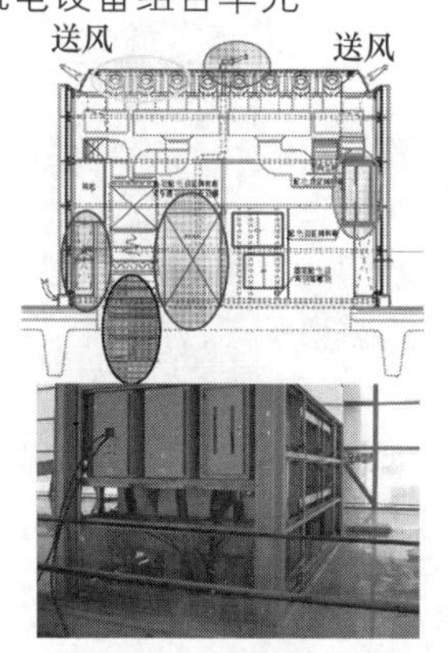

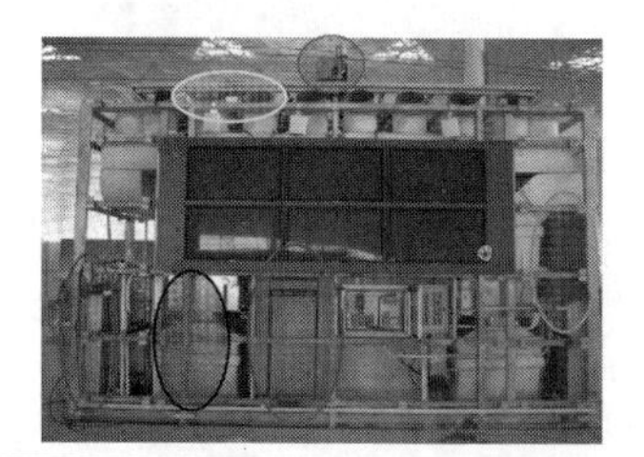

4.2 电气与相关专业间配合

装修设计举例——大空间区域机电设备组合单元

通透穿行购物
配电单元模块化
多专业结合

4.2 电气与相关专业间配合

装修设计举例——大空间区域机电组合整体吊顶

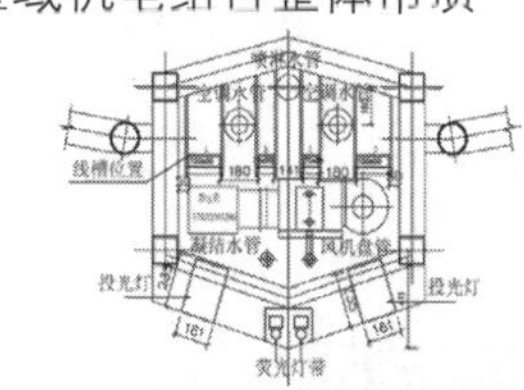

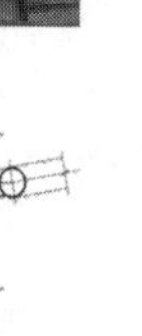

4.2 电气与相关专业间配合

装修设计举例——配电盘与装修的配合

尺寸统一
分格配合
创造条件
调整及时

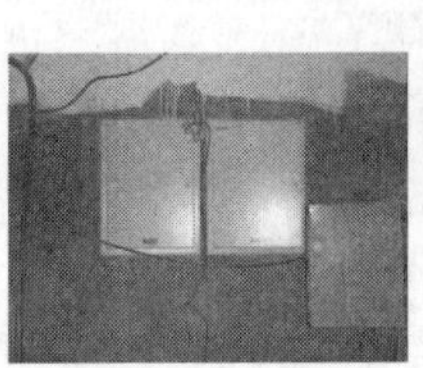

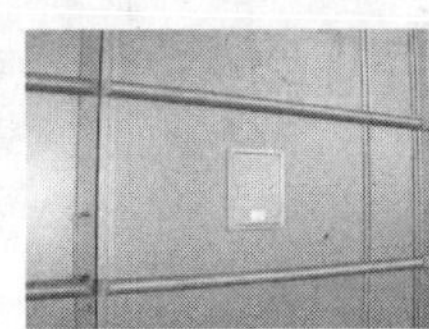

4.2 电气与相关专业间配合

防雷

- 金属屋面
- 特殊屋面
- 暗装接闪网

建筑物防雷的目的

1、当建筑物遭受直击雷或雷电波侵入时，可保护建筑物内部的人身安全

2、当建筑物遭受直击雷时，防止建筑物被烧坏烧毁。

3、保护建筑物内部存放的危险物品，不会因雷击雷电感应而引起损坏。

4、保护建筑物内部的贵重信息、机电设备和电气线路不受损坏。

4.2 电气与相关专业间配合

建筑物防雷装置组成

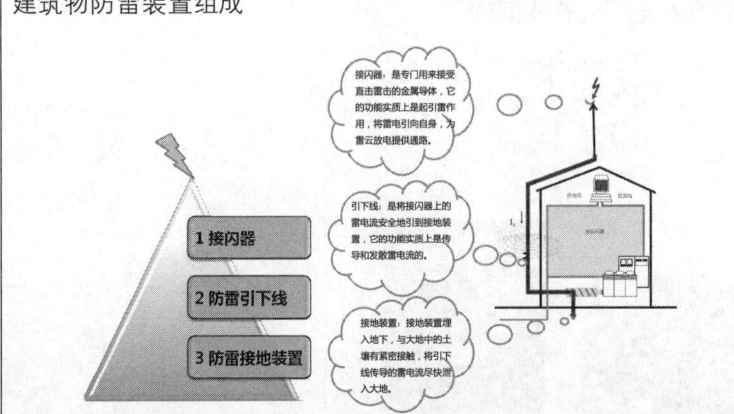

4.2　电气与相关专业间配合

建筑物防雷装置组成

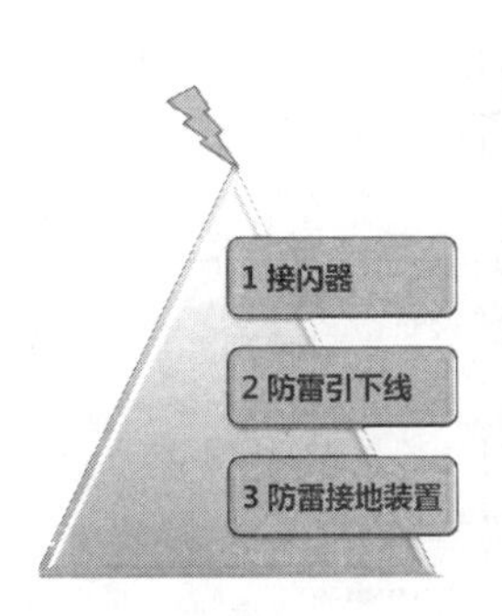

直接装在建筑物上的接闪杆

直接装在建筑物上的接闪带或接闪网

4.2　电气与相关专业间配合

4.2　电气与相关专业间配合

建筑物防雷装置组成

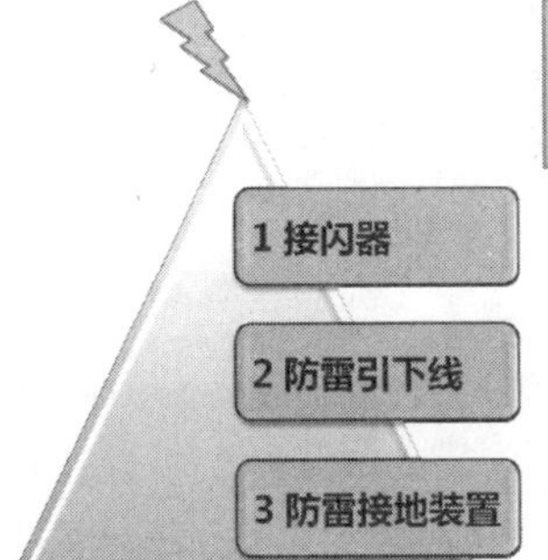

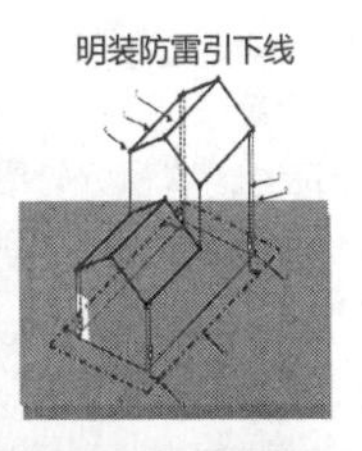

4.2 电气与相关专业间配合

建筑物防雷装置组成

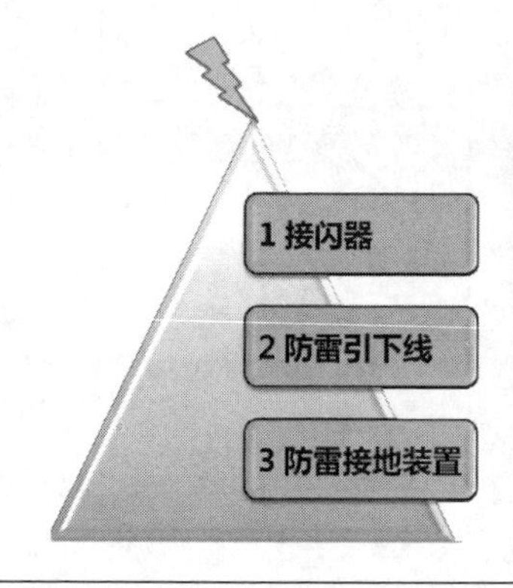

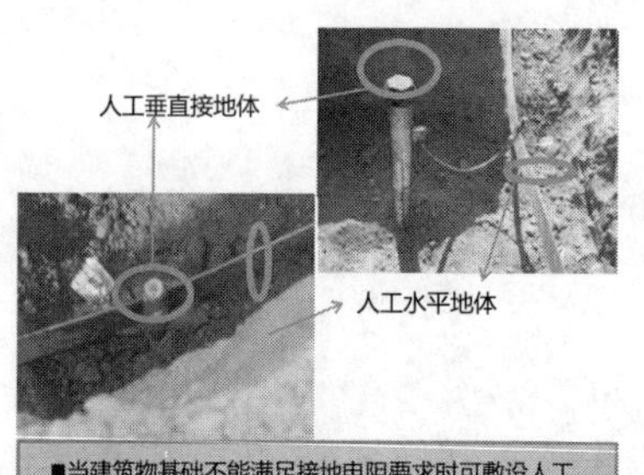

■当建筑物基础不能满足接地电阻要求时可敷设人工接地体，在共用接地装置与埋地金属管道相联的情况下，人工接地体宜围绕建筑物敷设成环型。
■人工接地体由水平接地体和垂直接地体组成。
■人工垂直接地体长度宜为2.5m，间距宜为5m，当受地方限制时可适当减小。
■人工接地体在土壤中的埋深不应小于0.5m。

4.2 电气与相关专业间配合

电气专业提供给结构专业的资料

1. 与结构构件设计有关的荷载包括：变压器、发电机、卫星天线等主要设备和设施的设置位置；大型设备的安装位置及其运行重量等等。
2. 影响结构构件承载力或钢筋配置的管线、孔洞包括：所有梁、柱上的预留管线、孔洞；混凝土结构墙和楼板上预留的可能影响钢筋配置的尺寸较大的管线、洞口（如直径或长边不小大于 300mm），以及密集布置的洞口和大量集中排布的管线、电缆等等。
3. 穿人防顶板和中间楼板的消防管预埋密闭套管的位置及管径。穿人防地下室密闭隔墙、临空墙、外墙的消防管等预埋密闭套管的位置、管径、标高。

4.2 电气与相关专业间配合

电气专业提供给结构专业的资料

4. 影响墙体暗柱布置或墙体钢筋配置的穿墙预留管线、孔洞及地下室外墙上防水套管，提供其位置、尺寸、标高。

注：影响墙体暗柱布置或墙体钢筋配置的穿墙预留管线、孔洞指：钢筋混凝土结构暗柱范围内的穿墙管线和孔洞；直径或长边不小于 300mm 的穿墙管线和孔洞；集中布置且净距较小的穿墙管线和孔洞。

5. 主要预埋件的位置。
6. 已定主要设备基础的位置和尺寸。

4.2　电气与相关专业间配合

电气专业提供给设备专业的资料

电气设备、照明器具及用电设备的发热量	电气设备运行时会发热，照明器具、计算机的发热对空调房间冷负荷计算有影响，所以要知道发热量多大。电气工程师需提出电气设备、照明器具的功率等参数。
需要空调、通风的电气用房	电气设备间需要通风或供冷来降温，因为室温过高时会影响电气设备正常运行；电气工程师需提出哪些电气机房对环境温度有要求。

4.3　弱电与其他专业间配合

4.3　弱电与其他专业间配合

名称解释	智能化控制室包括安防系统、消防系统、建筑设备管理系统、广播、有线电视等系统设备。电信机房、计算机房、综合布线机房一般独立设置。
设计分工	• 机房工程专项设计部门设计、电信部门设计。 • 设计院设计。
房间设置	• 规模比较小的工程，安防系统、消防系统、建筑设备监控系统、广播等系统可合用机房，规模比较大的工程，视业主管理模式可分开设置。
土建要求	视规模和设计需要设置控制、休息、设备间等。一般设吊顶、防静电架空地板、墙刷白，净高≥2.5m，电信部门管理的机房按其要求设计。

智能化设备及机房设计控制的主要内容

4.3 弱电与其他专业间配合

智能化控制室设备安装基本要求

联合控制室
独立工位
面积、布置
系统承包商
装修要求

4.3 弱电与其他专业间配合

安防设备布置举例

工位与屏幕距离
电视墙散热、检修

4.3 弱电与其他专业间配合

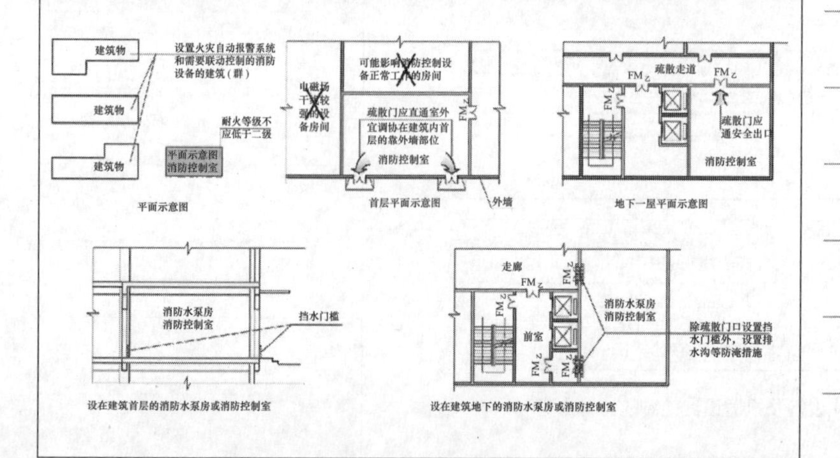

4.3　弱电与其他专业间配合

消防控制室消防设备布置举例

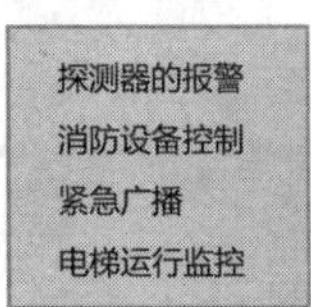

探测器的报警
消防设备控制
紧急广播
电梯运行监控

4.3　弱电与其他专业间配合

消防控制室布置示意

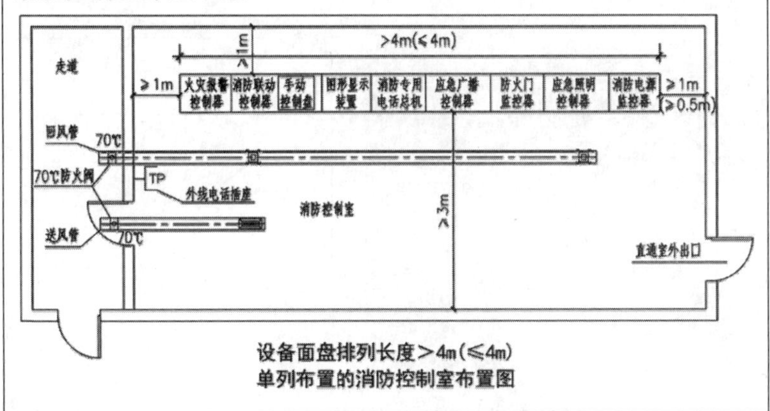

设备面盘排列长度>4m(≤4m)
单列布置的消防控制室布置图

4.3　弱电与其他专业间配合

消防控制室布置示意

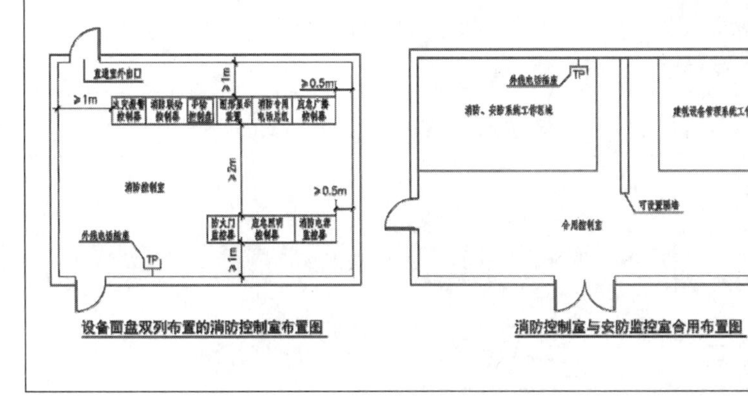

设备面盘双列布置的消防控制室布置图

消防控制室与安防监控室合用布置图

4.3 弱电与其他专业间配合

综合布线机房布置举例

电信部门管理
业主自己管理

4.3 弱电与其他专业间配合

智能化小间设置原则

1. 智能化小间是联系干线与支干线的枢纽，各智能化系统机房与小间之间要形成通路，小间面积要适当留有余地，为业主需求可持续发展变化提供条件。

2. 控制服务半径、保证满足末端设备的运行要求；方便管理、维护。

4.3 弱电与其他专业间配合

智能化小间专业要求

1、在条件允许时应避免与电梯井及楼梯间相邻。
2、相邻不应有烟道、热力管道及其他散热量大或潮湿的设施。
3、不应和管道井共用同一竖井、不能跨越伸缩缝布置。
4、当有综合布线设备时，布线电缆长度不应大于90 m，超出此范围时应增设小间。
5、不能套在其他房间内，要朝向公共区或走道，管理人员进入应无障碍。

内部安装设备

1、安防、消防、设备监控等系统功能模块端子箱，及其金属管线、金属线槽等设备；
2、无线信号覆盖系统等布缆线槽和功能模块；
3、综合布线系统机柜、机架和机箱；
4、不间断电源（UPS）柜；
5、接地端子箱等。

土建基本要求

1、墙面抹灰刷白；
2、地面水泥压光或自流平（视设计需要也可设架空地板），周围如果邻近卫生间 等潮湿场所，地面抬高150~300mm；
3、顶板墙面抹灰刷白无吊顶；
4、墙壁应是耐火极限不低于1h的非燃烧体；
5、弱电小间在每层楼应设维护检修门并应开向公共走廊，其耐火等级不应低于丙级。

4.3　弱电与其他专业间配合

智能化小间举例

永久链路测试模型
测试总长90m＝线缆的长度90m+连接器件。
测试使用测试仪自带跳线。

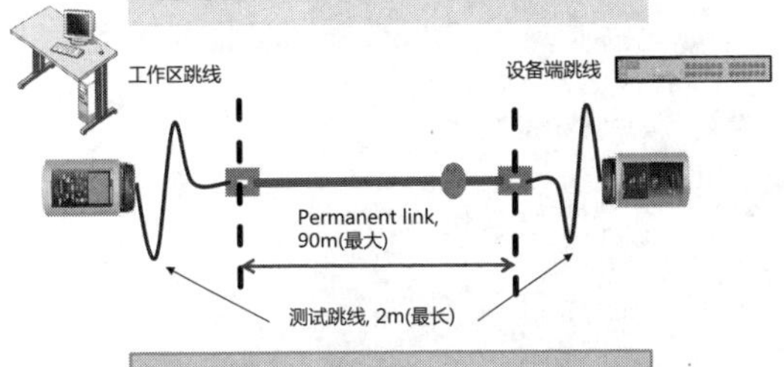

当安装有综合布线设备时，布线电缆长度不应大于90 m，超出此范围时应增设小间。

4.3　弱电与其他专业间配合

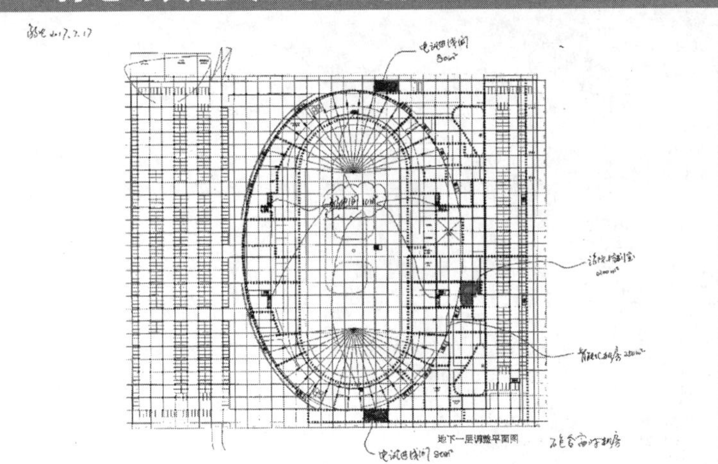

4.3　弱电与其他专业间配合

设备专业提供给弱电专业的资料

1. 初设阶段和施工图阶段提供电动设备等安装的位置及其用电量。提供消防系统主要受控阀门的位置、用途等资料。
2. 施工图阶段提供电动（或信号、报警等）水阀、消火栓、电动风阀（包括带电信号返回功能的防火阀）、排烟口等位置和控制要求。
3. 初设阶段提供各系统设备控制原则及方案。给水排水系统、暖通空调系统控制方式有就地控制、集中控制或就地与集中控制相结合等方式。自动控制系统造价较高，需在初设阶段提出。
4. 施工图阶段提供自动监控深化设计资料

（1）提供自动监控深化设计资料，包括监控原理和监控要求的说明、设备表、监控点的平面位置和系统原理图；
（2）采用就地控制时，由电气专业完成深化设计；要求设备自带监控装置时，设备专业配合电气专业向设备供应方提出监控接口条件；
（3）采用 DDC 集中监测或监控时，设备专业配合电气专业协调自带监控装置的设备供应方等。

4.4 实际工程技术案例分析

4.4 实际工程技术案例分析

4.4 实际工程技术案例分析

4.4　实际工程技术案例分析

4.4　实际工程技术案例分析

4.4　实际工程技术案例分析

4.4 实际工程技术案例分析

4.4 实际工程技术案例分析

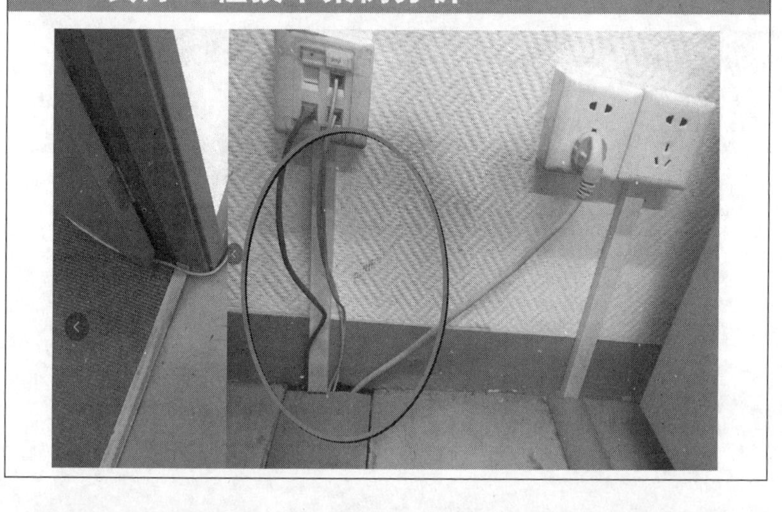

4.4 实际工程技术案例分析

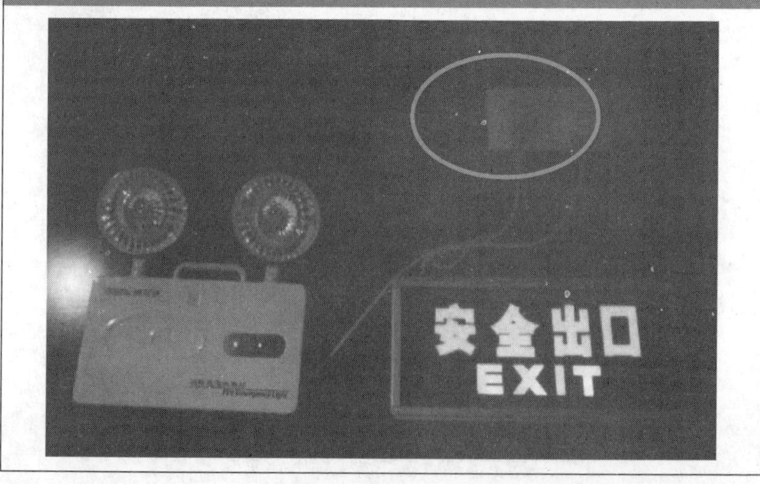

4.4　实际工程技术案例分析

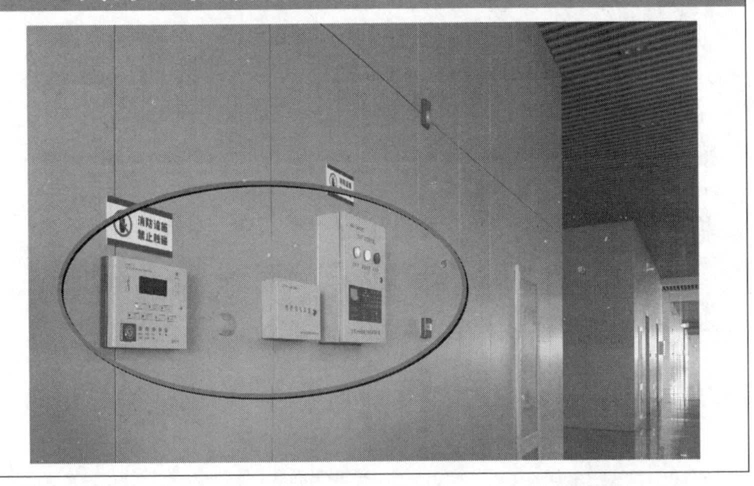

4.4　实际工程技术案例分析

屋顶（结构）+9.500
女儿墙 +7.200
屋顶（结构）+6.000
F1 ±0.000
室外地面 -0.300
500　500　2300　3500　1200　10300　6000　3100　2900　300　300
750　8400　8400
1　2　3

4.4　实际工程技术案例分析

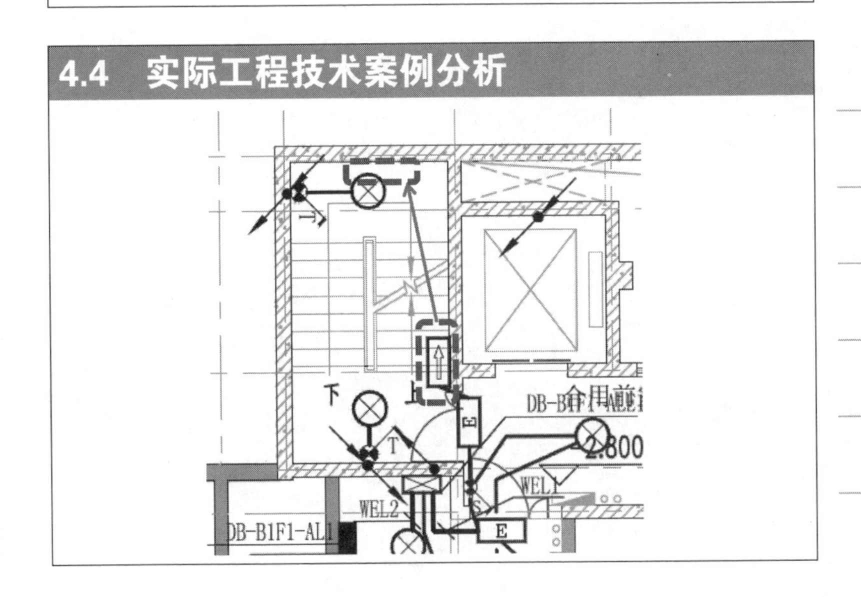

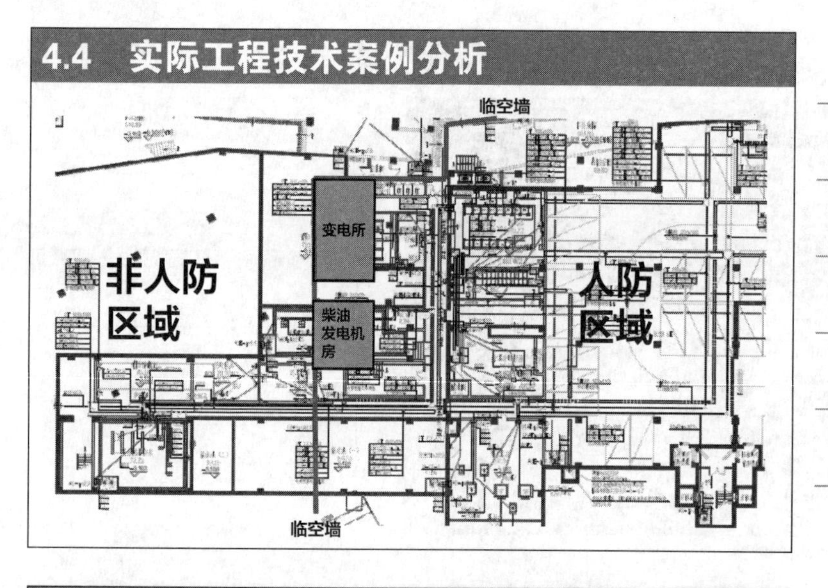
4.4 实际工程技术案例分析
临空墙
变电所
非人防区域
柴油发电机房
人防区域
临空墙

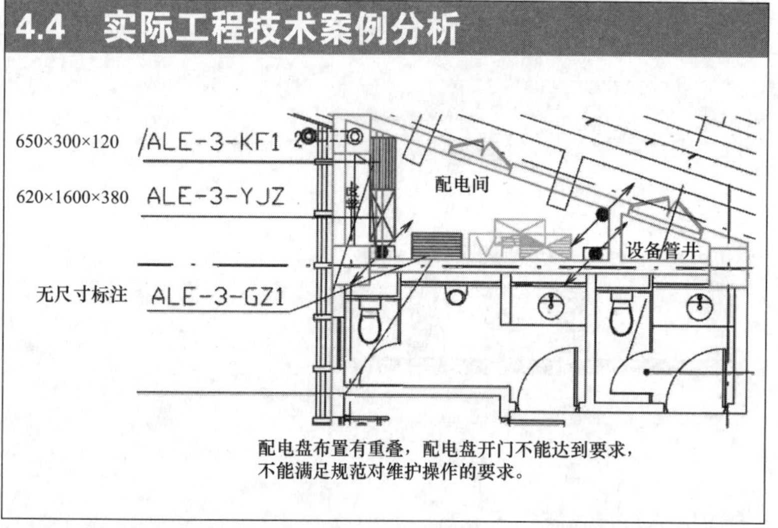
4.4 实际工程技术案例分析
650×300×120 ALE-3-KF1
620×1600×380 ALE-3-YJZ
无尺寸标注 ALE-3-GZ1
配电间
设备管井
配电盘布置有重叠，配电盘开门不能达到要求，
不能满足规范对维护操作的要求。

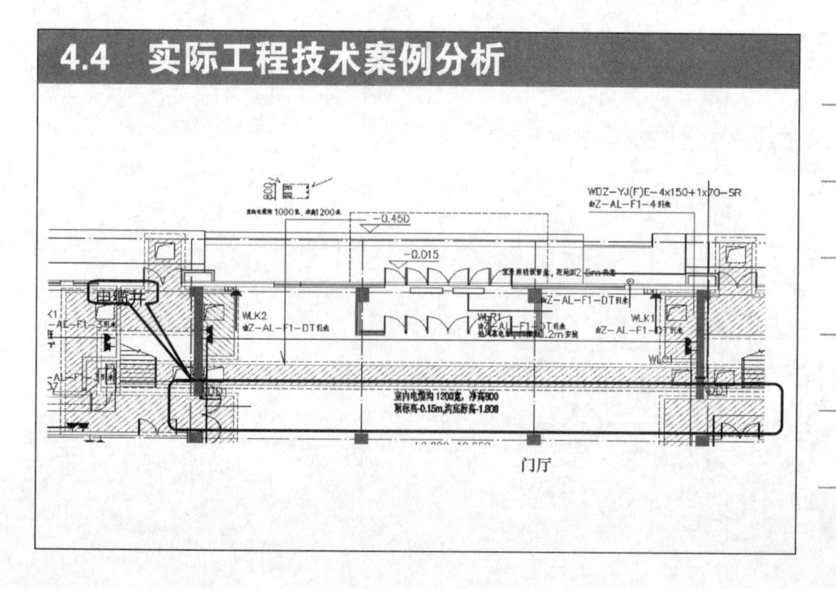
4.4 实际工程技术案例分析
WDZ-YJ(F)E-4x150+1x70-5R
-0.450
-0.015
电缆井
WLK2
WLK1
门厅

4.4　实际工程技术案例分析

柱网之间都有500高次梁，目前探测器布置位置与次梁重合，与设备风道重合，影响安装和探测效果。

4.4　实际工程技术案例分析

基本情况：

1、建筑物只有地下一层，标高-5.1m，变电室位于本层、标高-4.9m，上出线。

2、门口做法需要优化，防水措施要加强。

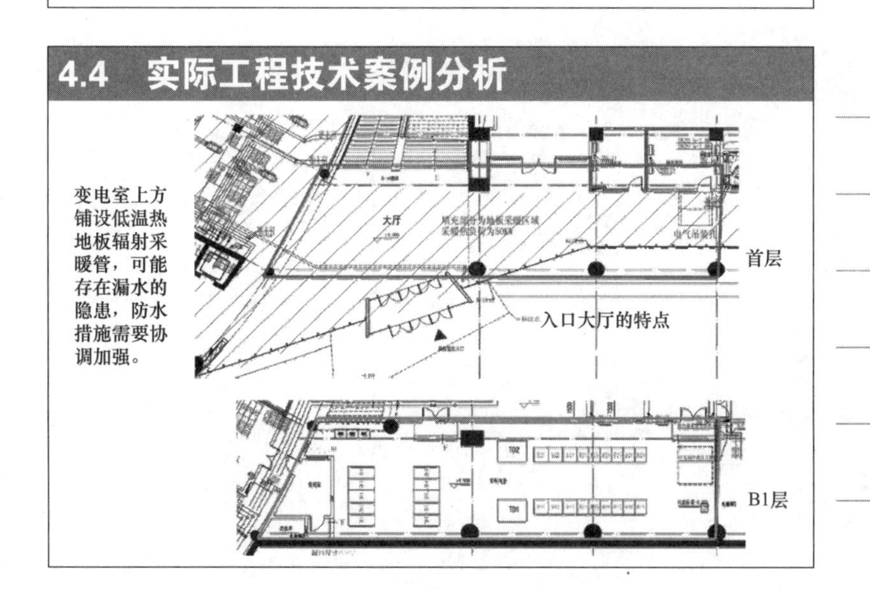

4.4　实际工程技术案例分析
变电室上方铺设低温热地板辐射采暖管，可能存在漏水的隐患，防水措施需要协调加强。
大厅
首层
入口大厅的特点
TD2
TD1
B1层

4.4 实际工程技术案例分析

变电室内顶板和外墙还有两处1000宽后浇带，施工图设计之初可以通过专业协调避开此区域。

4.4 实际工程技术案例分析

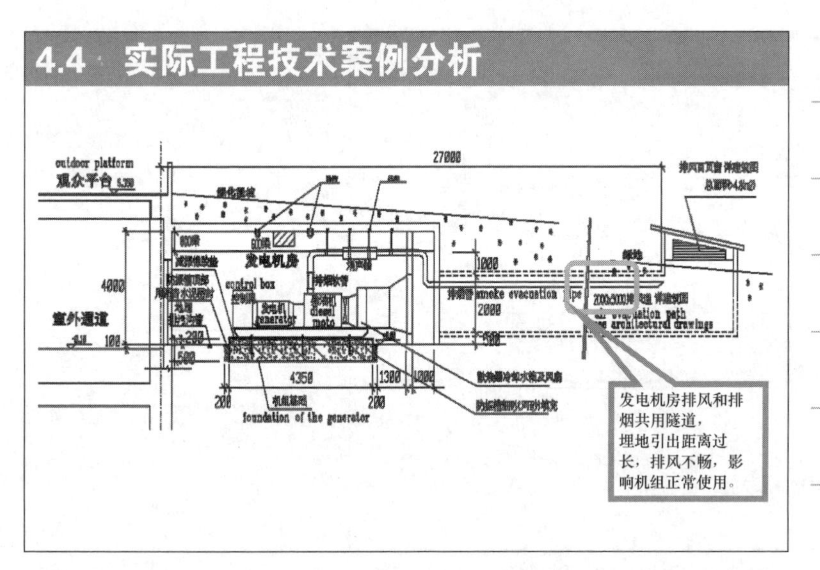

4.4 实际工程技术案例分析

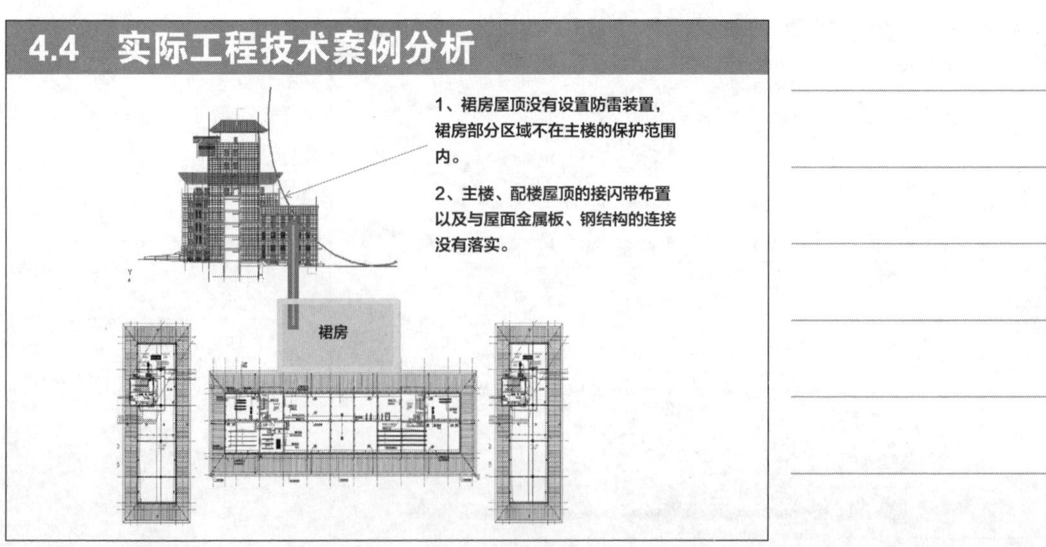

1、裙房屋顶没有设置防雷装置，裙房部分区域不在主楼的保护范围内。
2、主楼、配楼屋顶的接闪带布置以及与屋面金属板、钢结构的连接没有落实。
裙房

4.4 实际工程技术案例分析

变配电室设置位置不合理

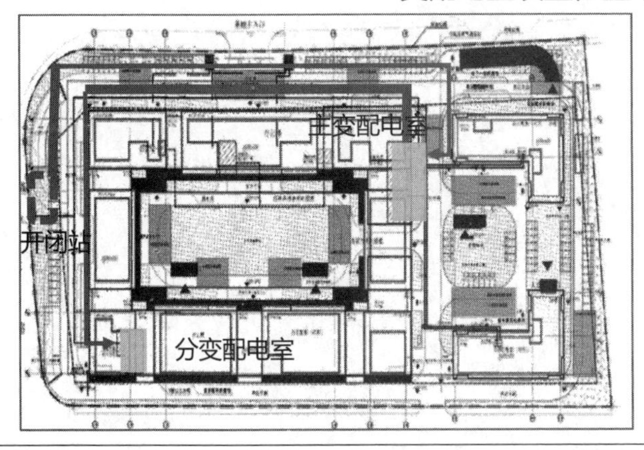

4.4 实际工程技术案例分析

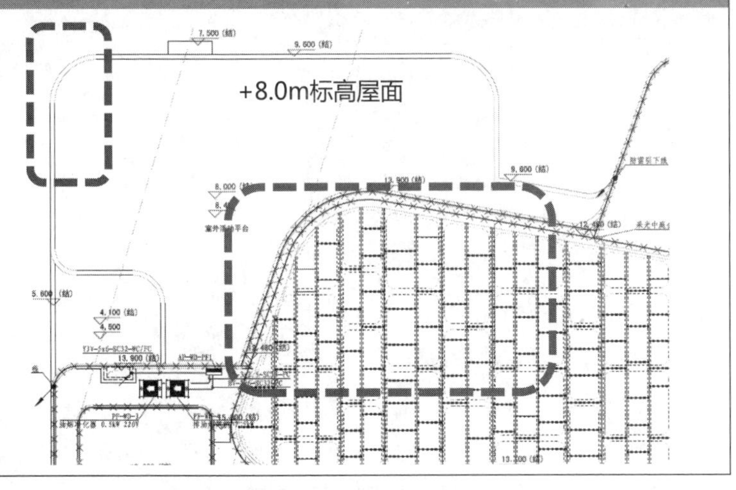

结束语

建筑是人们为了满足社会生活需要，利用所掌握的物质技术手段，并运用一定的科学规律等创造的人工环境。建筑需要多专业精心配合才能建造成完美的工程。建筑电气是建筑物的神经系统，建筑物能否实现使用功能，电气是关键。建筑电气在维持建筑内环境稳态，保持建筑完整统一性及其与外环境的协调平衡中起着主导作用。

The End

第五章

建筑电气防火关键技术研究

【摘要】“电气火灾猛于虎，安全防范需谨慎”。我国近年电气火灾多发，造成重大人员伤亡和财产损失。这些事故暴露出电器产品生产质量、流通销售，建设工程电气设计、施工，电器产品及其线路使用、维护管理等方面存在突出问题。电气设计是必须针对电气火灾的特点进行研究，遏制电气火灾高发势头，确保人民群众生命财产安全。

目录 CONTENTS

5.1 电气火灾起因

5.1 电气火灾起因

电气火灾的定义

电气火灾一般是指由于电气线路、用电设备、器具以及供配电设备出现故障性释放的热能；如高温、电弧、电火花以及非故障性释放的能量；如电热器具的炽热表面，在具备燃烧条件下引燃本体或其他可燃物而造成的火灾，也包括由雷电和静电引起的火灾。

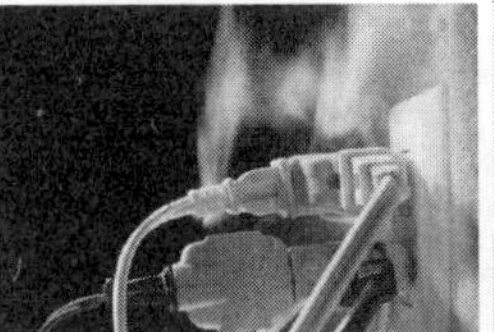

5.1 电气火灾起因

电气火灾的种类

渐变性原因引发的电气火灾

- 过热
- 接触不良
- 过负荷
- 电气故障
- 漏电

突发性原因引发的电气火灾

- 短路
- 雷击

5.1 电气火灾起因

2006~2015年我国电气火灾基本数据

电气火灾发生率和其人员伤亡及直接经济损失均位居各类火灾原因之首；电气火灾发生率所占比例基本平稳地维持在30%左右（发达国家电气火灾占总火灾比例基本在8%至17%之间），电气原因引发的重特大火灾位居首位；经济发达地区电气火灾发生率较高。说明火灾中电气故障、预防和控制是我们当前应该着重解决的关键性问题。

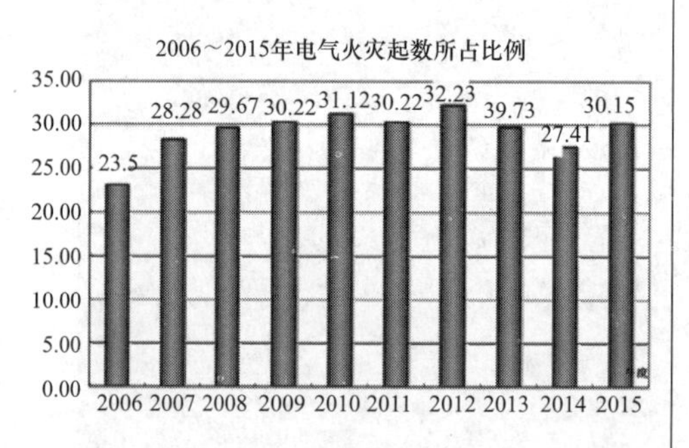

5.1 电气火灾起因

- 2006～2015年电气火灾直接原因分布特征
  - ➢ 电气线路故障：约占电气火灾总起数的60.12%（位居首位）
  - ➢ 电器设备故障：约占电气火灾总起数的20.04%
  - ➢ 电加热器具烤燃周围可燃物：约占电气火灾总起数的5.89%

- 2006～2015年较大及以上电气火灾直接原因分布特征

Ø 电气线路故障：约占电气火灾总起数的72.96%（位居首位）

Ø 电器设备故障：约占电气火灾总起数的11.01%

Ø 电加热器具烤燃周围可燃物：约占电气火灾总起数的9.12%

5.1　电气火灾起因

□ 供配电线路未随着生活水平提高而改进

- 老旧住宅配电线路没有进行彻底改造；
- 容量满足不了现在生活标准的用电需求；
- 超负荷→加速绝缘老化→产生漏电和电弧性放电→引发火灾

住宅实际用电超出入户进线允许负荷，导致入户线绝缘层碳化

5.1　电气火灾起因

□ 用电设备、电线电缆质量问题

- 部分企业弄虚作假、以次充好

2016 年 4 月 24 日某高层建筑电缆井火灾

电缆供货单位低价中标，提供阻燃性能未达标的产品，导致 1 至 48 层电缆几乎全部烧毁，直接财产损失逾千万元

- 销售假冒伪劣产品比较普遍尤其是城乡结合部、农村小超市、小五金店销售的“三无”电气产品较普遍

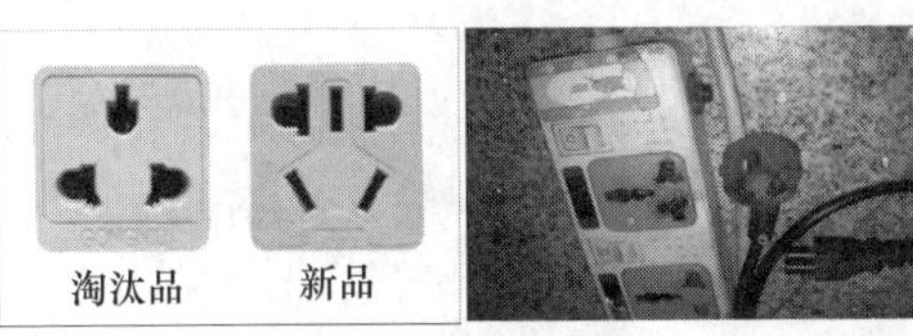

不符合标准的插座

5.1　电气火灾起因

□ 供配电系统存在安全性隐患

电气系统未严格按照国家相关技术标准的规定设计、校验

- 保护电气选型不合理。

过载、短路保护装置的动作参数与线路、用电设备不匹配

出现电气故障时，不能及时动作，切断电源

- 大量使用非线性负载而产生的谐波。

变频设备的使用

未设置谐波抑制设备

谐波抑制能力欠缺

5.1 电气火灾起因

□ 施工质量不符合要求

野蛮施工，导致电气线路层破损。
容易导致导线对地短路引发火灾。

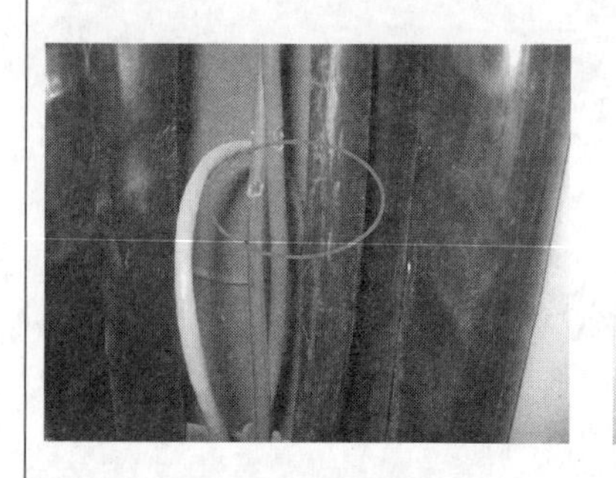

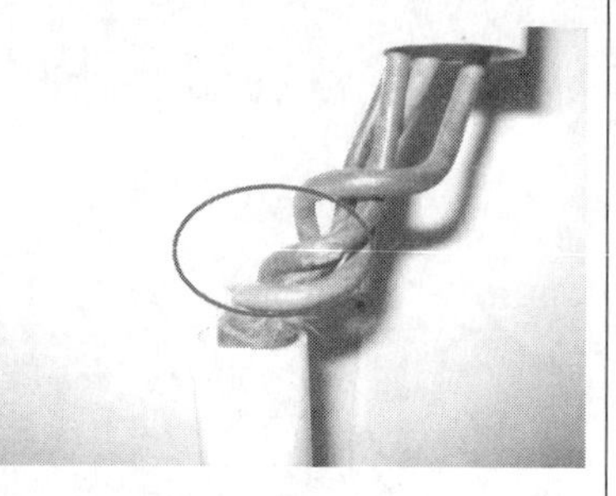

5.1 电气火灾起因

□ 施工质量不符合要求

➢ 线路敷设不规范、乱拉乱扯现象严重（尤其是乡村住宅）。
不利于电气线路故障排查和日常维护管理。

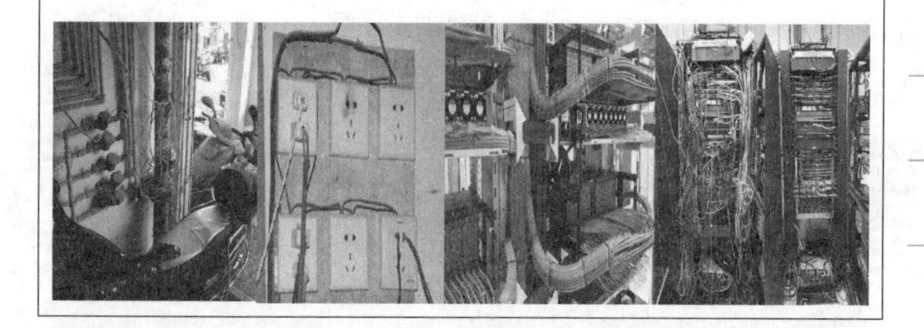

5.1 电气火灾起因

□ 施工质量不符合要求

➢ 线路防护不到位，低电压等级线用于高低压使用，如用网线做 220V 电源线。
容易造成线路机械破损、降低线路绝缘性能。

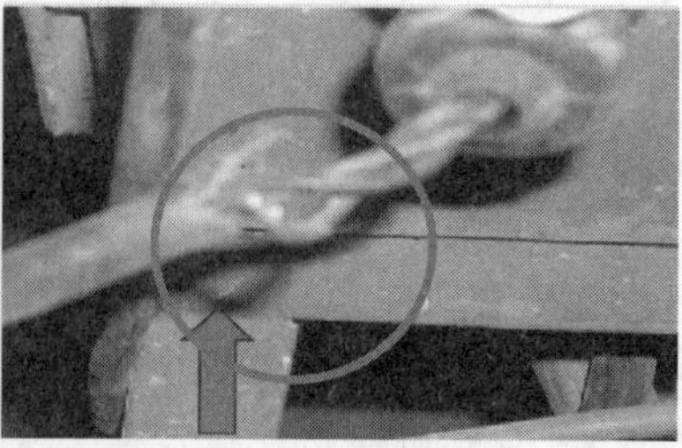

5.1 电气火灾起因

□ 施工质量不符合要求

➢ 线路连接不规范。

容易造成接触不良产生局部高温。

➢ 武汉 7・11 高层住宅火灾（造成 7 人死亡、12 人受伤）

无资质的电工将铝芯主电缆和铜芯分支线直接绞接，接触不良产生局部高温，引燃可燃物所致。

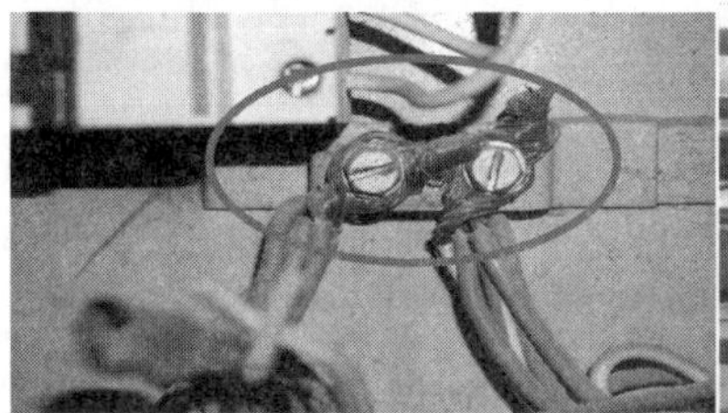

5.1 电气火灾起因

□ 施工质量不符合要求

电缆井（沟）未按规定进行防火封堵

容易造成电气火灾沿电缆井（沟）蔓延。

➢ 上海 "4・24" 在建高层建筑电缆火灾，除了用劣质电缆，还因为电缆井楼板处未封堵导致火灾迅速蔓延。

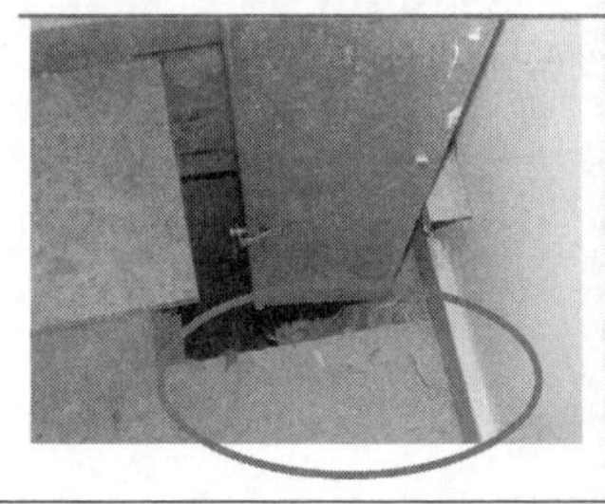

5.1 电气火灾起因

□ 电器产品达不到防火要求

➢ 常用的插座、电视机等产品的外壳没有进行防火处理

➢ 电热毯、加热垫等没有防火措施

电器产品的标准中缺少防火性能的技术要求。

电器产品的生产厂家消防安全意识的缺乏。

□ 缺乏相应政策保障

➢ 投入使用前，缺少系统性能检测要求。

➢ 投入使用后，缺少电气防火检测要求。

不能及时发现并纠正设计、施工、使用过程中存在的问题，不能及时消除电气火灾隐患。

5.1 电气火灾起因

□ 电器产品及其线路维护管理不当

- 专业维护人员匮乏

很多单位未配备技能达标的电工。

日常维护质量得不到保证，不能及时发现电气火灾隐患。

- 民众的安全用电意识淡薄
- 群众不掌握质量合格电气产品的辨别方法
- 缺乏安全用电常识，私拉乱接电线、违规使用大功率电器等问题普遍存在
- 云南迪庆香格里拉“1·11”古城重大火灾（烧毁近6万平方米古城房屋，直接财产损失近亿元）

使用取暖器、电烤火炉等电气设备不当所致。

5.1 电气火灾起因

□ 电器产品及其线路维护管理不当

5.1 电气火灾起因

5.1　电气火灾起因

电气线路故障

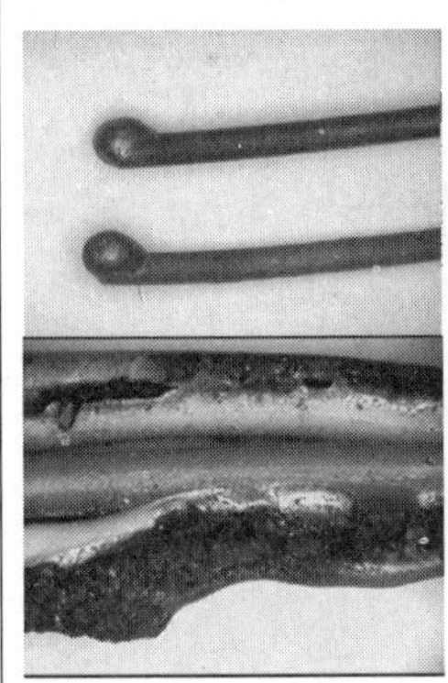

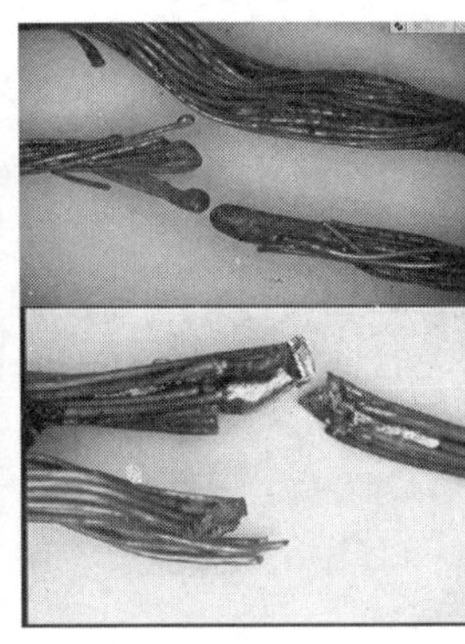

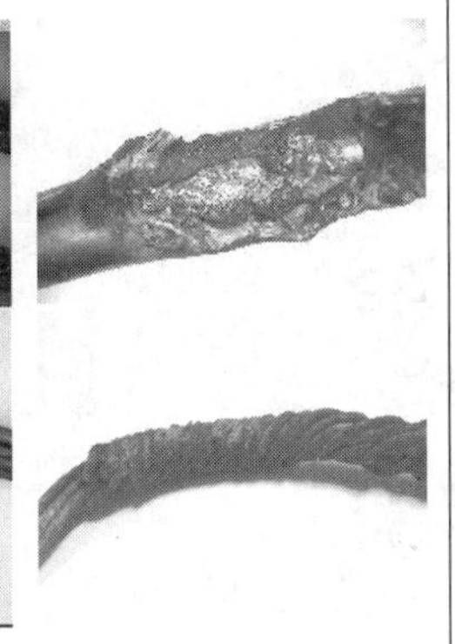

5.1　电气火灾起因

电气短路故障

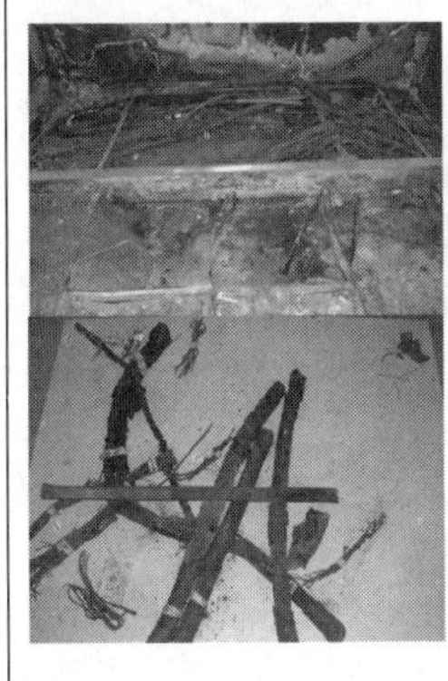

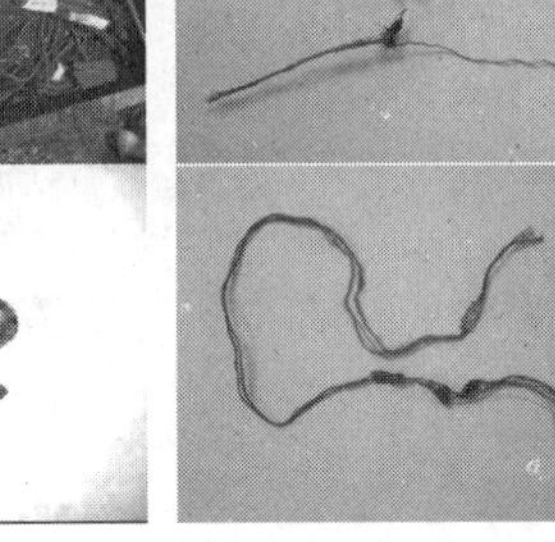

5.1　电气火灾起因

电气接插件接触不良

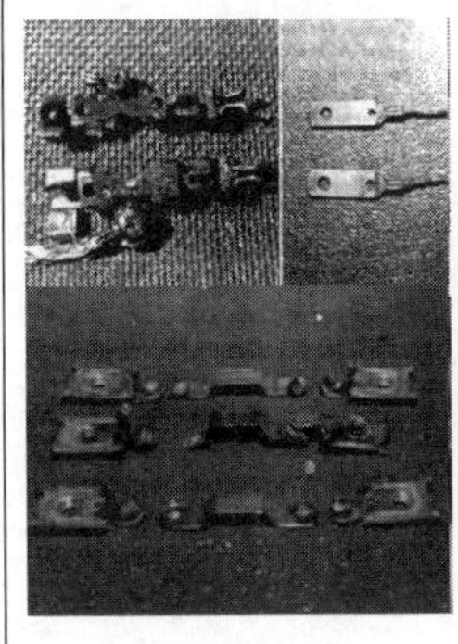

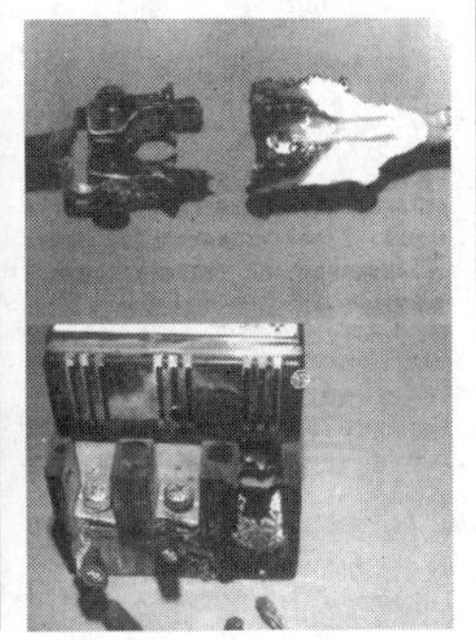

5.1 电气火灾起因

电加热器具故障

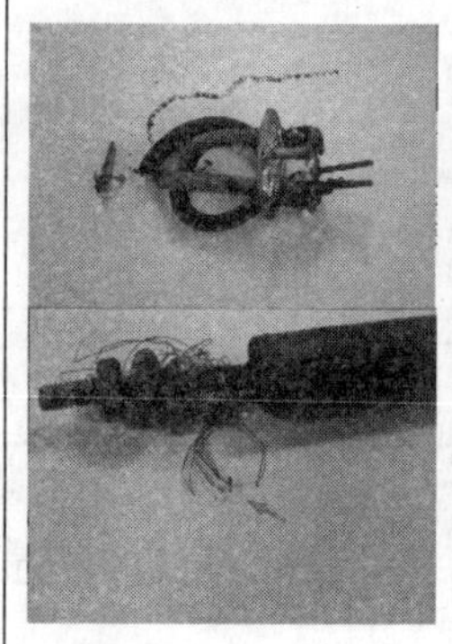
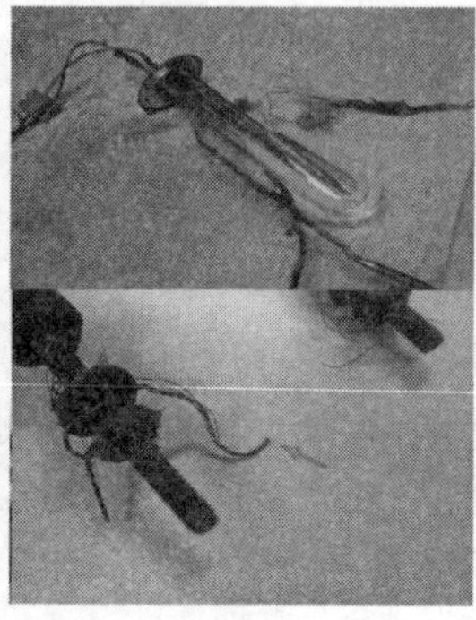
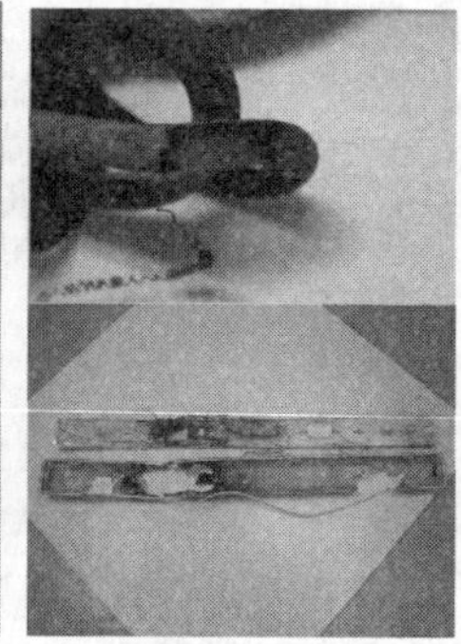

5.1 电气火灾起因

电子器件故障

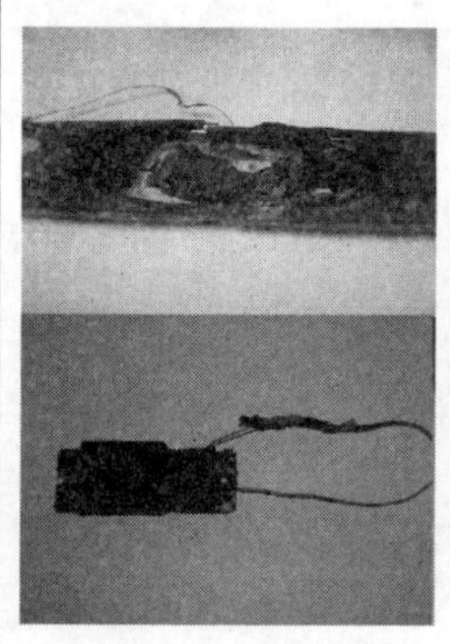
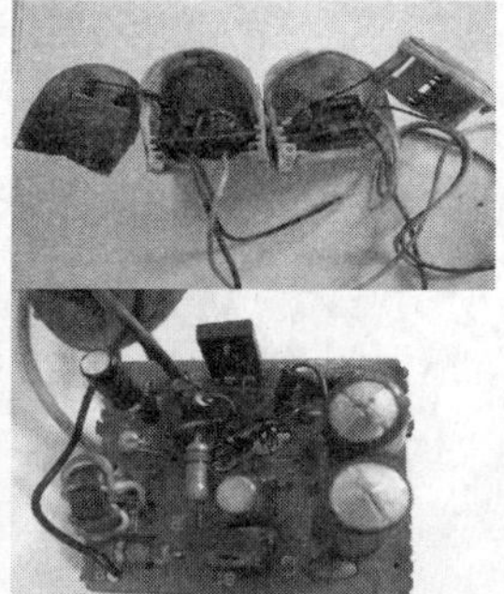
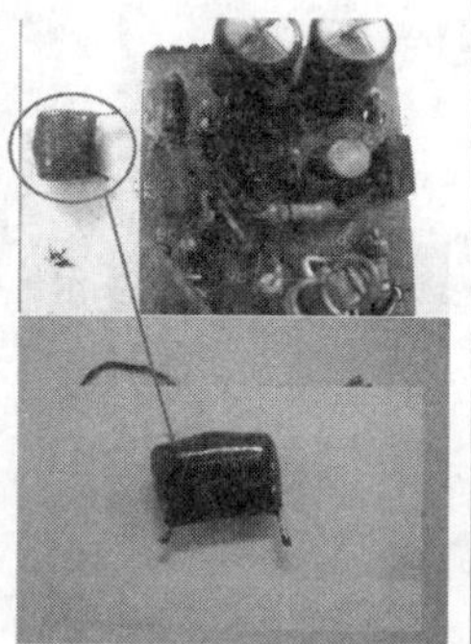

5.1 电气火灾起因

电气火灾典型案例

2010 年 8 月沈阳市铁西万达广场售楼处火灾，造成 12 人死亡，过火面积 350m²。起火原因为售楼处沙盘模型内电气线路接触不良过热，引燃可燃物所致。

5.1　电气火灾起因

电气火灾典型案例

2013 年吉林德惠宝源丰禽业公司“6.3”火灾。
禽类加工车间，死 121 人，更衣室电气线路短路。

5.1　电气火灾起因

电气火灾典型案例

2014 年山东潍坊寿光市龙源食品有限公司
“11·16”重大火灾，食品加工企业，死 18 人，冷风机供电线路接头过热。

5.1　电气火灾起因

电气火灾典型案例

2014 年 1 月 11 日凌晨 1 时 10 分许，迪庆州香格里拉县独克宗古城发生火灾，烧损房屋面积为 5.9 万 m^2，无人员伤亡。

5.1 电气火灾起因

电气火灾典型案例

5.1 电气火灾起因

电气火灾典型案例

2015年河南省平顶山市鲁山康乐园老年公寓“5.25”特大火灾死48人，电气线路接触不良。

5.1 电气火灾起因

电气火灾典型案例

2006年5月8日18时08分，乌鲁木齐市新疆建筑机械厂库房发生火灾。火灾共烧毁库房50间，过火面积3010m²。

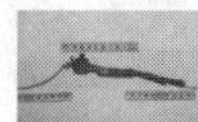

浙江省台州市天台县足馨堂足浴中心2017年2月5日17:26时，死18人伤18人过火500m²。

5.1　电气火灾起因

电气火灾典型案例

某居民楼 1：56 时电动车适配器着火死 4 人。

2005 河南省郑州市敦睦路针织批发市场特大火灾，火灾中死亡 12 人，烧毁面积 929m²，烧毁物品主要是针织品、货柜等物。

5.2　电气火灾探测技术

5.2　电气火灾探测技术

电气火灾监控系统组成

限流式电气火灾保护装置

电气火灾监控器

无电弧开关

剩余电流式电气火灾监控探测器

测温式电气火灾监控探测器

故障电弧式电气火灾监控探测器

测量热解粒子式电气火灾监控探测器

绝缘探测器

5.2 电气火灾探测技术

剩余电流式电气火灾监控探测器

◇ 一般不是直接用于探测火灾，而是主要用于规范建筑电气线路的施工与布线，监控线路破损等故障，从而降低电气火灾发生率。

◇ 系统的防护理念：防止接地故障引发电气火灾。

◇ 剩余电流式电气火灾监控探测器的设置原则：在单相设备多的配电系统；位置应便于排查故障点；报警阈值是在考虑电气回路自然漏流的基础上设置的300mA。

◇ 电动机回路由于设置接地故障保护措施，不需要设置剩余电流式电气火灾监控探测器。

◇ 对于 IT 系统的电源不接地或通过阻抗接地，因此无法进行剩余电流的探测。

5.2 电气火灾探测技术

测温式电气火灾监控探测器

◇ 用于线路过负荷、接触不良而引发火灾的探测，是探测电气故障引发火灾最有效的手段之一。

◇ 根据对供电线路发生的火灾统计，在供电线路本身发生过负荷时，接头部位反应最强烈，因此保护供电线路过负荷时，应重点监控其接头部位的温度变化。故测温式电气火灾监控探测器应设置在电缆接头、端子、重点发热部件等部位。

◇ 测温式电气火灾监控探测器的探测原理是以监测保护对象的温度变化，因此探测器应采用接触或贴近保护对象的方式设置。

◇ 保护对象为 1000V 及以下的配电线路，应采用接触式布置。

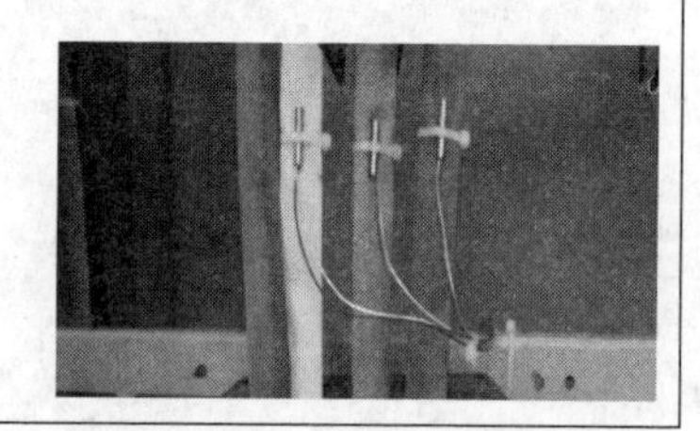

5.2 电气火灾探测技术

故障电弧电气火灾监控探测器

◇ 不论哪种电气故障引发的火灾，最终引燃可燃物的均是由于电气设备或线路的故障电弧。因此要想有效降低电气火灾的发生几率，最行之有效的手段就是故障电弧的有效探测。

◇ 主要用于末端探测，线路末端是负载变化最大的部分，也是电气火灾发生最多的部分，因此应属于最重点的防护部位。但由于其特性是切断电源式的保护，所以适合用于断电后不会产生损失和危害的场所。

◇ 保护线路长度不宜大于 100m。

MCB 16A 脱扣曲线

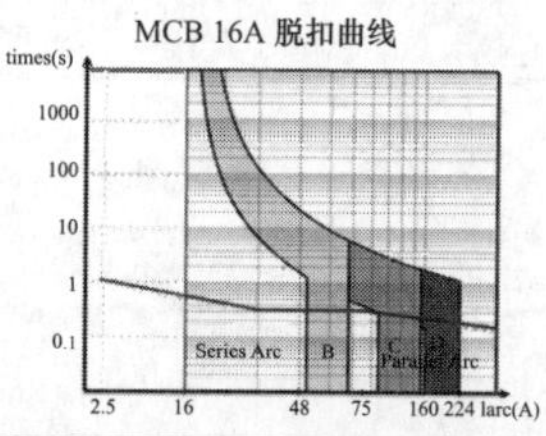

5.2　电气火灾探测技术

使用电气火灾探测器注意事项

- 剩余电流式电气火灾监控探测器应设置在接地故障保护电器不能有效动作地方。
- 测温式电气火灾监控探测器应设置在线路过负荷、接触不良、温度产生异常地方。
- 故障电弧探测器应设置在接近负荷侧可能发生接触不良、相对中性线发生短路地方。

5.2　电气火灾探测技术

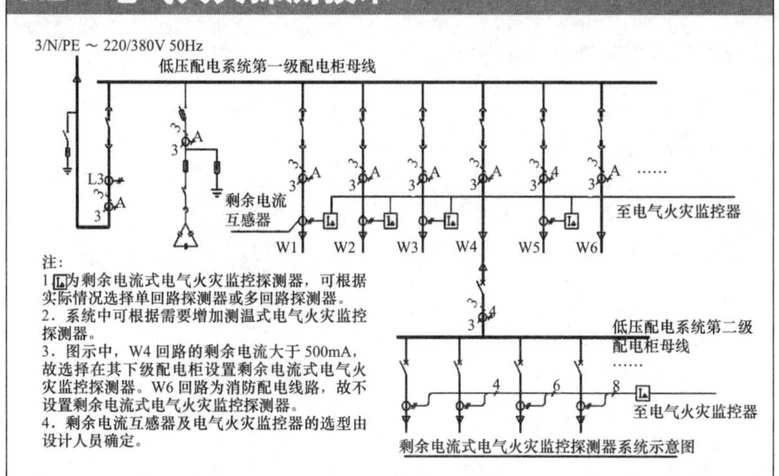

3/N/PE ～ 220/380V 50Hz
低压配电系统第一级配电柜母线
剩余电流
互感器
至电气火灾监控器
W1
W2
W3
W4
W5
W6
低压配电系统第二级
配电柜母线
至电气火灾监控器
注：
1 为剩余电流式电气火灾监控探测器，可根据实际情况选择单回路探测器或多回路探测器。
2．系统中可根据需要增加测温式电气火灾监控探测器。
3．图示中，W4 回路的剩余电流大于 500mA，故选择在其下级配电柜设置剩余电流式电气火灾监控探测器。W6 回路为消防配电线路，故不设置剩余电流式电气火灾监控探测器。
4．剩余电流互感器及电气火灾监控器的选型由设计人员确定。

剩余电流式电气火灾监控探测器系统示意图

5.2　电气火灾探测技术

热解粒子电气火灾监控探测器

用于各类发热并在燃烧前而热解出来的粒子特征探测。一般设置在各类电气柜内或电缆沟道内。

限流式电气防火保护装置

用于探测末端线路用电器具发生过载、短路等电气故障控制。一般设置在最末一级配电盘输出端。具有电气防火保护功能的插座与开关，用于具体电器防护。

5.2 电气火灾探测技术

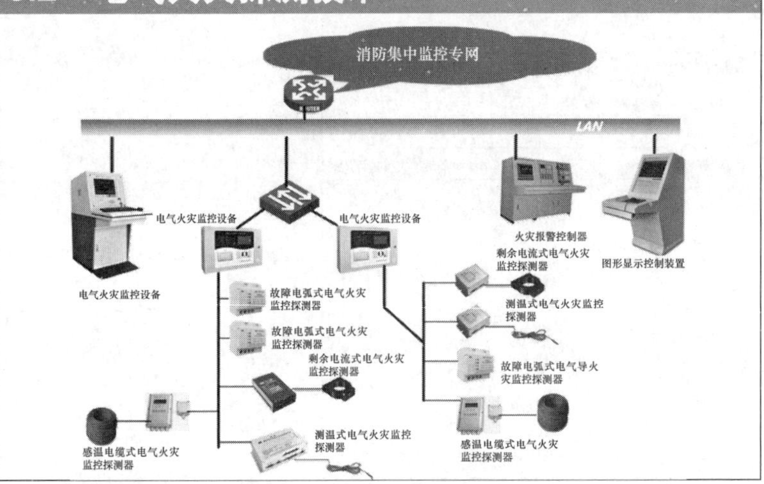

5.2 电气火灾探测技术

250m 以上超高层建筑火灾自动报警系统应符合下列规定：

1. 系统的消防联动控制总线应采用环形结构；
2. 应接入城市消防远程监控系统；
3. 旅馆客房内设置的火灾探测器应具有声警报功能；
4. 电梯井的顶部、电缆井应设置感烟火灾探测器；
5. 旅馆客房及公共建筑中经常有人停留且建筑面积大于 100m^2 的房间内应设消防应急广播扬声器；
6. 疏散楼梯间内每层应设置 1 部消防专用电话分机，每 2 层应设置一个消防应急广播扬声器；
7. 避难层（间）、辅助疏散电梯的轿箱及其停靠层的前室内应设置视频监控系统，视频监控信号应接入消防控制室，视频监控系统的供电回路应符合消防供电的要求；
8. 卫生间等场所应设置火灾探测器；
9. 消防控制室应设置在建筑的首层。

5.3 电气设备与材料防火

5.3　电气设备与材料防火

用电设备防火措施

- 人员密集或超高建筑的≥ 100W 用电设备、插座等的外壳和电源线材料等级建议不低于 V0 级。
- 一类公共建筑和二类公共建筑≥ 100W 用电设备、插座等的外壳和电源线材料等级建议不低于 V1 级。
- 其他建筑中≥ 100W 用电设备、插座等的外壳和电源线材料等级建议不低于 V2 级。

5.3　电气设备与材料防火

灯具防火措施

- 开关、插座、照明灯具及其配套器件靠近可燃物时，应采取隔热、散热等防火保护措施。
- 可燃物品存储场所不应设置卤钨灯等高温照明灯具，并应对灯具的发热部件采取隔热防火保护措施。
- 卤钨灯、额定功率≥ 100W 的白炽灯泡吸顶灯、嵌入式灯的引入线应采取有效的防火保护措施。
- 大于 60W 功率卤钨灯、金属卤灯、荧光高压汞灯等不应安装在可燃装修材料或可燃构件上。
- 建筑物外墙、地铁和商场悬挂或屋顶安装的广告灯箱应采取防火措施。

5.3　电气设备与材料防火

油浸变压器防火措施

5.3 电气设备与材料防火

油浸变压器防火措施

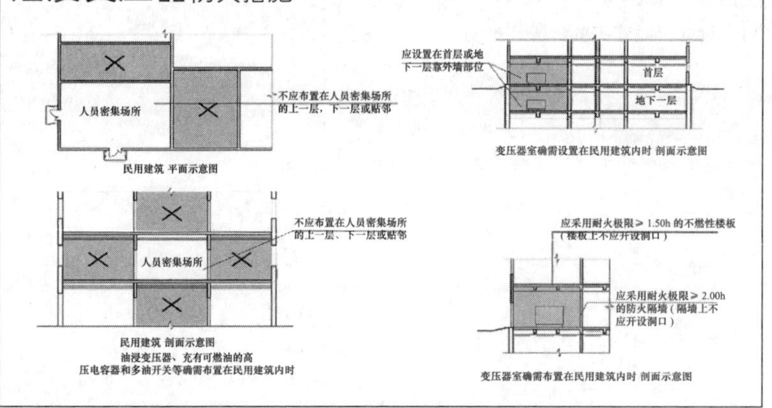

5.3 电气设备与材料防火

柴油发电机组设置

- 建筑内设置的自备发电机可兼作建筑物内消防设备的应急电源。
- 在供电距离为400m及以上时，柴油发电机组电压等级应选择高压柴油发电机组。
- 在供电距离为250m~400m之间时，柴油发电机组电压等级选择应进行技术经济分析确定。
- 在供电距离为250m及以下时，柴油发电机组电压等级应选择低压柴油发电机组。

5.3 电气设备与材料防火

柴油发电机组容量的设置

- 柴油发电机组容量应按稳定消防负荷计算。

$$S_{c1}=\alpha\left(\frac{P_1}{\eta_1}+\frac{P_2}{\eta_2}+\cdots+\frac{P_n}{\eta_n}\right)\frac{1}{cos\varphi}=\frac{\alpha}{cos\varphi}\sum_{k=1}^{n}\frac{P_k}{\eta_k}$$

- 应按最大的单台电动机或成组电动机启动的需要进行验算。

$$S_{c2}=\left[\frac{P_{\Sigma}-P_m}{\eta_{\Sigma}}+P_m\cdot K\cdot C\cdot \cos\varphi_m\right]\frac{1}{cos\varphi}$$

- 应按启动电动机时，发电机母线允许电压降验算发电机容量。

$$S_{c3}=P_n\cdot K\cdot C\cdot X_d^{n}\left(\frac{1}{\Delta E}-1\right)$$

- 应计入环境对柴油发电机组容量影响。

5.3 电气设备与材料防火

柴油油箱（罐）防火措施

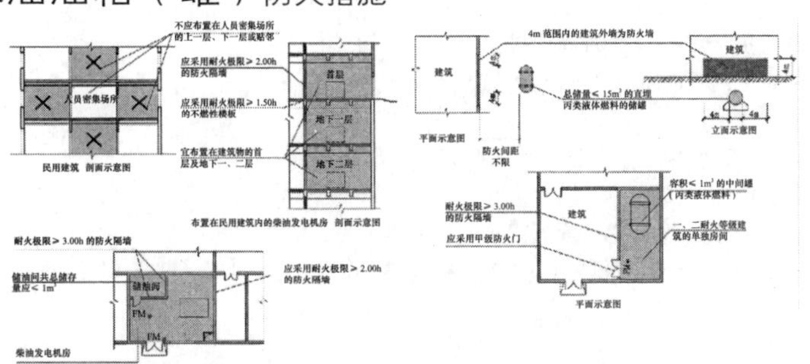

1. 在进入建筑物前和设备间内的管道上均应设置自动和手动切断阀；
2. 储油间的油箱应密闭且应设置通向室外的通气管，通气管应设置带阻火器的呼吸阀，油箱的下部应设置防止油品流散的设施。

5.3 电气设备与材料防火

消防电梯防火措施

- 应能每层停靠；
- 电梯的载重量不应小于 800kg；
- 电梯从首层至顶层的运行时间不宜大于 60s；
- 电梯的动力与控制电缆、电线、控制面板应采取防水措施；
- 在首层的消防电梯入口处应设置供消防队员专用的操作按钮；
- 电梯轿厢的内部装修应采用不燃材料；
- 电梯轿厢内部应设置专用消防对讲电话 ；
- 消防联动控制器应具有发出联动控制信号强制所有电梯停于首层或电梯转换层的功能；
- 电梯运行状态信息和停于首层或转换层的反馈信号应传送给消防控制室显示。

5.3 电气设备与材料防火

电气装置保护措施

- 配电线路的过负荷保护，消防设备线路应做过负荷报警装置。
- 电加热设备应使用具有测温或测量故障电弧防火功能的保护装置 。
- 空间高度大于 12m 的场所上方设置的照明灯具线路，应设置故障电弧式电气火灾监控探测器 。
- 配电柜内，宜设测温式或热解粒子式电气火灾监控探测器。
- 电动车充电等场所的末端配电箱应设置限流式电气防火保护器。

5.3 电气设备与材料防火

SPD 防火措施

- SPD 工作状态实时检测和故障报警，及时提示工作人员将模块拔出、连接不可靠等因素导致防护无效的 SPD 进行维护处理，保证所有 SPD 均能够起到有效的保护作用；
- 对 SPD 的故障状态进行实时检测和报警，及时提醒工作人员将故障损坏（失效）的 SPD 更换，保证防雷系统具有连续的防护性能；
- 对 SPD 及其内部器件的劣化程度进行实时监测，当劣化程度到限定值时报警，以便工作人员在发生劣化的 SPD 完全失效前对其进行维护，保证所有安装的 SPD 均具备有效的防护性能。

5.3 电气设备与材料防火

UPS 防火措施

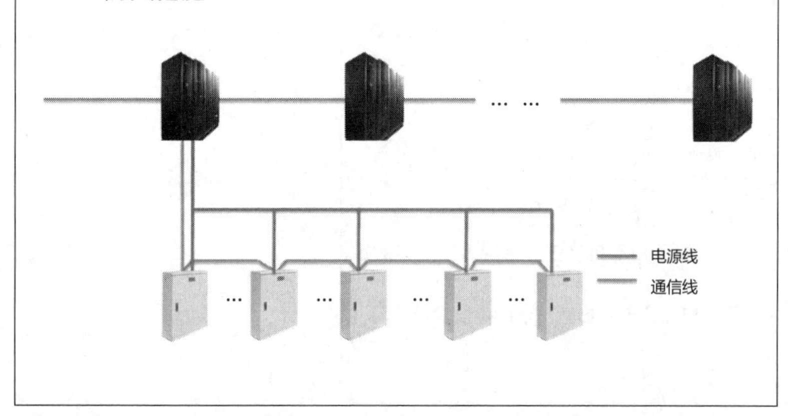

5.3 电气设备与材料防火

建筑电气负荷配电线路选择要求

耐火电缆在规定试验条件的火焰燃烧情况下，能够在规定时间内保持线路持续供电的电缆。

不延燃线缆在规定试验条件的火焰燃烧情况下，仅接触火焰部分的一定范围被碳化，且不向其他部分蔓延的线缆。

5.3　电气设备与材料防火

建筑消防负荷配电线路选择要求

消防设备配电及控制线路应采用铜芯耐火电缆。

消防控制室、消火栓供水泵、防火卷帘水幕泵、消防电梯及其前室的加压风机火灾时持续运行时间为 3h，应选择 950℃，180min 耐火电缆。

疏散楼梯间、疏散走道、避难层（间）应选择产烟毒性为 t0 的线缆或选择普通线缆并暗敷于不燃结构内。

5.3　电气设备与材料防火

建筑消防负荷配电线路选择要求

250m 以上超高层建筑消防供配电线路要求：

1 消防电梯和辅助疏散电梯的供电电线电缆应采用燃烧性能为 A 级、耐火时间不小于 3.0h 的耐火电线电缆，其他消防供配电电线电缆应采用燃烧性能不低于 B1 级，耐火时间不小于 3.0h 的耐火电线电缆。电线电缆的燃烧性能分级应符合现行国家标准《电缆及光缆燃烧性能分级》GB 31247 的规定；

2 消防用电应采用双路由供电方式，其供配电干线应设置在不同的竖井内；

3 避难层的消防用电应采用专用回路供电，且不应与非避难楼层（区）共用配电干线。

5.3　电气设备与材料防火

建筑非消防负荷配电线路选择要求

建筑高度超过 250m 的超高层建筑应选用燃烧性能不低于 B1 级、产烟毒性为 t0 级的电缆。非消防用电负荷应设置电气火灾监控系统。

建筑高度超过 150m 但不超过 250m 的公共建筑日常用电线路在与消防供电线路同一竖井内敷设时应选用燃烧性能不低于 A 级、产烟毒性为 t0 级的电线、电缆；日常用电线路与消防供电线路不在同一竖井内敷设时应选用燃烧性能不低于 B1 级、产烟毒性为 t0 级的电线、电缆。

5.3 电气设备与材料防火

建筑非消防负荷配电线路选择要求

建筑高度超过 100m 但不超过 150m 的公共建筑和一类高层建筑中的财贸金融建筑、省级电力调度建筑、省(市)级广播电视、电信建筑应选用燃烧性能 B1 级、产烟毒性为 t1 级、燃烧滴落物/微粒等级为 d1 级的电缆。电线应选择燃烧性能不低于 B2 级、产烟毒性为 t2 级、燃烧滴落物/微粒等级为 d2 级。

5.3 电气设备与材料防火

建筑非消防负荷配电线路选择要求

其他一类公共建筑及人员密集的公共场所，应选择燃烧性能不低于 B2 级、产烟毒性为 t2 级、燃烧滴落物/微粒等级为 d2 级的电线和电缆。

避难层、避难间和木结构建筑应选用燃烧性能为 A 级、产烟毒性为 t0 级的电缆，明敷的电线应选择燃烧性能不低于 B1 级、产烟毒性为 t0 级、燃烧滴落物/微粒等级为 d0 级的电线。

长期有人滞留的地下建筑中应使用燃烧性能不低于 B1 级、产烟毒性为 t0 级的电缆。

5.3 电气设备与材料防火

建筑配电线路连接要求

电气线路连接时，应采用接线盒或接线端子；铜导体与铝导体连接时，应使用铜铝过渡接头或采用烫锡处理；芯线为多股铜芯线时应采用专用接线连接片或接头搪锡处理后接入接线端子。

电气线路的接线端子、接线盒、线缆穿管等附件的防护等级应不低于线缆的防护等级。

电缆的分接不应采用穿刺分支器。

5.3　电气设备与材料防火

建筑配电线路敷设要求

电缆竖井设置应考虑可靠性的要求；高、低压电缆竖井宜分别设置；两路及以上的高压电缆宜分开敷设；消防线路、普通线路宜分竖井敷设，为消防负荷供电的回路采用耐火电缆明敷设时，应穿金属导管或封闭式金属槽盒，并采取防火处理措施。

电压等级超过交流 50V 以上的消防配电线路在吊顶内或室内接驳时，应采用防火防水接线盒，不应采用普通接线盒接线。

5.4　其他电气火灾防控措施

5.4　其他电气火灾防控措施

□ 提高建筑电气系统本质安全水平

1. 电气系统设计应严格执行国家相关工程技术标准的规定。

（1）加强建筑用电负荷核算环节的设计要求。

1）建筑总的用电负荷；

2）配电回路的额定负荷。

（2）提高电气线路、槽盒和护管、配电设备阻燃性能的选型要求。

电子信息系统线缆采用不延燃性电缆。

（3）提高保护电器环节的设计要求。

1）保护电器的动作性能的选型；

2） 动作参数合理性的校验。

5.4 其他电气火灾防控措施

□ 提高建筑电气系统本质安全水平

2. 系统的施工、验收应严格执行国家相关工程技术标准的规定。

（1）加强对施工质量，尤其是隐蔽工程施工质量的监管。

提升施工工艺、健全完善施工质量的检查制度。

（2）线缆、电气设备质量的核查。

确保线缆、电气设备的选型符合设计文件的要求；

确保采用质量达标的产品。

（3）加强对防火封堵施工环节的重点监管。

管道井、竖井、电缆隧道、电气柜出入口应等处实施专业而有效的防火封堵 。

5.4 其他电气火灾防控措施

□ 提高建筑电气系统本质安全水平

3· 提高用电设备的本质安全性能

（1）提高用电设备的制造标准。

增加防火性能的技术要求。

（2）对用电设备增加相应的防火措施。

防火隔离：发热电器与可燃物之间采用相应的隔离措施。

5.4 其他电气火灾防控措施

□ 提高建筑电气系统本质安全水平

4. 加强系统的日常维护管理

（1）建立健全安全用电管理制度

1）社会单位应制定本单位的安全用电管理制度；住宅小区、乡村应以社区、物业为单位制定该区域的安全用电管理制度。

2）应配备具有法定资质的电工或委托具有法定资质的机构负责本单位用电系统的日常维护管理。

3）建筑的用电负荷超出设计负荷时，社会单位、社区、物业应对建筑的用电系统进行改造。

5.4　其他电气火灾防控措施

□ 提高建筑电气系统本质安全水平

4. 加强系统的日常维护管理

（2）对建筑定期进行电气火灾检测

1）全面检测建筑电气系统存在的火灾隐患。

2）及时进行隐患整改。纠正配电系统中存在故障，更换绝缘下降的线缆，淘汰超使用寿命期的用电设备等。

□ 设置预警监控系统保障用电安全

设置电气火灾监控系统、带防火监控功能的插座。用于监控供配电线路及线路中用电设备的故障。

5.4　其他电气火灾防控措施

□ 电气火灾的日常检查

1. 询问是否检查跳闸；村寨入户开关是否采用的保护电器，保护电器接线端子是否有烧焦痕迹如采用老式闸刀开关，查看是否用铜丝代替保护电器。

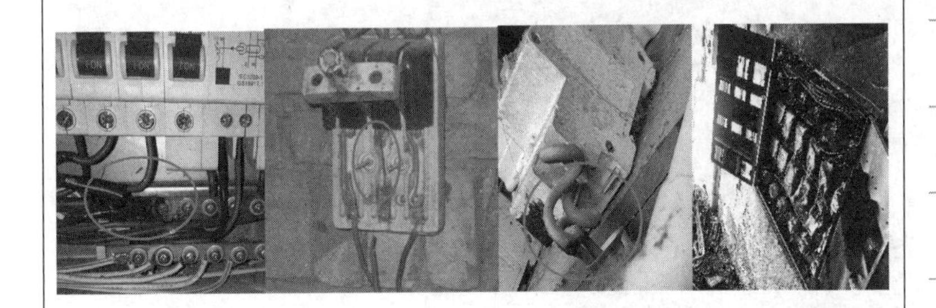

5.4　其他电气火灾防控措施

□ 电气火灾的日常检查

2. 明敷的电线。很多村寨室内电线为明敷，查看接头是否采用了接线端子，同时检查是否有乱拉线情况。临时装修场所，电源插座应固定在无可燃物处。

5.4 其他电气火灾防控措施

□ 电气火灾的日常检查

3. 电加热器、空调、热水器、打米机等大功率用电器是否烧焦痕迹，使用的插头和插座是否有烧焦痕迹；灯具是否正常等。

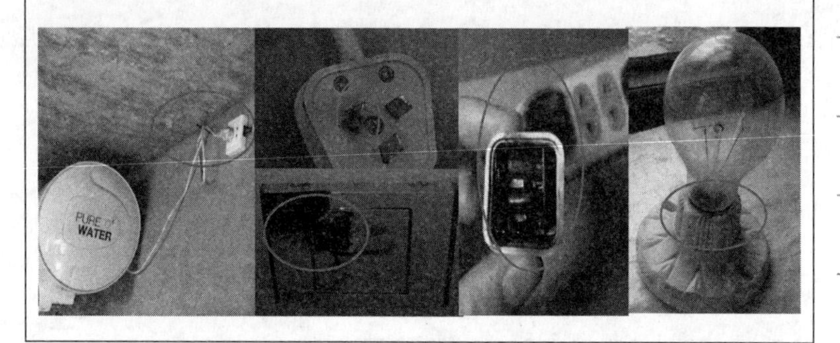

5.4 其他电气火灾防控措施

□ 电气火灾的日常检查

4. 设置的电气火灾监控设备及其他电气防火产品应保持正常工作状态。根据国家标准《火灾自动报警系统设计规范》GB 50116 要求检查电气火灾监控系统设置情况。

结束语

- 电气火灾与其他火灾相比具有鲜明特点
- 电气火灾的防范也与其他火灾明显不同
- 电气防火技术需要不断总结经验和完善

The End

第六章

建筑电气设计 300 问

【摘要】电气工程师工作中经常遇到许多实际问题，这些问题会影响工程建设，电气工程师应当针对工程实践中遇见的疑点和难点，遵循国家有关方针、政策，突出电气设计原则，寻找出问题所在，根据解决问题的思维程序去分析问题和界定问题，同时应当注意以下几个方面：原以为自己看到事件，不一定是整个事件全部；观察问题视角不同，发现问题也会不同；只有不断探索，才能接近问题真相。

目录 CONTENTS

6.1 供配电系统

6.1 供配电系统

问：《供配电系统设计规范》GB50052-2009 第 3.0.9 条中“备用电源的负荷严禁接入应急供电系统”如何理解？要从发电机开始就分开吗？

答：备用电源与应急电源是两个完全不同用途的电源。备用电源是当正常电源断电时，由于非安全原因用来维持电气装置或其某些部分所需的电源。

应急电源是用作应急供电系统组成部分的电源，是为了人体和家畜的健康和安全，以及避免对环境或其他设备造成损失的电源。

个人认为：应根据具体工程情况确定是否发电机开始就分开。

问：当柴油机组作为一级负荷的双重电源之一时，EPS 或 UPS 是否可视为增设的应急电源？

答：EPS 或 UPS 可视为增设的应急电源，但需要在供电容量、供电时间、切换时间三方面同时满足规范要求。

6.1　供配电系统

问：大型建筑群体、大底盘商业综合体，消防负荷计算及柴油发电机组容量如何确定？

答：大型商业综合体柴油发电机组应分区设置，分区内消防负荷可为如下几个计算负荷之和。

1）裙房发生火灾时，发生火灾的防火分区及相邻防火分区的消防负荷；
2）裙房竖向各层对应的防火分区消防负荷；
3）最大塔楼的消防负荷；
4）消防控制室及消防泵房的消防负荷。

问：《建筑设计防火规范》GB 50016–2014 第 10.1.9 条要求按三级负荷供电的消防设备其配电箱宜独立设置，如何执行？

答：为保证消防用电设备配电箱的防火安全和使用的可靠性。对消防设备的配电箱和控制箱应采取防火隔离措施，可以较好地确保火灾时配电箱和控制箱不会因为自身防护不好而影响消防设备正常运行。

6.1　供配电系统

问：消防配电线路与其他配电线路共电缆井时，采用矿物绝缘线缆，如何执行？

答：为避免其他电缆对消防配电线路线缆影响，保证消防用电设备供电的可靠性，采用矿物绝缘类线缆。

问：当采用一路 10kV 进线带两台变压器、每台变压器低压侧各出一路末端切换的方式满足二级负荷的供电要求吗？

答：满足二级负荷的供电要求。

6.1　供配电系统

问：如果采用蓄电池还有必要需要双重电源或双回线路电源吗？

答：根据负荷等级及其用电量来确定供电方案， 同时，应根据供电时间和维护成本来确定。

问：超高层建筑中，高压柴油发电机与市电切换点的位置，是在变压器前还是在 10kV 的配电室内为宜？

答：在超高层建筑中，经技术经济比较合理时可采用高压柴油发电机。一般有三种做法一是 10kV 发电机电源与市政电源在 10kV 配电所内自动切换后向各个 10/0.4kV 变电所内设置的备用电源专用变压器配电；二是发电机 10kV 电源供电至高区降压后，在各个变电所低压配电系统处自动切换。三是发电机 10kV 电源供电至高区后，在各个变电所高压配电系统处自动切换。

6.1 供配电系统

问：哪些负荷应设置有源滤波？

答：（1）较大整流设备，如数据中心、电子信息机房；

（2）医疗专用设备；

（3）变频设备集中的地方，如中央空调的制冷机房；

（4）可控硅调光设备。

问：电梯机房总电源开关不应切断下列供电回路：轿厢、机房和滑轮间的照明和通风。轿顶、机房、坑底的电源插座。井道照明。报警安置。为电梯供电的双电源箱设置在电梯机房内，是不是双电源箱总开关不能切断上述用电？

答：不是。这里的电梯机房总电源开关是指电梯自带控制箱的总电源开关。依据《电梯安装验收规范》GB/T 10060-2011 第 5.1.3.1 条。

6.1 供配电系统

问：自动转换开关 PC 级与 CB 级有何区别？其进线侧是否增设隔离开关或断路器？

答：PC 级 ATSE：能够接通、承载、但不用于分断短路电流，转换时间为 0.1s 左右。

CB 级 ATSE：配备过电流脱扣器的 ATSE，它的主触头能够接通并用于分断短路电流，CB 级转换时间为 1~3s。

问：如何理解 GB 50016-2014 第 10.1.6 条“消防用电设备应采用专用的供电回路”？

答：消防用电设备的专用供电回路是指从低压总配电室或分配电室或单体工程（或住宅单元）的总配电箱（柜）至消防设备或消防设备室（如消防水泵房、消防控制室、消防电梯机房等）的最末级配电箱（或控制箱 / 柜）的配电线路，该线路从低压总配电室或分配电室开始直至消防设备或消防设备室（如消防水泵房、消防控制室、消防电梯机房等）的最末级配电箱（或控制箱 / 柜）的配电线路均应与非消防用电设备的配电线路严格分开，不得混接。

6.1 供配电系统

问：三级负荷消防用电，一定要二根电缆，末端切换吗？

答：没有这样要求。

问：地下室潜水泵是防止灭火时供配电装置及消防设备被水淹的重要设施，是否应严格按消防设备配电。如没有，审图应如何把握？

答：地下室用于消防排水潜水泵应按消防设备配电。

6.1　供配电系统

问：根据《车库建筑设计规范》JGJ 100–2015 第 7.4.1 特大型和大型车库应按一级负荷供电，中型车库应按不低于二级负荷供电，小型车库可按三级负荷供电。机械式停车设备应按不低于二级负荷供电。各类附建式车库供电负荷等级不应低于该建筑物的供电负荷等级。其中负荷供电等级指消防用电负荷等级，普通照明可否用三级负荷?

答：个人观点：针对车库不同设备，按照设备负荷级别配电。

问：根据居住区新规范，多层电梯需要做二级负荷供电。采用末端切换（地下室配电间设两个主备供计量柜），还是采用在地下室设一个双电源箱，然后单回路给各单元电梯配电?

答：二级负荷可以采用末端切换（地下室配电间设两个主备供计量柜）配电，也可以在地下室设一个双电源箱，然后单回路给各单元电梯配电，但不要距离过远以及与其他负荷混合配电。

6.1　供配电系统

问：按教育建筑电气设计规范，学生宿舍的主要通道照明及食堂的主要设备用电为二级负荷，有的学校位于乡镇，层数不多，有的为加建部分宿舍，按这个二级负荷的供电要求，校方无法做到，而学校等单位是要按图施工，请问：这个二级负荷有什么办法解决?

答：二级照明负荷可以采用末端切换配电，也可以有两处配电箱交叉配电和专用回路配电。必要时可以配备蓄电池，提高供电可靠性。

问：《教育建筑电气设计规范》JGJ310–2013 第 4.2.2 条规定教育建筑的教学楼、学生宿舍等建筑主要照明为二级负荷，一般小学规模较小，走道照明容量也较小，不具备二级负荷电源条件时如何执行该条规范?

答：二级照明负荷可以专用回路配电，必要时可以配备蓄电池。

6.1　供配电系统

问：屋顶稳压水泵是否需从变电所单独引电源?

答：个人观点：不需要，但不能低于二级负荷供电要求。

问：除民规规定的情况外，哪些情况下的空调负荷有非三级负荷的可能？如工业建筑中，工艺要求必须恒温恒湿的场所，是否算作二级负荷?

答：个人观点：计算机房空调负荷。工业建筑中，工艺要求必须恒温恒湿的场所，一旦空调负荷断电，会影响工作，应定为二级负荷。

6.1 供配电系统

问：消防类电源定级问题：有些工程（如大型工业厂房或公共建筑）定位三级负荷，因而应急照明疏散照明等均回避选用专门应急照明配电箱措施，应如何把握此类问题？

答：工业厂房或公共建筑满足规范要求消防负荷定为三级负荷同时还应按《建筑设计防火规范》GB50016-2014 第 10.1.6 条执行。

问：消防配电用电缆、电线，在穿金属管（防火处理），封闭式金属线槽（防火处理）时，能不能穿普通的电缆？一般设计穿耐火电缆，要不要也穿矿物绝缘电缆？

答：个人观点：不能穿普通的电缆。耐火电缆可以穿金属管（防火处理），封闭式金属线槽敷设，矿物绝缘电缆可以采用 T 架敷设。

6.1 供配电系统

问：对于需设置应急照明的强、弱电竖井通常是指人可进入操作空间的竖井，其进深尽尺寸至少应大于 0.8 m，小于此空间的竖井可利用井外空间的应急照明做其照明之用，可不可以这样做？

答：个人观点：不可以。强、弱电竖井内需要维护人员操作，应保证有足够照度，若井外空间的应急照明做其照明之用，照度和控制不一定得到保证。

问：消防楼层配电箱设在电井里，引出的支线在井内部分明敷时是否要用矿物绝缘电缆？

答：个人观点：消防楼层配电箱设在电井里，引出的支线在井内部分明敷时，可以不用矿物绝缘电缆。但引出至电井外时，要采用耐火电缆，避免出现很多接头。

6.1 供配电系统

问：变压器中性线采用扁钢时，能否暗敷在楼板里？

答：不可以，应采用绝缘措施。

问：变电所内环形接地母排能否可以设置在夹层？

答：变电所内环形接地母排不应设置在夹层。一般设置在变电所距地面 0.45m 处。

6.1　供配电系统

问：按民规要求，防排烟风机的持续供电时间要求为 3h，地下车库采用耐火电缆加刷防火漆（耐火 1.5h）是否满足要求，还是必须要采用矿物绝缘电缆？

答：个人观点：防排烟风机的持续供电时间要求为 3h，定的标准偏高，1.5h。若要满足 3h 持续供电，地下车库采用耐火电缆加刷防火漆（耐火 1.5h）理论上应该可以满足要求，施工质量不好监督，最好采用矿物绝缘电缆。

问：一幢 33 层住宅，强弱电井分开设置，消防电梯用电采用耐火电缆在一层穿管暗敷后引至强电井，然后沿防火桥架引至电梯机房，是否满足规范要求？

答：个人观点：耐火电缆满足 3h，950℃要求即可。

6.1　供配电系统

问：强电的桥架敷设，是否一定要设常用和应急用两组桥架？合用一组且设置防火分隔能满足规范要求吗？

答：个人观点：合用一组且设置防火分隔管理上存在问题。最好设常用和应急用两组桥架。

问：可燃材料仓库配电箱及开关应设置在仓库外，每个仓库的防火分区内应急照明、排烟风机配电箱也应设置在仓库外？

答：个人观点：应该这样做。

6.1　供配电系统

问：事故排风机是否需要采用防爆型，是否可由消防电源供电？

答：个人观点：事故排风机是否需要采用防爆型，应根据安装场所确定。根据其功能要求确定负荷分级和是否可由消防电源供电。

问：消防控制室、弱电机房等机房内的空调，如若采用分体空调，其电源应来自于本机房配电箱，还是楼层空调配电箱内？

答：个人观点：最好引自楼层空调配电箱，但不要低于二级负荷。

6.1 供配电系统

问：在何种情况下需要校验电缆的线损、动稳定、热稳定或机械强度?

答：个人观点：所有电缆都需要校验电缆的线损、热稳定和机械强度。只是在常用数据以外应单独计算。

问：对于《建筑设计防水规范》GB50016-2014，第10.2.5条规定：可燃材料仓库内，配电箱和开关应设置在仓库外。对于比较大的仓库，或是仓库有较多防火分区的；双电源切换箱、应急照明配电箱只能放库区外，配电支线又不能穿防火分区，这种情况如何处理?

答：个人观点：可以按防火分区在库区外设置双电源切换箱，在本区内放射式供电。配电支线又不能跨防火分区，是指不能对不同防火分区的电气设备同回路供电。

6.1 供配电系统

问：学校教学楼底层设有配电间，其埋地敷设的进线电缆是否一定要采用无卤低烟阻燃型?

答：个人观点：埋地敷设的进线电缆可以不采用无卤低烟阻燃型。由配电间配出的电缆应采用无卤低烟阻燃型。

问：安装托架用的金属构件作为接地装置时，沿电缆桥架敷设铜绞线、镀锌扁钢及利用沿桥架构成电气通路的金属构件，有什么要求?

答：（1）电缆桥架全长不大于30m时，与接地网相连不应少于2处。

（2）全长大于30m时，应每隔20～30m增加与接地网的连接点。

（3）电缆桥架的起始端和终点端应与接地网可靠连接。

6.1 供配电系统

问：《民规》要求电力、照明应自成配电系统，自成配电系统分界点在何处?

答：室内有变电所。应从低压柜分开。室内无变电所，应从总进线馈电回路处分开。

问：低压配电设计规范中，由变电所配电屏至楼层配电总箱线路宜采用放射式，由楼层总箱至分配电箱采用树干式，合适吗?

答：在正常环境的建筑物内，当大部分用电设备为中小容量，且无特殊要求时，宜采用树干式配电。

当用电设备为大容量或负荷性质重要，或在有特殊要求的车间、建筑物内，宜采用放射式配电。

当部分用电设备距供电点较远，而彼此相距很近、容量很小的次要用电设备，可采用链式配电，但每一回路环链设备不宜超过5台，其总容量不宜超过10kW。

6.1　供配电系统

问：电梯专用回路的设置原则是什么?

答：当建筑物内设有变电所时，电梯的专用回路应从变电所低压母线直接引至电梯机房；当变电所设在建筑物外时，电梯专用回路应从建筑物的低压总配电室外或分配室外引至电梯机房配电箱，该专用配电线路与一般设备的配电线路应严格分开。

问：消防水泵中有备用水泵的情况时，当常用消防水泵在运行中发生故障，是否应跳闸并启动备用水泵?

答：当常用泵故障时应跳闸并启动备用水泵。

6.1　供配电系统

问：消防水泵房有多台多种消防水泵，是否每台（或每组）水泵均要采用双回路放射式配电?

答：不需要。但要考虑可靠性要求，不宜太集中供电，减少电缆并联数量。

问：对消防水泵、消防风机等消防设备的配电支线回路如何进行过载保护?

答：在机房内对消防水泵、消防风机等消防设备的配电支线回路采用单电磁脱扣器，并设置热继电器进行过载报警。

6.1　供配电系统

问：出租餐饮厨房内的事故风机的供电要求？是否可以由出租商铺内电源单电源供电?

答：事故风机为整个建筑服务时，应按建筑对事故风机负荷分级进行供电。若只为本餐饮厨房服务时，应按本餐饮厨房最高负荷级别进行供电。

问：由建筑物外引入的配电线路，为什么要在室内分界点装设隔离电器?

答：在室内分界点便于操作维护的地方装设隔离电器， 是为了便于检修室内线路或设备时可明显表达电源的切断， 有明显表达电源切断状况的断路器也可作为隔离电器。但在具体操作时，应挂警示牌， 以确保安全。

6.1 供配电系统

问：消防配电箱设消防备用回路可以吗?

答：可以，应当加强管理，不得将非消防负荷接入。

问：如何理解国家标准规定电线电缆使用寿命不低于 70 年?

答：电线电缆老化原因归纳了以下几种情况。外力损伤；绝缘受潮；化学腐蚀；长期过负荷运行；电缆接头故障；环境和温度；电缆本体的正常老化或自然灾害等其他原因。

6.1 供配电系统

问：如何理解为减少接地故障引起的电气火灾危险而装设的剩余电流监测或保护电器，其动作电流不应大于 300mA；当动作于切断电源时，应断开回路的所有带电导体?

答：在国际电工委员会第 64 技术委员会 (IEC TC64) 最近的技术文件中规定 300mA 以上的电弧能量才能引起火灾，故规定在火灾危险场所内，剩余电流监测器的动作电流不宜大于 300mA 。

问：在变电室设计中，消防负荷与非消防负荷如何分配?

答：在变电室中消防负荷应有单独的配电柜，建筑高度 50m 以下可共用母线，建筑高度 50m 以上应分组运行，也可变压器两侧出线，消防与非消防负荷单独设置保护装置，但变压器应设置保护装置。

6.1 供配电系统

问：变电室高度设计有无明确要求?

答：变电室室内地面应高出室外不小于 200mm，室内电缆进出线宜采用电缆沟方式，高压电缆沟深不小于 1500mm，低压电缆沟深不小于 800mm，除电缆沟高度外，室内地坪至梁底净高不应小于 3.5m；如经当地供电部门认可，采用上出线方式，室内地坪至梁底净高不应低于 4m。

问：变电室设计是否一定有高低压一次主接线图?

答：至少当有两个变电室以上时，应有高低压一次主接线图。明确变电室位置、高低压柜、变压器、柴油发电机及母线之间的关系。

6.1　供配电系统

问：当 10/0.4kV 变电室由其他部门设计时，施工图设计应包括哪些内容？

答：设计内容应满足土建预留条件及变电室设计条件。包括：高低压配电系统图（或干线回路表：包括负荷性质，安装负荷、需要系数、计算负荷、功率因数、计算电流、前级断路器脱扣电流，电缆选择，变压器分配，各变压器负荷计算），配电柜平面布置图，电缆沟平面布置、接地图，还应明确各回路是否设置剩余电流监测、能耗监测等。主要为变电室深化设计预留条件。

问：变、配电站中相邻配电室之间的门开启方向有什么要求？

答：变压器室、配电室、电容器室的门应向外开启。相邻配电室之间有门时，应采用不燃材料制作的双向弹簧门。

6.1　供配电系统

问：高低压配电屏上方距建筑物顶板垂直距离应为多少？

答：设计时要考虑通 / 排风管、联络母线、电缆线槽，封闭工母线等架空物体所占空间位置的要求，粗略地讲，变电所净高约 4~4.5m 即可。屋内配电装置距顶板的距离不小于 0.8m，当有梁时，距梁底不宜小于 0.6m 。

问：六氟化硫气体绝缘的配电装置房间的排风装置设置位置？

答：当房间在发生事故时，房间内易聚集六氟化硫气体的部位（六氟化硫气体密度比空气重，积聚在最低处），应装设报警信号和排风装置。

6.1　供配电系统

问：变配电所内是否能采用细水雾灭火系统？

答：个人观点：可以采用细水雾灭火系统，但不推荐采用。由于细水雾灭火系统动作后，会在电气装置上形成水珠，造成短路或设备报废等次生灾害，因此变配电所内不建议采用细水雾灭火系统。

问：强、弱电井挡水措施是什么？

答：强、弱电井应做挡水门槛或抬高地坪 0.15 ~ 0.30m 。

6.1 供配电系统

问：柴油发电机组容量多少时要设控制室?

答：单机容量大于 500kW 柴油发电机组宜设控制。

问：应急型和备用型发电机的机械和电气性能有何不同?

答：应急型发电机：火灾或紧急时候使用，需要短时(2~3h)持续工作的发电机。应急型发电机工作的时间较短，可以过载运行。

备用型发电机：用户自备，需要长时间（几小时 ~ 几十小时），持续工作的发电机。备用型发电机工作的时间较长，不能过载运行。

6.1 供配电系统

问：布置在民用建筑内的柴油发电机房有什么要求?

答：宜布置在首层或地下一、二层；不应布置在人员密集场所的上一层、下一层或贴邻；应采用耐火极限不低于 2.00h 的防火隔墙和 1.50h 的不燃性楼板与其他部位分隔，门应采用甲级防火门；机房内设置储油间时，其总储存量不应大于 $1m^3$，储油间应采用耐火极限不低于 3.00h 的防火隔墙与发电机间分隔；确需在防火隔墙上开门时，应设置甲级防火门；应设置火灾报警装置；应设置与柴油发电机容量和建筑规模相适应的灭火设施，当建筑内其他部位设置自动喷水灭火系统时，机房内应设置自动喷水灭火系统。

6.1 供配电系统

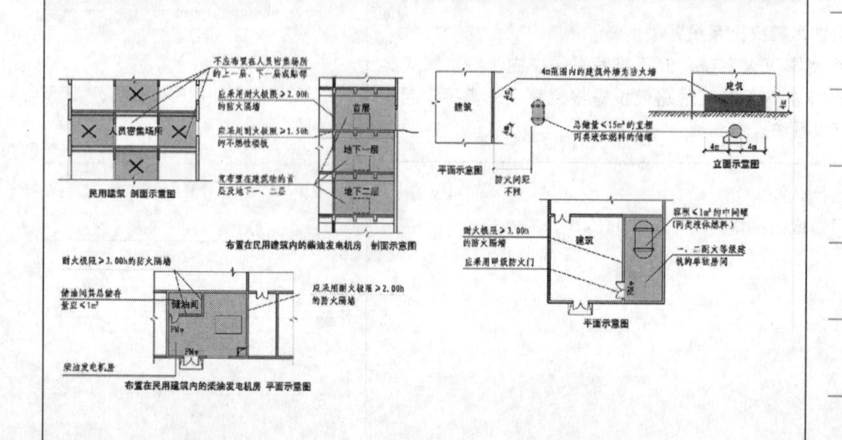

6.1 供配电系统

问：柴油发电机房是否必须靠外墙?

答：设置在地下一层时应靠近外墙。《民用建筑设计通则》GB 50352-2005 第 8.3.3 条第 6 款，柴油发电机房设置在地下一层时，至少应有一侧靠外墙。

问：地下室应急柴油发电机的烟囱是否可以穿越防火分区，还是必须在同一个防火分区内设置烟囱井道?

答：个人观点：可以穿越防火分区。

6.1 供配电系统

问：大、中型商场营业厅的照明为二级负荷，如何满足?

答：大型、中型商场营业厅二级负荷的照明用电可采用两路电源末端配电箱互投的方式供电，大型空间内的二级负荷照明也可采用设两个照明配电箱或配电箱内设两段照明母线（分别引自两路电源），照明分支回路可以由两路电源交叉供电。本题所指的两路电源系指电源可以不备份、线路应备份的两回路电源。当此两回路电源为双重电源时，可为一级照明负荷供电。

问：大型商场的空调用电是二级负荷，如何满足?

答：当建筑物由一路中压电源供电时，可由两台变压器各引一路低压回路在负荷端配电箱处切换供电；当建筑物由双重电源供电时，可由两台变压器的两个低压回路在变电所内切换供电；对于冷水机组（包括其附属设备）等季节性负荷为二级负荷时，可由一台专用变压器供电。

6.1 供配电系统

问：机械式停车设备负荷分级?

答：《车库建筑设计规范》JGJ 100-2015 第 7.4.1 条。机械式停车设备应按不低于二级负荷供电。

问：供电系统中变压器的容量是否要考虑一台变压器检修或维护时另一台变压器是否须满足全部一级负荷及二级负荷?

答：是。

6.1 供配电系统

问：严寒和寒冷地区热交换系统用电负荷可否低于二级？

答：《住宅建筑电气设计规范》JGJ 242-2011 第 3.2.2 条规定，严寒和寒冷地区住宅建筑采用集中供暖系统时，热交换系统的用电负荷等级不宜低于二级。严寒和寒冷地区为保障集中供暖系统运行正常，对集中供暖系统的供电不宜低于二级。

问：变压器是否可设置在建筑物的二层？

答：如果一、二层为双层布置的变电所时，变压器就不应放在二层；如果二、三层为双层布置的变电所时，变压器就应该放在二层。

6.1 供配电系统

问：严寒地区配电室是否需采暖？夏热地区配电室是否需采取降温措施？

答：当严寒地区冬季室温影响设备正常工作时，配电室应采暖。夏热地区的配电室，还应根据地区气候情况采取隔热、通风或空调等降温措施。有人值班的配电室，宜采用自然采光。在值班人员休息间内宜设给水、排水设施。附近无厕所时宜设厕所。

有的电气元件，如继电器、熔断器、仪表、导线、照明光源等，对使用的环境有一定的要求，否则会影响正常的工作，因此严寒地区和炎热地区应考虑合适的室温问题。有人值班的配电室应保证人正常工作的室温和照明，必要时，还需考虑应有的生活设施，如给水排水、厕所等设施。

问：由于建筑物只有地下一层，配电室设在地下一层可否？

答：最好做一个电缆夹层，并在夹层做排水措施。配电柜采用下出线。

6.1 供配电系统

问：如何理解柴油发电机的额定功率？如何选择自备发电机型号？

答：柴油机的额定功率：系指外界大气压力为 100kPa（760mmHg）、环境温度为 20℃、空气相对湿度为 50% 的情况下，能以额定方式连续运行 12h 的功率（包括超负荷 10% 运行 1h）。如连续运行时间超过 12h，则应按 90% 额定功率使用，如气温、气压、湿度与上述规定不同，应对柴油机的额定功率进行修正。

柴油机机组选型：民用工程中应选择外形尺寸小、结构紧凑、重量轻、辅助设备少的机组，以减少机房的面积和高度；低压发电机启动装置应保证在市电中断后 15s 内启动且恢复供电，并具有能够在 30s 内自启动三次的功能；自启动的直流电压为 24V；冷却方式为封闭式水循环风冷的整体机组；柴油机应选用耗油量少的产品；作为应急电压的柴油发电机宜采用单台机组，单机容量不宜超过 1600kW。

6.1　供配电系统

问：柴油发电机可否长期空载运行？长期空载运行的危害是什么？

答：柴油发电机不建议长期空载运行。柴油发电机空载运行，会由于燃油或润滑油不完全或不连续的燃烧，在气缸、排气管或油嘴等部分形成积炭。如果柴油发电机长期空载运行，会发生滴淌现象，这会导致机组效率降低，启动困难，动力不足，燃油消耗过大，提前进行大修或缩短机器寿命。

如果柴油发电机运行时空载或轻载是不可避免的，柴油发电机每小时运行至少带 30% 负荷 10min。柴油发电机偶尔的空载运行是可以的，但是定期保养，每三个月满载运行一次，让柴油发电机充分燃烧，减少气缸内壁，排气管等部件的积炭。

问：柴油发电机房可以设置在裙房屋顶吗？如果设置会有什么问题？

答：可以，但应将运行时产生的噪声、振动以及输油问题一并考虑。

6.1　供配电系统

问：用“母线槽”还是“电缆 + 桥架”好？

答：根据工程特点和供电可靠性、施工要求、经济等因素确定。

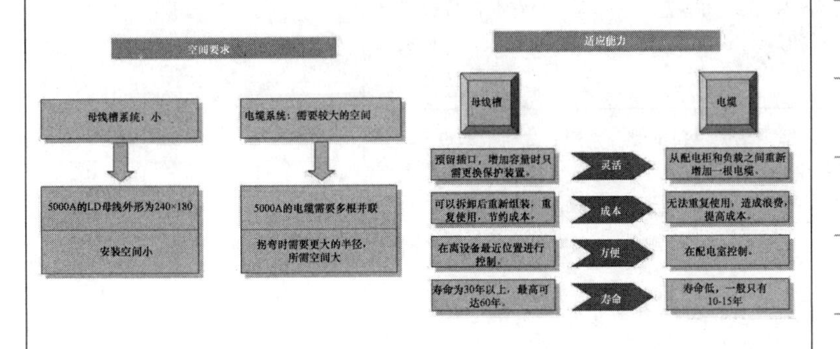

6.1　供配电系统

问：中压柴油发电机比低压柴油发电机的操作难度大吗？选择、安装时应注意什么？

答：计算柴油机组额定功率 2000kVA 及以下采用低压柴油发电机，超过 2000kVA 采用中压柴油发电机，超过 3000kVA 采用几台中压柴油发电机并机的形式。中压柴油发电机不允许满载同时启动，要逐步投切，在允许压降 10%，频率降低 10% 的情况，第一次投切可带负载 50%~60%。

问：一根 PE 线是否可以连接多台电气设备？

答：可以。多台电气设备的位置有条件时要接近。此外还可采用在电井内设置共用 PE 干线的做法，但其截面应进行校验，而且不能串联。

6.1 供配电系统

问：UPS 不间断电源按工作方式分为几种？

答：UPS 不间断电源按其工作方式可分为后备式、在线式和在线互动式。

后备式 UPS 不间断电源是指在电网正常供电时，由电网直接向负荷供电，当电网供电中断时，蓄电池才对不停电电源的逆变器供电，并由不停电电源的逆变器向负荷提供交流电源，即不停电电源的逆变器总是处于对负荷提供后备供电状态。其特点：成本低、效率高，但输出电压和频率不稳定，转换中断。不适合高速通信及计算机应用。

在线式.UPS 不间断电源平时是由电网通过不停电电源的整流电路向逆变电路提供直流电源，并由逆变电路向负荷提供交流电源。一旦电网供电中断时，改由蓄电池经逆变电路向负荷提供交流电源。其优点：高质量电源输出；频率、电压稳定；零中断转换。缺点：成本高，效率相对降低。

在线互动式 UPS 不间断电源源是指在电网正常供电，而且其电压和频率偏差在允许范围内，通过自动旁路开关由电网直接向负荷供电，当电网电压和频率不稳定，超过允许范围内时，则市电通过整流器逆变器向负荷供电。当电网电压、频率稳定在设定的范围内，

UPS 又经自动旁路开关由电网直接向负荷供电，当电压、频率超过允许范围，则市电又转回到通过整流器逆变器向负荷供电。

6.1 供配电系统

问：不用矿物绝缘电缆是否电缆沟、电缆井要分成消防和非消防专用电缆沟、井？

答：如果消防配电线路不采用矿物绝缘类电缆，电缆沟、电缆井最好分成消防和非消防专用电缆沟、井，若在共电缆沟、井时，应分不同槽盒敷设，避免主、备电缆同时被损坏。

问：电缆的敷设是否按照消防、非消防的主备电缆分别配管或桥架敷设？

答：当消防配电设备采用矿物绝缘类电缆时可不受限制；但采用其他耐火类电缆时应分别配管或桥架敷设，条件困难时，也可同一桥架设隔板分开敷设。

6.1 供配电系统

问：消防稳压水泵属重要设备，容量只有 1.5 ~ 4.0kW，高层建筑的线路长度可达几十米甚至几百米，采用双回路放射式配电是否合理？

答：屋顶稳压水泵如果单独采用双回路末端切换由于负荷较小确实有些不合理，但此消防负荷为一级和二级负荷时，应采用双电源末端切换方式。实际工程中一般是把屋顶稳压水泵与屋顶其他消防负荷使用共同供电干线，但如果没有屋顶其他消防负荷时就只能单独设干线了。值得注意的是消防稳压水泵若时在火灾时需要停止时，此泵不是消防负荷，不应接入其他消防负荷配电系统，由二级以上负荷供电即可。

问：低压电缆与控制电缆沿同一个电缆桥架敷设时二者之间是否需要加隔板？

答：低压电缆与控制电缆间要加隔板。

6.2　电力照明系统

6.2　电力照明系统

问：在消防用电按三级负荷要求供电的建筑物内（设有火灾自动报警系统），消防应急照明采用自带蓄电池的应急灯具，消防应急照明主电源接在普通照明配电箱内的单独回路，火灾发生时，火灾自动报警系统控制切断非消防电源，普通照明箱断电，同时启动灯具应急电源点亮应急照明。自带蓄电池需定期检测，不能保证蓄电池的质量。如果不切除普通照明配电箱供电电源，算不算违规?

答：应切非消防电源。

问：配电室单相排风扇接入应急照明支路，是否按违反强条处理?

答：按违反《建筑设计防火规范》GB 50016-2014 第 10.1.6 条消防设备应采用专用回路处理。

6.2　电力照明系统

问：照明和功率密度计算表中灯具安装高度，计算参考平面是否必须要有?漏了不应按强条处理?

答：如果补充灯具安装高度满足要求，不按强条处理。

问：教室内黑板灯是否应计算 LPD 值?

答：教育建筑中照明功率密度限制的考核不包括专门为黑板提供照明的专用黑板灯的负荷。

问：配电间柜后灯不应算房间 LPD 值?

答：配电间柜后灯，为维护用，平时应不亮，不应算房间 LPD 值。

6.2 电力照明系统

问：住宅底商应急照明如何设计：商户建筑面积小、大，建筑物层数，建筑物最高负荷等级不同。如何掌握？

答：《建筑设计防火规范》GB 50016-2014 第 2.1.4 条定义了住宅建筑首层及二层分隔单元小于 300m^2 的小型营业用房为商业服务网点，第 5.4.11 条要求商业服务网点与住宅部分建筑完全分隔；符合商业服务网点定义要求的，可以按商业服务网点要求设计应急照明。

问：依据《人民防空工程设计防火规范》GB50098-2009 第 7.8.1 条，设置有消防排水的人防工程，必须设置消防排水设施。地下车库有一部分是平时为车库，战时为人防物资库。同一个车库排水泵的用途不相同，供配电系统也不同。此问：题是规范之间的矛盾，如设计方将车库内的非人防区排水泵也按消防设备供电，理由是依据 7.8.1 条的条文说明防止火灾时造成二次灾害。是否不应按违反强条处理？

答：《消防给水及消火栓系统技术规范》GB 50974-2014 第 9.8.1 条和第 9.2.1 条，对很多场所包括设有消防给水的地下室要求采取消防排水措施，但不是强条，施工图设计时应由水专业确认是否为消防水泵，电专业应向水专业落实。

6.2 电力照明系统

问：若建筑物已设置了柴油发电机，备用照明是否可以不带蓄电池？

答：备用照明供电转换时间不应大于 5s；金融商业交易场所供电转换时间不应大于 1.5s，由于柴油发电机启动时间不能满足应急电源供电转换时间要求时，应带蓄电池。

问：高层住宅室内的楼梯间应急疏散照明，可否与楼梯间节能灯（声、光自控）全归于消防用电照明箱供电？

答：一套灯具平时 / 消防两用时可以。

6.2 电力照明系统

问：消防类电源定级问：题，有些工程（如大型工业厂房或公共建筑）定位三级负荷，因而应急照明疏散照明等均回避选用专门应急照明配电箱措施，应如何把握此类问：题？

答：工业厂房或公共建筑满足规范要求消防负荷定为三级负荷，三级负荷供电的消防设备是有条件的，其配电箱宜独立设置。

问：《固定消防给水设备的性能要求和试验方法》GA30.2-2002 第 5.4.4 条为强制性条文，要求消防泵长期处于非运行状态的设备应具有巡检功能。但《消防给水及消火栓系统技术规范》GB 50974-2014 第 11.0.18 条具有巡检功能已不是强条，强条审查时是否还要求设置？

答：不是强条审查范围。

6.2　电力照明系统

问：电气竖井内照明是否需要双电源供电？

答：强弱电竖井内的照明是消防备用照明，应满足应急照明供电要求，但火灾时不用强制点亮。

问：住宅公共场所可否采用环形荧光灯节能照明光源？

答：一般不可以，住宅建筑公共区域照明光源的平均发光效率不应低于 60 lm/W。环形荧光灯发光效率一般达不到该要求。

6.2　电力照明系统

问：《教育建筑电气设计规范》JGJ 310–2013 第 4.2.2 条规定，教学楼、实验楼、学生宿舍等场所的主要通道照明为二级负荷，如果是比较小的教学楼，消防负荷为三级负荷，主要通道照明为二级负荷，这种情况下，怎么设计比较合理？

答：主要通道照明灯具自带蓄电池或在配电箱中集中设置蓄电池。

问：LED 灯具是否适合用在人员长期工作场所如办公室等，或用在此类场所对于其技术参数是否有要求？

答：LED 灯具应满足色温小于 4000K；显色指数≥ 80；R9 大于 0；选用同类光源之间的色容差应低于 5SDCM；不同方向颜色变化≤ 0.004；整个寿命周期内颜色变化≤ 0.007。

6.2　电力照明系统

问：卫生间的排风扇是电力负荷还是照明负荷？

答：三相算电力负荷，单相算照明负荷。

问：对于集中电源供电的应急照明系统，是否还需依据《建筑设计防火规范》GB 50016–2014 第 10.1.8 条按防火分区设置双电源切换箱？

答：集中电源供电的应急照明系统应在每个防火区供电范围内，提供集中电源 24V，则不用按防火分区设置双电源切换箱。

6.2 电力照明系统

问：应急照明是否可以双电源供电，不末端互投？

答：消防应急照明和疏散指示标志等一般设置为一套，为保证消防用电供电可靠，为这些用电设备所在防火分区的配电箱处实现双电源供电并互投。

问：楼梯间的带节能控制措施的灯具光源是否还能采用白炽灯；电梯井道照明是否允许采用白炽灯?

答：不允许。

6.2 电力照明系统

问：关于照度标准问：题，例如电气井、管道井等处所设的灯具（即很少使用的照明场所）是否也一定要求严格执行《建筑照明设计标准》？

答：电气井、管道井不在《建筑照明设计标准》GB 50034-2013 要求范围内。

问：住宅楼下有大面积的裙房、汽车库并以单独子项出图，此部分是否应按公建“绿标”要求审查?

答：与主体专业要求一致。

6.2 电力照明系统

问：无外窗的首层门厅、合用前室、楼梯间，雨罩灯是否必须设节能自熄开关?

答：应采取节能措施。

问：按《建筑设计防火规范》GB 50016-2014 的 10.1.5 条，应急照明备用电源连续工作时间有 0.5、1.0、1.5h 三种，0.5h 可以按常规用满足《消防应急照明和疏散指示系统》GB 17945 的自备蓄电池（制造标准按不小于 90min）解决。1.0、1.5h 要求如何达到比较合理可行?

答：采用集中电源控制型。

6.2 电力照明系统

问：体育馆安全照明最低平均照度按 JGJ 354-2014 体育建筑电气设计规范的 9.1.4 条规定不低于 20lx。按《建筑照明设计标准》GB 50034-2013 的 5.5.3 条规定安全照明不低于正常照明的 10%（条文说明是作业场所）。体育馆比赛照度要求 750lx；如图审要设计按 75lx 标准考虑是否合理？

答：以满足安全照明最低平均照度即可，适当高于最低平均照度应该可以。

问：丙类厂房和仓库内（非人员密集）是否要设置疏散照明？厂房和仓库内无疏散走道是否要设置疏散指示标志？仅在安全出口设置疏散标志，间距大于 20m 可否？

答：应设置疏散照明。经常有人厂房和仓库内要设置疏散指示标志，并应满足现行标准的要求。

6.2 电力照明系统

问：7 层的商住楼底层及二层是商业服务网点，商业服务网点内是否必须设置应急疏散照明系统？如果是 20 层的商住楼底层及二层是商业服务网点，商业服务网点内是否必须设置应急疏散照明系统？

答：根据商业服务网点面积确定是否设置疏散照明。

问：一幢 1 万 m^2 的商业建筑，由一间间小商铺组成，公共内走道及敞开式外走道上都需要设连续型的指示标志吗？

答：由于面积超过 5000m^2，如果是大空间，应需要设连续型的指示标志。

6.2 电力照明系统

问：大型商业建筑中柜台式营业厅内没有隔墙，没法设置间距 20m 的普通疏散指示，地面设置的灯光型连续指示标志可替代吗？

答：可以。

问：高层办公楼走道、楼梯间照明按规范为二级负荷，可否每五层设一只照明配电箱（二级负荷供电），此五层每层走道照明由此配电箱分别引来。

（高层办公楼走道、楼梯间应急照明可否按此做法）？

答：楼梯间照明可以。走道应引自每层配电箱。

6.2 电力照明系统

问：照明回路的断路器是否断N线?

答：住宅照明回路的断路器要求断N线。

问：办公楼残卫的紧急呼叫系统使用应急照明电源经变压器供给SELV较为可靠。无障碍卫生间的求助呼叫系统是否可以接应急照明电源？是使用小型变压器转SELV较好，还是直接使用低压直流电源（如干电池组）较好?

答：个人观点，求助呼叫系统应为二级负荷。使用小型变压器转SELV较好。

6.2 电力照明系统

问：室外照明应采用何种接地型式?

答：TN-S或TT接地型式。

问：市场上电缆截面相线为150mm^{2}时，保护线为95mm^{2}的很难买到，是不是也可以用保护线为70mm^{2}的电缆?

答：原则不可以，电缆截面相线为150mm^{2}时，保护线应不小于150/2=75，70mm^{2}不满足要求。

6.2 电力照明系统

问：铝合金及铜包铝电缆的应用范围有哪些?

答：室外道路照明、景观照明供电，变电室到住宅单元的住户用电干线推荐采用铝合金电缆。

消防线路、重要的公共建筑（如医院、体育场馆、展览馆等）不应采用铝合金电缆。

个人观点：不建议采用及铜包铝电缆。

问：配电线路可否采用KBG管?

答：不可以。

KBG管壁厚为1.2mm，小于最低要求的20%，不符合要求。

干燥场所可采用壁厚不小于1.6的JDG管。

6.2 电力照明系统

问：住宅的电梯前室仅用红外感应灯照明不设置人工开关是否可以？

答：住宅的电梯前室普通照明可以用红外感应灯，如果采用红外感应灯并与应急照明兼用时，必须采取消防时应急点亮的措施。

问：消防应急照明采用发电机供电时，对于蓄电池的连续供电时间最少可以是多少分钟？

答：即使设置发电机，消防应急照明蓄电池连续供电时间仍应符合下列规定：

（1）建筑高度大于 100m 的民用建筑，不应小于 1.5h；

（2）医疗建筑、老年人建筑、总建筑面积大于 100000m^2 的公共建筑和总建筑面积大于 20000m^2 的地下、半地下建筑，不应少于 1.0h；

（3）其他建筑，不应少于 0.5h。

6.2 电力照明系统

问：住宅建筑中电缆敷设在金属槽式桥架内是否属于明敷？是否也应该采用低烟无卤电缆？

答：高层住宅建筑中明敷的线缆应选用低烟、低毒的阻燃类线缆。明敷线缆包括电缆明敷、电缆敷设在电缆梯架里和电线穿保护导管明敷。

问：航空障碍灯不是消防负荷，其电源能否接入应急照明箱？

答：航空障碍灯供电应按工程最高负荷等级供电。其电源不要接入应急照明箱。

6.2 电力照明系统

问：防空地下室内电气设备选型有什么要求？

答：防空地下室内安装的变压器、断路器、电容器等高、低压电器设备，应采用无油、防潮设备。

问：人防工程平时各级电力负荷的供电有什么要求？

答：平时一级负荷，应有双重电源或两个电源供电；当一电源发生故障时，另一电源不应同时受到损坏。平时一级负荷中特别重要的负荷，除应满足一级负荷的供电要求外，还应增加应急电源供电。平时二级负荷，宜有双重电源或两个电源供电。平时三级负荷，应有一个电力系统电源供电。

6.2 电力照明系统

问：防护单元的战时配电回路有什么要求？

答：从低压配电室、电站控制室至每个防护单元的战时配电回路应各自独立。

问：防护单元内人防电源配电柜（箱）有什么要求？

答：每个防护单元应设置人防电源配电柜（箱），人防配电箱（柜）应有明显的标识。人防电源配电柜（箱）宜设置在清洁区内，可设在值班室或防化通信值班室内。

6.2 电力照明系统

问：在什么地区的建筑机电工程需要抗震设计？

答：抗震设防烈度为6度及6度以上地区的建筑机电工程必须进行抗震设计。

问：槽盒可以穿博物馆藏品库吗？

答：博物馆藏品保存场所的室内不应有与其无关的管线穿越。槽盒穿博物馆藏品库会给藏品带来隐患。

6.2 电力照明系统

问：养老设施建筑对紧急呼叫装置有什么要求？

答：养老设施建筑的公共活动用房、居住用房及卫生间应设紧急呼叫装置。公共活动用房及居住用房的呼叫装置高度距地宜为1.20 ~ 1.30m，卫生间的呼叫装置高度距地宜为0.40 ~ 0.50m。

问：居住建筑电能表有什么要求？

答：居住建筑内每套住宅应设置电能表，公共设施应设置用于能源管理的电能表。

6.2 电力照明系统

问：消防电梯与普通客梯可否采用一组双电源切换箱?

答：不可以。

问：中小学校配电系统对支路划分有什么要求?

答：中小学校配电系统支路的划分应符合以下原则：

1. 教学用房和非教学用房的照明线路应分设不同支路;
2. 门厅、走道、楼梯照明线路应设置单独支路;
3. 教室内电源插座与照明用电应分设不同支路;
4. 空调用电应设专用线路。

6.2 电力照明系统

问：人防战时各级负荷供电有什么要求?

答：战时一级负荷，应采取双电源、双回路末端负荷侧自动切换；战时二级负荷，宜采取双电源、电源侧切换，专用回路供电；战时三级负荷，应采取电源供电；当由柴油电站供电时，应能自动或手动切除。

问：平战结合设置的柴油发电机组容量如何确定?

答：平战结合设置的柴油发电机组，其容量应按战时和平时供电容量的较大者确定：

1. 战时供电容量，应满足供电范围内战时一级和二级电力负荷的用电;
2. 平时供电容量，应满足供电范围内平时作为备用电源或应急电源所需的容量。

6.2 电力照明系统

问：槽盒可以穿过临空墙吗?

答：不可以，沿梯架、托盘、槽盒敷设的电气线路，不得直接穿过临空墙、防护密闭隔墙、密闭隔墙、楼板。当必须通过时应改为穿保护管敷设，并应符合防护密闭要求。

问：照明箱可以在外墙上嵌墙暗装吗?

答：防空地下室内的各种动力配电箱、照明箱、控制箱，不得在外墙、临空墙、防护密闭隔墙、密闭隔墙上嵌墙暗装。若必须设置时，应采取挂墙式明装。

6.3　防雷与接地系统

6.3　防雷与接地系统

问：高层住宅阳台设置太阳能，是否每层太阳能支架均与防雷接地系统连接，还是仅 60m 以上须做防侧击雷部分的太阳能支架与防雷接地系统连接？

答：按防雷类别确定的高度有突出墙面的设备及支架应设置接闪器，并与防雷引下线连接，其他只是总等电位连接。

问：如何确定建筑物的防雷类别，《建筑物防雷设计规范》GB 50057-2010 第 3.0.3 条和 3.0.4 条中都有“火灾危险场所”的要求，但哪些建筑物属于“火灾危险场所”规范中对此并没有进一步阐述，另外，《爆炸危险环境电力装置设计规范》GB 50058-2014 也把“火灾危险环境”的章节删除了，如何“定义火灾危险场所”没有了依据，施工图审查时该如何把握？

答：个人观点，民用建筑中，“火灾危险场所”可按存放可燃物库房、使用燃气等场所确定 。

6.3　防雷与接地系统

问：按《建筑物防雷设计规范》GB 50057-2010 的 4.3.8 条（针对二类，三类情况同），低压电源线路引入应在总箱处装设 I 级试验 SPD 保护。请问：此处所指线路是否应仅针对架空线全程埋地电缆线路（穿管保护或有铠装层）可不必按此条执行。另外，未列入防雷类别的孤立小型建筑，如门卫，其电源进线处是否也可不必设置 SPD 保护？

答：个人观点，低压电源即使全程埋地电缆线路（穿管保护或有铠装层），在总箱处装设 I 级试验 SPD 保护较好。列入防雷类别的孤立小型建筑，如门卫，其电源进线处最好设置 SPD 保护。

问：防雷引下线是否还要利用建筑周围所有结构柱均设为自然引下线，还是按照防雷等级以专设引下线的间距要求设置自然引下线？

答：最好利用建筑周围所有结构柱均设为自然引下线。当引下线的间距满足要求时，不必设置专设引下线。

6.3　防雷与接地系统

问：安装在屋面（$LPZ0_B$ 区）的机电设备电源（控制）箱内设置电涌保护，应设置 I 级试验类型 SPD，还是按 GB 50057–2010 的 4.5.4.3 条设置 II 级试验类型 SPD？

答：可按《建筑物防雷设计规范》 GB 50057–2010 的 4.5.4.3 条设置 II 级试验类，最好设置 I 级试验类型 SPD 。

问：目前普通住宅楼卫生间内冷、热水管均为非金属管，是否仍有必要设置辅助等电位联结?

答：不需要。因为卫生间内冷、热水管均为非金属管。

6.3　防雷与接地系统

问：当引下线间距符合规范要求（二类为≤ 18m，三类为≤ 25m），而屋面为挑檐时，其沿接闪带连接至引下线的实际间距 > 18m（或 25m）时，是否算作违反相应规范的要求，再进一步来讲，即使引下线之间有直连的接闪带且满足要求而外围接闪带至引下线的距离 > 18m（或 25m）时，是否还算违反规范要求?

答：个人观点：沿接闪带连接至引下线的实际间距 > 18m（或 25m）时，违反相应规范的要求。

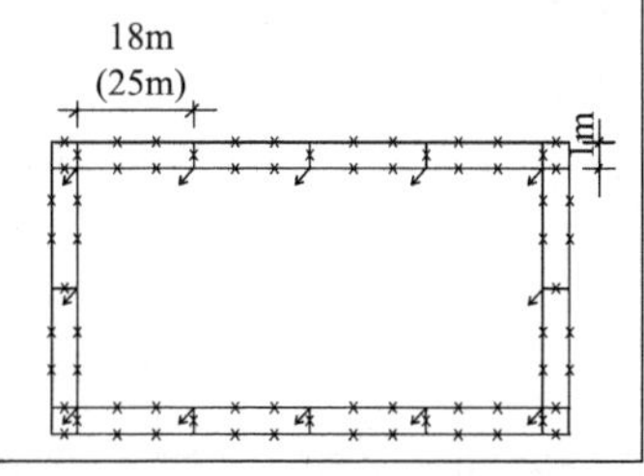

6.3　防雷与接地系统

问：为什么不得利用安装在接收无线电视广播的公用共用天线的杆顶上的接闪器保护建筑物?

答：如果利用安装在接收无线电视广播的公用共用天线的杆顶上的接闪器保护建筑物，则该接闪器遭受雷击的概率，比该接闪器仅作为保护天线所遭受雷击的概率大得多，使天线收到雷击破坏的概率也大得多，因此，应予以禁止。

问：为什么在地下禁止用裸铝线作接地极或接地导体?

答：由于裸铝线易氧化，电阻率不稳定，在一定时间后影响接地效果，并危及接地安全。

6.3 防雷与接地系统

问：等电位联结必须要“接地”吗？

答：不一定。根据IEC标准规定，“等电位联结”与“接地”是两种完全独立的电气安全性和功能性措施。一般情况下，“接地”是指在大地上做等电位联结，而建筑物内做了等电位联结往往同时也实现了有效的接地。但这并不是说“等电位联结”必须接地才能起到应有的作用。

问：“辅助等电位联结”与“总等电位联结”之间是否类似于总配电箱与分配电箱之间的关系，它们之间是否必须连通？

答：否。“辅助等电位联结”与“总等电位联结”之间不同于总配电箱与分配电箱之间的关系，它们之间不要求必须连通。

6.3 防雷与接地系统

问：如利用建筑物柱内钢筋作为引下线时，是否还需要另设“专用引下线”？

答：不需要。

问：两个接地系统之间的最小距离为多少视为独立接地？

答：两个接地系统之间的间距应大于20m。

6.3 防雷与接地系统

问：汽车库内集水井旁是否设LEB？

答：不需要。

问：为更好地防范雷电冲击过电压，建筑物内SPD是否设置得越多越好？

答：不是。SPD在使用一段时间后将因各种原因失效，当它对地短路时可能引发一些电气事故，实际工程中需要经常监视SPD的完好性并及时更换损坏的SPD，否则可能导致人身电击、电气火灾、供电中断等事故，电气设计时应充分考虑过多设置SPD可能导致的这些不良后果。

6.3　防雷与接地系统

问：《建筑物防雷设计规范》GB50057-2010 第 5.3.8 条是否需要利用建筑物外围所有柱内钢筋作为引下线？

答：需要。

问：TN-C-S 系统，SPD 是否一定要设置四级？

答：不需要。

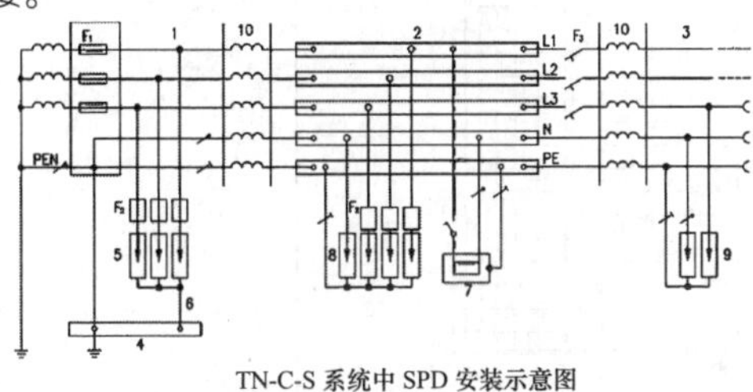

TN-C-S 系统中 SPD 安装示意图

6.3　防雷与接地系统

问：与 SPD 串接的过电流保护电器是否可采用熔断器或断路器？

答：与 SPD 串接的过电流保护电器应采用熔断器。或者 iSCB。

问：如何确定变电所接地电阻？

答：变电所高压侧发生接地故障时，在低压系统中，将出现工频故障电压和工频应力电压，以及低压短路在电气设备产生接触电压确定 。

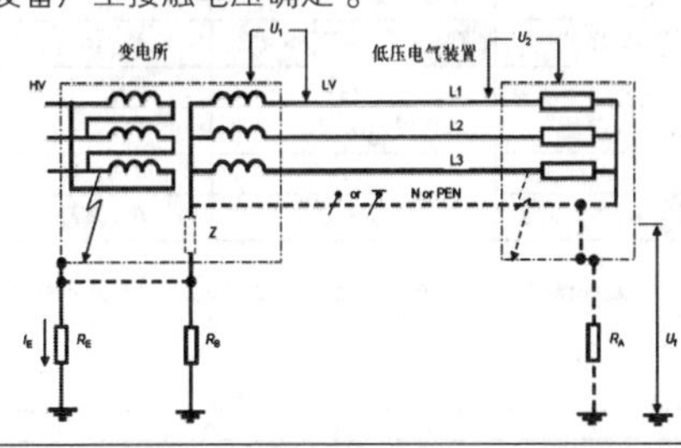

6.3　防雷与接地系统

允许的工频应力电压

高压系统接地故障持续时间 t	低压装置中的设备允许的工频应力电压（V）
> 5 ≤ 5	U_0+250 U_0+1200
注：无中性导体的系统，U_0 应是相对相的电压。	

注 1：表中第 1 行数值适用于接地故障切断时间较长的高压系统，例如中性点绝缘和谐振接地的高压系统；第 2 行数值适用于接地故障切断时间较短的高压系统，例如中性点低阻抗接地的高压系统。两行数值是低压设备对于暂时工频过电压绝缘的相关设计准则（见 IEC60664-1）

注 2：对于中性点与变电所接地装置连接的系统，此暂时工频过电压也出现在处于建筑物外的设备外壳的不接地绝缘上。

6.3 防雷与接地系统

由于高压系统接地故障允许的故障电压值

故障电压持续时间

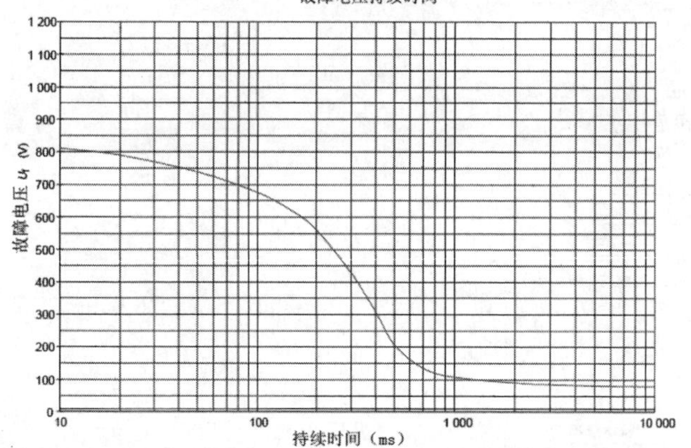

6.3 防雷与接地系统

不同类型低压接地系统的工频应力电压和工频故障电压

系统接地类型	对地连接类型	U_1	U_2	U_f
TT	R_E与R_B连接	U_0*	$R_E \times I_E + U_0$	0*
	R_E与R_B分隔	$R_E \times I_E + U_0$	U_0*	0*
TN	R_E与R_B连接	U_0*	U_0*	$R_E \times I_E$**
	R_E与R_B分隔	$R_E \times I_E + U_0$	U_0*	0*
IT	R_E与Z连接 R_E与R_A分隔	U_0*	$R_E \times I_E + U_0$	0*
		$U_0 \times \sqrt{3}$	$R_E \times I_E + U_0 \times \sqrt{3}$	$R_A \times I_h$
	R_E与Z连接 R_E与R_A互连	U_0*	U_0*	$R_E \times I_E$
		$U_0 \times \sqrt{3}$	$U_0 \times \sqrt{3}$	$R_E \times I_E$
	R_E与Z分隔 R_E与R_A分隔	$R_E \times I_E + U_0$	U_0*	0*
		$R_E \times I_E + U_0 \times \sqrt{3}$	$U_0 \times \sqrt{3}$	$R_A \times I_d$

*不需考虑。

**通常，低压系统的 PEN 导体对地多点接地。在这种情况下，总并联接地电阻值降低。对于多点接地 PEN 导体，U_f按下式计算：$U_f = 0.5R_F \times I_F$。

（灰底）装置内有接地故障。

6.3 防雷与接地系统

举例：

高压为经低电阻接地时，变电所接地装置的接地电阻应满足下列要求：

低压系统接地形式为 TN 系统时，且高压与低压接地装置共用时，高压系统接地故障持续时间 $t \leqslant 5\text{s}$，$U_1=U_0$（可忽略），$U_2=U_0$（可忽略），$U_f=I_E R_E$，

确定变电所接地装置的接地电阻：$R_E \leqslant U_f I_E$

式中：R_E—变电所接地装置的接地电阻（Ω）；

U_f—低压系统在故障持续时间内工频故障电压的允许值 (V)；

I_E—高压系统流经变电所接地装置的接地故障电流 (A)。

通常低压系统的 PEN 导体对地多点接地。在这种情况下，总并联接地电阻值降低。对于多点接地 PEN 导体，U_f 按公式计算：$U_f=0.5I_E R_E$

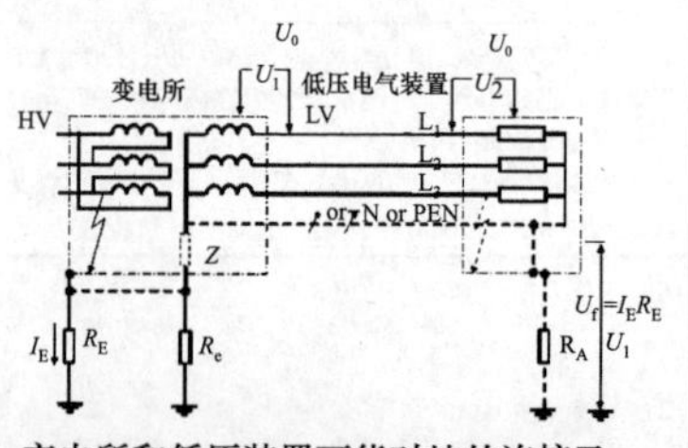

变电所和低压装置可能对地的连接及故障时出现过电压的典型示意图

6.3　防雷与接地系统

举例：

高压中性点是有效接地，低压是 TN 系统，如故障电流为 600A，保护电器动作时间为 0.4s，$R_E \leqslant U_f I_E = 300/600 = 0.5\Omega$

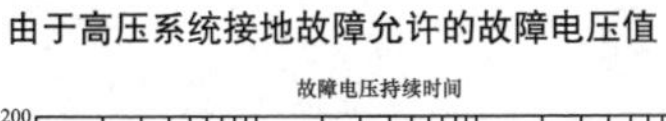

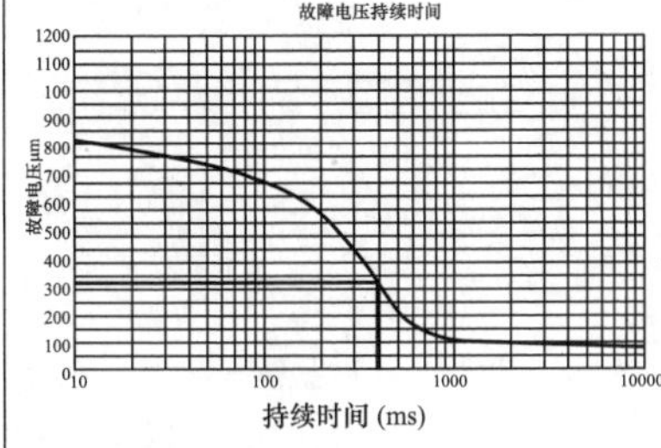

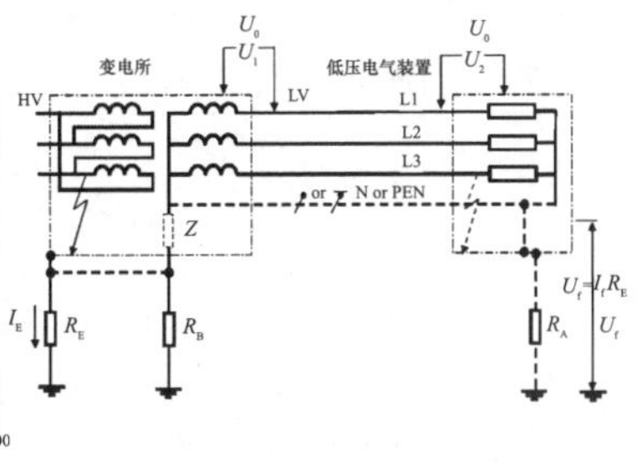

6.3　防雷与接地系统

问：为什么可利用建筑物的钢筋混凝土基础作为防雷的接地装置？

答：钢筋混凝土在其干燥时，是不良导体，电阻率较大，但当具有一定湿度时，就形成了较好的导电物质，电阻率常可达 100 ~ 200Ω·m。潮湿的混凝土导电性能较好，是因为混凝土中的硅酸盐与水形成导电性的盐基性溶液。混凝土在施工过程中加入了较多的水分，成形后结构中密布着很多毛细孔，当埋入地下后，毛细孔将水分吸到混凝土里，使混凝土保持较高的含水量，根据我国的具体情况，土壤一般可保持 20%左右的湿度，实践证实，土壤常年含水率在 5%以上时，即可利用建筑物基础作为接地装置。

6.4　智能化与消防系统

6.4 智能化与消防系统

问：住宅底商应急照明如何设计：商户建筑面积小、大，建筑物层数，建筑物最高负荷等级不同。如何掌握？

答：住宅建筑首层及二层分隔单元小于 300m^2 的小型营业用房为商业服务网点，可以按商业服务网点要求设计应急照明。

问：防火卷帘电源箱能否由应急照明箱回路供电？

答：可以。

6.4 智能化与消防系统

问：电动排烟窗的配电要求是否同排烟风机，是否有末端切换等要求？该如何审查？

答：可按防火分区设双电源互投箱。

问：《火灾自动报警系统设计规范》GB 50116-2013 规定住宅之卧室、起居室设烟感探测器，而《建筑设计防火规范》GB 50016-2014 中又分为 3 种情况处理，住宅火灾报警设施，高度小于 54m 的室内不设烟感探测器。如何取舍？

答：按《建筑设计防火规范》GB 50016-2014 执行。

6.4 智能化与消防系统

问：消防应急广播扬声器应设置在车道和大厅等公共场所，那么例如办公楼的卫生间，地下车库的卫生间等是否也要设置？

答：办公楼的卫生间，地下车库的卫生间等不是一定设置，但在超高层、交通枢纽等最好设置消防应急广播扬声器。

问：幼儿园、老年人建筑等按规范要求需设置报警系统。建筑内如仅有消火栓泵、喷淋泵及应急照明这几类消防设备。不设置专用消控室，仅按区域报警系统设计如有少量切非则由报警主机自带外控信号输出（不设 I/O 模块）；是否可行？

答：个人观点：既然设置消火栓泵、喷淋泵消防设备，需要设置强启，必须设置消控室。

6.4　智能化与消防系统

问：消防动力系统中，断路器如何实现过载报警？

答：个人观点：断路器不能实现过载报警功能。

问：《消防给水及消火栓系统技术规范》GB 50974-2014 及《火灾自动报警系统设计规范》GB 50116-2013 中对于建筑物未设置火灾自动报警系统时，消火栓起泵控制按钮有不同的解释，GB50974 认为消火栓按钮不宜作为直接启动消防水泵的开关，但火警系统条文解释又明确提出需设置，因 GB 50974-2014 晚于 GB 50116-2013 出版，设计人员直接执行 GB 50974-2014 条文是否可行？

答：个人观点：当设置火灾自动报警系统时，消火栓按钮不宜作为直接启动消防水泵的开关。当没有设置火灾自动报警系统时，消火栓可通过控制按钮起泵。

6.4　智能化与消防系统

问：当原有建筑的部分场所经过二次改造之后，改变了原有性质，如多层戊类车间，其首层与二层被改为丙类生产车间，其余楼层是否需按照丙类生产车间的要求补设消防设施？

答：个人观点：其余楼层不需按照丙类生产车间的要求补设消防设施。

问：《火灾自动报警系统设计规范》GB 50116-2013 第 3.1.6 条规定火灾自动报警系统总线穿越防火分区时，应在穿越处设置总线短路隔离器，单元式住宅中穿越不同楼层的火灾自动报警系统总线上的总线短路隔离器该如何设置？是否在每个楼层设置总线短路隔离器才算满足该条要求？

答：个人观点：不超过 32 个点。

6.4　智能化与消防系统

问：常开防火门和常闭防火门是否都需要监控？

答：个人观点：常闭防火门也要监控，避免维护不当，防火门不能常闭，当发生火灾时，起不到隔火作用。

问：对应急照明配电箱是否必须要具备火灾时能切除 220V 输出回路的功能没有表达清楚。根据《消防应急照明和疏散指示系统》GB 17945-2010 第 6.3.5.2 条和《火灾自动报警系统设计规范》GB 50116-2013 第 9.4.1 条及图集 14X505-1 第 38、42 页提示说明，均要求应急照明配电箱具备火灾时能切除 220V 输出回路的功能，传统设计的应急照明配电箱一般没有该项功能，审图时应如何提出审图意见？

答：可以通过模块电动控制切除 220V 输出回路。

6.4 智能化与消防系统

问：排烟风机、消防电梯、消防水泵等消防配电线路可采用阻燃耐火电缆吗？阻燃电缆不能满足火灾时连续供电的要求，耐火电缆在火焰中具有一定时间的供电能力？

答：个人观点：可采用阻燃耐火电缆，并应满足火灾时消防设备连续供电的要求。

问：《火灾自动报警系统设计规范》GB 50116-2013 第 3.2.1 条第 1 款规定：仅需要报警，不需要联动自动消防设备的保护对象宜采用区域报警系统。那么什么情况是需要联动自动消防设备？如果一个建筑物设有火灾自动报警系统，且又设有湿式消火栓系统（采用消防水泵）。这个建筑物火灾自动报警系统可否采用区域报警系统？

答：联动自动消防设备有：排烟阀、防火阀、电动窗、防火门等消防设备。设置消防水泵，就要有手动控制，就应当设置集中报警系统或控制中心报警系统。

6.4 智能化与消防系统

问：当建筑高度超过 100m 时，如果火灾自动报警系统报警总线采用耐火线缆，是否可跨越避难层？

答：无论报警线路选择耐火电缆与否，每一台火灾报警控制器所控制的探测器等设备均不要跨越避难层 。

问：湿式自动喷水灭火系统不在《建筑设计防火规范》GB 50016-2014 第 8.4.1 条第 13 款所规定的范围，如果一个建筑物设有火灾自动报警系统，且又设有湿式自动喷水灭火系统，是否可以采用区域报警（火灾自动报警不联动消防水泵）。如果设计单位在这种情况下火灾自动报警仅设计为区域报警，似乎也找不到否定这种做法的依据？

答：设有湿式自动喷水灭火系统，如建筑内有消防水泵，应有火灾自动报警联动和手动、自动控制，所以应采用集中报警系统。如建筑内没有消防水泵，可以设计为区域报警。

6.4 智能化与消防系统

问：某一宿舍楼，五层，每层为一个防火分区，走道在建筑南侧，是敞开式的，连着楼梯间，楼梯间均为常开防火门，建筑专业要求常开防火门火灾时自动关闭按规范要求本建筑物不需要设置火灾自动报警系统，是否必须为了这些防火门在整个建筑设置火灾报警系统？

答：个人观点：设置区域控制，可根据发生火灾触发信号控制常开防火门。

问：根据《建筑设计防火规范》GB 50016-2014 第 6.5.1 条：常开防火门应能在火灾时自行关闭，并应具有信号反馈的功能。如果某建筑物不需要设火灾自动报警系统及消控室，但建筑上有少量常开防火门，请问：如何实现 GB 50016-2014 第 6.5.1 条要求？可以采用类似防火卷帘自带探测、自行动作功能，信号进值班室吗？目前市场上有类似产品吗？

答：个人观点：没有消控室，可以不设监控。

6.4 智能化与消防系统

问：丁类车间根据《建筑设计防火规范》GB 50016-2014 第 8.4.1 条，不需要设火灾自动报警系统及消控室，但根据暖通专业要求，在车间设局部或全部电动排烟窗（无机械排烟风机），请问：该车间是否要设置火灾自动报警系统？是局部设还是全面设？

答：个人观点：局部设置区域火灾自动报警系统。

问：是否所有设置火灾自动报警系统的建筑，都要设置消防设备电源监控系统？能否采用电力监控系统兼作消防设备电源监控？监控点如何设置？

答：所有设置火灾自动报警系统的建筑，都要设置消防设备电源监控系统。不能采用电力监控系统兼作消防设备电源监控。监控点一般设置消防电源进线处，也可检测出线处。

6.4 智能化与消防系统

问：根据《火灾自动报警系统设计规范》GB 50116-2013 第 4.3.1 条规定：消火栓系统出水干管上设置的低压压力开关、高位消防水箱出水管上设置的流量开关或报警阀压力开关等信号作为触发信号，直接控制启动消火栓泵，联动控制不应受消防联动控制器处于自动或手动状态影响，但根据《消防给水及消火栓系统技术规范》图示 15S909 中第 90 页提示：有稳压泵的消防系统中流量开关做报警信号，不直接启泵。请问：遇到屋顶设有消防水箱且有消防稳压泵的情况，上述两条怎么执行？

答：屋顶设有消防稳压泵，不应设置高位消防水箱出水管上设置的流量开关。消火栓系统出水在低压压力开关动作或消防联动及手动启动消火栓泵。

问：关于防火门监控系统监控点的设置：设置火灾自动报警系统的建筑，其疏散通道的常闭防火门是否需监控？

答：个人观点：应当对常闭防火门设置需监控。

6.4 智能化与消防系统

问：根据《消防给水及消火栓系统技术规范》GB 50974-2014 第 11.10.12 条中：消防水泵控制柜应设置机械应急启泵功能。这样启泵是否为直接启泵，应急柴油发电机的功率选择是否需要考虑直接启动的因素？是否按启动电流 7 倍考虑？

答：个人观点：消防水泵控制柜设置机械应急启泵功能，目前市场上有直接启动还有星 - 三角启动形式。

问：《建筑设计防火规范》GB 50016-2014 第 8.4.2 条："建筑高度大于 54m 的高层住宅建筑，其公共部位宜设置火灾自动报警系统。当设置需联动控制的消防设施时，公共部位应设置火灾自动报警系统"。是设置需联动控制的消防设施的场所要设置火灾自动报警系统，还是整个公共部位均应设置火灾自动报警系统？

答：个人观点：建筑高度大于 54m 的高层住宅建筑公共部位最好设置火灾自动报警系统。当设置需联动控制的消防设施时，为了能够有效控制，在整个公共部位必须设置火灾自动报警系统。

6.4 智能化与消防系统

问：关于消防应急照明与疏散指示标志的设计：应急照明灯能否采取切断电源方式强制点亮？

答：个人观点：不提倡这种做法。应采用控制型疏散指示标志系统。

问：火灾报警规范第 4.5.2 条要求发生火灾联动启动排烟系统时，应“同时停止该防烟分区的空气调节系统”，能否在切断非消防电源的时候一起停止空气调节系统？还是需要在空气调节系统的配电箱增加相应的联动模块，在非消防断电之前就联动关闭空气调节系统？

答：个人观点：在切断非消防电源的时候可以一起停止空气调节系统。需要在空气调节系统的配电箱增加相应的联动模块，在非消防断电之前就联动关闭空气调节系统。消防水动作，作为切断非消防电源的信号。

6.4 智能化与消防系统

问：消防设备二路双切消防电源在同一桥架中（中间加隔板）敷设能否满足规范要求？

答：个人观点：不提倡这种做法。可靠性较低。

问：请明确无火灾报警系统的消火栓按钮直接启泵线的电压等级要求、长距离信号衰减处理问题。消防水池、消防水箱的液位信号是通过消防报警系统传输至消控室的液位显示装置还是直接将液位信号线接至消控室液位显示装置？消防水箱、水池现场是否需要设置就地液位显示装置？

答：个人观点：消火栓按钮直接启泵线的电压等级采用 24V。500m 信号衰减应该没有问题。消防水箱的液位信号是通过直接将液位信号线接至消控室液位显示装置。消防水箱、水池现场需要设置就地液位显示装置。

6.4 智能化与消防系统

问：电子、医药厂房灯具需要采用净化灯，消防提出一般净化灯采用自带蓄电池或采用 EPS 供电不能满足消防灯具要求，而无通过消防认证的净化应急灯，怎么解决？

答：个人观点：净化灯满足不了消防照明要求，应增补应急灯具。

问：一幢联排商店建筑，每间 6×16m，每间三层，共 288m^2，内设户内楼梯，楼梯间设一防火门，此防火门需要设置消防监控联动系统吗？商店内需要设疏散指示应急照明灯具吗？

答：个人观点：此防火门可以不消防监控联动系统，商店内可不设疏散指示应急照明灯具。

6.4 智能化与消防系统

问：《火灾自动报警系统设计规范》GB 50116-2013 第 11.2.3 条线路敷设要求中未提及明敷线路要刷防火涂料，请问：是否明敷线路采用金属管、可挠金属管或金属封闭线槽保护时，不用再刷防火涂料了？（建规中只对配电线路有要求）？

答：防火涂料在实际工程中质量不好控制。应当强调线路的耐火要求。

问：排烟风机、消防水泵等需要自动和手动控制的消防设备，现在是否还允许采用多线联动模块来满足自动和手动控制的要求？若采用多线联动模块，是否还需另外再增加 220V 的手动控制线？

答：排烟风机、消防水泵等需要联动及自动和手动控制。控制线电压等级建议采用 24V 。

6.4 智能化与消防系统

问：按《火灾自动报警系统设计规范》图示（14X505-1）第 38 页消防应急照明和疏散指示系统联动控制图示方案 1：当火灾确认后，消防应急灯具应点亮并发出反馈信号，市场上无带反馈信号线的消防应急灯具，如何处理？

答：采用集中控制型疏散指示系统。

问：消防应急照明定性为二级负荷，应急灯具均带蓄电池组，满足工作时间要求，是否可以通过切断常用电源启动蓄电池组来满足规范要求？

答：个人观点：不提倡采用切断常用电源启动蓄电池组，难以区分正常停电情况。

6.4 智能化与消防系统

问：办公楼、小餐馆等建筑有防火门，但按规范可不设火灾自动报警系统，在当地消防部门审图时要求设防火门监控系统，如何处理？

答：个人观点，可以不设置防火门监控系统。但应需要与当地消防部门审图人员有效沟通。

问：图纸审查提出：消防系统图中，防排烟风机仅有多线制联动控制线，不符合《火灾自动报警系统设计规范》GB 50116-2013 第 4.1.4 条之规定要求（强条）。

回答：多线联动控制线为 8 根线，其中已经包含了总线自动控制线，接线模块为“手、自动转换模块”。-- 这样回复对不对？

答：个人观点：回答的不对。多线联动控制线（直接启动）与联动线应是不同功能和用途。直接启动指设备控制盘至消防控制室联动台线路，联动线通过模块的控制线路。

6.4 智能化与消防系统

问：《建筑设计防火规范》GB 50016-2014 第 8.4.1 条，第 13 款，未写明“喷淋系统”，是否可以理解为可以不设置消防报警系统？

答：《建筑设计防火规范》GB 50016-2014 第 8.4.1.13 条 设置机械排烟、防烟系统、雨淋或预作用自动喷水灭火系统、固定消防水炮灭火系统、气体灭火系统等需与火灾自动报警系统联锁动作的场所或部位。雨淋或预作用自动喷水灭火系统应该指“喷淋系统”，应该设置消防报警系统。

问：消防报警系统各信号线在室外用什么线缆？

答：个人观点：室外用什么线缆没有特殊要求。火灾自动报警系统的传输线路和 50V 以下供电的控制线路，应采用电压等级不低于交流 300/500V 的铜芯绝缘导线或铜芯电缆。采用交流 220/380V 的供电和控制线路，应采用电压等级不低于交流 450/750V 的铜芯绝缘导线或铜芯电缆。同时应满足机械强度要求。

6.4 智能化与消防系统

问：双头应急灯怎么强启？只有切断电源自动点亮？

答：个人观点：采用专用回路实现强启。

问：消防泵的启动线：小区，局部楼区设置消防报警，其他楼区消火栓如何启动？

答：个人观点：设置消防报警通过联动启动和手动消防泵。其他楼区消火栓通过消火栓按钮启动，但应分清那个建筑消火栓按钮动作。

6.4 智能化与消防系统

问：消防报警系统可用：JDG\KBG 管？电源线与信号总线可以穿一根保护管吗？

答：个人观点：消防报警系统可用 JDG 管，电源线与信号总线可以穿一根保护管。

问：根据《火灾自动报警系统设计规范》GB 50116—2013 第 12.4.1 条规定，高度大于 12m 的空间场所宜同时选择两种及以上火灾参数的火灾探测器。第 12.4.3.3 条建筑高度不超过 16m 时，宜在 6~7m 增设探测器。是否只需设置两层探测器，无需做两种探测方式的火灾探测器？

答：个人观点：高度大于 12m 的空间场所宜同时选择两种及以上火灾参数的火灾探测器。建筑高度不超过 16m 时，宜在 6~7m 增设探测器是指红外对射感烟探测器。

6.4 智能化与消防系统

问：一级金融设施数据中心主机房的密闭式吊顶内及高度大于 300mm 的架空地板内，需要设置火灾探测器吗?

答：应设置火灾探测器。

问：区域报警系统可否实现对消防设施的控制?

答：可以利用火灾报警控制器的火警控制输出触点（不多于 5 组）实现对所有消防设施的控制。

6.4 智能化与消防系统

问：给民用建筑供电且独立设置的发电机房是否需要设置火灾自动报警系统?

答：独立设置的柴油发电机房可以不设置火灾自动报警系统。

问：燃气表间可燃气体探测器是否可以接入火灾报警控制器的探测器回路?

答：可燃气体探测报警系统应独立组成，燃气表间可燃气体探测器不应接入火灾报警控制器的探测器回路。

6.4 智能化与消防系统

问：是否所有公共建筑的燃气厨房都要设置可燃气体报警装置?

答：建筑内可能散发可燃气体、可燃蒸气的场所应设置可燃气体报警装置。

问：住宅的燃气厨房是否要设置可燃气体报警装置?

答：住宅建筑内的厨房可不设置可燃气体报警装置。

6.4　智能化与消防系统

问：对地面上增设的保持视觉连续的灯光型疏散指示标志是否可由蓄光型疏散指示标志替代？

答：否。地面做疏散指示标志时，不应采用蓄光型，且间距不应超过 5m。

问：电动汽车充电桩是否可以安装在室内（含地上、地下）汽车库内？

答：个人观点：电动汽车充电桩合格产品可以安装在室内（含地上、地下）汽车库内。

6.4　智能化与消防系统

问：消防配电线路能否穿难燃 PVC 管暗敷？

答：不行。消防配电线路穿金属导管暗敷设时，应敷设在保护层厚度达到 30mm 以上的结构内。

问：是否所有设置火灾自动报警系统的建筑都要设置消防设备电源监控系统、防火门监控系统？

答：火灾自动报警系统形式为“集中报警系统”或“控制中心报警系统”（即设有消防控制室）的项目应设置消防设备电源监控系统和防火门监控系统。

6.4　智能化与消防系统

问：当发生火警时，疏散通道上和出入口处的门禁是否能采用“手动解锁”的方式？

答：如建筑物内设有火灾自动报警系统，则不能采用手动解锁措施，必须设置自动联动解锁措施。

问：可否利用电力监控系统替代消防设备电源监控系统？

答：否。消防设备电源监控系统需要监测的只是消防设备的主、备电源状态，而电力监控系统监测的点和电量参数多，不利于对消防设备电源的有效监管。

6.4　智能化与消防系统

问：是否所有空调送风管、回风管上的自动熔断 70℃防火阀都需要接入火灾自动报警系统？

答：在加压风机的入口和出口处的 70℃防火阀需要接入火灾自动报警系统，而其他空调送风管、回风管上的自动熔断 70℃防火阀并不需要接入火灾自动报警系统。

问：对于住宅建筑，总线回路穿越楼层垂直布线，是否需每层设置隔离模块？

答：不需要。

6.4　智能化与消防系统

问：公共建筑中，有厨房，没有设置消防报警系统，是否可以采用独立型的可燃气体探测报警器？

答：个人观点：可以采用独立型的可燃气体探测报警器。

问：请明确消防泵的机械启动装置的设计深度要求，给水排水设计是否要同步考虑试水阀等？

答：个人观点：应当设置消防泵的机械启动装置。试水阀是否安装应根据水专业要求。

6.4　智能化与消防系统

问：公共部位设置火灾报警系统的住宅，套内每间卧室及起居室是否设置感烟探测器？

答：个人观点：建筑高度大于 54m、但不大于 100m 的住宅建筑，其公共部位应设置火灾自动报警系统，套内宜设置火灾探测器。每间卧室及起居室不必设置感烟探测器。 建筑高度大于 100m 的住宅建筑，每间卧室及起居室应设置感烟探测器。

问：地下车库内消防配电线路未采用矿物绝缘电缆时，能否与非消防配电线路合用电缆桥架（用防火隔板分隔）？

答：个人观点：不建议采用这种方案。消防配电线路可能满足不了火灾情况下，在规定时间内可以连续供电要求。

6.4 智能化与消防系统

问：某学校教学楼为多层建筑，两栋教学楼采用连廊沟通，除两栋教学楼采用防火卷帘隔开外，其他按规范可不做消防报警系统，请问：防火卷帘是否可采用带 24V 独立感烟、感温探头联动防火卷帘做局部消防报警联动？还是需要整栋教学楼都做消防报警？同样，如果两栋教学楼不采用防火卷帘隔开，而是采用常开防火门做防火分区隔开，该如何处理？

答：个人观点：可采用带 24V 独立感烟、感温探头联动防火卷帘做局部消防报警联动。不必整栋教学楼都做消防报警。同样，如果两栋教学楼不采用防火卷帘隔开，而是采用常开防火门做防火分区隔开，只要常开防火门可以在火灾时自动关闭即可。

问：单层建筑面积超 1500m^2 或总建筑面积大于 3000m^2 的小营业房并联店是否设火灾报警自动系统？

答：个人观点：应当设置火灾报警自动系统。

6.4 智能化与消防系统

问：一栋高层建筑下地下室有变配电间，地下室消防配电设备采用单独的防火金属桥架敷设，请问：所选电缆是否可以不采用矿物绝缘电缆，而是采用低烟无卤耐高温阻燃聚乙烯绝缘电力电缆或耐火聚乙烯绝缘电力电缆？

答：个人观点：建议采用矿物绝缘电缆，以满足火灾情况下，在规定时间内可以连续供电要求。

问：一栋高层建筑下地下室有变配电间，地下室消防配电设备采用单独的防火金属桥架敷设，请问：所选电缆是否可以不采用矿物绝缘电缆，而是采用低烟无卤耐高温阻燃聚乙烯绝缘电力电缆或耐火聚乙烯绝缘电力电缆？

答：个人观点：建议采用矿物绝缘电缆，以满足火灾情况下，在规定时间内可以消防设备连续供电要求。

6.4 智能化与消防系统

问：设有火灾自动报警系统的建筑，能否使用断电点亮自带蓄电池的应急照明系统？

答：个人观点：不宜采用该方案。建议采用集中控制型应急照明系统。

问：《消防给水及消火栓系统技术规范》GB 50974-2014 标准 11.0.12 条规定，消防水泵控制柜应设置机械应急启泵功能，并应保证在消防控制柜内的控制线路发生故障时由有管理权限的人员紧急启动消防水泵。机械应急启动时，应确保消防水泵在报警后 5.0min 内正常工作（强条）。如何实现？

答：设置经过 CCCF 认证机械应急启动装置以机械的方式闭合主回路上的接触器，让水泵启动。

6.4 智能化与消防系统

问：《建筑设计防火规范》GB 50016–2014 第 8.4.1 条规定了需设置火灾自动报警系统的厂房，其余未列的丙类厂房（纸箱厂、塑料厂等）该如何把握，是否就可以不设置？

答：个人观点：如果业主没有更高的要求，可以不设置。

问：地下车库疏散建筑专业按照直线距离确定，电气专业设计疏散标志时通常在车道上的柱上安装，能否按建筑疏散方向吊装在车位上方？

答：个人观点：建筑疏散方向吊装在车位上方不好。火灾烟气往上空蔓延，疏散指示标志最好设置在低处。

6.4 智能化与消防系统

问：设置了火灾自动报警系统，但不在《建筑设计防火规范》GB 50016–2014 第 10.2.7 条内的建筑是否可以不设置电气火灾监控系统？

答：个人观点：原则上可以不设置电气火灾监控系统。由于电气火灾发生频率越来越高，建议有条件还是设置电气火灾监控系统。消防电力配电线路不需要设置电气火灾监控系统，应急照明建议需要设置电气火灾监控系统。

问：燃气报警系统是否属于火灾自动报警系统的一部分？为何不能直接接入火灾自动报警系统？

答：个人观点：燃气报警系统属于火灾自动报警系统的一部分。但是是预警。

6.4 智能化与消防系统

问：同一电缆井采用与墙体相同耐火等级的防火隔板隔开后或在与墙体相同耐火等级耐火桥架内敷设，消防配电电缆可以不采用矿物绝缘类不燃性电缆？

答：个人观点：最好采用矿物绝缘类不燃性电缆。敷设电缆井外消防配电电缆也要满足消防设备连续供电要求不一定能够满足。

问：在变电所、配电间等电缆沟是否也可采用防火隔板隔开后或在耐火桥架内敷设，消防配电电缆可以不采用矿物绝缘类不燃性电缆？

答：个人观点：不宜采用这种方案。因为该情况下电缆连续供电要求不一定能够满足。

6.4 智能化与消防系统

问：室外埋地敷设引入配电间消防配电柜的电缆是否也要采用矿物绝缘类不燃性电缆？

答：个人观点：可以不采用矿物绝缘类不燃性电缆。

问：《建筑设计防火规范》GB 50016-2014 第 10.1.6 条规定，消防用电设备应采用专用的供电回路，专用供电回路是指从变配电室低压配电柜专用出线回路还是指消防用电设备的上一级线路？

答：个人观点：是指从本建筑物内总配电室低压母线上单独引出回路。如果变电室在本建筑物内，就是从变电室低压柜单独引出的回路，如果本建筑物无变电室是低压进线，就是从总配电室的低压柜上单独引出的回路。

6.4 智能化与消防系统

问：是否除电缆井、变电所电缆沟之外的且满足敷设条件，消防配电电缆就可以不采用矿物绝缘类不燃性电缆？

答：个人观点：全长电缆敷设应满足火灾情况下，消防设备电缆要在规定时间内可以连续供电要求。

问：独立消防泵房内的小功率生活水泵或风机是否需独立由室外引电源，能否直接接于消防泵电源？

答：个人观点：应由室外引电源。存在困难时，或从引入线处分开，不能将非消防设备接于消防电源。

6.4 智能化与消防系统

问：排烟机房内电源切换箱是否可以向本防火分区内的消防设备（如防火卷帘门，应急照明等）供电？

答：个人观点：可以向本防火分区内的消防设备防火卷帘门供电。但排烟机与应急照明最好分开。

问：不需要设置火灾报警系统的建筑物是否需要设置消防设备监控系统和防火门监控系统，消防设备监控系统和防火门监控系统设置应如何执行？

答：个人观点：没有设置火灾报警系统的建筑物，可以不设置消防设备监控系统和防火门监控系统。

6.4 智能化与消防系统

问：电梯计量柜已做电气火灾监控，普通电梯机房内电梯电源箱是否还需做电气火灾监控?

答：个人观点：电梯没有必要做剩余电流式电气火灾监控。

问：泵房配电柜应有巡检功能，审图提过两次，是否以后都要设置，不能采用定期人工巡检?

答：个人观点：应该设置消防泵巡检。

6.4 智能化与消防系统

问：消火栓泵与喷淋泵是否可采用两组双电源？消防设备能否共用双电源?

答：个人意见消防设备能可共用双电源，根据容量不同，消火栓泵与喷淋泵也可采用两组双电源，应减少电缆并联和消防负荷过度集中。

问：消防控制室与安防控制室合用时，可否采用一个双电源配电箱供电?

答：个人观点：不可以。消防安防属于不同系统，对供电的要求不一样，控制室照明电源可引自消防系统双电源箱。

6.4 智能化与消防系统

问：车库排污泵是否是消防设备?

答：用于消防排水的是，否则不是。消防电梯集水坑、消防泵房内排水泵，自动喷水及消火栓系统的排污泵均为消防设备。

问：住宅火灾自动报警系统如何设置?

答：个人观点：建筑高度大于 100m 的住宅建筑，应设置火灾自动报警系统。建筑高度大于 54m，但不大于 100m 的住宅建筑，其公共部位应设置火灾自动报警系统，套内宜设置火灾探测器。建筑高度不大于 54m 的高层住宅建筑，其公共部位宜设置火灾自动报警系统。当设置需联动控制的消防设施时，公共部位应设置火灾自动报警系统。

6.4 智能化与消防系统

问：消火栓泵、喷淋泵是否采用软启动或变频控制？
答：不可以。

问：地下车库同一防火分区内，相同性质的负荷可否共用双电源箱？
答：不超过 30m 时可用同一个双电源箱，视为末端切换。

问：每只总线隔离器保护的消防设备的总数不应超过 32 点。32 点是指设备数还是地址数？
答：32 点指的是设备总数，不是地址数。平面图设计中应明确出每对总线连接的设备。

6.4 智能化与消防系统

问：火灾自动报警系统要求设置防火门的监控系统，如何设置？
答：个人观点：对于有消防控制室的报警系统（即集中报警系统或控制中心报警系统）应对各类防火门监视其开关、故障状态，对常开防火门在火灾时控制其关闭，并应将信号反馈至防火门控制器。

问：住宅户内感烟探测器每个卧室及起居室均设置一个，当计算报警点数量时，每户所有的感烟探测器作为一个报警点还是按探测器数量计算报警点？
答：个人观点：火灾自动报警系统每个探测器 1 个报警点；通过家用火灾探测报警器接入系统的算 1 个报警点 。

6.4 智能化与消防系统

问：《火灾自动报警系统设计规范》GB 50116-2013 第 10.1.1 条“火灾自动报警系统应设置交流电源和蓄电池备用电源”（强条），其中蓄电池备用电源该如何设计？
答：个人观点：设计时在消防控制室内加 EPS 电源，或说明产品自带蓄电池备用电源。

问：住宅厨房必须设置可燃气体报警器接入火灾自动报警系统吗？
答：个人观点：可燃气体报警器不能直接接入火灾自动报警系统。

6.4 智能化与消防系统

问：《民用建筑电气设计规范》JGJ 16-2008 第 13.9.12 条 4 款：严禁在应急照明电源输出回路中连接插座。是否要求应急照明配电箱不应有插座？

答：个人观点：应急照明供电回路中不应接入插座。

问：火灾自动报警系统中控制中心报警系统，有一个消防中心，一个及以上消防控制室，可否只控制中心 24h 值班，消防控制室只正常上班是有人值班？

答：不可以。消防控制室均需 24h 值班。消防法及《住宅建筑电气设计规范》JGJ242-2011 第 14.2.3 条文说明均要求消防控制室 24h 值班。

6.4 智能化与消防系统

问：门禁系统与火灾自动报警系统如何联动？

答：个人观点：应留有接口，保证火灾时自动打开。

问：建筑高度超过 100m 或 35 层及以上的住宅建筑，每栋楼都要设消防控制室吗？

答：个人观点：不一定。按《住宅建筑电气设计规范》JGJ 242-1011 第 14.2.3 条及条文说明，当只有一栋建筑高度超过 100m 或 35 层及以上的住宅建筑时，该栋楼应设消防控制室，当是住宅小区时，应集中设置消防控制室。

6.4 智能化与消防系统

问：消防风机房、电梯机房、水泵房等备用照明用电可否取自设就地双电源箱？机房内照明是否需要强制点亮？

答：个人观点：机房照明用电最好与消防设备双电源箱分开。机房照明机房照明不是疏散照明，属于备用照明，不需要强制点亮。

问：障碍标志灯是否可以接入应急照明？

答：个人观点：可以。按照《民用建筑电气设计规范》JGJ 16-2008 第 10.3.5 条，障碍标志灯应按主体建筑中最高负荷等级要求供电。考虑到障碍标志灯一般容量比较小，而距离总配电室比较远，可与消防负荷同干线供电，当高于消防负荷等级时，可增加电池作为应急电源。

6.4 智能化与消防系统

问：有高层、多层住宅和多层公建的片区内的总配电室出线时设置了剩余电式电气火灾监控探测器，在每栋建筑物进线时还用不用设置剩余式电气火灾监控探测器？

答：个人观点：应在每栋建筑物进线配电箱处设置电气火灾监控探测器。

问：地面上可以设蓄光型疏散指示标志吗？

答：个人观点：不可以 。按《建筑设计防火规范》GB 50016-2014 第 10.3.6 条，地面做疏散指示标志时，不应采用蓄光型，且间距不应超过 5m。

6.4 智能化与消防系统

问：自带电池的消防灯具能不能用切断电源的方式自动点亮？

答：不能用该方式。因为采用这种方式不能区分正常断电和火灾自动点亮要求。

问：二类高层住宅地下室内是否需要设置疏散指示标志吗？

答：根据《民用建筑电气设计规范》JGJ 16-2008 第 13.8.3 条的要求，需要设置疏散指示标志。

6.4 智能化与消防系统

问：是不是消防灯具必须自带电池？

答：消防疏散指示照明应有蓄电池供电，灯具内不一定有蓄电池。

问：《火灾自动报警系统设计规范》GB 50116-2013 第 6.7.4 条中规定主要通风和空调机房设消防分机。在商业综合体项目中，每层按防火分区均设置有空调机房，其是否必须设置消防电话分机？

答：不需要。主要通风和空调机房指的是中心机房，不是末端的空调机房。

6.4　智能化与消防系统

问：11 层住宅电表可以集中放地下一层吗？地下一层是最底层？

答：个人观点：住宅电表最好设在各层。但应尊重当地管理部门意见。

问：多层住宅楼电梯前室照明灯控制方式是采用节能开关还是普通开关？前者节能，后者安全？

答：个人观点：采用节能开关。

6.4　智能化与消防系统

问：住宅户内配电箱设置在卫生间外墙体上，是否允许？

答：个人观点：最好避开卫生间外墙体上设置住宅户内配电箱。

问：一、二层都为小于 $60m^2$ 的一间间的商业小店面，三层为有单独出入口的住宅，一、二、三层各 $1000m^2$。房子的性质怎么定性，按住宅还是公建定性？

答：个人观点：按多层住宅设计。

6.4　智能化与消防系统

问：二类高层住宅的地下自行车库，按住宅的公共部分设计还是按公共建筑设计？

答：个人观点：按住宅的公共部分设计。

问：当住宅底部两层商业单个面积不超 $200m^2$ 的情况下，且为敞开式楼梯，请问：该商业是否需要设计应急照明？

答：个人观点：可以不作应急照明。

6.4 智能化与消防系统

问：住宅厨房是否可以使用独立式燃气报警器？

答：个人观点：100m 以下可以使用独立式燃气报警器。100m 以上应使用燃气报警器系统。

问：根据《建筑设计防火规范》GB 50016-2014 第 8.4.3 条及条文解释，对于可燃气体报警装置的设置，住宅厨房可不做要求。但根据某技防办的相关要求，住宅厨房内需设置可燃气体探测器。问：住宅厨房仅设置独立式的可燃气体探测器（仅提供电源，不做系统）是否可满足要求？

答：应按地方要求做。个人观点：住宅厨房可以仅设置独立式的可燃气体探测器（仅提供电源，不做系统）。

6.4 智能化与消防系统

问：一类高层住宅，底部两层为小商业，单间商业面积不大于 200m^2，其中一部分商业在主楼区域外，但与主楼内的商业是一起的，商业总面积不超过 3000m^2，单层商业面积不超 1500m^2，请问：该住宅底部的商业是否需要设计消防报警系统？如不需要设计，那么主楼投影区下方的商业是否也不设计？

答：个人观点：不需要随设置火灾自动报警系统。

问：多层或二类高层住宅楼的地下负一层设有消防风机，且消防风机的服务范围也仅为负一层，按要求负一层需要设置火灾自动报警系统。那么，住宅的地上楼层是否也需要跟随设置火灾自动报警系统？

答：个人观点：该案例住宅的地上楼层不需要跟随设置火灾自动报警系统。

6.4 智能化与消防系统

问：住宅强弱电井内是否需要设置应急照明灯？

答：可不设置应急照明灯。

问：高层住宅中，公共走道照明为二级负荷，其控制面板开关是否有带延时的“单联双控开关”？延时声控灯具在强启时是否能够持续点亮？

答：个人观点：没有有带延时的“单联双控开关”。应急照明灯应在强启时是否能够持续点亮。

6.4 智能化与消防系统

问：住宅门厅入口处采用声光控节能开关，是否可不设残疾人使用开关？

答：个人观点，应设置残疾人使用开关。

问：住宅小区的地下车库照度标准按 GB 50034-2013 第 5.2.1 中 30lx 还是按照第 23.5.1 中 50lx 执行？

答：个人观点，住宅车库照度标准值 30lx，LPD 值为 2W/m^2 公共车库照度标准值 50lx，LPD 值为 2.5W/m^2 执行。

6.4 智能化与消防系统

问：住宅公寓设计均要满足光纤到户要求吗？

答：是的。《住宅和住宅建筑内光纤到户通信设施工程设计规范》GB 50846-2012，要求住宅公寓设计均需满足光纤到户要求。

问：光纤入户设计中，每户应预留什么光纤？

答：应预留两芯单模光纤。《住宅区和住宅建筑内光纤到户通信设施工程设计规范》GB 50846-2012 要求单模，至少 1 芯，考虑备用及发展，采用 2 芯单模光纤。

6.4 智能化与消防系统

问：电子信息机房内“照明电源不应引自电子信息设备配电盘”，是不是弱电机房内的照明电源不能引自设备双电源配电箱？

答：不是。“电子信息配电盘”是指 UPS 以后，与电子信息设备直接连接的配电设备，不是指机房内双电源箱。

问：在节能检测系统中，风机盘管是计量在空调子项中还是照明插座子项中？

答：都可以。最好在空调子项中。

6.4 智能化与消防系统

问：平面图中是否要有防火分区示意图？

答：平面图中包括两个或以上防火分区时，应有防火分区示意图。

问：地下车库是否应设置 CO 监测并与排风机联动？

答：是。《民用绿色建筑设计规范》第 9.5.5 条，设置机械通风的汽车库，宜设一氧化碳检测和控制装置控制通风系统运行。

6.4 智能化与消防系统

问：“电信间应与强电间分开设置”，是否所有建筑物均按此要求？

答：弱电竖井作为电信间时，2 万 m^2 以上的公共建筑，应与强电井分开设置，较小的建筑可适当放宽要求。

问：双速风机交流接触器是否均按高速回路选择，按图集不需如此，但审图提？

答：个人观点：交流接触器均按高速回路选择可能造价会高些。

6.4 智能化与消防系统

问：出租式综合体，办公面积二百出头，是否算人员密集场所，有的二百平方以上的办公室采用防火门，该防火门是否算通道上的防火门？

答：个人观点：不算通道上的防火门。

问：审图提出航空灯要单独回路，有的三十多层的住宅，除应急照明和消防风机外，无其他电源引上，单独从变配电所引两根专用电缆太浪费，能否与应急照明回路合用？

答：个人观点：航空灯可以引至应急照明箱，但单独回路 。

6.4　智能化与消防系统

问：丁、戊类车间，一般面积很大（2 万 ~4 万 m^2），工作人员一般有 100~200 左右，审图提出这个超 50 人就属于人员密集场所，按面积计算差不多 100 多 m^2 才一个人工作，请教这个人员密集场所是否只能按人员多少确定，不能按一个人占用多少面积来确定人员密集场所？

答：个人观点：“人员密集的公共场所”主要指：营业厅、观众厅，礼堂、电影院、剧院和体育场馆的观众厅，公共娱乐场所中出入大厅、舞厅，候机（车、船）厅及医院的门诊大厅等面积较大、同一时间聚集人数较多的场所。

问：空调设备如何进行节能设计？

答：负荷偏大时应设空调专用变压器；

中央空调系统，空调冷（热）源应采用节能控制措施，包括根据冷（热）负荷对制冷机的控制和对循环水泵的变频控制。

6.4　智能化与消防系统

问：消火栓泵、喷淋泵强启动控制线可否接到消防巡检柜上？

答：不可以。

问：主楼附属独立的商铺，其供电负荷等级、火灾自动报警系统如何设置？

答：当面积大于 200m^2 时，需设置应急照明，由商铺总配电箱单独回路供电，当消防负荷为二级及以上负荷时，灯具带电池或箱内设 EPS。

6.4　智能化与消防系统

问：电加热汗蒸房所在场所需要安装电气火灾监控系统吗？

答：需要。

问：应急照明设置电气火灾监控系统？

答：个人观点：220V 应急照明回路，在正常情况下，有发生电气火灾可能性，因此，应设置电气火灾监控系统。

6.4 智能化与消防系统

问：电机回路是否要设置电气火灾监控系统？

答：个人观点：电机回路有接地故障保护，发生电气火灾机率低，可以不设置。

问：建筑面积大于 1600m^2 的木结构公共建筑需要设置火灾自动报警系统吗？

答：需要。

6.4 智能化与消防系统

问：工程中需要设置 10 只电气火灾监控探测器，能否直接接入火灾报警控制器的探测器回路？

答：不能。

问：室外火灾自动报警系统线路可否架空明敷？

答：不能，火灾自动报警系统的供电线路和传输线路设置在室外时，应埋地敷设。

6.4 智能化与消防系统

问：某超高层建筑 300m 高，在地下一层设置消防控制室，41 层设置酒店消防分控制室，是否满足要求？

答：由于建筑超过 250m 高，消防控制室应设置在一层， 41 层不能设置消防分控制室，可以设置消防设备间。

问：超过 250m 高建筑对疏散照明有什么要求？

答：疏散照明的地面最低水平照度，对于疏散走道不应低于 5.0lx；对于人员密集场所、避难层（间）、楼梯间、前室或合用前室、避难走道不应低于 10.0lx。建筑内不应采用可变换方向的疏散指示标志。

6.4　智能化与消防系统

问：综合布线系统的设备布置有什么要求？

答：机架或机柜前面的净空不应小于 800mm，后面的净空不应小于 600mm。壁挂式配线设备底部离地面的高度不宜小于 300mm。

问：卫星电视接收天线选择的要求是什么？

答：当天线直径小于 4.5m 时，宜采用前馈式抛物面天线。当天线直径大于或等于 4.5m，且对其效率及信噪比均有较高要求时，宜采用后馈式抛物面天线。当天线直径小于或等于 1.5m 时，特别是 Ku 频段电视接收天线宜采用偏馈式抛物面天线。

6.4　智能化与消防系统

问：弱电间的位置选择应注意什么？

答：弱电间的位置选择应注意以下几点：

（1）弱电间应与配电间、电梯间、水暖管道间分别设置。

（2）弱电间应设在便于管理、交通方便的位置，弱电间不宜邻贴外墙。

（3）弱电间的位置应方便各种管线的进出，尽量靠近控制室、机房，位于布线中心。

（4）兼作综合布线系统楼层交接间时，弱电间距最远信息点的距离应满足水平电缆 < 90m 的要求。

（5）根据建筑面积、系统出线的数量、路径等因素每层设置 1 个及以上弱电间。每层弱电间应在与上下层对应的位置。

6.4　智能化与消防系统

问：弱电机房的位置选择应注意什么？

答：弱电机房的位置选择应注意以下几点：

（1）弱电机房不应设于变压器室、汽车库、厕所、锅炉房、洗衣房、浴室等产生蒸汽、烟尘、有害气体、电磁辐射干扰的相邻和上、下层相对应的房间。

（2）弱电机房应远离易燃、易爆场所。

（3）弱电机房地坪宜高出本层地坪 30mm。

（4）弱电机房的位置应方便各种管线的进出，尽量靠近弱电间、控制室。

6.4 智能化与消防系统

问：什么是智能家居控制系统?

答：智能家居控制系统是以HFC、以太网、现场总线、公共电话网、无线网的传输网络为物理平台，计算机网络技术为技术平台，现场总线为应用操作平台，构成的一个完整的集家庭通信、家庭设备自动控制、家庭安全防范等功能的控制系统。智能家居控制系统的总体目标是建立一个由家庭到小区乃至整个城市的综合信息服务和管理系统，以此来提高住宅高新技术的含量和居民居住环境水平。智能家居控制系统宜由服务器、家庭控制器（各种模块）、路由器、调制解调器、交换机、通信器、控制器、无线收发器、探测器、传感器、执行机构、打印机等主要部分组成。

6.4 智能化与消防系统

问：智能家居控制系统是如何分类的?

答：智能家居控制系统主要可分成以下几类：

（1）采用公共电话网的智能家居控制系统；

（2）采用HFC的智能家居控制系统；

（3）采用以太网的智能家居控制系统；

（4）采用LonWorks的智能家居控制系统；

（5）采用无线网的智能家居控制系统等类型。

结束语

随着建筑科学技术领域的飞速发展，供配电专业的电气工程师工作中经常遇到实际问题，这些问题会影响工程建设，电气工程师应当针对工程实践中遇见的疑点和难点，遵循国家有关方针、政策，突出电气设计原则，寻找出问题所在，根据解决问题的思维程序去分析问题和界定问题，同时应当注意以下几个方面：原以为自己看到事件，不一定是整个事件全部；观察问题视角不同，发现问题也会不同；只有不断探索，才能接近问题真相。

The End